软件开发人才培养系列丛书

Java

进阶开发实战 视频讲解版

李兴华 马云涛 / 编著

人民邮电出版社

北　京

图书在版编目（CIP）数据

Java进阶开发实战：视频讲解版 / 李兴华，马云涛
编著. -- 北京：人民邮电出版社，2022.7
（软件开发人才培养系列丛书）
ISBN 978-7-115-58851-7

Ⅰ．①J… Ⅱ．①李… ②马… Ⅲ．①JAVA语言—程序
设计 Ⅳ．①TP312.8

中国版本图书馆CIP数据核字（2022）第043585号

内 容 提 要

Java 基础知识的学习完成之后，最重要的是将这些基础知识进行综合性的应用，以充分地理解面向对象的设计思想。这就需要详细学习大量系统类库的使用，以更好地编写项目代码。

本书共包含 8 章，包括 Java 常用类库、I/O 编程、Java 网络编程、Java 反射机制、Java 类集框架、Java 数据库编程、J.U.C 并发编程、深入 Java 虚拟机等内容。每一章都按照分类对 Java 某个工具类进行介绍，从这些类的使用、继承结构、源代码分析等方面进行全面的讲解。最后，本书专门针对多线程技术基于 J.U.C 进行深入讲解，还对 Java 虚拟机的相关概念与调优模式进行了分析。

本书附有配套视频、源代码、习题、教学课件等资源。为了帮助读者更好地学习，编者还提供在线答疑服务。

本书适合作为高等教育本、专科院校计算机相关专业的教材，也可供广大计算机编程爱好者自学使用。

◆ 编　著　李兴华　马云涛
责任编辑　刘　博
责任印制　王　郁　陈　犇

◆ 人民邮电出版社出版发行　北京市丰台区成寿寺路 11 号
邮编　100164　电子邮件　315@ptpress.com.cn
网址　https://www.ptpress.com.cn
固安县铭成印刷有限公司印刷

◆ 开本：787×1092　1/16
印张：22.75　　　　　　　　2022 年 7 月第 1 版
字数：636 千字　　　　　　 2024 年 12 月河北第 3 次印刷

定价：89.80 元

读者服务热线：**(010)81055256**　印装质量热线：**(010)81055316**
反盗版热线：**(010)81055315**
广告经营许可证：京东市监广登字 20170147 号

自　　序

从最早接触计算机编程到现在，已经过去 24 年了，其中有 17 年的时间，我在一线讲解编程开发。我一直在思考一个问题：如何让学生在有限的时间里学到更多、更全面的知识？最初我并不知道答案，于是只能大量挤占每天的非教学时间，甚至连节假日都给学生补课。因为当时的我想法很简单：通过多花时间去追赶技术发展的脚步，争取教给学生更多的技术，让学生在找工作时游刃有余。但是这对于我和学生来讲都实在过于痛苦了，毕竟我们都只是普通人，当我讲到精疲力尽，当学生学到头昏脑涨，我知道自己需要改变了。

技术正在发生不可逆转的变革，在软件行业中，最先改变的一定是就业环境。很多优秀的软件公司或互联网企业已经由简单的需求招聘变为能力招聘，要求从业者不再是培训班"量产"的学生。此时的从业者如果想顺利地进入软件行业，获取自己心中的理想职位，就需要有良好的技术学习方法。换言之，学生不能只是被动地学习，而是要主动地努力钻研技术，这样才可以具有更扎实的技术功底，才能够应对各种可能出现的技术挑战。

于是，怎样让学生们学到最有用的知识，就成了我思考的核心问题。对于我来说，教育两个字是神圣的，既然是神圣的，就要与商业的运作有所区分。教育提倡的是付出与奉献，而商业运作讲究的是盈利，盈利和教育本身是有矛盾的。所以我拿出几年的时间，安心写作，把我近 20 年的教学经验融入这套编程学习丛书，也将多年积累的学生学习问题如实地反映在这套丛书之中，丛书架构如图 0-1 所示。希望这样一套方向明确的编程学习丛书，能让读者学习 Java 不再迷茫。

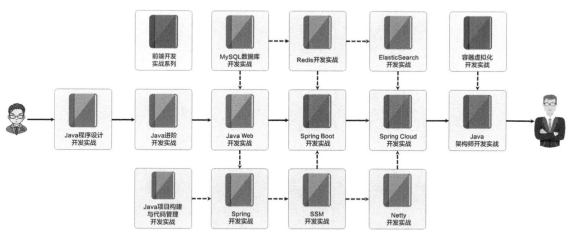

图 0-1　丛书架构

我的体会是，编写一本讲解透彻的图书真的很不容易。在写作过程中我翻阅了大量图书，有些书查看之下发现内容竟然是和其他图书重复的，网上的资料也有大量的重复，这让我认识到"原创"的重要性。但是原创的路途上满是荆棘，这也是我编写一本书需要很长时间的原因。

仅仅做到原创就可以让学生学会吗？很难。计算机编程图书之中有大量晦涩难懂的专业性词汇，不能默认所有的初学者都清楚地掌握了这些词汇的概念，如果那样，可以说就已经学会了编程。为了帮助读者扫除学习障碍，我在书中绘制了大量图形来进行概念的解释，此外还提供了与章节内容相符的视频资料，所有的视频讲解中出现的代码全部为现场编写。我希望用这一次又一次的重复劳动，帮助大家理解代码，学会编程。本套丛书所提供的配套资料非常丰富，可以说抵得上花几万元学费参加的培训班的课程。本套丛书的配套视频累计上万分钟，对比培训班的实际讲课时间，相信读者能体会到我们所付出的心血。我们希望通过这样的努力给大家带来一套有助于学懂、学会的图书，帮助大家解决学习和就业难题。

前　　言

本书在 Java 面向对象编程与多线程的基础上继续进行讲解，一共有 8 章，主要围绕 JDK 所提供的内置类库的使用以及操作原理进行讲解，同时附带实现的源代码分析，具体安排如下。

第 1 章　Java 常用类库　本章对 Java 类库结构进行系统性讲解，内容包括字符串操作类、日期时间处理、正则表达式、程序国际化、比较器等常用类库的使用，同时考虑到后续学习的需要本章还讲解了二叉树的数据结构。

第 2 章　I/O 编程　本章围绕数据流的操作进行讲解，基于文件的形式分析输入流与输出流的使用，同时讲解 java.io 包中提供的各类 I/O 流工具类的使用。

第 3 章　Java 网络编程　网络编程是 I/O 流操作的延续。本章讲解 TCP 与 UDP 的网络应用开发。

第 4 章　Java 反射机制　反射机制是 Java 中最具有代表性的应用结构之一，也是后续 Java 开发框架所依赖的重要实现技术。本章从反射的基础概念进行分析，一直讲解到反射应用，全面地分析反射在项目开发中的应用形式。

第 5 章　Java 类集框架　类集是 Java 对数据结构的有效实现，同时也是在所有应用开发中要使用到的核心技术。本章不仅讲解类集工具类的使用，还基于源代码进行实现分析。

第 6 章　Java 数据库编程　数据库是项目应用中的核心存储部件。本章通过 MySQL 数据库实现 JDBC 的讲解，利用一系列的案例分析数据库连接、数据库操作、事务处理的概念以及具体应用。

第 7 章　J.U.C 并发编程　本章是现代 Java 开发与面试中不可或缺的技术内容。本章充分分析传统多线程实现的弊端，同时全面讲解 J.U.C 组件包中的全部类库的使用。

第 8 章　深入 Java 虚拟机　本章的知识为 Java 提高部分，主要围绕 JVM 的工作原理与性能调优进行讲解。本章的内容以概念为主，而这些概念为面试或笔试中最为常见的内容。

虽然本书只有 8 章，但是这 8 章不仅包含后续 Java 高级知识学习所必须掌握的内容，还包括面试与求职过程中的各项技术知识点。

内容特色

由于技术类的图书所涉及的内容很多，同时考虑到读者对于一些知识的理解盲点与认知偏差，作者在编写图书时设计了一些特色栏目和表示方式，现说明如下。

（1）提示：对一些知识核心内容的强调以及与之相关知识点的说明。这样做的目的是帮助读者扩大知识面。

（2）注意：点明对相关知识进行运用时有可能出现的种种"深坑"。这样做的目的是帮助读者节约理解技术的时间。

（3）问答：对核心概念理解的补充，以及可能存在的一些理解偏差的解读。

本书主要特点如下。

- 项目驱动型的讲解模式，让读者学完每一节课程后都能有所收获，都可以将其应用到技术开发之中。
- 为避免晦涩的技术概念所带来的学习困难，本书绘制了大量的图形进行概念解释，进一步降低学习难度。
- 全书配备 300 余张原创结构图，帮助读者跨过晦涩难懂的枯燥文字。

- 全书配套 300 多个样例代码，帮助读者轻松理解每一个技术知识点。

配套资源

本书提供以下配套资源。

- 全书配套 100 多节讲解视频，时间总数超过 1000 分钟。
- 配套完整的 PPT、源代码、教学大纲、工具软件等，轻松满足高校教师的教学需要。

读者如果需要获取本课程的相关资源，可以登录人邮教育社区（www.ryjiaoyu.com）下载，也可以登录沐言优拓的官方网站通过资源导航获取下载链接，如图 0-2 所示。

图 0-2 获取图书资源

答疑交流

为了更好地帮助读者学习，以及为读者做技术答疑，我们会提供一系列的公益技术直播课，有兴趣的读者可以访问我们的抖音（ID：muyan_lixinghua）或"B 站"（ID：YOOTK 沐言优拓）直播间。对于每次直播的课程内容以及技术话题，我也会在我个人的微博（ID：yootk 李兴华）之中进行发布。同时，我们欢迎广大读者将我们的视频上传到各个平台，把我们的教学理念传播给更多有需要的人。

本书中难免存在不妥之处，在发现问题时，欢迎读者发送邮件给我（E-mail：784420216@qq.com），我们将在后续的版本中进行更正。

同时也欢迎各位读者加入技术交流群（QQ 群号码为 629405628，群满时请根据提示加入新的交流群）进行沟通互动。

最后我想说的是，因为写书与各类公益技术直播，我错过了许多与家人欢聚的时光，内心感到非常愧疚。我希望在不久的将来能为我的孩子编写一套属于他自己的编程类图书，这也将帮助所有有需要的孩子进步。我喜欢研究编程技术，也勇于自我突破，如果你也是这样的一位软件工程师，也希望你加入我们这个公益技术直播的行列。让我们抛开所有的商业模式的束缚，一起将自己学到的技术传播给更多的爱好者，以我们微薄之力推动整个行业的发展。就如同我说过的，教育的本质是分享，而不是赚钱的工具。

沐言科技——李兴华

2022 年 3 月

目　　录

视频目录

第1章

Java 常用类库

本章学习目标

1. 掌握字符串操作类 StringBuffer、StringBuilder 的使用方法，并掌握其与 String 类实例之间的转换处理方法；

2. 掌握 AutoCloseable 接口的设计实现方法，并可以结合异常处理结构实现资源自动释放；

3. 掌握 Runtime 类与单例设计模式的应用方法，并可以利用 Runtime 类获取内存信息；

4. 掌握 System 类的使用方法，并可以使用 System 类提供的方法实现程序耗时的统计操作；

5. 掌握对象资源释放方法与 Cleaner 设计结构；

6. 理解 Cloneable 接口的使用，并可以实现自定义类对象的克隆操作；

7. 理解数学操作类的使用，并可以使用 Math、Random、BigInteger/BigDecimal 类进行计算；

8. 掌握 Java 日期时间类的使用方法，并掌握日期与字符串结构转换方法以及多线程并发操作下的问题与解决方案；

9. 掌握正则表达式的使用方法，并可以使用正则实现字符串的匹配、替换以及拆分处理；

10. 理解程序国际化的实现意义，并掌握资源文件的定义以及 ResourceBundle 类的使用方法；

11. 掌握 Base64 编码与解码工具的使用方法，并可以自定义加密与解密工具类；

12. 掌握 UUID 的组成结构以及生成处理操作方法；

13. 掌握 Optional 类的作用，并可以利用其实现 null 结构处理操作；

14. 掌握 ThreadLocal 类的作用及其与多线程操作间的联系；

15. 理解 Java 中定时调度操作的使用；

16. 掌握事件处理机制，并可以通过自定义事件操作实现观察者设计模式；

17. 掌握 Arrays 类的使用方法，并可以结合比较器实现对象数组的排序处理；

18. 理解二叉树的作用以及基本实现结构，并理解红黑树的设计结构。

一个设计完善的编程开发平台，除了需要提供完善的程序设计语法之外，还需要为开发者提供大量的程序类库 API（Application Program Interface，应用程序接口）。不同的 API 封装了不同的操作功能，开发者可以利用这些 API 简化程序开发，从而提升程序的开发效率，如图 1-1 所示。本章将为读者讲解在 Java 项目开发中常用的 JDK（Java Development Kit，Java 开发工具包）原生程序类库的使用。

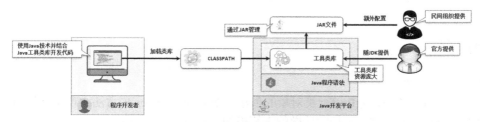

图 1-1　Java 程序类库 API

1.1　字符串结构支持

字符串是在 Java 开发中最为常见的一种数据。由于 JDK 对 String 类的支持非常到位，因此开发者使用双引号即可直接对字符串进行定义操作。但是 String 类存在一个不可修改的设计问题，可修改的字符串操作结构可以通过 java.lang.StringBuffer 与 java.lang.StringBuilder 类来实现。

1.1.1　StringBuffer 类

StringBuffer 类

视频名称	0101_【掌握】StringBuffer 类
视频简介	字符串实现了一种方便的数据存储结构。对于字符串，Java 也提供多种支持。本视频主要讲解 StringBuffer 的相关操作以及通过源代码分析可更改的操作原理与使用限制。

在项目开发中为了实现某些程序的处理效果，经常会需要进行字符串内容的修改。而为了实现这种字符串修改的处理支持，Java 提供了一个 java.lang.StringBuffer 工具类，此类的常用方法如表 1-1 所示。

表 1-1　StringBuffer 类的常用方法

序号	方法名称	类型	描述
01	public StringBuffer()	构造	实例化一个空的 StringBuffer 对象
02	public StringBuffer(int capacity)	构造	定义一个指定大小的 StringBuffer
03	public StringBuffer(String str)	构造	使用特定的字符串实现 StringBuffer 的定义
04	public StringBuffer append(数据类型 b)	普通	向 StringBuffer 中保存数据
05	public StringBuffer delete(int start, int end)	普通	删除指定索引范围中的内容
06	public StringBuffer insert(int offset, 数据类型 b)	普通	在指定的位置增加数据
07	public StringBuffer reverse()	普通	字符串反转
08	public StringBuffer replace(int start, int end, String str)	普通	替换指定范围的字符串

在使用 String 类进行操作时，可以利用"+"实现字符串的连接，而 StringBuffer 可以使用 append() 方法来实现任意类型数据的连接操作。

范例：实现字符串连接

```
package com.yootk;
public class YootkDemo {
    public static void main(String[] args) throws Exception {
        StringBuffer buffer = new StringBuffer();                    // 实例化StringBuffer类对象
        buffer.append("沐言科技: ").append("www.yootk.com").append("\n"); // 字符串连接
        change(buffer);                                             // 引用传递
        System.out.println(buffer);                                //输出处理结果
    }
    public static void change(StringBuffer temp) {                  // 接收StringBuffer引用
        temp.append("李兴华编程训练营: ").append("edu.yootk.com");      // 修改StringBuffer内容
    }
}
```

程序执行结果：

```
沐言科技: www.yootk.com
李兴华编程训练营: edu.yootk.com
```

本程序实现了一个 StringBuffer 类对象的创建，随后利用 append() 方法实现了字符串的连接，这样在使用 change() 方法进行连接时所做的字符串的修改可以保存下来。

提示：StringBuffer 类的内部基于数组实现。

　　读者打开 StringBuffer 类的源代码可以清楚地发现，最终实现数据存储的实际上是一个字节数组，该数组的默认长度为 16 个字符。如果开发者最终修改的数据的总长度为 16 个字符，则可以使用默认构造方法；如果总长度超过 16 个字符，则建议在实例化 StringBuffer 类对象时配置好字节数组长度，以免产生过多的"垃圾"。关于 StringBuffer 类源代码的分析在配套视频中有详细讲解，读者可以自行参阅。

范例：StringBuffer 扩展功能

```java
package com.yootk;
public class YootkDemo {
    public static void main(String[] args) throws Exception {
        StringBuffer buffer = new StringBuffer(30);          // 可以容纳长度为30个字符的字符串
        buffer.append("www.yootk.com").insert(0, "沐言科技: ");    // 数据插入
        System.out.println("【数据删除】" + buffer.delete(0, 5));
        System.out.println("【数据替换】" + buffer.replace(0, 13, "edu.yootk.com"));
        System.out.println("【数据反转】" + buffer.reverse());     // 字符串反转（数组反转）
    }
}
```

程序执行结果：

```
【数据删除】yootk.com
【数据替换】edu.yootk.com
【数据反转】moc.ktooy.ude
```

　　本程序通过 StringBuffer 类提供的扩展方法实现了在数据指定位置的增加、范围删除与替换处理，同时也利用 reverse() 实现了数据的反转。

 提示：String 与 StringBuffer 的区别。

　　1. String 与 StringBuffer 都可以实现字符串的保存，从开发的角度来讲比较常见的还是 String。
　　2. String 的特点是一旦声明内容则不可改变，所改变的只能是字符串的引用；StringBuffer 的特点是可以改变内容，内容的改变需要进行严格的长度控制，如果内容超过了指定的长度，会自动进行扩容。
　　3. StringBuffer 类还提供了一些 String 所不具备的操作方法，如 reverse()、delete()、insert()。

1.1.2　StringBuilder 类

StringBuilder 类

视频名称　0102_【掌握】StringBuilder 类
视频简介　StringBuilder 是 JDK 1.5 及其之后的版本提供的新的可变字符串操作类。本视频通过具体的操作讲解 StringBuilder 类的使用，并且基于多线程的访问机制为读者详细解释 StringBuffer 与 StringBuilder 两个类的区别。

　　在 Java 中除了可以使用 StringBuffer 类实现字符串修改之外，也可以通过 StringBuilder 类实现类似的功能。StringBuilder 类是 JDK 1.5 开始提供给用户使用的，该类所提供的操作方法与 StringBuffer 的类似。

范例：使用 StringBuilder 修改字符串

```java
package com.yootk;
public class YootkDemo {
    public static void main(String[] args) throws Exception {
        StringBuilder builder = new StringBuilder(30);          // 可以容纳长度为30个字符的字符串
        builder.append("edu.yootk.com").insert(0, "李兴华程序训练营: ");
        System.out.println(builder.replace(9, 25, "www.yootk.com").delete(0, 9));
```

```
        }
}
```

程序执行结果：

www.yootk.com

本程序使用 StringBuilder 类实现了字符串的修改操作,通过方法名称和最终的执行结果可以发现 StringBuilder 类在使用形式上和 StringBuffer 类是类似的。

> **提示：StringBuffer 与 StringBuilder 的区别。**
>
> 读者观察 StringBuffer 类的源代码可以发现,所有的字符串处理操作方法全部使用了 synchronized 关键字,所以 StringBuffer 类采用了线程同步处理机制;而 StringBuilder 类中的相关方法没有同步支持,全部基于异步处理,属于非线程安全的操作,所以在多线程情况下使用 StringBuilder 类操作就有可能产生数据覆盖的问题,如图 1-2 所示。

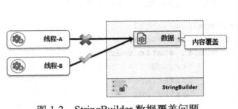

图 1-2　StringBuilder 数据覆盖问题

1.1.3　CharSequence 接口

CharSequence 接口

视频名称　0103_【掌握】CharSequence 接口

视频简介　为了统一字符串操作标准,JDK 提供 CharSequence 接口标准。本视频主要讲解 CharSequence 接口的作用,以及 String、StringBuffer、StringBuilder 这 3 个子类对象实例之间的转换处理操作。

现在字符串操作类一共有 3 个,分别是 String、StringBuffer、StringBuilder,而这 3 个类在 Java 中同属于 CharSequece 接口的子类,如图 1-3 所示。

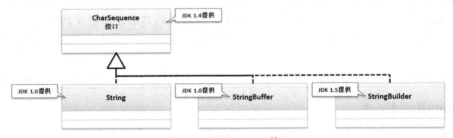

图 1-3　CharSequence 接口

CharSequence 提供了一个字符序列的标准操作接口,StringBuffer 和 StringBuilder 类都可以直接接收 CharSequence 接口实例,而这 3 种字符串对象可以通过表 1-2 给出的字符串操作类的构造方法实现类型转换。

表 1-2　字符串操作类的构造方法

序号	方法名称	对应的类	描述
01	public StringBuffer(CharSequence seq)	StringBuffer	接收 CharSequence 实例转为 StringBuffer
02	public StringBuffer(String str)	StringBuffer	接收 String 实例转为 StringBuffer
03	public StringBuilder(CharSequence seq)	StringBuilder	接收 CharSequence 实例转为 StringBuilder
04	public StringBuilder(String str)	StringBuilder	接收 String 实例转为 StringBuilder
05	public String(StringBuffer buffer)	String	接收 StringBuffer 实例转为 String
06	public String(StringBuilder builder)	String	接收 StringBuilder 实例转为 String

范例：字符串对象转换

```
package com.yootk;
public class YootkDemo {
    public static void main(String[] args) throws Exception {
        String str = "沐言科技：www.yootk.com";                          // 字符串对象
        StringBuffer buffer = new StringBuffer(str);                    // String转为StringBuffer
        System.out.println("【StringBuffer】" + buffer);                // 输出StringBuffer
        String message = buffer.toString();                            // 转为字符串
        System.out.println("【String】" + message.toUpperCase());       // 将字符串转为大写形式
    }
}
```

程序执行结果：

```
【StringBuffer】沐言科技：www.yootk.com
【String】沐言科技：WWW.YOOTK.COM
```

本程序实现了 String 与 StringBuffer 两种对象之间的转换。在将 StringBuffer 或 StringBuilder 类的实例转为 String 类的实例时，可以直接通过 toString()方法完成转换处理。

1.2 AutoCloseable 接口

AutoCloseable 接口

视频名称　0104_【掌握】AutoCloseable 接口

视频简介　随着互联网时代的不断发展，各种资源的使用越发频繁，同时资源也更加紧张。为了合理地保护资源，必须进行资源释放处理（close()关闭操作）。本视频主要讲解异常处理与 AutoCloseable 自动关闭处理机制。

在程序开发中经常需要使用到一些网络资源的处理操作，而在进行网络资源操作之前往往需要进行资源的连接，在每次操作完毕后还需要手动进行资源释放，操作流程如图 1-4 所示。而为了简化这一操作流程，JDK 1.7 提供了一个 java.lang.AutoCloseable 接口，该接口可以结合异常处理语句实现自动关闭处理机制。

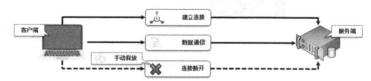

图 1-4　网络资源操作流程

范例：自动释放资源

```
package com.yootk;
interface IMessage extends AutoCloseable {                             // 继承自动关闭接口
    public void send(String msg) ;                                     // 消息发送的核心功能
}
class NetMessage implements IMessage {                                 // 网络消息
    public NetMessage() {                                              // 构造方法建立连接
        System.out.println("【连接】连接远程服务器，创建消息的发送通道...");
    }
    @Override
    public void send(String msg) {                                     // 网络通信
        System.out.println("【发送】" + msg);                           // 模拟数据发送
    }
    public void close() {                                              // 关闭资源
        System.out.println("【关闭】网络消息发送完毕，断开服务器连接...");
    }
}
public class YootkDemo {
```

```java
public static void main(String[] args) throws Exception {
    try (NetMessage message = new NetMessage()) {          // 结合异常结构
        message.send("沐言科技: www.yootk.com");            // 核心业务
    } catch (Exception e) {}
}
```

程序执行结果：

【连接】连接远程服务器，创建消息的发送通道...
【发送】沐言科技: www.yootk.com
【关闭】网络消息发送完毕，断开服务器连接...

　　本程序在定义 IMessage 接口时继承了 AutoCloseable 父接口，这样在子类中就可以直接利用
close()方法实现资源释放处理操作，但是这种自动的 close()调用必须将对象的实例化放在 try…catch
结构中定义。

1.3　Runtime 类

Runtime 类

视频名称　0105_【掌握】Runtime 类

视频简介　JVM 提供一个描述运行状态的信息对象。本视频主要分析单例设计模式在类库
中的应用，同时讲解内存信息取得、进程产生、垃圾收集等操作。

　　Runtime 描述的是一种 JVM（Java Virtual Machine，Java 虚拟机）的运行时状态。每一个 JVM
进程都会自动地帮助用户维护一个 Runtime 类的实例化对象，如图 1-5 所示。开发者可以利用
Runtime 对象实例实现本机硬件信息以及操作系统的进程管理。

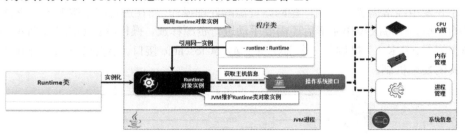

图 1-5　Runtime 类

> **注意：Runtime 类使用了单例设计模式。**
>
> 　　由于运行时的状态是以进程为单位保存的，因此每一个 JVM 之中所创建的线程都将获得相
> 同的 Runtime 类对象实例，如图 1-6 所示。所以 Runtime 类在设计时直接使用了单例设计模式，
> 即在整个 JVM 进程中只会存在一个 Runtime 类的对象实例。
>
>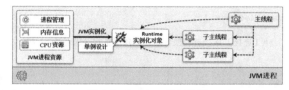
>
> 图 1-6　Runtime 类与单例
>
> 　　开发者打开 Runtime 类的源代码文件可以发现其无参构造方法使用 private 关键字进行了声
> 明，所以开发者是无法直接通过关键字 new 进行对象实例化处理的。而在每一个 JVM 进程启动
> 时会由 JVM 自动为开发者准备唯一的 Runtime 类的实例化对象，供所有开发者使用。

为了便于开发者获取进程相关的配置资源，Runtime 类对相关的操作提供了良好的封装，开发者调用表 1-3 所示的方法即可获取所需要的进程信息。

表 1-3 Runtime 类的常用方法

序号	方法名称	类型	描述
01	public static Runtime getRuntime()	普通	获取 Runtime 类的实例化对象
02	public Process exec(String command) throws IOException	普通	开启新的子进程
03	public long maxMemory()	普通	获取当前 JVM 可以使用的最大内存
04	public long totalMemory()	普通	获取初始化内存
05	public long freeMemory()	普通	获取空闲内存
06	public void gc()	普通	手动执行 GC 操作

通过表 1-3 所示的方法可以清楚地发现，Runtime 类可以直接通过特定的方法获取当前的 JVM 进程所能够使用的内存空间，同时这些内存信息是以字节的形式（long 数据类型）返回的。

范例：获取 JVM 内存信息

```
package com.yootk;
public class YootkDemo {
    public static void main(String[] args) throws Exception {
        Runtime runtime = Runtime.getRuntime();                         // 获取Runtime类的对象实例
        System.out.println("MaxMemory = " + runtime.maxMemory());       // 最大可用内存
        System.out.println("TotalMemory = " + runtime.totalMemory());   // 初始化内存
        System.out.println("FreeMemory = " + runtime.freeMemory());     // 空闲内存
    }
}
```

程序执行结果：

```
MaxMemory = 4271898624（单位为字节，约4074MB）
TotalMemory = 268435456（单位为字节，约256MB）
FreeMemory = 267386880（单位为字节，约255MB）
```

本程序通过 Runtime 类获取了当前主机（当前主机物理内存大小为 16GB）中默认分配给 JVM 的内存空间。可以发现每一个 JVM 的最大可用内存为物理内存的 "1 / 4"，而初始化的 JVM 内存为物理内存的 "1 / 64"，当内存空间不足时会根据需要动态地分配内存空间，如图 1-7 所示。

图 1-7 JVM 内存分配

在一个项目长期运行的过程之中，如果没有很好地进行实例化对象的产生控制，则可能会产生大量的垃圾空间。除了可以等待 JVM 进行自动的 GC（Garbage Collection，垃圾收集）处理之外，也可以通过 Runtime 类所提供的 gc()方法进行手动内存释放。

范例：手动执行 GC 处理

```
package com.yootk;
public class YootkDemo {
    public static void main(String[] args) throws Exception {
        Runtime runtime = Runtime.getRuntime();     // 获取Runtime类的对象实例
        String message = "www.yootk.com";           // 定义字符串
        for (int x = 0; x < 25; x++) {              // 循环处理
```

```
            message += message + x + "\n";              // 产生大量的垃圾
        }
        System.out.println("【1】垃圾产生后的内存信息：MaxMemory = " + runtime.maxMemory());
        System.out.println("【1】垃圾产生后的内存信息：TotalMemory = " + runtime.totalMemory());
        System.out.println("【1】垃圾产生后的内存信息：FreeMemory = " + runtime.freeMemory());
        runtime.gc();                                    // 手动执行GC处理
        System.out.println("【2】GC调用之后的内存信息：MaxMemory = " + runtime.maxMemory());
        System.out.println("【2】GC调用之后的内存信息：TotalMemory = " + runtime.totalMemory());
        System.out.println("【2】GC调用之后的内存信息：FreeMemory = " + runtime.freeMemory());
    }
}
```

程序执行结果：

【1】垃圾产生后的内存信息：MaxMemory = 4271898624
【1】垃圾产生后的内存信息：TotalMemory = 2104492032
【1】垃圾产生后的内存信息：FreeMemory = 841732512（空闲内存变小）
【2】GC调用之后的内存信息：MaxMemory = 4271898624
【2】GC调用之后的内存信息：TotalMemory = 1685061632
【2】GC调用之后的内存信息：FreeMemory = 1179458984（空闲内存恢复）

　　本程序在垃圾产生之后和 GC 处理之后分别获取了当前的 JVM 内存信息，而比较前后所获取的信息可以发现，空闲内存的大小有了明显的变化，成功地实现了占用内存的释放。

> 💡 提示：Java 中的垃圾收集总结。
>
> 　　Java 中所有的 GC 属于守护线程，守护线程是伴随主线程存在的，其主要目的是进行垃圾的收集以及堆内存空间释放。
>
> 　　GC 处理在 JVM 中有两种形式：一种是自动的垃圾收集，另一种是手动的垃圾收集（通过 Runtime 类的 gc()方法）。而在实际开发时建议使用自动的清除机制。

1.4　System 类

视频名称　　0106_【理解】System 类
视频简介　　System 是一个系统程序类，提供了大量的常用操作方法。本视频主要讲解如何通过 System 类获取操作耗时统计，以及 System 类中提供的对象回收器方法的使用。

　　System 类是一个在项目开发中使用较为广泛的程序类，前文的代码中已经通过该类所提供的方法实现了信息的输出操作。在 System 类中实际上也定义了大量的程序处理方法，常用方法如表 1-4 所示。

表 1-4　System 类的常用方法

序号	方法名称	类型	描述
01	public static void arraycopy(Object src, int srcPos, Object dest, int destPos, int length)	普通	数组复制
02	public static long currentTimeMillis()	普通	获取当前的时间戳
03	public static void exit(int status)	普通	结束 JVM 进程，调用的是 Runtime 类中的 exit() 方法
04	public static void gc()	普通	执行垃圾收集，调用的是 Runtime 类中的 gc()方法

　　System 类中有一个获取当前系统时间戳的处理方法，该方法可以通过 long 数据类型实现日期时间数据的存储，在项目的开发中可以利用这一机制实现某一操作的耗时统计处理。如图 1-8 所示，可以在某一操作开始前获取一个时间戳数据，而在操作结束后再次获取时间戳数据，两者相减即可得到该操作的耗时（单位：毫秒）。

图 1-8 操作耗时统计

范例：统计程序耗时

```java
package com.yootk;
public class YootkDemo {
    public static void main(String[] args) throws Exception {
        String message = "www.yootk.com";                  // 字符串定义
        long start = System.currentTimeMillis();            // 在操作开始前获取时间戳
        for (int x = 0; x < 99999; x++) {                   // 循环修改
            message += x;                                   // 字符串修改
        }
        long end = System.currentTimeMillis();              // 在操作结束后获取时间戳
        System.out.println("本次程序执行的耗时统计：" + (end - start));
    }
}
```

程序执行结果：

本次程序执行的耗时统计：6894

此时的程序由于需要进行某一个操作的统计耗时，因此为了确定具体的耗时，分别在操作前后获取了对应的时间戳数据，最后利用减法实现了计算。

在默认情况下，一个 JVM 进程启动之后，一般可以有如下 3 种情况导致 JVM 进程结束：程序代码执行完毕；程序出现异常；手动结束。而程序的手动结束可以通过 System.exit()方法来实现。

范例：手动停止程序运行

```java
package com.yootk;
public class YootkDemo {
    public static void main(String[] args) throws Exception {
        if (args.length != 2) {                             // 通过程序接收初始化参数
            System.out.println("【错误】本程序执行时需要传递初始化的运行参数，否则无法运行！");
            System.out.println("【提示】可以按照如下的方式运行：java YootkDemo 字符串 重复次数");
            System.exit(1);                                 // 程序退出
        }
        String message = args[0];                           // 获取一个参数内容
        int count = Integer.parseInt(args[1]);              // 循环次数
        for (int x = 0; x < count; x++) {                   // 循环操作
            System.out.println(message);                    // 数据输出
        }
    }
}
```

程序执行命令：

```
java com.yootk.YootkDemo
```

程序执行结果：

【错误】本程序执行时需要传递初始化的运行参数，否则无法运行！
【提示】可以按照如下的方式运行：java YootkDemo 字符串 重复次数

本程序在具体的操作执行之前要判断传入的初始化参数个数。如果参数个数小于 2，则提示错误，同时进行程序的退出操作；如果输入参数的个数正确，则将指定的内容重复输出指定次数。

> 💡 提示：System.gc()操作。
>
> 　　细心的读者可以发现，System 类也提供 gc()方法。但是需要注意的是，该方法并不是一个新的 GC 操作，而是调用 Runtime 类中的 gc()方法，这一点可以通过源代码观察到。

范例：System.gc()方法源代码

```java
public static void gc() {
    Runtime.getRuntime().gc();    // 封装的是Runtime类中的gc()方法
}
```

通过对源代码的观察可以对先前的说明进行有效的验证，而且在 System 类中的 gc()方法主要是为保证操作结构的统一性而提供的。

1.5　Cleaner 类

Cleaner 类

视频名称　0107_【了解】Cleaner 类
视频简介　GC 是 Java 对象回收的核心处理模型，然而为了提升 GC 操作的性能，Java 废除了传统的 finalize()释放方法。本视频主要讲解 JDK 9 之后对回收操作的实现。

在 JVM 中保存的每一个对象实例在被 GC 线程回收之后，都会执行一个对象释放前的收尾操作，然而在这样的对象收尾操作中如果出现了某些死锁问题，回收处理有可能就无法正确执行完毕，从而影响当前程序的执行性能。所以从 JDK 9 开始，为了更加高效地实现回收处理，可以单独设计一个专属的回收线程，这样在出现问题时就不会对执行线程产生影响，如图 1-9 所示。

图 1-9　回收线程

实现回收线程的操作，可使用一个名为 Cleaner 的回收处理类。直接使用该类进行回收对象（回收对象的类必须实现 Runnable 接口）的注册，并返回一个 Cleaner.Cleanable 接口实例，这样就可以利用该接口提供的 clean()方法实现回收线程的启动，程序的实现结构如图 1-10 所示。

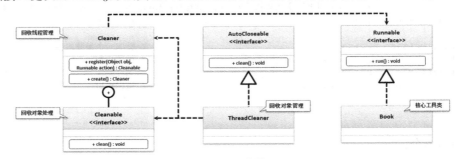
图 1-10　回收处理

💡 **提示：JDK 9 以前使用 finalize()方法进行回收处理。**
　　早期的对象释放前的收尾操作方法是由 Object 类提供的，开发者在其定义的类中覆写 finalize()方法即可在对象回收前进行调用。而该方法在 JDK 9 之后已经不被推荐使用了，读者打开 Object 类的源代码时可以看见如下提示信息:

```java
@Deprecated(since="9")
protected void finalize() throws Throwable { }
```

　　虽然开发者可以继续通过该方法实现回收处理，但是从未来的技术发展来讲，被@Deprecated 标记的方法最好不要在新版本中继续使用。

范例：Cleaner 实现对象回收

```java
package com.yootk;
import java.lang.ref.Cleaner;
class Book implements Runnable {                              // 设计一个回收线程
    public Book() {
        System.out.println("【构造】用心编写了一本优秀的原创技术图书。");
    }
    public void read() {
        System.out.println("【读书】认真学习李兴华老师的编程技术课程。");
    }
    @Override
    public void run() {                                       // 回收线程
        System.out.println("【析构】知识学习完毕，需要努力消化技术概念。");
    }
}
class ThreadCleaner implements AutoCloseable {                // 必须实现AutoCloseable接口
    private static final Cleaner cleaner = Cleaner.create() ; // 创建一个回收对象
    private Cleaner.Cleanable cleanable ;                     // 回收对象管理
    public ThreadCleaner(Book book) {
        this.cleanable = cleaner.register(this, book) ;       // 注册一个回收线程
    }
    @Override
    public void close() throws Exception {
        this.cleanable.clean();                               // 释放时进行垃圾的清除
    }
}
public class YootkDemo {
    public static void main(String[] args) throws Exception {
        Book book = new Book();                               // 实例化新的类对象
        try (ThreadCleaner bc = new ThreadCleaner(book)) {    // 自动关闭
            book.read();                                      // 相关业务操作
        } catch (Exception e) {}
    }
}
```

程序执行结果：

【构造】用心编写了一本优秀的原创技术图书。
【读书】认真学习李兴华老师的编程技术课程。
【析构】知识学习完毕，需要努力消化技术概念。

本程序创建了一个 Book 类，该类实现了 Runnable 多线程接口，随后将此线程对象注入 Cleaner 类对象实例。由于当前的 ThreadCleaner 类的对象实例在 try 语句中定义，因此该对象的操作执行完成后就会自动调用类中的 close()方法，以实现对象资源的释放操作。

> 💡 提示：JVM 对象生命周期。
>
> Java 中的每一个对象从创建到回收都会经历图 1-11 所示的一系列步骤，这些步骤具体作用如下。
>
> 1. 创建阶段：每当使用关键字 new 就表示要开辟新的堆内存空间，同时每一个新的对象实例化的时候都一定要执行类中的构造方法，构造方法的目的是初始化类中的成员。
>
> 2. 应用阶段：利用指定的对象名称可以直接进行类中方法的调用处理。
>
> 3. 不可见阶段：现在某一个方法内部有了一个对象，该方法执行完毕后该对象将不再被使用。
>
> 4. 不可达阶段：某一个堆内存空间已经不再被任何栈内存所指向，则此空间将成为垃圾空间。
>
> 5. 收集阶段：JVM 会自动地进行垃圾空间的标记，标记之后将通过 GC 释放。JDK 1.8 及以前的版本使用的都是 finalize()方法，而 JDK 9 及以后的版本推荐使用 Cleaner 来完成。

6. 终结阶段：方法执行完毕，内存空间等待回收。
7. 释放阶段：JVM 重新回收垃圾的堆内存空间，供后续新的对象使用。

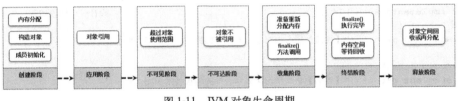

图 1-11　JVM 对象生命周期

1.6　对 象 克 隆

对象克隆

视频名称　0108_【理解】对象克隆

视频简介　克隆可以利用已有的堆内存空间的保存内容实现数据的完整复制。本视频主要讲解对象克隆的操作实现，以及 Cloneable 接口的作用。

　　每一个对象实例化完成后都会在堆内存空间保存各自的属性内容，而 Java 提供了对象克隆机制，可以将一个堆内存空间中保存的数据复制到另一个堆内存空间，从而实现新的实例化对象的创建。这些处理操作全部由 JVM 提供，开发者在被克隆对象所在的类中实现 Cloneable 接口，随后覆写 Object 类中的 clone()方法即可完成对象克隆，程序的实现结构如图 1-12 所示。

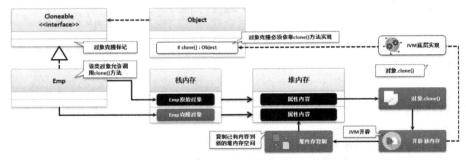

图 1-12　对象克隆处理

　　💡 提示：Cloneable 与 Object.clone()。

　　由于对象克隆操作直接通过内存进行，因此开发者不需要做任何细节的处理，考虑 java.lang.Cloneable 接口以及 Object.clone()方法的调用即可。这两个结构的定义如下。

　　Cloneable 接口：

```
public interface Cloneable {}
```

　　Object.clone()方法：

```
protected Object clone() throws CloneNotSupportedException
```

　　可以发现，java.lang.Cloneable 并没有定义任何操作方法，所以该接口是一个标记接口。如果被克隆对象的类没有实现此接口，那么在调用 Object.clone()方法进行对象克隆时就会出现 CloneNotSupportedException 异常。

　　范例：实现对象克隆

```
package com.yootk;
class Emp implements Cloneable {                                    // 启用克隆
```

```
    private String ename;                                          // 成员属性
    private String job;                                            // 成员属性
    // 无参构造方法、setter方法、getter方法不再重复定义，略
    public Emp(String ename, String job) {                         // 构造方法
        this.ename = ename;                                        // 属性赋值
        this.job = job;                                            // 属性赋值
    }
    @Override
    public String toString() {                                     // 获取对象信息
    // 父类中的toString()可以返回一个内存编码，通过该内存编码可以观察对象内容
        return "【Emp - " + super.toString() + "】姓名: " + this.ename + "、职位: " + this.job;
    }
    @Override
    public Object clone() throws CloneNotSupportedException {      // 方法覆写
        return super.clone();                                      // 调用父类方法
    }
}
public class YootkDemo {
    public static void main(String[] args) throws Exception {
        Emp empA = new Emp("李兴华", "软件编程讲师");                   // 原始对象
        Emp empB = (Emp) empA.clone();                             // 对象克隆
        System.out.println(empA);                                  // 对象输出
        System.out.println(empB);                                  // 对象输出
    }
}
```

程序执行结果：

```
【Emp - com.yootk.Emp@2ff4acd0】姓名: 李兴华、职位: 软件编程讲师
【Emp - com.yootk.Emp@54bedef2】姓名: 李兴华、职位: 软件编程讲师
```

本程序实现了对象克隆的处理操作。由于 Object 类中的 clone()方法使用了 protected 访问权限，因此必须在子类中对此方法进行覆写并调用父类 clone()方法实现（对象克隆是由 JVM 处理的）。通过最终的对象输出内容可以发现，这两个对象属于不同的堆内存空间，最终实现了对象克隆。

> 💡 提示：对象克隆属于浅克隆。
>
> 　　在实际的程序开发过程之中如果要进行对象克隆，一般会有两种做法：深克隆、浅克隆。所谓的深克隆指的是对所有与对象有关的引用类型进行克隆，而所谓的浅克隆指的是只克隆当前类中的基本属性内容。Object 类提供的 clone()方法实际上属于浅克隆操作。

1.7　数字操作类

为了便于开发者实现数学计算的相关处理开发，Java 提供了与之相关的程序支持类，如 Math、Random、BigInteger 与 BigDecimal 等。本节将为读者讲解这些类的使用。

1.7.1　Math 数学计算

Math 数学计算

视频名称　　0109_【理解】Math 数学计算
视频简介　　JDK 提供了基本的数学计算操作，这些操作都通过 Math 类进行包装。本视频主要讲解 Math 类的基本作用以及四舍五入操作。

java.lang.Math 是 Java 内部所提供的实现数学计算的相关操作类，该类提供各种数学计算处理方法，如四舍五入、三角函数、幂计算等。在该类中定义的常用方法如表 1-5 所示。

Math 类并没有提供任何构造方法（构造方法私有化），同时所有的方法均采用 static 定义，这样开发者在进行数学计算处理时，直接通过类名称即可实现方法调用。

表 1-5　Math 类的常用方法

序号	方法名称	类型	描述
01	public static double abs(double a)	普通	获取绝对值
02	public static double pow(double a, double b)	普通	开方计算
03	public static double random()	普通	获取随机数
04	public static double log(double a)	普通	获取以 e 为底的对数
05	public static long round(double a)	普通	四舍五入
06	public static int max(int a, int b)	普通	获取最大值
07	public static int min(int a, int b)	普通	获取最小值

范例：使用 Math 进行计算

```java
package com.yootk;
public class YootkDemo {
    public static void main(String[] args) throws Exception {
        System.out.println("【绝对值】" + Math.abs(-10.3));      // 10.3
        System.out.println("【最大值】" + Math.max(10, 30));      // 30
        System.out.println("【最小值】" + Math.min(10, 30));      // 10
        System.out.println("【正弦值】" + Math.sin(3.56));        // -0.4063057021444168
        System.out.println("【对数值】" + Math.log(20));          // 1.995732273553991
    }
}
```

程序执行结果：

```
【绝对值】10.3
【最大值】30
【最小值】10
【正弦值】-0.4063057021444168
【对数值】1.995732273553991
```

本程序使用 Math 类提供的方法实现了基础的数学计算，包括求绝对值、求最大值与最小值、三角函数以及对数的计算处理。在数学计算中四舍五入也是较为常见的，Math 类提供 round() 处理方法。

范例：实现四舍五入

```java
package com.yootk;
public class YootkDemo {
    public static void main(String[] args) throws Exception {
        System.out.println("【四舍五入】" + Math.round(15.1)); // 15
        System.out.println("【四舍五入】" + Math.round(15.51));   // 16
        System.out.println("【四舍五入】" + Math.round(-15.1));   // -15
        System.out.println("【四舍五入】" + Math.round(-15.51));    // -16
    }
}
```

程序执行结果：

```
【四舍五入】15
【四舍五入】16
【四舍五入】-15
【四舍五入】-16
```

在使用 Math 类实现四舍五入处理的过程之中，如果要操作的数值为负数，并且小数部分的值超过了 0.5，则会自动地进行进位处理。

> 💡 提示：小数点四舍五入。
>
> 　　虽然 Math 类提供四舍五入的处理方法，可是这个四舍五入的处理方法会将全部的小数位进行整体的进位处理，这样的处理模式一定是存在问题的。
>
> 　　例如，有一家公司每年的收入都是以亿元为单位的，今年的收入达到了 3.467812 亿元，如

果使用 Math.round()方法实现了四舍五入，则呈现的结果是只有 3 亿元的收入。要解决这样的精度问题，就需要开发者自定义一个新的四舍五入处理方法。

范例：自定义四舍五入

```java
package com.yootk;
/**
 * 该类是一个自定义的数学工具类，可以弥补Math类的不足
 * @author 李兴华
 */
class MathUtil {
    private MathUtil() {}                          // 不存在成员属性，构造方法私有化
    /**
     * 进行准确位数的四舍五入的处理操作
     * @param num 表示要进行处理的数字
     * @param scale 表示要保留的小数位
     * @return 四舍五入处理后的结果
     */
    public static double round(double num, int scale) {
        return Math.round(num * Math.pow(10.0, scale)) / Math.pow(10.0, scale);
    }
}
public class YootkDemo {
    public static void main(String[] args) throws Exception {
        System.out.println("【四舍五入】" + MathUtil.round(15.3829489, 3));
    }
}
```

程序执行结果：

【四舍五入】15.383

本程序通过自定义的 MathUtil 类成功地实现指定位数的四舍五入处理操作，更加适合项目开发中的应用环境。

1.7.2　Random 随机数

Random 随机数

视频名称　0110_【理解】Random 随机数

视频简介　在项目中为了保证安全，往往需要提供随机码的生成操作。Java 提供 Random 工具类，本视频主要讲解如何利用 Random 取得随机数，并通过一个"36 选 7"的"彩票算号程序"分析 Random 的基本应用。

java.util.Random 是一个专门用于生成随机数的工具类，开发者可以使用此类生成 0～1 的随机数，也可以设置"范围"生成 0～"范围"的随机数。Random 类的常用方法如表 1-6 所示。

表 1-6　Random 类的常用方法

序号	方法名称	类型	描述
01	public Random()	构造	获取 Random 实例化对象
02	public Random(long seed)	构造	设置 Random 生成的种子数值
03	public int nextInt(int bound)	普通	随机生成 0～"范围"的整数

范例：生成随机数

```java
package com.yootk;
import java.util.Random;
public class YootkDemo {
    public static void main(String[] args) throws Exception {
        Random random = new Random();                       // 获取Random对象实例
        for (int x = 0; x < 10; x++) {                      // 循环10次
            System.out.print(random.nextInt(100) + "、");    // 获取随机数
        }
```

```
    }
}
```

程序执行结果：

8、72、40、67、89、50、6、19、37、68、

本程序利用 for 循环的形式生成了 10 个不超过 100 且大于 0 的整型数字，每次执行都可以得到不同的执行结果。

💡 **提示：生成随机彩票数字。**

有一种 "36 选 7" 的彩票，购买者可以在 36 个数字中自行选择。也可以直接将数字生成交由机器完成，即可以利用 Random 实现这一生成机制。

范例：生成 "36 选 7" 彩票数据

```java
package com.yootk;
import java.util.Arrays;
import java.util.Random;
class LotteryTicket {                                    // 彩票工具类
    // 随机数生成时会存在0或者重复数据，数组的索引必须单独控制
    private int index;                                   // 手动控制生成索引
    private int[] data;                                  // 保存最终生成的彩票数据
    private Random rand = new Random();                  // 随机数类
    public LotteryTicket() {                             // 构造方法
        this.data = new int[7];                          // 动态初始化
    }
    public void create() {                               // 随机生成彩票数据
        while (this.index < this.data.length) {          // 持续生成
            int code = this.rand.nextInt(37);            // 1~36为彩票数据的生成范围
            if (this.isExists(code)) {                   // 检测数据是否可用
                this.data[this.index++] = code;          // 保存生成的数据
            }
        }
    }
    private boolean isExists(int code) {                 // 判断是否重复
        if (code == 0) {                                 // 不保存数字0
            return false;                                // 数据不可用
        }
        for (int temp : this.data) {                     // 数据迭代
            if (temp == code) {                          // 数据重复
                return false;                            // 数据不可用
            }
        }
        return true;                                     // 数据可用
    }
    public int[] getData() {                             // 获取数据
        Arrays.sort(this.data);                          // 数组排序
        return data;                                     // 数组返回
    }
}
public class YootkDemo {
    public static void main(String[] args) throws Exception {
        LotteryTicket lotteryTicket = new LotteryTicket();  // 彩票类
        lotteryTicket.create();                             // 随机生成彩票数据
        for (int temp : lotteryTicket.getData()) {          // 输出结果
            System.out.print(temp + "、");
        }
    }
}
```

程序执行结果：

10、12、13、20、26、33、35、

为了便于生成数据的管理，本程序创建了一个 LotteryTicket 工具类。在该类中对每次生成的数据进行有效性判断，如果合法则将当前生成的数据保存在数组之中，并在排序后返回该数组内容。

1.7.3　大数字处理类

大数字处理类

视频名称	0111_【掌握】大数字处理类
视频简介	在设计 Java 时开发者考虑到了一些特殊的应用环境，专门设计了大数字类。本视频主要讲解大数字的操作形式以及 BigInteger 类和 BigDecimal 类的操作处理。

　　Java 中所提供的数据类型足以应付常规的数学计算处理操作，然而在一些特殊的环境下可能要用到较大的数字（其值超过了 double 的数值范围）来实现数学计算，此时无法按照传统的方式进行数学计算处理。最佳做法是将数据以字符串的形式保存，而后根据每一个字符的内容来进行手动的计算处理。Java 为了简化这类数学计算的操作，专门提供了 BigInteger 与 BigDecimal 两个大数字处理类，而这两个类也是 Number 的子类，继承结构如图 1-13 所示。

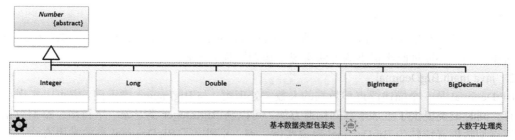

图 1-13　大数字处理类

1. java.math.BigInteger

BigInteger 用于实现整型大数字的保存以及基础的计算处理，开发者可以使用表 1-7 所示的方法进行操作。

表 1-7　BigInteger 类的常用方法

序号	方法名称	类型	描述
01	public BigInteger(String val)	构造	将字符串中的数字转为大数字
02	public BigInteger add(BigInteger val)	普通	大数字加法计算
03	public BigInteger subtract(BigInteger val)	普通	大数字减法计算
04	public BigInteger multiply(BigInteger val)	普通	大数字乘法计算
05	public BigInteger divide(BigInteger val)	普通	大数字除法计算，不保留小数
06	public BigInteger[] divideAndRemainder(BigInteger val)	普通	除法计算，第一位保存商，第二位保存余数
07	public BigInteger max(BigInteger val)	普通	获取最大值
08	public BigInteger min(BigInteger val)	普通	获取最小值
09	public BigInteger mod(BigInteger m)	普通	求模

　　通过 BigInteger 类的构造方法可以清楚地发现，考虑到大数字保存的问题，可以直接通过字符串进行数据的定义，而后将此字符串传入 BigInteger 类，这样就可以通过 BigInteger 类提供的方法对字符串进行处理。由于 BigInteger 是 Number 的子类，所以可以直接通过 BigInteger 类对象调用 longValue() 或 doubleValue() 将字符串转为基本数据类型的数据。

　　范例：BigInteger 数学计算

```java
package com.yootk;
import java.math.BigInteger;
public class YootkDemo {
    public static void main(String[] args) {
        BigInteger bigA = new BigInteger("2378902389023");        // 大数字处理类
```

```
        BigInteger bigB = new BigInteger("723782378");              // 大数字处理类
        System.out.println("【加法计算】" + bigA.add(bigB));
        System.out.println("【减法计算】" + bigA.subtract(bigB));
        System.out.println("【乘法计算】" + bigA.multiply(bigB));
        System.out.println("【除法计算】" + bigA.divide(bigB));
        // 当前给定的两个大数字处理类对象是不可能进行整除处理的，所以可以采用余数的形式进行除法计算
        BigInteger result[] = bigA.divideAndRemainder(bigB);        // 计算商和余数
        System.out.println("【除法计算】商：" + result[0] + "、余数：" + result[1]);
    }
}
```

程序执行结果：

【加法计算】2379626171401
【减法计算】2378178606645
【乘法计算】1721807628156948036694
【除法计算】3286
【除法计算】商：3286、余数：553494915

　　本程序通过字符串保存了两个数字,随后通过 BigInteger 类提供的构造方法将其转为 BigInteger 类的对象实例，并通过此类提供的方法实现了基础的数学计算。

　　2．java.math.BigDecimal

　　BigDecimal 是一个描述浮点型数据的大数字处理类，与 BigInteger 类不同，它可以实现小数位的保存。同时该类提供了更加丰富的构造方法，可以将 BigInteger 类对象、字符串、整型数据、双精度浮点型数据直接转为 BigDecimal 对象实例。表 1-8 列出了 BigDecimal 类的常用方法。

表 1-8　BigDecimal 类的常用方法

序号	方法名称	类型	描述
01	public BigDecimal(double val)	构造	直接接收双精度浮点型数字
02	public BigDecimal(int val)	普通	直接接收整型数字
03	public BigDecimal(String val)	普通	直接接收字符串
04	public BigDecimal(BigInteger val)	普通	接收 BigInteger 类对象

　　BigDecimal 类本身提供的处理方法与 BigInteger 类提供的类似，为了便于读者理解，下面通过 BigDecimal 类实现四则运算。

　　范例：BigDecimal 数学计算

```
package com.yootk;
import java.math.BigDecimal;
import java.math.RoundingMode;
public class YootkDemo {
    public static void main(String[] args) throws Exception {
        BigDecimal bigA = new BigDecimal("2378902389023.2323231");  // 大数字处理类
        BigDecimal bigB = new BigDecimal("723782378.7237238");       // 大数字处理类
        System.out.println("【加法计算】" + bigA.add(bigB));
        System.out.println("【减法计算】" + bigA.subtract(bigB));
        System.out.println("【乘法计算】" + bigA.multiply(bigB));
        System.out.println("【除法计算】" + bigA.divide(bigB, RoundingMode.HALF_UP));
    }
}
```

程序执行结果：

【加法计算】2379626171401.9560469
【减法计算】2378178606644.5085993
【乘法计算】1721807629878784464871.75431695675978
【除法计算】3286.7647223

　　由于 BigDecimal 类对象可以保存小数位，因此在进行计算之后所有的小数位会被完整地保留

下来。在进行除法计算时，需要为其设置进位模式，本程序采用的进位模式为"RoundingMode. HALF_UP"（四舍五入）。

> **提示：BigDecimal 也可以实现四舍五入处理。**
>
> 本章前面的部分已经通过 java.lang.Math 类提供的方法介绍了如何实现四舍五入操作，而在实际的开发中也可以直接通过 BigDecimal 类的除法计算实现准确的四舍五入操作。
>
> **范例：BigDecimal 实现四舍五入**
>
> ```java
> package com.yootk;
> import java.math.BigDecimal;
> import java.math.RoundingMode;
> /**
>  * 该类是一个自定义的数学工具类，可以弥补Math类的不足
>  * @author 李兴华
>  */
> class MathUtil {
>     private MathUtil() {}                    // 不存在成员属性，构造方法私有化
>     public static double round2(double num, int scale) {
>         return new BigDecimal(num).divide(new BigDecimal(1), scale,
>                 RoundingMode.HALF_UP).doubleValue() ;
>     }
> }
> public class YootkDemo {
>     public static void main(String[] args) throws Exception {
>         System.out.println(MathUtil.round2(19.56789, 2));
>     }
> }
> ```
>
> 程序执行结果：
>
> ```
> 19.57
> ```
>
> 为了便于代码管理，本程序将四舍五入的计算方法直接定义在了 MathUtil 类中。由于该类并没有任何成员属性，同时方法全部是static类型的，因此将其构造方法进行私有化配置。通过最终的执行结果发现，这样可以实现正确的计算处理。
>
> 需要特别提醒读者的是，在一些数字精度较高的系统之中，往往会使用 BigDecimal 类来代替 double 基础类型。主要的原因在于 double 占 64 位，在进行计算时有可能会出现同步与计算精度方面的问题，而使用 BigDecimal 类保存数据则可以避免这些问题。

1.8 日期时间数据处理

程序中除了要保存基本的数据之外，还要进行日期时间数据的存储，同时需要考虑日期时间数据与其他类型数据之间的转换处理。Java 提供了丰富的日期时间数据处理支持，本节将为读者讲解相关操作类的特点与使用。

1.8.1 Date 类

Date 类

视频名称 0112_【掌握】Date 类
视频简介 日期是重要的程序单元。本视频主要讲解 Date 类的基本使用，以及 Dat 对象与时间戳之间的转换。

java.util.Date 类是在 Java 之中获得日期时间数据的最简单的一个程序类，开发者可以直接使用此类的无参构造方法获取实例化对象，而后直接输出该对象即可获得当前的日期时间数据。

范例：获取当前日期时间数据（注：具体时间仅为示例）

```java
package com.yootk;
public class YootkDemo {
    public static void main(String[] args) throws Exception {
        System.out.println(new java.util.Date());        // 输出Date类实例化对象
    }
}
```

程序执行结果：

```
Wed Jun 09 20:40:35 CST 2022
```

此时得到的结果采用默认的输出格式进行输出，其已经包含所需要的数据内容。Date 类除了无参构造方法之外，其内部也提供了一些日期时间数据处理的常用方法，如表 1-9 所示。

表 1-9　Date 类的常用方法

序号	方法名称	类型	描述
01	public Date()	普通	获取当前的日期时间对象
02	public Date(long date)	普通	将时间戳数字转为 Date 类对象
03	public long getTime()	普通	将日期时间数据以 long 类型数据的形式返回
04	public boolean after(Date when)	普通	是否在指定日期时间数据之后
05	public boolean before(Date when)	普通	是否在指定日期时间数据之前

通过表 1-9 所示的方法可以发现，Date 类提供了日期时间数据与 long 类型数据之间的转换处理，开发者可以直接通过 getTime()方法将日期时间数据转为整数，也可以通过 Date 类的构造方法将 long 类型数据转为 Date 实例。

范例：Date 实例与 long 类型数据转换

```java
package com.yootk;
import java.util.Date;
public class YootkDemo {
    public static void main(String[] args) throws Exception {
        long datetime = System.currentTimeMillis() - 10000;    // 得到了一个long类型数据
        Date dateA = new Date(datetime);                       // 日期时间数值要小
        Date dateB = new Date();                               // 日期时间数值要大
        System.out.println(dateA);                             // long类型数据转为Date实例
        System.out.println(dateB);                             // long类型数据转为Date实例
        System.out.println("【两个日期之间所差的毫秒数】" + (dateB.getTime() - dateA.getTime()));
        System.out.println("【先后关系】AFTER: " + (dateA.after(dateB)));
        System.out.println("【先后关系】BEFORE: " + (dateA.before(dateB)));
    }
}
```

程序执行结果：

```
Wed Jun 09 20:48:10 CST 2022
Wed Jun 09 20:48:20 CST 2022
【两个日期之间所差的毫秒数】10001
【先后关系】AFTER: false
【先后关系】BEFORE: true
```

本程序首先通过 System.currentTimeMillis()获取了当前日期时间的 long 类型数据，而后为了便于区分日期的先后，进行了减法计算，并利用 Date 类的单参构造方法得到了一个与之匹配的 Date 实例，这样就可以通过 after()或 before()来实现日期先后的判断。

💡 提示：Date 类与 System 类之间的关系。

在 Date 类里面通过构造方法可以接收 long 类型的日期时间数据，也可以通过 Date 类返回 long 类型的数据。要想清楚地理解 Date 类之中两个构造方法之间的关系，最佳的做法是观察 Date 类的构造方法源代码。

范例：观察 Date 类构造方法源代码

【无参构造】public Date():

```java
public Date() {
    this(System.currentTimeMillis());
}
```

【单参构造】public Date(long date):

```java
public Date(long date) {
    fastTime = date;
}
```

通过构造方法源代码可以发现，默认通过无参构造方法获取 Date 对象实例，实际上是对当前系统的日期时间数值进行转换处理，于是可以得到图 1-14 所示的转换结构。

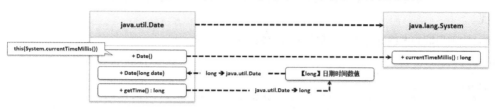

图 1-14　Date 类与 System 类之间的关系

需要提醒读者的是，在 Java 程序之中，日期时间、内存大小、文件大小都用 long 类型数据来进行描述，在描述日期时间时 long 类型数据代表的是毫秒数。

1.8.2　Calendar 类

Calendar 类

视频名称　　0113_【掌握】Calendar 类

视频简介　为了保证精准地进行日期计算操作，Java 提供了 Calendar 类。本视频为读者讲解 Calendar 类的使用，并通过具体的代码演示日期计算操作。

Calendar 是一个描述日历的操作类，通过该类，开发者可以方便地得到当前的日期时间，还可以得到准确的月初、月末、年初、年末以及指定月份所在季的日期时间。在 Java 中 java.util.Calendar 是一个抽象类，其继承结构如图 1-15 所示。

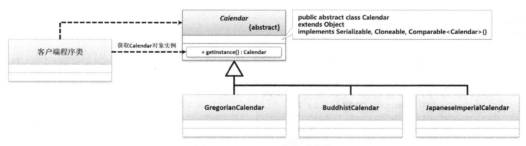

图 1-15　Calendar 类继承结构

范例：获取当前日期时间（注：具体时间仅为示例）

```java
package com.yootk;
import java.util.Calendar;
public class YootkDemo {
    public static void main(String[] args) throws Exception {
        Calendar calendar = Calendar.getInstance();                    // 获取对象实例
        System.out.println(String.format("当前的日期时间：%s-%s-%s %s:%s:%s",  // 格式化输出
            calendar.get(Calendar.YEAR),                               // 获取当前年份
            calendar.get(Calendar.MONTH) + 1,                          // 获取当前月份（从0开始）
            calendar.get(Calendar.DAY_OF_MONTH),                       // 获取所在月天数
```

```
        calendar.get(Calendar.HOUR_OF_DAY),        // 获取小时
        calendar.get(Calendar.MINUTE),             // 获取分钟
        calendar.get(Calendar.SECOND)));           // 获取秒
    }
}
```

程序执行结果：

当前的日期时间：2022-8-9 7:18:56

为便于获取 Calendar 对象实例，Calendar 类在内部提供了 getInstance()方法实现该类对象的实例化操作，而后就可以通过 get()方法并结合指定的日期时间标记来获取所需的日期时间数据。

除了可以使用 Calendar 获取当前的日期时间之外，还可以利用其实现准确的日期时间计算。例如，获取 30 年之后的日期或者获取 6 个月之后的日期，这类操作直接通过该类提供的 add()方法即可实现。

范例：实现日期的准确计算（注：具体时间仅为示例）

```
package com.yootk;
import java.util.Calendar;
public class YootkDemo {
    public static void main(String[] args) throws Exception {
        Calendar calendar = Calendar.getInstance();        // 获取对象实例
        calendar.add(Calendar.YEAR, 30);                   // 30年之后的日期
        calendar.add(Calendar.MONTH, 6);                   // 6个月之后的日期
        System.out.println(String.format("日期时间: %s-%s-%s %s:%s:%s",   // 格式化输出
                calendar.get(Calendar.YEAR),               // 获取年份
                calendar.get(Calendar.MONTH) + 1,          // 获取月份（从0开始）
                calendar.get(Calendar.DAY_OF_MONTH),       // 获取所在月天数
                calendar.get(Calendar.HOUR_OF_DAY),        // 获取小时
                calendar.get(Calendar.MINUTE),             // 获取分钟
                calendar.get(Calendar.SECOND)));           // 获取秒
    }
}
```

程序执行结果：

日期时间：2053-2-9 7:24:43（日期自动叠加）

本程序在已有的当前日期时间基础之上利用 add()方法，并结合指定的日期时间标记实现了数据的累加操作，而后在 Calendar 类中就可以根据所设置的数值，实现若干年、月之后的日期时间获取。

范例：找到 8 月的最后一天

```
package com.yootk;
import java.util.Calendar;
public class YootkDemo {
    public static void main(String[] args) throws Exception {
        Calendar calendar = Calendar.getInstance();        // 获取对象实例
        // set()方法定义: public final void set(int year, int month, int date) {}
        calendar.set(calendar.get(Calendar.YEAR), 8, 1);   // 通过9月计算8月的最后一天
        calendar.add(Calendar.DATE, -1);                   // 9月的第一天减1
        System.out.println(String.format("日期时间: %s-%s-%s %s:%s:%s",   // 格式化输出
                calendar.get(Calendar.YEAR),               // 获取年份
                calendar.get(Calendar.MONTH) + 1,          // 获取月份（从0开始）
                calendar.get(Calendar.DAY_OF_MONTH),       // 获取所在月天数
                calendar.get(Calendar.HOUR_OF_DAY),        // 获取小时
                calendar.get(Calendar.MINUTE),             // 获取分钟
                calendar.get(Calendar.SECOND)));           // 获取秒
    }
}
```

程序执行结果：

日期时间：2022-8-31 7:28:15

本程序通过 set()方法设置了该年的 9 月（月数的统计从 0 开始，所以 8 就表示 9 月）的第一天，而后利用 add()方法将当前日期时间减少一天，这样就得到了 8 月最后一天的日期时间。

1.8.3 SimpleDateFormat 类

SimpleDateFormat 类

视频名称	0114_【掌握】SimpleDateFormat 类

视频简介 为了方便文本显示，Java 提供格式化处理机制。本视频主要讲解如何利用 SimpleDateFormat 类实现日期格式化显示，并讲解 String 类与 Date 类的相互转换操作。

Date 类和 Calendar 类都可以用于获取当前的日期时间数据，但是在进行内容输出的时候各有缺陷（日期时间不方便阅读、日期时间前没有自动补 0）。所以为了更加方便地实现当前日期时间的获取操作，在实际的 Java 开发中一般会使用 SimpleDateFormat 类来完成。此类的常用方法如表 1-10 所示。

表 1-10 SimpleDateFormat 类的常用方法

序号	方法名称	类型	描述
01	public SimpleDateFormat(String pattern)	构造	定义日期时间匹配格式
02	public SimpleDateFormat(String pattern, Locale locale)	构造	定义日期时间匹配格式与位置
03	public final String format(Date date)	普通	格式化日期时间为字符串
04	public Date parse(String source) throws ParseException	普通	将字符串转为 Date 对象实例

SimpleDateFormat 类可以直接实现 Date 类对象格式的转化，而在转换之前需要通过 SimpleDateFormat 类的构造方法设置转换的匹配格式，该匹配格式有多个重要的日期时间单位，分别为年（yyyy）、月（MM）、日（dd）、时（HH）、分（mm）、秒（ss）、毫秒（SSS），这样就可以通过 format() 方法来完成最终的格式化处理。

> 💡 提示：SimpleDateFormat 类的继承结构。
>
> Java 提供了 java.text.Format 格式化父类，所以 SimpleDateFormat 本质上属于 Format 父类，继承结构如图 1-16 所示。
>
>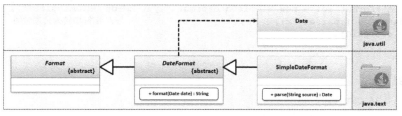
>
> 图 1-16 SimpleDateFormat 类的继承结构
>
> Java 提供的 Format 类的主要功能是进行国际化显示处理，相关概念参见 1.10 节。

范例：日期时间格式化

```java
package com.yootk;
import java.text.SimpleDateFormat;
import java.util.Date;
public class YootkDemo {
    public static void main(String[] args) throws Exception {
        Date date = new Date();                                         // 获取日期时间
        SimpleDateFormat sdf = new SimpleDateFormat("yyyy-MM-dd HH:mm:ss.SSS");
        String str = sdf.format(date);                                  // 将日期时间转为字符串
        System.out.println(str);                                        // 输出日期时间
    }
}
```

程序执行结果：

```
2022-08-09 07:54:10.692
```

本程序在实例化 SimpleDateFormat 类对象时直接提供了最终的日期时间的处理格式，这样在使用 format()方法进行格式化时，就可以将 java.util.Date 实例自动转为 String 对象实例，使输出的格式更加符合终端用户的需要。

在 Java 中使用 SimpleDateFormat 类最重要的目的实际上还在于数据类型的转换处理。在大部分的系统开发中，很多数据（如姓名或生日之类的数据）是需要用户自己填写的，而这些数据在传输后都是通过 String 对象接收的，这样就需要将生日的字符串数据转为 java.util.Date 对象，如图 1-17 所示。这一操作需要通过 SimpleDateFormat 类所提供的 parse()方法来实现。

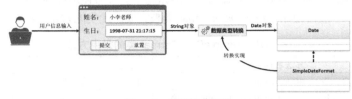

图 1-17　数据类型转换

 提示：parse()方法不支持合理性检查。

在使用 parse()方法进行转换时，如果字符串所表示的日期时间超过了合法时间，例如，将月份设置为 18，则在实现转换后，会自动向年份进位（12 个月为 1 年）。

范例：字符串转为 Date 实例

```java
package com.yootk;
import java.text.SimpleDateFormat;
import java.util.Date;
public class YootkDemo {
    public static void main(String[] args) throws Exception {
        String str = "1997-07-01 15:54:36.873";                 // 字符串实例
        SimpleDateFormat sdf = new SimpleDateFormat("yyyy-MM-dd HH:mm:ss.SSS"); // 转换类对象
        Date date = sdf.parse(str);                             // 字符串转为日期时间
        System.out.println(date);
    }
}
```

程序执行结果：

```
Tue Jul 01 15:54:36 CST 1997
```

在使用 parse()进行转换时，必须保证用户输入的字符串格式与 SimpleDateFormat 对象实例化时所设置的格式相同，这样才能够正确实现所需功能。如果格式不匹配，程序就会抛出 java.text.ParseException 异常。

 提示：数据类型转换。

学习 SimpleDateFormat 之后，实际上就可以对项目中存在的数据类型转换操作进行完整的总结了，如图 1-18 所示。

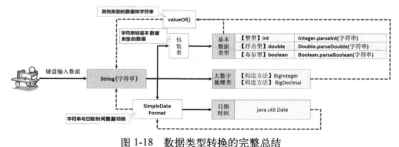

图 1-18　数据类型转换的完整总结

字符串转为基本数据类型的数据一般可以通过包装类来完成,而基本数据类型的数据或其他类型的数据要转为字符串则必须依靠 String 类提供的 valueOf()方法实现。除此之外,可以通过 SimpleDateFormat 类实现字符串与日期时间数据之间的转换处理。

1.8.4 LocalDate 类

LocalDate 类

视频名称 0115_【掌握】LocalDate 类

视频简介 LocalDate 是 JDK 新增的日期时间处理类,其可以更加准确、方便地实现日期处理。本视频为读者讲解 LocalDate 类的信息获取以及相应的日期时间处理操作。

在 JDK 8 及其之后的版本中,Java 追加了一个新的日期时间处理包:java.time。这个包主要提供 3 个类:LocalDate、LocalTime、LocalDateTime。开发者可以通过这些类更加方便地进行日期、时间或日期时间的处理。相较 Calendar 类,这些类的使用更加方便。

范例:获取当前日期时间(注:具体时间仅为示例)

```java
package com.yootk;
import java.time.LocalDate;
import java.time.LocalDateTime;
import java.time.LocalTime;
public class YootkDemo {
    public static void main(String[] args) throws Exception {
        LocalDate localDate = LocalDate.now();                    // 获得当前日期
        LocalTime localTime = LocalTime.now();                    // 获得当前时间
        LocalDateTime localDateTime = LocalDateTime.now();        // 获得当前日期时间
        System.out.println("【LocalDate实例化对象输出】" + localDate);
        System.out.println("【LocalTime实例化对象输出】" + localTime);
        System.out.println("【LocalDateTime实例化对象输出】" + localDateTime);
    }
}
```

程序执行结果:

```
【LocalDate实例化对象输出】2022-08-09
【LocalTime实例化对象输出】08:28:25.674158
【LocalDateTime实例化对象输出】2022-08-09T08:28:25.674158
```

本程序分别通过 LocalDate、LocalTime、LocalDateTime 类中所提供的 now()方法获取了当前的日期、时间、日期时间,而后直接输出各自的实例化对象就可以将各自保存的数据以字符串的形式输出。如果需要,开发者也可以使用这些类提供的方法分开获取日期时间数据。下面以 LocalDate 类为主进行操作说明。

范例:获取当前日期详情(注:具体时间仅为示例)

```java
package com.yootk;
import java.time.LocalDate;
import java.time.temporal.ChronoField;
public class YootkDemo {
    public static void main(String[] args) throws Exception {
        LocalDate today = LocalDate.now();                    // 获得当前日期
        System.out.println(String.format("【当前日期】%s-%s-%s", today.getYear(),
                today.getMonthValue(), today.getDayOfMonth()));
        System.out.println("【获取星期几】" + today.getDayOfWeek().getValue());
        System.out.println("【现在是一月中的第几周】" +
                today.get(ChronoField.ALIGNED_WEEK_OF_MONTH));
        System.out.println("【现在是一年中的第几周】" + today.get(ChronoField.ALIGNED_WEEK_OF_YEAR));
        System.out.println("【今天是一年中的第几天】" + today.getDayOfYear());
    }
}
```

程序执行结果：

```
【当前日期】2022-8-9
【获取星期几】1
【现在是一月中的第几周】2
【现在是一年中的第几周】32
【今天是一年中的第几天】221
```

本程序首先通过 LocalDate 类提供的一系列方法获取了日期数据，而后利用 ChronoField 提供的标记获取了与该日期有关的数据详情。

 提示：闰年判断。

LocalDate 类提供 isLeapYear()方法，该方法可以用于直接判断指定的日期所在年是否为闰年。

范例：闰年判断

```java
package com.yootk;
import java.time.LocalDate;
public class YootkDemo {
    public static void main(String[] args) throws Exception {
        LocalDate localDate = LocalDate.parse("1987-09-15") ; // 操作特定日期
        System.out.println("【闰年判断】" + localDate.isLeapYear());
        System.out.println("【获取星期几】" + localDate.getDayOfWeek());
    }
}
```

程序执行结果：

```
【闰年判断】false
【获取星期几】TUESDAY
```

本程序通过 LocalDate.parse()方法将一个日期字符串转为了 LocalDate 对象实例，随后就可以通过 isLeapYear()方法判断其所在年是否为闰年，并可根据指定日期获取与该日期有关的数据详情。

在使用 LocalDate 类进行日期处理的时候，最为强大的功能是可以直接进行日期的计算处理，例如，获得所在月的第一天或最后一天的信息。

范例：LocalDate 日期推算

```java
package com.yootk;
import java.time.DayOfWeek;
import java.time.LocalDate;
import java.time.temporal.TemporalAdjusters;
public class YootkDemo {
    public static void main(String[] args) throws Exception {
        LocalDate localDate = LocalDate.parse("1987-09-15"); // 操作特定日期
        System.out.println("【所在月的第一天】" +
                localDate.with(TemporalAdjusters.firstDayOfMonth()));
        System.out.println("【所在月的第二天】" + localDate.withDayOfMonth(2));
        System.out.println("【所在月的最后一天】" +
                localDate.with(TemporalAdjusters.lastDayOfMonth()));
        System.out.println("【300年后的日期】" + localDate.plusYears(300));
        System.out.println("【300月后的日期】" + localDate.plusMonths(300));
        System.out.println("【日期所处月的第一个周一】" +
                localDate.with(TemporalAdjusters.firstInMonth(DayOfWeek.MONDAY)));
        System.out.println("【日期所处年的第一个周一】" + localDate.with(
                    TemporalAdjusters.firstInMonth(DayOfWeek.MONDAY)));
    }
}
```

程序执行结果：

```
【所在月的第一天】1987-09-01
【所在月的第二天】1987-09-02
```

【所在月的最后一天】1987-09-30
【300年后的日期】2287-09-15
【300月后的日期】2012-09-15
【日期所处月的第一个周一】1987-09-07
【日期所处年的第一个周一】1987-09-07

本程序根据一个指定的日期实现了日期增长或所处年份的相关数据获取。相较 Calendar 类，LocalDate 类的处理过程更加简洁。

1.8.5 多线程下的日期时间格式化

多线程下的日期
时间格式化

视频名称	0116_【掌握】多线程下的日期时间格式化
视频简介	在设计 SimpleDateFormat 类时开发者没有考虑并发访问问题，所以在多线程共享同一对象时会出现转换异常。本视频通过 SimpleDateFormat 类转换异常的产生逐步分析 LocalDate 与 LocalDateTime 类的出现意义，以及异常的解决。

通过前面的学习可以发现，在 Java 程序开发中，可以利用 SimpleDateFormat 类将字符串转换为 Date 对象实例。而在多线程的开发环境下，如果每一个线程都保存一个 SimpleDateFormat 对象实例（转换格式相同），如图 1-19 所示，则必然会造成大量且无用的 SimpleDateFormat 实例产生，从而影响程序的执行性能。

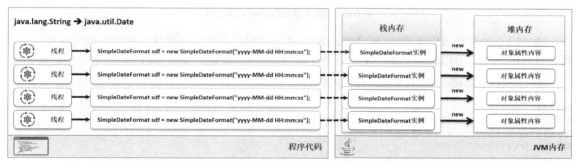

图 1-19 SimpleDateFormat 与多线程

如果想解决此类问题，最佳的做法是在转换格式相同的情况下，若干个线程共享同一个 SimpleDateFormat 对象实例。这样就可以减少对象的个数，从而提高程序的性能。

范例：多线程下的 SimpleDateFormat 对象实例

```java
package com.yootk;
import java.text.ParseException;
import java.text.SimpleDateFormat;
public class YootkDemo {
    public static void main(String[] args) throws Exception {
        SimpleDateFormat sdf = new SimpleDateFormat("yyyy-MM-dd HH:mm:ss");
        for (int x = 0; x < 10; x++) {
            new Thread(() -> {                              // 多线程模拟
                try {                                       // 转换处理
                    System.out.println("【" + Thread.currentThread().getName() + "】" +
                            sdf.parse("1998-02-17 21:15:32"));
                } catch (ParseException e) {
                    e.printStackTrace();
                }
            }, "SDF转换线程 - " + x).start();
        }
    }
}
```

程序执行结果（随机抽取）：

```
Exception in thread "SDF转换线程 - 4" java.lang.NumberFormatException: For input string: "E17"
【SDF转换线程 - 1】Thu Feb 19 21:15:32 CST 1998
【SDF转换线程 - 9】Wed Nov 05 21:15:32 CST 32
Exception in thread "SDF转换线程 - 6" java.lang.NumberFormatException: empty String
```

此时多个线程共享一个 SimpleDateFormat 对象实例。而通过最终的执行结果可以发现，本程序并没有正确地实现转换处理，存在数据的转换异常。因为 SimpleDateFormat 并没有提供数据的同步处理，所以出现了不同线程设置数据不完整情况下的转换异常，如图 1-20 所示。

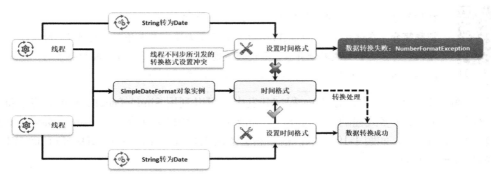

图 1-20　SimpleDateFormat 转换异常

通过以上的分析可以发现，SimpleDateFormat 不适用于高并发多线程访问下的操作实现。为了解决这样的问题，可以利用 JDK 1.8 之后所提供的 LocalDate 或 LocalDateTime 类来完成处理。

范例：通过 LocalDateTime 类实现并发转换

```
package com.yootk;
import java.time.Instant;
import java.time.LocalDateTime;
import java.time.ZoneId;
import java.time.format.DateTimeFormatter;
import java.util.Date;
public class YootkDemo {
    public static void main(String[] args) throws Exception {
        DateTimeFormatter formatter = DateTimeFormatter.ofPattern("yyyy-MM-dd HH:mm:ss") ;
        ZoneId zoneId = ZoneId.systemDefault() ;          // 获得当前的时区ID
        for (int x = 0; x < 10; x++) {
            new Thread(() -> {
                LocalDateTime localDateTime = LocalDateTime.parse(
                    "1998-02-17 21:15:32", formatter);
                Instant instant = localDateTime.atZone(zoneId).toInstant();
                Date date = Date.from(instant) ;          // 字符串转为日期时间
                System.out.println("【" + Thread.currentThread().getName() + "】" + date);
            }, "LDT转换线程 - " + x).start();
        }
    }
}
```

程序执行结果（随机抽取）：

```
【LDT转换线程 - 0】Tue Feb 17 21:15:32 CST 1998
【LDT转换线程 - 4】Tue Feb 17 21:15:32 CST 1998
```

本程序将应用程序需要转换的日期时间格式保存在 DateTimeFormatter 类中，这样在多线程应用下每一个子线程就可以通过 LocalDateTime.parse()方法实现正确的字符串转换处理，从而避免多线程处理下的转换异常。

1.9 正则表达式

视频名称	0117_【掌握】正则表达式
视频简介	正则表达式是一个应用广泛的程序类库。为了便于读者理解正则表达式的特点，本视频利用一个简单的验证操作讲解正则表达式的基本作用。

正则表达式

在 Java 项目的开发过程中，字符串是绝对不可忽视的一种常用数据。每当用户进行数据发送时，所有的数据都会通过字符串来进行描述，同时在 Java 中的字符串又支持多种数据类型转换的处理。为了保证数据类型转换的正确性，需要对字符串的组成结构进行判断。而为了让对这种结构的判断更加简单，常规的做法是基于正则表达式的方式处理。

范例：正则表达式判断

```java
package com.yootk;
public class YootkDemo {
    public static void main(String[] args) throws Exception {
        String str = "12023239023";                       // 由数字所组成
        System.out.println(str.matches("\\d+"));           // 正则验证
    }
}
```

程序执行结果：

```
true
```

本程序所使用的"\\d+"就是正则标记，而 matches()方法是由 String 类提供的正则验证方法，如果字符串的组成符合指定的正则表达式则返回 true，否则返回 false。要想灵活地使用正则表达式，需要熟悉 Java 中的常用正则标记。

> 提示：正则表达式与 JDK 的支持。
>
> 正则表达式最早是在 Linux 下发展起来的。早期的 Java 开发中，如果想使用正则表达式，则需要单独引入 Apache 组件包。而在 JDK 1.4 及其之后的版本中，Java 正式支持了正则表达式，同时也进行了 String 类的功能扩充，使其可提供正则表达式的判断处理。

1.9.1 常用正则标记

视频名称	0118_【掌握】常用正则标记
视频简介	正则表达式中的核心操作是围绕着正则标记的定义实现的。本视频主要为读者列出基本的正则标记，读者应详记这些标记。

常用正则标记

从 JDK 1.4 开始 Java 提供了一个 java.util.regex 正则表达式开发包，如图 1-21 所示，该包中有两个核心的工具类：Matcher（正则匹配）、Pattern（表达式处理）。

如果想学习正则表达式，那么需要对 Pattern 类所提供的常见正则标记有所掌握。下面为读者列出一些常用的正则标记。

1. 单个字符匹配（未加入任何量词描述，只表示 1 位）
- x：表示的是一位任意的字符。
- \\：匹配任意的一位"\"（Java 中的转义字符）。
- \t：匹配制表符（Java 中的转义字符）。
- \n：匹配换行符（Java 中的转义字符）。

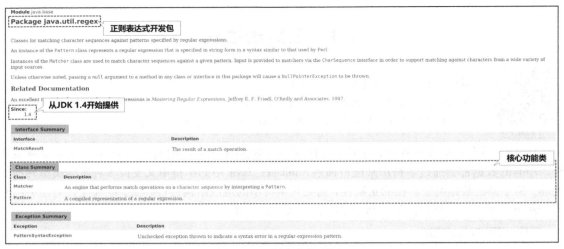

图 1-21　正则表达式开发包

2. 字符范围（未加入任何量词描述，只表示 1 位）

- [abc]：匹配的是字母"a""b""c"中的任意一位。
- [^abc]：匹配的字母不是"a""b""c"中的任意一位。
- [a-zA-Z]：匹配所有字母（所有的大写字母和小写字母），也可拆分为"[a-z]"匹配所有的小写字母、"[A-Z]"匹配所有的大写字母。
- [0-9]：匹配所有的数字信息。

3. 简化表达式（未加入任何量词描述，只表示 1 位）

- .：表示任意的字符。
- \d：匹配任意的一位数字，等价于"[0-9]"。
- \D：匹配任意的一位非数字，等价于"[^0-9]"。
- \s：匹配任意的空格，等价于"[\t\n\x0B\f\r]"。
- \S：匹配任意的非空格，等价于"[^\s]"。
- \w：匹配字母、数字、下画线，等价于"[a-zA-Z_0-9]"。
- \W：匹配的是非字母、数字、下画线的字符。

4. 边界匹配

- ^：匹配开始位置。
- $：匹配结束位置。

5. 数量表达式（所有的表达式只有与数量匹配之后才可以描述多个字符）

- 正则表达式?：表示该正则表达式出现 0 次或者 1 次。
- 正则表达式*：表示该正则表达式出现 0 次、1 次或者多次。
- 正则表达式+：表示该正则表达式出现 1 次或者多次。
- 正则表达式{n}：表示正则表达式正好出现 n 次。
- 正则表达式{n,}：表示正则表达式出现 n 次以上。
- 正则表达式{n,m}：表示正则表达式出现 n～m 次。

6. 逻辑运算（可以连接多个正则表达式）

- 正则表达式 A 正则表达式 B：在正则表达式 A 之后紧跟正则表达式 B。
- 正则表达式 A|正则表达式 B：两个正则表达式二选一。
- （正则表达式组）：将多个正则表达式作为一组，这样可以为整个正则表达式组继续定义量词。

1.9.2 String 类对正则的支持

String 类对正则
的支持

视频名称	0119_【掌握】String 类对正则的支持
视频简介	正则表达式主要用于进行字符串数据分析。为方便进行正则处理，Java 对 String 类的功能进行了扩充。本视频主要讲解 String 类中支持正则的 3 组操作方法，并通过案例来帮助读者分析及使用正则表达式。

考虑到现实应用大多数都通过 String 类实现字符串存储，所以在 JDK 1.4 及其之后的版本中，Java 对 String 类的功能进行了扩充，提供了表 1-11 所示的方法，这些方法全部可以应用正则表达式进行处理。

表 1-11　String 类对正则的支持

序号	方法名称	类型	描述
01	public boolean matches(String regex)	普通	使用字符串与特定的正则表达式进行匹配
02	public String[] split(String regex)	普通	使用正则表达式作为拆分符号
03	public String[] split(String regex, int limit)	普通	使用正则表达式作为拆分符号
04	public String replaceFirst(String regex, String replacement)	普通	替换首个匹配字符
05	public String replaceAll(String regex, String replacement)	普通	替换全部匹配字符

表 1-11 给出的处理方法中都存在一个名称为"regex"的参数，该参数就是接收正则表达式的标记。为便于读者理解这些方法的使用，下面通过几个具体的应用案例来进行说明。

范例：字符串替换操作

```java
package com.yootk;
public class YootkDemo {
    public static void main(String[] args) throws Exception {
        String str = "yU*()&*()#@JKILoFFLKFSD*(o* () @#* (@#t*()#U*()@$@##@k" ;  // 字符串
        String regex = "[^a-z]" ;                                               // 正则表达式
        System.out.println(str.replaceAll(regex, ""));                          // 正则替换
    }
}
```

程序执行结果：

```
yootk
```

本程序定义了一个由任意字符组成的字符串，由于里面存在大量的非字母内容，因此可以通过"[^a-z]"匹配所有的非小写字母，最终利用 replaceAll()方法把与正则表达式匹配的内容替换为空字符串。

范例：字符串拆分

```java
package com.yootk;
public class YootkDemo {
    public static void main(String[] args) throws Exception {
        String str = "yootk.com828238edu.yootk.com8923892389yootk.ke.qq.com" ;  // 字符串
        String regex = "\\d+" ;                                                 // 定义正则表达式
        String result [] = str.split(regex) ;                                   // 正则拆分
        for (String temp : result) {                                            // 数组迭代
            System.out.println(temp);                                           // 数据输出
        }
    }
}
```

程序执行结果：

```
yootk.com
edu.yootk.com
yootk.ke.qq.com
```

本程序在若干个字符串之间定义了多位数字（也有可能是一位数字），这样如果想获取字符串的内容，则可以依据数字进行拆分处理，而拆分后的结果将以字符串的数组形式返回。

范例：安全的数据类型转换

```
package com.yootk;
public class YootkDemo {
    public static void main(String[] args) throws Exception {
        String str = "9889118";                          // 字符串
        String regex = "\\d+";                            // 定义正则表达式
        if (str.matches(regex)) {                         // 是否符合正则规则
            System.out.println("【字符串转换数字】" + Integer.parseInt(str));
        } else {                                          // 格式不匹配
            System.out.println("【ERROR】当前的字符串不符合正则规则，无法转换为int型");
        }
    }
}
```

程序执行结果：

【字符串转换数字】9889118

本程序的目标是实现一个字符串转为数字的处理操作。为了实现安全的转换处理，在转换之前会通过 matches()方法判断字符串的内容是否为数字，如果是则通过 Integer.parseInt()方法转换，如果不符合正则规则则输出错误信息。

有了正则表达式的匹配支持，在程序的开发中就可以利用正则表达式来实现用户输入数据的匹配处理，例如，要求用户输入日期或日期时间，并将其转为 Date 对象，就可以基于正则匹配的方式来实现处理。

范例：正则匹配并实现日期或日期时间转换

```
package com.yootk;
import java.time.Instant;
import java.time.LocalDate;
import java.time.LocalDateTime;
import java.time.ZoneId;
import java.time.format.DateTimeFormatter;
import java.util.Date;
public class YootkDemo {
    public static DateTimeFormatter dateFormatter =
            DateTimeFormatter.ofPattern("yyyy-MM-dd");              // 日期格式
    public static DateTimeFormatter datetimeFormatter =
            DateTimeFormatter.ofPattern("yyyy-MM-dd HH:mm:ss");     // 日期时间格式
    public static ZoneId zoneId = ZoneId.systemDefault();          // 获取当前时区的ID
    public static void main(String[] args) throws Exception {
        String str = "1998-02-19 21:15:23";                        // 字符串
        String dateRegex = "\\d{4}-\\d{2}-\\d{2}";                  // 日期正则匹配
        String datetimeRegex = "\\d{4}-\\d{2}-\\d{2} \\d{2}:\\d{2}:\\d{2}"; // 日期时间正则匹配
        if (str.matches(dateRegex)) {                              // 日期结构
            LocalDate localDate = LocalDate.parse(str, dateFormatter);
            Instant instant = localDate.atStartOfDay().atZone(zoneId).toInstant();
            Date date = Date.from(instant);
            System.out.println("【字符串转日期】" + date);
        }
        if (str.matches(datetimeRegex)) {                          // 日期时间结构
            LocalDateTime localDateTime = LocalDateTime.parse(str, datetimeFormatter);
            Instant instant = localDateTime.atZone(zoneId).toInstant();
            Date date = Date.from(instant);                        // 转换
            System.out.println("【字符串转换日期时间】" + date);
        }
    }
}
```

程序执行结果：

【字符串转换日期时间】Thu Feb 19 21:15:23 CST 1998

　　由于本程序需要实现日期或日期时间两种字符串的转换处理，所以首先将两者的转换格式定义为公共属性，而后对每次要转换的字符串进行判断，如果是日期则使用 LocalDate 进行转换处理，如果是日期时间则使用 LocalDateTime 进行转换处理。

　　在项目开发中应用正则可以保证有效判断字符串的组成结构，这一功能还可以延伸。例如，判断给定的 E-mail 地址是否正确，现假设 E-mail 地址的组成原则如下：用户名可以由字母、数字、"."、下画线或半字线组成，但是必须采用字母开头；域名部分只能由字母、数字、半字线组成；结尾必须是 ".com"".com.cn"".net"".net.cn"".gov"".edu" 等。如果想使用正则匹配，则可以采用图 1-22 所示的结构进行定义。

图 1-22　E-mail 地址正则匹配

范例：E-mail 地址正则匹配

```java
package com.yootk;
public class YootkDemo {
    public static void main(String[] args) throws Exception {
        String str = "muyan.yootk-lixinghua@yootk.com";        // E-mail地址字符串
        String regex = "[a-zA-Z_][a-zA-Z0-9\\-_\\.]+@[a-zA-Z0-9\\-]+"
            + "\\.(com|com\\.cn|net|net\\.cn|gov|edu)";
        System.out.println(str.matches(regex));                // 正则匹配
    }
}
```

程序执行结果：

```
true
```

　　本程序以分析的方式实现了正则匹配。在实际项目开发之中，很多验证都需要开发者基于正则表达式的形式进行处理，所以常用的正则标记一定要熟练掌握。

1.9.3　java.util.regex 开发包

java.util.regex
开发包

视频名称	0120_【掌握】java.util.regex 开发包
视频简介	String 类提供的正则标记只具备基础的实现功能，对正则操作有更严格要求的开发者需要直接使用 regex 开发包中提供的类。本视频主要讲解 Pattern、Matcher 两个正则表达式原始工具类的基本作用。

　　虽然 String 类可以满足大部分的正则项目的开发需求，但它所提供的方法仅仅对 java.util.regex 包中的工具类进行了包装。而从实际开发的角度来讲，Matcher 与 Pattern 两个类可以实现更多的正则处理功能，如图 1-23 所示。

图 1-23　java.util.regex 程序包

1．java.util.regex.Pattern 类

该类的主要功能是进行正则表达式的编译处理。如果要想获得该类的实例化对象，则一般使用其内部提供的 compile()方法。这个方法需要传入一个正则表达式，而后可以通过该类提供的 split()方法实现字符串拆分。

范例：Pattern 实现字符串拆分

```java
package com.yootk;
import java.util.regex.Pattern;
public class YootkDemo {
    public static void main(String[] args) throws Exception {
        String str = "yootk.com828238edu.yootk.com8923892389yootk.ke.qq.com";   // 字符串
        String regex = "\\d+";                      // 正则匹配
        Pattern pattern = Pattern.compile(regex);   // 编译正则表达式
        String result[] = pattern.split(str);       // 拆分字符串
        for (String temp : result) {                // 输出字符串数组
            System.out.println(temp);
        }
    }
}
```

程序执行结果：

```
yootk.com
edu.yootk.com
yootk.ke.qq.com
```

2．java.util.regex.Matcher 类

该类用于实现正则标记匹配。如果要想获取该类的实例化对象，则必须依靠 Pattern 类所提供的 matcher()方法来完成，这样就可以通过 Matcher 类的对象实现字符串匹配、替换等功能。

范例：Matcher 实现字符串匹配

```java
package com.yootk;
import java.util.regex.*;
public class YootkDemo {
    public static void main(String[] args) throws Exception {
        String str = "100.00";                          // 字符串
        String regex = "\\d+(\\.\\d+)?";                // 正则匹配
        Pattern pattern = Pattern.compile(regex);       // 编译正则表达式
        Matcher matcher = pattern.matcher(str);         // 创建正则匹配对象
        System.out.println(matcher.matches());          // 匹配结果
    }
}
```

程序执行结果：

```
true
```

本程序实现了对一个数字的判断。由于该数字可能是整数也有可能是小数，所以在编写正则表达式时对小数部分使用了"?"量词单位，只允许其出现 0 次或 1 次，最终的匹配是由 Matcher 类提供的 matches()方法实现的。

Matcher 类提供数据分组的操作支持，即开发者通过指定的正则规则可以匹配一个字符串之中的多个数据，而后就可以基于分组的形式循环获取每一个匹配的数据。

范例：Matcher 数据分组

```java
package com.yootk;
import java.util.regex.*;
public class YootkDemo {
    public static void main(String[] args) throws Exception {
        String sql = "INSERT INTO dept(deptno,dname,loc) "
                + " VALUES (#{deptno}, #{dname}, #{loc})";          // 字符串
```

```
String regex = "#\\{\\w+\\}";                    // 正则匹配
Pattern pattern = Pattern.compile(regex);           // 编译正则表达式
Matcher matcher = pattern.matcher(sql);             // 创建正则匹配对象
while (matcher.find()) {                             // 存在下一个分组
    String name = matcher.group(0);                 // 获取分组
    System.out.print(name.replaceAll("#|\\{|\\}", "") + "、");
    }
}
}
```

程序执行结果：

deptno、dname、loc、

本程序通过字符串定义了一个要执行的 SQL 语句，而该 SQL 语句中使用"#{标记}"的形式定义了若干个数据填充的占位标记，随后基于正则表达式的匹配规则将所属标记中的数据取出。

1.10 程序国际化

程序国际化

视频名称 0121_【理解】程序国际化
视频简介 为了让项目可以得到更好的推广，必须打破语言对项目的限制。本视频主要讲解国际化程序的实现模式以及关键技术支持。

在项目的开发与设计中，有可能出现同一个应用程序被不同国家的用户同时使用的情况。在保持项目业务流程不变的情况下，需要对项目中的语言文字进行抽象化的管理，使之可以根据不同国家或地区进行适配，这样才可以实现一个项目的国际化程序，如图 1-24 所示。

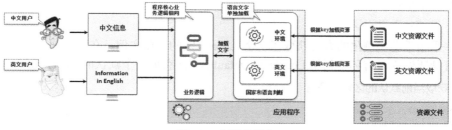

图 1-24 国际化程序

1.10.1 Locale 类

Locale 类

视频名称 0122_【理解】Locale 类
视频简介 Locale 是本地化描述类，主要用于定义语言环境。本视频主要讲解 Locale 类的实例化操作以及该类与本地语言环境的关系，同时讲解 Locale 提供的静态常量的使用。

java.util.Locale 类是 Java 提供的一个可以进行国家以及语言切换的描述类，本身不具有任何逻辑性。开发者获得其对象实例后，即可实现所需要的数据信息（如文字、日期时间等）的处理，如图 1-25 所示。该类的常用方法如表 1-12 所示。

图 1-25 Locale 与应用资源获取

表 1-12 Locale 类的常用方法

序号	常量及方法	类型	描述
01	public static final Locale CHINA	常量	中国区域标记
02	public static final Locale US	常量	美国区域标记
03	public static final Locale ENGLISH	常量	英国区域标记
04	public static final Locale FRENCH	常量	法国区域标记
05	public Locale(String language, String country)	构造	设置语言以及所处城市
06	public static Locale getDefault()	普通	获得当前系统所处环境

通过 Locale 类给出的常用方法可以发现，Locale 类对一些国家会直接提供常量，如中国、美国、英国等。而除此之外 Locale 类提供一个双参构造方法，用于实现对象实例化的手动处理，在实例化时需要传递语言和国家的标记信息。下面列出两个常见的语言和国家标记。

- 【Locale 信息】中国：language="zh"、country = "CN"。
- 【Locale 信息】美国：language="en"、country = "US"。

范例：实例化 Locale 类对象

```java
package com.yootk;
import java.util.Locale;
public class YootkDemo {
    public static void main(String[] args) throws Exception {
        Locale loc = new Locale("zh", "CN");                    // 语言及国家标记
        System.out.println(loc);                                // 对象输出
    }
}
```

程序执行结果：

zh_CN（格式："语言标记_国家标记"）

本程序采用手动实例化的方式获取了一个 Locale 类的对象实例。在实际的开发中，开发者也可以根据自身所处的语言环境利用 Locale.getDefault()方法获取一个默认的 Locale 对象实例。

范例：获取当前默认的区域和语言

```java
package com.yootk;
import java.util.Locale;
public class YootkDemo {
    public static void main(String[] args) throws Exception {
        Locale loc = Locale.getDefault();                       // 默认区域
        System.out.println(loc);                                // 对象输出
    }
}
```

程序执行结果：

zh_CN

由于编者当前所使用的计算机用的是中文系统，因此所获取的就是一个"zh_CN"标记的 Locale 对象。如果读者将当前的"区域"切换为"英国"，则所获取的将是英文语言环境，如图 1-26 所示。

图 1-26 修改默认区域

1.10.2 资源文件

资源文件

国际化程序的实现除了需要通过 Locale 实现定位之外，最为重要的就是资源文件的配置。一个完整的国际化程序，首先要保证的是有一个合理稳定的业务逻辑，然后针对不同的 Locale 实例来确定要使用的资源文件，如图 1-27 所示。

图 1-27　资源文件

所有的资源文件都应该保存在项目的 CLASSPATH 路径下。为了便于资源文件的统一管理，Java 对资源文件的定义有如下要求：

- 资源文件的扩展名必须为.properties；
- 资源文件保存时按照类的形式进行存储，也可以保存在对应的包中；
- 资源文件中的所有内容采用"key = value"的形式来声明；
- 如果需要在资源文件中定义注释，可以使用"#"进行标记。

范例：定义资源文件

```
# 定义资源文件，该文件可以通过CLASSPATH直接加载
welcome.info=沐言优拓：www.yootk.com
```

本程序定义的资源文件在项目中的路径为 com.yootk/resource/Message.properties，如图 1-28 所示，而最终在进行资源文件加载时该资源文件的名称为 com.yootk.resource.Message。

图 1-28　资源文件存储

1.10.3 ResourceBundle 读取资源文件

ResourceBundle
读取资源文件

资源文件按照设计的要求保存在项目中之后就需要实现资源文件的读取操作，Java 提供了 ResourceBundle 工具类来实现此功能。在进行数据读取时，首先需要设置资源文件的名称，而后可根据 key 实现 value 数据读取。该类的常用方法如表 1-13 所示。

表 1-13　ResouceBundle 类的常用方法

序号	方法名称	类型	描述
01	public static final ResourceBundle getBundle(String baseName)	普通	获取指定的资源对象
02	public static final ResourceBundle getBundle(String baseName, Locale locale)	普通	获取指定区域下的资源对象
03	public final String getString(String key)	普通	根据 key 读取 value 数据

范例：读取资源文件

```java
package com.yootk;
import java.util.ResourceBundle;
public class YootkDemo {
    public static void main(String[] args) throws Exception {
        ResourceBundle resourceBundle = ResourceBundle.getBundle("com.yootk.resource.Message");
        String value = resourceBundle.getString("welcome.info");    // 资源文件中提供的key
        System.out.println(value);
    }
}
```

程序执行结果：

沐言优拓：www.yootk.com

本程序通过 ResouceBundle.getBundle()方法绑定了指定的资源文件，而后通过 getString()方法根据指定的 key 获取了对应的 value 数据。需要注意的是，如果此时要查询的 key 不存在，则程序会抛出 java.util.MissingResourceException 异常。

1.10.4　国际化数据读取

视频名称　0125_【理解】国际化数据读取

视频简介　国际化程序开发需要准备若干个资源文件进行数据存储，在读取时通过 Locale 进行区分。本视频主要讲解如何结合 Locale 与 ResourceBundle 类实现不同语言文字的加载。

国际化数据读取

通过前面的学习，读者应已清楚 Locale、ResourceBundle 以及资源文件的基本使用形式，而国际化程序主要是依靠这 3 种结构实现的。在国际化程序的开发中需要针对不同的语言环境设置不同的资源文件，同时每一个资源文件必须可以清楚地标记出与之匹配的 Locale 代码，这样在通过 ResourceBundle 绑定资源文件时就可以结合 Locale 实例来实现不同资源文件中指定key数据的加载操作，如图 1-29 所示。下面通过具体的步骤来介绍如何实现本操作。

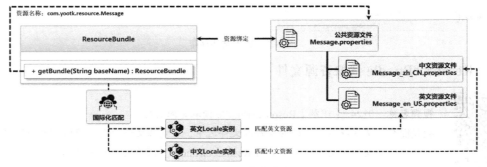

图 1-29　国际化程序实现

（1）定义公共资源文件（com.yootk.resource.Message.properties）。

```
welcome.info=沐言优拓：www.yootk.com
teacher.info=李兴华老师
```

（2）定义中文资源文件（com.yootk.resource.Message_zh_CN.properties）。

```
welcome.info=沐言科技：www.yootk.com
```

（3）定义英文资源文件（com.yootk.resource.Message_en_US.properties）。

```
welcome.info=YootkEDU:www.yootk.com
```

（4）读取资源文件并绑定 Locale 实例。

```
package com.yootk;
import java.util.Locale;
import java.util.ResourceBundle;
public class YootkDemo {
    public static void main(String[] args) throws Exception {
        Locale loc = Locale.US;                                      // 英文环境
        ResourceBundle resourceBundle = ResourceBundle.getBundle(
            "com.yootk.resource.Message", loc);                      // 资源绑定
        System.out.println(resourceBundle.getString("welcome.info"));
        System.out.println(resourceBundle.getString("teacher.info"));
    }
}
```

程序执行结果：

```
YootkEDU: edu.yootk.com
李兴华老师
```

本程序在使用 ResourceBundle 时绑定了资源名称 "com.yootk.resource.Message"，但是由于传入了 Locale 对象实例，因此在进行数据加载时将加载英文资源的内容。如果指定 Locale 资源文件中提供指定的 KEY 则可以直接加载，如果没有则会通过公共资源文件进行加载，而如果此时公共资源文件中依然没有指定的 KEY 则会抛出异常。

1.10.5 格式化文本数据

视频名称	0126_【理解】格式化文本数据
视频简介	国际化程序支持对动态文本的操作。本视频为读者讲解动态文本的存在意义，并通过具体的操作在资源文件中利用占位符实现动态内容定义，以及使用 MessageFormat 类实现文本格式化显示。

国际化程序中，所有的数据都保存在资源文件之中，这样才可以实现资源数据的国际化加载。但是在实际的开发中要显示的文字信息可能并不是静态的，而是需要进行动态替换的，例如，当用户登录成功时应该显示 "欢迎×××访问"，这里的 "×××" 实际上就需要进行动态的文本替换操作。

Java 提供了 MessageFormat 消息格式化类用于实现动态文本的替换处理，开发者在资源文件中利用 "{索引号}" 的形式定义好占位符的标记，即可实现消息的完整显示，如图 1-30 所示。下面通过具体的步骤介绍如何实现这一功能。

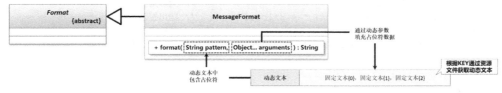

图 1-30 格式化文本

（1）修改资源文件的配置，在资源文件中添加动态占位符。

```
Message.properties          login.info=登录成功，欢迎您的访问。
Message_zh_CN.properties     login.info=登录成功，欢迎 "{0}" 同学的光临，可以访问 "{1}" 网站获取课程信息。
Message_en_US.properties     login.info=Login Success, Welcome "{0}", Please Access "{1}" Web Site.
```

（2）利用 ResourceBundle 类读取资源数据，并通过 MessageFormat 类对读取到的动态文本进行格式化处理。

```java
package com.yootk;
import java.text.MessageFormat;
import java.util.Locale;
import java.util.ResourceBundle;
public class YootkDemo {
    public static void main(String[] args) throws Exception {
        Locale loc = Locale.CHINA;                              // 中文环境
        ResourceBundle resourceBundle = ResourceBundle.getBundle(
                "com.yootk.resource.Message", loc);             // 资源绑定
        String value = resourceBundle.getString("login.info");  // 要读取的信息
        System.out.println(MessageFormat.format(value,
                "李沐言", "edu.yootk.com"));                      // 格式化文本
    }
}
```

程序执行结果：

登录成功，欢迎“李沐言”同学的光临，可以访问“edu.yootk.com”网站获取课程信息。

本程序通过资源文件实现了指定资源文件 KEY 的文本数据读取。由于该文本中存在占位符，因此可以通过 MessageFormat 类传入动态文本数据以实现最终的文本填充。

1.10.6　数字格式化

数字格式化

视频名称　　0127_【理解】数字格式化

视频简介　　国际化程序需要实现对数字的文本格式化处理。本视频通过具体的操作解释 NumberFormat 与 DecimalFormat 之间的管理，同时讲解具体的数字、百分比以及货币格式化显示。

在国际化的实现过程中需要考虑到 3 种数据的显示处理，这 3 种数据分别是文本数据、日期时间数据以及数字（货币）数据。其中文本数据的格式化可以通过 MessageFormat 类实现，日期时间数据的格式化可以通过 SimpleDateFormat 类实现，数字（货币）数据的格式化可以通过 DecimalFormat 类实现。这 3 个类都继承 Format 类，继承结构如图 1-31 所示。

> 💡 **提示：货币常量定义。**
>
> 在 Java 中进行数值常量定义时，如果数字过大，则可以考虑采用“_”进行分隔。
>
> **范例：定义货币常量**
>
> ```java
> package com.yootk;
> public class YootkDemo {
>     public static void main(String[] args) throws Exception {
>         int price = 897_123_56;                            // 货币定义
>         System.out.println("商品总价: " + price);           // 输出整型变量
>         double salary = 786_332_987.33;                    // 货币定义
>         System.out.println("雇员年薪: " + salary);          // 输出浮点型变量
>     }
> }
> ```
>
> 程序执行结果：
>
> 商品总价: 89712356
> 雇员年薪: 7.8633298733E8
>
> 在为 price 和 salary 变量赋值时所定义的常量由于数字过大，每 3 位中间使用了一个“_”标记，这样便于程序阅读，而最终程序依然会按照原始的数值型内容进行存储。

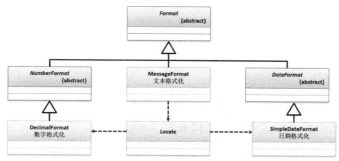

图 1-31 Format 格式化继承结构

NumberFormat 类进行数字格式化处理时，需要考虑数字或货币的显示风格，这样就需要与 Locale 结合，根据当前使用者所处的区域来实现最终的数据处理。NumberFormat 类的常用方法如表 1-14 所示。

表 1-14 NumberFormat 类的常用方法

序号	方法名称	类型	描述
01	public static final NumberFormat getInstance()	普通	获取 NumberFormat 对象实例
02	public static NumberFormat getInstance(Locale inLocale)	普通	绑定指定 Locale 对象实例
03	public static final NumberFormat getPercentInstance()	普通	获取计算百分比的实例
04	public static NumberFormat getPercentInstance(Locale inLocale)	普通	绑定 Locale 以计算百分比
05	public static final NumberFormat getCurrencyInstance()	普通	获取默认 Locale 的货币实例
06	public static NumberFormat getCurrencyInstance(Locale inLocale)	普通	获取指定 Locale 的货币实例

范例：数字格式化处理

```java
package com.yootk;
import java.math.RoundingMode;
import java.text.DecimalFormat;
import java.text.NumberFormat;
public class YootkDemo {
    public static void main(String[] args) throws Exception {
        NumberFormat numberFormatA = NumberFormat.getInstance() ;       // 得到一个普通的实例
        System.out.println(numberFormatA.format(28292535.928531));      // 数字格式化
        DecimalFormat numberFormatB = (DecimalFormat)
                NumberFormat.getInstance() ;                            // 得到一个普通的实例
        numberFormatB.applyPattern("####,####,####.000");               // 保留3位小数
        numberFormatB.setRoundingMode(RoundingMode.DOWN);               // 不进位
        numberFormatB.setPositivePrefix("当年的收入流水：");              // 格式化前缀
        numberFormatB.setMinimumFractionDigits(5);                      // 保留5位小数
        System.out.println(numberFormatB.format(28292535.928731));      // 数字格式化
    }
}
```

程序执行结果：

```
28,292,535.929
当年的收入流水：2829,2535.92873
```

本程序分别使用默认的格式以及自定义格式实现了数字格式化的处理操作，这样在最终格式化完成后，若干位之间就会按照指定的格式利用"，"进行分隔，以便于数据阅读。

在进行统计计算的操作过程中，除了需要进行数字格式化之外，还存在百分比的计算需求。在 NumberFormat 类中可以通过 getPercentInstance()获取一个百分比的数字格式化实例，这样就可以使用默认的格式或自定义格式进行处理。

范例：百分比计算

```java
package com.yootk;
import java.text.DecimalFormat;
import java.text.NumberFormat;
public class YootkDemo {
    public static void main(String[] args) throws Exception {
        NumberFormat numberFormat = NumberFormat.getPercentInstance();   // 百分比实例
        System.out.println(numberFormat.format(0.9892367));
        // 如果对百分比格式化有自定义处理要求，则必须进行强制向下转型
        DecimalFormat decimalFormat = (DecimalFormat) numberFormat;
        decimalFormat.setMinimumFractionDigits(5);                       // 保留5位小数
        System.out.println(decimalFormat.format(0.9892367));
    }
}
```

程序执行结果：

```
99%（默认百分比格式化）
98.92367%（自定义百分比格式化）
```

本程序首先采用了默认的格式进行百分比格式化处理（不保留小数位），而后如果用户有自定义格式要求，则可以将已获得的 NumberFormat 类的对象实例向下转型为 DecimalFormat 子类的对象实例，根据自定义的格式进行数字百分比格式化处理。

> 💡 **提示：货币格式化。**
>
> NumberFormat 类在使用时，可以直接结合 Locale 类的对象实例以实现货币格式化处理的操作，这样会自动地在格式化后的数据前追加相应的货币符号。
>
> 范例：货币格式化
>
> ```java
> package com.yootk;
> import java.text.NumberFormat;
> import java.util.Locale;
> public class YootkDemo {
>     public static void main(String[] args) throws Exception {
>         System.out.println(NumberFormat
>             .getCurrencyInstance(Locale.CHINA).format(789.98));
>         System.out.println(NumberFormat
>             .getCurrencyInstance(Locale.US).format(789.98));
>     }
> }
> ```
>
> 程序执行结果：
>
> ```
> ￥789.98（人民币显示）
> $789.98（美元显示）
> ```
>
> 本程序通过 getCurrencyInstance()方法获取了货币格式化的对象实例，而后分别传入了不同的 Locale 对象实例。通过最终的执行结果可以清楚地发现，程序会根据不同的 Locale 类的对象实例设置货币符号信息。

1.11 Base64 加密与解密

Base64 加密与解密

视频名称　0128_【掌握】Base64 加密与解密

视频简介　为了安全地进行数据传输，需要对数据进行加密和解密操作，Base64 就是 Java 提供的加密处理器。本视频主要讲解 Base64 工具类的使用，以及加密和解密操作的实现。

在进行应用程序开发时，为了保证数据传输以及存储的安全性，往往会对数据进行有效的加密与解密处理。这样即便数据在传输过程中出现了泄漏，也会因没有使用明文传输而保证其安全性，如图 1-32 所示。

图 1-32　数据加密与解密

在实际的项目开发中会存在多种数据加密处理形式。为了降低开发者的代码实现难度，Java 支持 Base64 的编码与解码处理，可以通过该类中定义的内部类来实现加密与解密操作。

> 💡 提示：Base64 主要应用于 HTTP 传输。
>
> 　　Base64 是网络上最常见的用于传输 8B 字节码的编码方式之一，是一种基于 64 个可打印字符来表示二进制数据的方法。在本系列的后续图书中读者会接触到 Java Web 的相关内容，而在 Web 开发中经常需要进行一些二进制数据的传输处理，此时就可以通过 Base64 的方式来实现。由于读者还未学习此部分内容，因此本节暂时以 Base64 的基本功能为主，讲解其实现数据加密和解密的操作。

范例：Base64 加密与解密

```java
package com.yootk;
import java.util.Base64;
public class YootkDemo {
    public static void main(String[] args) throws Exception {
        String message = "www.yootk.com";                        // 原始数据
        Base64.Encoder encoder = Base64.getEncoder();            // 加密工具类
        byte[] encodeData = encoder.encode(message.getBytes());  // 对数据进行加密处理
        System.out.println("【加密后的数据】" + new String(encodeData));
        Base64.Decoder decoder = Base64.getDecoder();            // 解密工具类
        byte[] decodeData = decoder.decode(encodeData);          // 对字节数组进行解密
        System.out.println("【解密后的数据】" + new String(decodeData));
    }
}
```

程序执行结果：

```
【加密后的数据】d3d3Lnlvb3RrLmNvbQ==
【解密后的数据】www.yootk.com
```

本程序通过 Base64.Encoder 类的对象实例进行了数据的加密处理。需要注意的是在进行数据加密时是直接针对二进制数据进行处理的，加密后的内容需要通过 Base64.Decoder 来实现解密操作。

1.12　UUID

UUID 类

视频名称　0129_【掌握】UUID 类

视频简介　在项目中对一些不确定的资源进行编号时需要随机生成识别码，为此 JDK 提供了 UUID 类。本视频主要讲解 UUID 的使用以及生成原理。

UUID（Universally Unique Identifier，通用唯一识别码）是一种数据生成算法，其主要功能就是根据当前的时间生成一个不会重复的编码，该编码可以作为项目应用中的资源标记使用。

范例：生成 UUID 数据

```java
package com.yootk;
import java.util.UUID;
public class YootkDemo {
    public static void main(String[] args) throws Exception {
        String id = UUID.randomUUID().toString() ;              // 生成UUID数据
        System.out.println(id);
    }
}
```

程序执行结果：

```
f63a8a55-921f-4abd-92e5-f4fd76c0f35c
```

该程序每次执行时都会生成唯一的字符串。在日后的项目开发中，如果要为用户随机生成一个 ID，或者为上传的文件进行唯一命名，则可以采用此种处理方式。

1.13　Optional

Optional

视频名称　0130_【掌握】Optional

视频简介　在引用数据类型操作中，null 是一个重要的标记，同时 null 的存在可能会带来 NullPointerException 异常。本视频主要讲解如何利用 Optional 类实现 null 数据的处理。

在 Java 项目开发过程之中，如果某一个引用数据类型的内容为 null，在调用时就有可能出现 NullPointerException 异常。而为了防止此问题的出现，一般都会通过 if 语句进行 null 的判断，而后进行实例方法的调用。为了简化这样的处理操作，Java 提供了一个 Optional 处理类，该类的常用方法如表 1-15 所示。

表 1-15　Optional 类的常用方法

序号	方法名称	类型	描述
01	public static <T> Optional<T> of(T value)	普通	保存一个数据，该数据不允许为空
02	public static <T> Optional<T> ofNullable(T value)	普通	可以保存一个空数据
03	public T get()	普通	从 Optional 里面取出对应的数据
04	public boolean isEmpty()	普通	是否为一个空的 Optional
05	public boolean isPresent()	普通	是否存在内容，若存在则返回 true，否则返回 false

在一些获取对象实例的处理方法中，为了避免返回 null，可以将方法的返回值类型设置为 Optional，同时把所需要返回的对象实例保存在 Optional 类的对象实例之中。这样在进行该方法的调用时，开发者通过返回值类型即可完成判断，不用考虑 null 的判断处理。为便于理解，下面将 Optional 类应用于工厂设计模式之中。

范例：Optional 空处理

```java
package com.yootk;
import java.util.Optional;
@FunctionalInterface
interface IMessage {                                           // 定义一个接口
    public void send(String msg) ;                             // 数据发送
}
class Factory {
    private Factory() {} ;
    // 此时方法返回Optional，所以该方法返回的实例不会为null
    public static Optional<IMessage> getInstance() {
```

```
        return Optional.of((msg)->{
            System.out.println("【消息发送】" + msg);
        }) ;
    }
}
public class YootkDemo {
    public static void main(String[] args) throws Exception {
        IMessage messageObject = Factory.getInstance().get() ;    // 可以保证返回的内容不为空
        messageObject.send("沐言优拓: www.yootk.com");
    }
}
```

程序执行结果:

【消息发送】沐言优拓: www.yootk.com

本程序在定义 Fatory.getInstance()方法时使用了 Optional 作为返回值类型。这样在通过 Optional.of()方法进行对象保存时，如果内容为空，则方法会出现错误；如果内容不为空，外部的调用者就可以直接通过 Optional 获取对象实例，从而避免了 null 的判断。

1.14 ThreadLocal

视频名称 0131_【掌握】ThreadLocal

视频简介 本视频主要讲解 ThreadLocal 类的作用，并分析多线程访问中的引用操作问题，以及如何利用 ThreadLocal 类实现线程安全的引用传递操作。

ThreadLocal 是一种用于保证多线程场景下数据安全操作的常用处理类。该类会将每一个当前操作线程作为数据存储的 KEY，而对应 VALUE 则是该线程所操作的引用数据，这样每一个线程只允许操作属于自己的 VALUE，如图 1-33 所示。

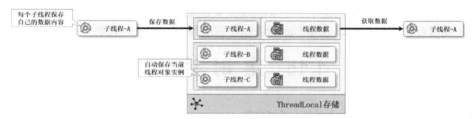

图 1-33 ThreadLocal 存储

在 ThreadLocal 对象操作中，每一个线程都只能够操作自己所设置的数据内容，所以在一个 ThreadLocal 中会同时保存若干个不同子线程的操作数据。开发者可以使用表 1-16 所示的方法实现 ThreadLocal 数据处理。

表 1-16 ThreadLocal 数据处理方法

序号	方法名称	类型	描述
01	public void set(T value)	普通	保存数据，每一个线程只能够保存自己的数据
02	public T get()	普通	获取当前线程保存的数据
03	public void remove()	普通	清除当前线程的数据

范例：多线程下的 ThreadLocal 操作

```
package com.yootk;
class Message {                                              // 信息操作类
    private String content;                                  // 类中的属性
```

```java
    public void setContent(String content) {               // 属性保存
        this.content = content;
    }
    public String getContent() {                           // 属性获取
        return content;
    }
}
class MessagePrint {                                        // 信息输出类
    public static void print() {
        System.out.println("【MessagePrint】" +
            Resource.MESSAGES.get().getContent());         // 获取当前线程保存对象
    }
}
class Resource {                                            // 资源存储类
    public static final ThreadLocal<Message> MESSAGES = new ThreadLocal<>();
}
public class YootkDemo {
    public static void main(String[] args) throws Exception {
        String[] values = new String[] { "沐言科技:www.yootk.com", "李兴华编程训练营:edu.yootk.com",
            "课程讲师: 李兴华" };                              // 每个线程执行各自的内容输出
        for (String msg : values) {
            new Thread(() -> {
                Resource.MESSAGES.set(new Message());
                Resource.MESSAGES.get().setContent(msg);
                MessagePrint.print();                      // 内容输出
            }).start();
        }
    }
}
```

程序执行结果：

```
【MessagePrint】沐言科技: www.yootk.com
【MessagePrint】李兴华编程训练营: edu.yootk.com
【MessagePrint】课程讲师: 李兴华
```

本程序为了便于数据操作创建了一个 Resource 资源管理类,在该类中通过 ThreadLocal 对象实例实现了不同线程的资源管理,这样不同的线程在获取数据时都只会获取自己所保存的内容。

1.15 定 时 调 度

视频名称 0132_【理解】定时调度
视频简介 定时调度可以通过线程任务的形式控制程序的周期性间隔来执行处理操作。本视频主要讲解定时调度的存在意义,以及 Timer 类、TimerTask 类的使用。

在项目开发中,经常需要在系统的后台设置一些定时任务,例如,每隔 30s 检查一次用户的存活状态,或者每隔 5min 清理一次不重要的文件。这些任务就可以利用 java.util 包中提供的 Timer 类与 TimerTask 抽象类来实现。这两个结构的使用关系如图 1-34 所示。

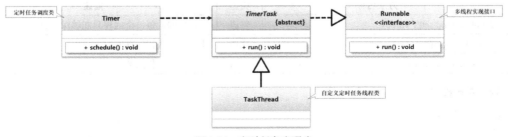

图 1-34 定时任务实现类

通过图 1-34 所示的结构可以发现，Timer 类和 TaskThread 类需要继承 TimerTask 抽象类（该抽象类是 Runnable 接口子类），而后具体的任务调度由 Timer 类实现。Timer 类的常用方法如表 1-17 所示。

表 1-17　Timer 类的常用方法

序号	方法名称	类型	描述
01	public void schedule(TimerTask task, long delay)	普通	设置延迟多少毫秒执行定时任务
02	public void schedule(TimerTask task, long delay, long period)	普通	设置延迟多少毫秒执行定时任务，同时定义间隔调度的时间
03	public void schedule(TimerTask task, Date time)	普通	若达到指定的日期时间则进行调度

范例：实现任务调度

```java
package com.yootk;
import java.util.Timer;
import java.util.TimerTask;
class TaskThread extends TimerTask {                          // 实现定时任务
    @Override
    public void run() {                                      // 定时任务都通过线程处理
        System.out.println("【定时任务】沐言优拓：www.yootk.com");
    }
}
public class YootkDemo {
    public static void main(String[] args) throws Exception {
        Timer timer = new Timer() ;                          // 定时任务调度类
        // 配置的定时任务在1s之后开始调度，每2s重复调度一次
        timer.schedule(new TaskThread(), 1000, 2000);
    }
}
```

程序执行结果：

【定时任务】沐言优拓：www.yootk.com

程序启动之后，会自动在后台启动一个定时任务线程，该任务在第一次执行时将延迟 1s 启动，此后每间隔 2s 重复执行一次。

1.16　自定义事件

自定义事件

视频名称　0133_【掌握】自定义事件
视频简介　新版本的 Java 提供事件监听与事件处理机制，在整个 Java 项目开发体系中也存在事件处理机制。本视频为读者分析事件处理机制的运行结构以及核心接口与操作类的使用。

事件操作是一种业务之间常用的解耦的处理模型。在整个事件处理流程中，一般一个业务在特定的逻辑处理中会产生事件，该事件一般会绑定某一个事件监听器，一旦某些操作引起了变化，则会触发监听，并可根据事件源来完成某些特定的业务处理，如图 1-35 所示。

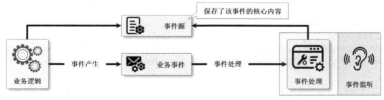

图 1-35　事件处理流程

在事件操作的模型中，核心的业务逻辑和具体的事件之间可能没有任何强关联性，并且事件处理也有可能在不同的线程之中完成，所有与事件有关的核心内容都会保存在事件源之中，这样事件监听器就可以从事件源获取所需要的内容。Java 中的事件处理机制一般会有以下 3 个核心组成部分。

- **java.util.EventObject**：事件状态对象的基类。它封装了事件源对象以及和事件相关的信息。所有事件类都需要继承该类，同时将需要传递的事件相关对象保存在此类之中。
- **java.util.EventListener**：事件监听标记接口。该接口没有提供任何事件处理方法标准，但是所有事件监听器都需要实现该接口，并根据自己的需要进行事件处理方法的定义。所有的事件监听器需要注册在事件源上，事件源的属性或状态改变时，调用相应事件监听器内的回调方法。
- **source**：事件源，一个逻辑上的概念（并不是具体的某一个类或接口）。所有的事件源不需要实现任何接口或继承任何父类，它是事件最初发生的地方。因为事件源需要注册事件监听器，所以事件源内保存全部的事件监听器实例。

通过以上的分析可以发现，一个完整的自定义事件处理操作既需要遵守 Java 的继承规定，又需要根据需求进行处理方法的定义。为便于读者理解，下面依据图 1-36 所示的 Java 事件处理机制介绍如何实现一个自定义事件处理操作。

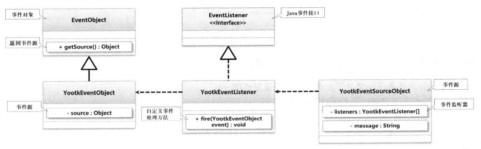

图 1-36　Java 事件处理机制

范例：自定义事件处理操作

```java
package com.yootk;
import java.util.EventListener;
import java.util.EventObject;
import java.util.HashSet;
import java.util.Set;
class YootkEventObject extends EventObject {                          // 事件对象
    private Object source;                                            // 事件源
    public YootkEventObject(Object source) {                         // 保存事件源
        super(source);                                               // 调用父类构造方法
        this.source = source;
    }
    @Override
    public Object getSource() {                                       // 返回事件源
        return this.source;
    }
    public void setSource(Object source) {                           // 修改事件源
        this.source = source;
    }
}
class YootkEventListener implements EventListener {                   // 事件监听器
    public void fire(YootkEventObject event) {                       // 事件处理方法
        YootkEventSourceObject sourceObject = (YootkEventSourceObject) event.getSource();
        System.out.println("【数据修改】message = " + sourceObject.getMessage()); // 获取更新数据
    }
}
class YootkEventSourceObject {                                        // 事件源
    private String message;                                          // 消息内容
```

```
    private YootkEventListener[] listeners;                          // 事件监听器
    private int foot = 0;                                            // 操作角标
    public YootkEventSourceObject(String message) {                 // 定义事件监听器容器
        this.listeners = new YootkEventListener[5];                 // 默认接收5个事件
        this.message = message;                                     // 保存消息数据
    }
    public void addListener(YootkEventListener listener) {          // 添加事件监听器
        if (this.foot < this.listeners.length) {
            this.listeners[this.foot++] = listener;
        }
    }
    public void notifyInvoke() {                                     // 调用触发
        for (YootkEventListener listener : this.listeners) {        // 监听迭代
            if (listener != null) {                                 // 事件监听器存在
                listener.fire(new YootkEventObject(this));          // 监听处理
            }
        }
    }
    public String getMessage() {                                     // 返回消息内容
        return this.message;
    }
    // 模拟事件触发器，当成员变量message的值发生变化时，触发事件，此时会调用事件处理
    public void setMessage(String message) {
        if (!this.message.equals(message)) {                        // 内容改变
            this.message = message;                                 // 修改内容
            this.notifyInvoke();                                    // 事件触发
        }
    }
}
public class YootkDemo {
    public static void main(String[] args) throws Exception {
        YootkEventSourceObject object = new YootkEventSourceObject("www.yootk.com"); // 传入消息
        object.addListener(new YootkEventListener());               // 注册事件监听器
        object.setMessage("沐言科技：www.yootk.com");                // 触发事件
    }
}
```

程序执行结果：

【数据修改】message = 沐言科技：www.yootk.com

　　本程序实现了一个属性修改后的事件处理操作，每当用户调用 YootkEventSourceObject 类中的 setMessage()方法进行 message 属性修改时，就会自动触发注册的 YootkEventListener 对象实例，并利用 fire()方法实现更新数据的获取。

> 💡 提示：自定义事件的扩展。
>
> 　　在早先的 Java 开发中存在一种观察者设计模式，该模式与现在所使用的事件处理操作的机制相似，但是该模式在 JDK 9 及其之后的版本中已经被废弃了。随着技术学习的深入，读者可以在后续的 Java Web（Servlet 技术）中见到大量的事件处理操作。同时，Spring 开发框架也对自定义事件进行了功能结构上的扩充。综合来讲，事件处理是一种重要的解耦的设计思想。关于这一思想，建议读者深入学习本系列的后续图书，以充分领悟。

1.17　Arrays

Arrays

视频名称　0134_【理解】Arrays

视频简介　Arrays 是 JDK 提供的一个数组操作类。本视频讲解 Arrays 类中的主要数组操作方法，并基于源代码为读者分析二分查找法的作用及具体实现。

数组是一种常见的数据类型。为了简化数组中的各种处理操作，Java 提供了 java.util.Arrays 数组处理类，同时该类所提供的方法全部使用 static 定义，这样就避免了无用实例化对象的产生。由于 Java 中的数据类型较多，因此 Arrays 类为了匹配这些数据类型，对大部分的方法进行了重载定义。表 1-18 为读者列出了 Arrays 类的常用方法。

表 1-18　Arrays 类的常用方法

序号	方法名称	类型	描述
01	public static int binarySearch(数据类型[] a, 数据类型 key)	普通	二分查找法
02	public static int compare(数据类型[] a, 数据类型[] b)	普通	两个数组的大小比较
03	public static double[] copyOf(double[] original, int newLength)	普通	数组复制，从原数组复制内容到新数组
04	public static boolean equals(数据类型[] a, 数据类型[] a2)	普通	两个数组的相等比较（内容顺序是否相同）
05	public static void fill(数据类型[] a, 数据类型 val)	普通	数组填充
06	public static int hashCode(数据类型[] a)	普通	根据数组内容生成一个新的哈希码
07	public static void sort(数据类型[] a)	普通	数组排序
08	public static String toString(数据类型[] a)	普通	将数组转换为字符串结构

范例：Arrays 基本使用

```java
package com.yootk;
import java.util.Arrays;
public class YootkDemo {
    public static void main(String[] args) throws Exception {
        int data[] = new int[] { 1, 5, 7, 2, 90, 23, 56, 78 };      // 定义整型数组
        System.out.println("【原始数组内容】" + Arrays.toString(data));      // 数组转字符串并输出
        Arrays.sort(data);                                           // 数组排序
        System.out.println("【排序后的数组】" + Arrays.toString(data));      // 数组转字符串并输出
        System.out.println("【数组比较结果】" + Arrays.equals(data,
            new int[] { 1, 2, 5, 7, 23, 56, 78, 90 }));             // 比较时内容顺序相同
        if (Arrays.binarySearch(data, 9) > 0) {                     // 二分查找法
            System.out.println("当前数组中包含数字7。");
        }
    }
}
```

程序执行结果：

```
【原始数组内容】[1, 5, 7, 2, 90, 23, 56, 78]
【排序后的数组】[1, 2, 5, 7, 23, 56, 78, 90]
【数组比较结果】true
当前数组中包含数字9。
```

本程序为读者演示了 Arrays 类中的数组排序（sort()）、数组比较（equals()，两个数组的内容顺序与内容都相同才返回 true，否则返回 false）、数组转字符串并输出（toString()）的基本功能，同时通过 Arrays 类提供的二分查找法对已排序的数组实现了快速的数据检索操作。

> 💡 提示：二分查找法。
>
> 在判断某一数组是否包含指定数据时，比较简单的处理逻辑就是对整个数组进行迭代处理，而后依次判断是否存在与之内容相同的数据，如果存在则返回比较的索引，如果不存在则返回 −1。这样的查找算法的时间复杂度为 $O(n)$（n 表示数组长度），在数组数据量较小的情况下是没有任何问题的，而一旦数据量较大，就会带来较高的性能损耗。
>
> 为了降低这样的性能损耗，常见的做法是基于二分查找法进行处理。在此种算法中需要进行数组的排序，而后每次取中间索引数据进行比对，如图 1-37 所示。这样在进行最终数据查询时，时间复杂度仅为 $O(\log_2 n)$，所以该类算法有较好的处理性能。

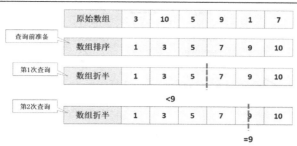

图 1-37　数组二分查找法

　　本节的配套视频除了为读者讲解 Arrays 类的基本使用之外，还基于 binarySearch() 的源代码进行了分析，对二分查找法有具体应用需要的读者可以通过视频进行学习。

1.18　比　较　器

比较器简介

视频名称　0135_【掌握】比较器简介

视频简介　Java 中利用对象数组可以实现多个对象的线性管理，同时 Arrays 类内部提供的排序方法也可以实现对象数组的排序操作。本视频为读者分析 sort() 方法相关问题并介绍比较器的主要作用。

　　在 Java 中的数组分为基本数据类型数组和对象数组两类。Arrays 类在设计时已经充分考虑到了对象数组的排序与比较需要，所以提供了表 1-19 所示的操作方法。

表 1-19　Arrays 对象数组的操作方法

序号	方法	类型	描述
01	public static int binarySearch(Object[] a, Object key)	普通	对象数组二分查找
02	public static \<T> int binarySearch(T[] a, T key, Comparator\<? super T> c)	普通	对象数组二分查找
03	public static \<T extends Comparable\<? super T>> int compare(T[] a, T[] b)	普通	对象数组比较
04	public static \<T> int compare(T[] a, T[] b, Comparator\<? super T> cmp)	普通	对象数组比较
05	public static void sort(Object[] a)	普通	对象数组排序
06	public static \<T> void sort(T[] a, Comparator\<? super T> c)	普通	对象数组排序

　　表 1-19 所示的方法都与对象数组有关，但是如果开发者直接使用这些方法对自定义类的对象进行处理，则可能出现 ClassCastException 转换异常。之所以出现此异常，主要是因为未使用 Java 比较器。因为在对象数组中，每一个对象保存的都是对象的存储地址，所以在查找或排序时是无法根据地址进行判断的，必须获取指定的属性。这样就需要在代码中引入比较器的操作，而 Java 中的比较器有两种：Comparable、Comparator。

1.18.1　Comparable 接口

Comparable
接口

视频名称　0136_【掌握】Comparable 接口

视频简介　Comparable 是一个 Java 内部支持的数据结构比较丰富的常用比较器处理接口。本视频为读者讲解 Comparable 接口组成，并通过具体的代码实例讲解比较器定义以及数组排序功能实现。

　　java.lang.Comparable 接口是一种较为常用的比较器处理接口，开发者在自定义类中直接实现此接口即可与 Arrays 提供的方法进行有效的对接，如图 1-38 所示。下面通过具体的实例进行说明。

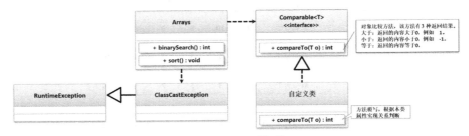

图 1-38　Comparable 接口

范例：Comparable 比较器（注：书名与价格仅为示例）

```java
package com.yootk;
import java.util.Arrays;
class Book implements Comparable<Book> {                         // 排序支持
    private String title;
    private double price;
    public Book(String title, double price) {
        this.title = title;
        this.price = price;
    }
    public String toString() {
        return "【Book】图书名称: " + this.title + "、图书价格: " + this.price + "\n";
    }
    @Override
    public int compareTo(Book o) {                              // 排序规则
        if (this.price > o.price) {                            // 根据价格排序
            return 1;
        } else if (this.price < o.price) {
            return -1;
        } else {
            return 0;
        }
    }
    // setter方法、getter方法、无参构造方法略
}
public class YootkDemo {
    public static void main(String[] args) throws Exception {
        Book books [] = new Book[] {
                new Book("Java从入门到项目实战", 99.8) ,
                new Book("Python从入门到项目实战", 89.7) ,
                new Book("Go语言从入门到项目实战", 96.3) };      // 提供一个对象数组
        Arrays.sort(books);                                    // 数组排序处理
        System.out.println(Arrays.toString(books));            // 实现对象数组的字符串转换
    }
}
```

程序执行结果：

```
[【Book】图书名称: Python从入门到项目实战、图书价格: 89.7
, 【Book】图书名称: Go语言从入门到项目实战、图书价格: 96.3
, 【Book】图书名称: Java从入门到项目实战、图书价格: 99.8]
```

　　由于此时的 Book 类实现了 Comparable 接口，因此当开发者调用 Arrays.sort()方法进行对象数组排序时，就可以按照 Book 类中 compareTo()方法所定义的排序规则进行对象数组的升序排序。

1.18.2　Comparator 接口

Comparator
接口

视频名称　0137_【掌握】Comparator 接口

视频简介　Comparable 接口是基于类定义结构实现的，而 Java 对未实现 Comparable 接口并且需要比较的操作类又提供用于挽救的比较器接口。本视频主要讲解 Comparator 接口的使用环境以及具体操作形式。

Comparable 是在类定义时就已经明确要实现的排序处理接口，但是如果此时已经存在一个开发完整的程序类，在该类不允许修改的情况下，依然需要通过 Arrays.sort()方法来实现排序，就可以根据 java.util.Comparator 接口定义一个专属的排序工具类来实现，如图 1-39 所示。

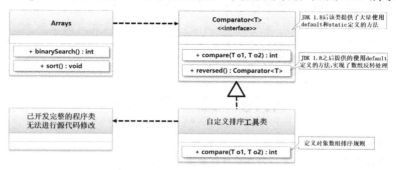

图 1-39　Comparator 排序接口

范例：使用 Comparator 实现对象数组排序（注：书名与价格仅为示例）

```java
package com.yootk;
import java.util.Arrays;
import java.util.Comparator;
class Book {                                              // 只是一个普通的类
    private String title;
    private double price;
    public Book(String title, double price) {
        this.title = title;
        this.price = price;
    }
    public String toString() {
        return "【Book】图书名称：" + this.title + "、图书价格：" + this.price + "\n";
    }
    // setter方法、getter方法、无参构造方法略
}
public class YootkDemo {
    public static void main(String[] args) throws Exception {
        Book books[] = new Book[] { new Book("Java从入门到项目实战", 99.8),
                new Book("Python从入门到项目实战", 89.7),
                new Book("Go语言从入门到项目实战", 96.3) };   // 提供一个对象数组
        Comparator<Book> comparator = (o1, o2) -> {
            if (o1.getPrice() > o1.getPrice()) {            // 根据价格排序
                return 1;
            } else if (o1.getPrice() < o1.getPrice()) {
                return -1;
            } else {
                return 0;
            }
        };                                                  // 获取Comparator对象实例
        Arrays.sort(books, comparator);                     // 数组排序处理
        System.out.println(Arrays.toString(books));         // 对象数组字符串转换
    }
}
```

程序执行结果：

```
[【Book】图书名称：Python从入门到项目实战、图书价格：89.7
, 【Book】图书名称：Go语言从入门到项目实战、图书价格：96.3
, 【Book】图书名称：Java从入门到项目实战、图书价格：99.8]
```

本程序中所提供的 Book 类并没有实现任何排序接口，所以是无法直接通过 Arrays.sort()方法实现排序处理的，这样就需要创建一个 Comparator 接口的实例，并基于此接口中的 compareTo()方法实现排序规则的配置。

提示：Comparable 与 Comparator 的区别。

　　java.lang.Comparable：在类定义时实现的接口，该接口只有一个 compareTo()方法用于确定内容的大小关系。在后续学习 Java 集合框架时，如果要进行对象数组的排序，一般使用 Comparable 接口。

　　java.util.Comparator：用于挽救的比较器，除了可以实现排序的功能之外，JDK 1.8 及其之后的版本还提供更多方便的数组操作的处理功能。

1.19　二　叉　树

视频名称　0138_【理解】二叉树简介
视频简介　二叉树是一种查询性能较高、数据保存平衡的重要数据结构。本视频主要讲解传统链表数据结构中数据存储和数据查询中存在的问题，同时分析二叉树存储特点以及根据节点实现树结构还原操作。

二叉树简介

　　树（Tree）是一种常见的数据结构，其最大的特点是由节点或顶点的边所组成，且不包含任何一种环。一棵树中可能会包含多个节点，也有可能每个节点下还有节点。二叉树（Binary Tree）结构最大的特点是每一个节点下只允许存在两个节点（可以将这两个节点称为"左子树节点"和"右子树节点"），所有的节点按照大小关系排列，这样可以得到较好的数据查询性能。

提示：建议通过视频学习二叉树的实现。

　　在学习二叉树的具体开发之前，请确保已经掌握了链表结构的开发方法。由于此部分涉及的代码较多，考虑到篇幅问题，本节只列出修改部分。完整的代码读者可以参考本书附赠的源代码。本节内容较为烦琐，建议通过视频学习。

　　在二叉树之中所有保存数据的空间称为节点，而节点数据的存储需要按照如下原则进行。
- 将第一个保存的数据作为整棵树的根节点。
- 比根节点小的数据保存在该节点的左子树节点。
- 比根节点大的数据（或与之相等的数据）保存在该节点的右子树节点。
- 所有的数据保存完成后，按照"中序遍历"的模型取出，即可获得一个排序完整的数据链。

　　为了便于读者理解此设计原则，现在给出几个要保存的数据：50、30、70、80、20、10、35、100、60。将其存储在二叉树中，如图 1-40 所示，可以发现经二叉树存储的数据按照指定的顺序取出，则可以方便地实现数据排序功能。

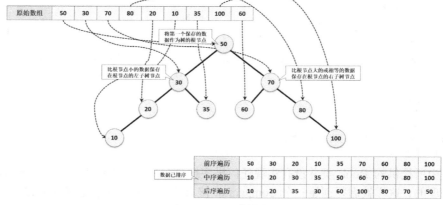

图 1-40　二叉树存储

> **提示：二叉树遍历方式。**
>
> 二叉树进行数据取出时，一般都需要根据一定的算法顺序来获取每个节点所保存的数据内容，以下为树的 3 种遍历模式。
> - 前序遍历：采用"根—左—右"的顺序获取数据。
> - 中序遍历：采用"左—根—右"的顺序获取数据。
> - 后序遍历：采用"左—右—根"的顺序获取数据。
>
> 在一些面试或大学考试中经常会出现根据遍历结构还原树结构的考题，本节配套视频对相关习题进行了分析，有兴趣的读者可以自行观看。

1.19.1 二叉树数据存储

视频名称 0139_【理解】二叉树数据存储

视频简介 二叉树依据节点大小关系实现排序结构存储。本视频通过具体的操作实例讲解数据大小关系的判断以及节点存储控制操作。

在实现二叉树的过程中，首先需要解决的就是数据的存储问题。因为整个二叉树由若干个排列有序的节点所组成，每个节点又需要同时保存左、右两个子树节点的引用，所以最佳做法是设计一个 Node 类。在保存数据时还需要区分大小，这一操作可以借助于 Comparable 接口来实现，如图 1-41 所示。

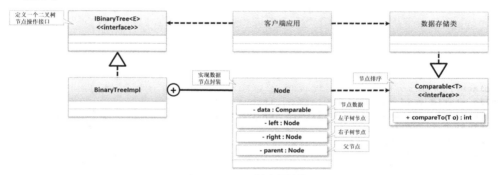

图 1-41　二叉树实现结构

范例：二叉树数据存储

```
package com.yootk;
interface IBinaryTree<E> {                                    // 二叉树操作接口
    public void add(E data);                                  // 数据增加
}
class BinaryTreeImpl<E> implements IBinaryTree<E> {            // 二叉树实现子类
    private class Node {                                      // 数据节点
        private Comparable<E> data;                           // 节点数据
        private Node left;                                    // 左子树节点
        private Node right;                                   // 右子树节点
        private Node parent;                                  // 父节点
        public Node(Comparable<E> data) {                     // 创建节点
            this.data = data;                                 // 保存数据
        }
    }
    // -------------------- 以下的操作为二叉树实现结构 --------------------
    private Node root;                                        // 根节点
    @Override
    public void add(E data) {                                 // 方法覆写
```

```java
        if (data == null) {                                             // 数据不允许为空
            throw new NullPointerException("存储在二叉树结构中的数据不允许为null。"); // 抛出异常
        }
        if (!(data instanceof Comparable)) {                            // 没有实现Comparable接口
            throw new ClassCastException("数据对象所在类没有实现java.lang.Comarable接口。");
        }
        Node newNode = new Node((Comparable) data);                     // 将数据保存在节点之中
        if (this.root == null) {                                        // 当前没有根节点
            this.root = newNode;                                        // 保存根节点
        } else {                                                        // 确定节点的存储位置
            Node currentNode = this.root;                               // 设置当前节点
            while (currentNode != newNode) {                            // 当前节点不是新节点
                if (currentNode.data.compareTo(data) <= 0) {            // 比根节点大
                    if (currentNode.right != null) {                    // 当前节点存在右子树节点
                        currentNode = currentNode.right;                // 修改当前的操作节点
                    } else {                                            // 此时不存在右子树节点
                        currentNode.right = newNode;                    // 将新节点保存为右子树节点
                        newNode.parent = currentNode;                   // 设置父节点
                        currentNode = newNode;                          // 结束循环
                    }
                } else {                                                // 小于根节点，放在左子树节点
                    if (currentNode.left != null) {                     // 当前节点存在左子树节点
                        currentNode = currentNode.left;                 // 设置当前节点为左子树节点
                    } else {                                            // 没有左子树节点
                        currentNode.left = newNode;                     // 保存新节点
                        newNode.parent = currentNode;                   // 设置父节点
                        currentNode = newNode;                          // 结束循环
                    }
                }
            }
        }
    }
}
public class YootkDemo {
    public static void main(String[] args) throws Exception {
        IBinaryTree<Integer> binaryTree = new BinaryTreeImpl<>();       // 实例化二叉树接口
        binaryTree.add(6);                                              // 数据保存
        binaryTree.add(9);                                              // 数据保存
        binaryTree.add(3);                                              // 数据保存
        binaryTree.add(2);                                              // 数据保存
        binaryTree.add(8);                                              // 数据保存
    }
}
```

本程序实现了新的数据节点的存储，在进行数据存储时，程序会首先判断是否存在根节点（第一个保存的数据封装在根节点之中），如果根节点已经存在，则需要根据保存数据的大小关系将数据存储到合适的节点之中。

1.19.2 二叉树数据获取

获取二叉树数据

视频名称　0140_【理解】获取二叉树数据

视频简介　二叉树本质上是动态数组的一种应用，其与传统对象数组最大的区别在于二叉树是有序存放的。本视频基于二叉树的中序遍历算法介绍如何实现数据的取出。

在二叉树中保存的数据最终可能需要全部取出，这时可以采用中序遍历算法，将保存的所有内容按照顺序存储到对象数组之中，再进行对象数组的返回，如图 1-42 所示。

数据要保存在对象数组后返回，就需要根据二叉树中的数据保存个数来进行对象数组的开辟，此时需在 IBinaryTree 接口中进行新方法的扩充。

图 1-42　获取二叉树数据

范例：扩充 IBinaryTree 接口方法

获取数据保存个数：

```
public int size();                          // 返回数据保存个数
```

对象数组返回数据：

```
public Object[] toArray();                  // 返回保存数据
```

IBinaryTree 接口的方法扩充后，就需要修改 BinaryTreeImpl 子类，在该子类中对新方法进行覆写，同时也要修改已有代码的部分功能。具体修改方式如下。

范例：BinaryTreeImpl 实现 size()方法

定义新的属性：

```
private int count;                          // 数据保存个数
```

修改 add()实现方法：

```
@Override
public void add(E data) {                   // 方法覆写
    // 其他代码与原始代码相同，在方法底部追加如下语句
    this.count ++;                          // 数据保存个数增长
}
```

覆写 size()方法：

```
@Override
public int size() {                         // 方法覆写
    return this.count;                      //元素保存个数
}
```

范例：BinaryTreeImpl 实现 add()方法

定义新的属性：

```
private int foot ;                          // 描述的是数组的索引
private Object [] data ;                     // 返回对象数组
```

Node 类添加方法：

```
public void toArrayNode() {                 // 数据中序遍历
    if (this.left != null) {                // 存在左子树
        this.left.toArrayNode();            // 递归调用
    }
    BinaryTreeImpl.this.data[BinaryTreeImpl.this.foot++] = (E) this.data;
    if (this.right != null) {               // 存在右子树
        this.right.toArrayNode();           // 递归调用
    }
}
```

覆写 toArray()方法：

```
@Override
public Object[] toArray() {                 // 方法覆写
    if (this.size() == 0) {                 // 没有数据保存
        return null;                        // 返回null
    }
```

```
    this.data = new Object[this.size()];    // 实例化新的对象数组
    this.foot = 0;                          // 角标清零
    this.root.toArrayNode();                // 获取所有节点数据
    return this.data;                       // 返回排序后数据
}
```

此时考虑到节点数据的获取，直接在 Node 内部类中通过中序遍历的规则及递归处理的形式，将每一个节点中的数据保存在对象数组之中。下面通过主类来进行代码功能测试。

范例：获取二叉树数据

```java
public class YootkDemo {
    public static void main(String[] args) throws Exception {
        IBinaryTree<Integer> binaryTree = new BinaryTreeImpl<>();    // 实例化二叉树接口
        binaryTree.add(6);                                          // 数据保存
        binaryTree.add(9);                                          // 数据保存
        binaryTree.add(3);                                          // 数据保存
        binaryTree.add(2);                                          // 数据保存
        binaryTree.add(8);                                          // 数据保存
        System.out.println("【元素个数】" + binaryTree.size());      // 获取元素个数
        System.out.print("【二叉树数据】");
        Object result [] = binaryTree.toArray();                    // 获取全部数据
        for (Object obj : result) {                                 // 数据迭代
            System.out.print(obj + "、");
        }
    }
}
```

程序执行结果：

【元素个数】5
【二叉树数据】2、3、6、8、9、

本程序向二叉树中保存相应的内容之后，通过 size()方法获取已保存的元素个数，同时通过 toArray()方法以对象数组的形式获取二叉树中保存的全部数据。由于中序遍历的作用，获取的数组内容在全部排序后存储。

1.19.3　二叉树数据查询

视频名称　0141_【理解】二叉树数据查询

视频简介　二叉树的平衡性决定了其较高的数据查询性能，而节点删除后会出现不平衡问题。本视频将通过具体的实现代码讲解如何利用二叉树实现数据查询处理。

二叉树数据查询

二叉树中保存的数据是按照一定的规则分配存储节点的，这样在判断某一数据是否存在时，就可以得到较高的处理性能，如图 1-43 所示。

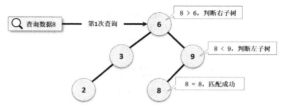

图 1-43　二叉树数据查询

💡 提示：链表与二叉树的查询性能对比。

链表在进行数据存储时，采用的是线性的存储方式，所以在进行某一数据是否存在的判断时会将链表中每个节点的数据取出进行处理，这样查询的时间复杂度为 $O(n)$。而在使用二叉树进行数据查询时，并不需要查询全部的节点，所以查询的时间复杂度为 $O(\log_2 n)$。

本次的查询主要用于判断指定的数据是否存在。由于 Node 中保存的数据的类型为 Comparable，因此可以直接依赖 Comparable.compareTo()方法进行判断。首先需要在 IBinaryTree 接口上增加新的处理方法。

范例：在 IBinaryTree 接口上追加新方法

```java
public boolean contains(E data);                              // 数据查询
```

范例：BinaryTreeImpl 子类实现 contains()方法

Node 类方法扩充：

```java
public Node containsNode(E data) {                            // 数据查询
    if (this.data.compareTo(data) == 0) {                    // 数据相同
        return this;                                          // 返回当前节点
    } else {                                                  // 数据不同
        if (this.data.compareTo(data) < 0) {                 // 当前的节点小于判断的数据
            if (this.right != null) {                         // 存在右子树
                return this.right.containsNode(data);        // 右子树查询
            } else {
                return null;                                  // 未找到数据
            }
        } else {
            if (this.left != null) {                          // 存在左子树
                return this.left.containsNode(data);         // 左子树查询
            } else {
                return null;                                  // 未找到数据
            }
        }
    }
}
```

覆写 contains()方法：

```java
@Override
public boolean contains(E data) {
    if (data == null) {                                       // 查询数据不允许为空
        throw new NullPointerException("查询数据不允许为null。");
    }
    if (!(data instanceof Comparable)) {                      // 没有实现Comparable接口
        throw new ClassCastException("数据对象所在类未实现Comarable接口。");
    }
    if (this.size() == 0) {                                   // 没有任何数据保存
        return false;                                         // 未查到
    }
    return this.root.containsNode(data) != null;             // 返回节点不为空
}
```

由于此时存在数据迭代的需求，因此为了简化处理，将具体的数据查询功能交由 BinaryTreeImpl.Node 内部类来实现。在每次查询时，它会根据当前数据的大小判断是查询左节点还是查询右节点，从而避免对全部节点数据进行判断所带来的性能问题。

范例：数据查询测试

```java
public class YootkDemo {
    public static void main(String[] args) throws Exception {
        IBinaryTree<Integer> binaryTree = new BinaryTreeImpl<>();    // 实例化二叉树接口
        binaryTree.add(6);                                            // 数据保存
        binaryTree.add(9);                                            // 数据保存
        binaryTree.add(3);                                            // 数据保存
        binaryTree.add(2);                                            // 数据保存
        binaryTree.add(8);                                            // 数据保存
        System.out.println("【元素存在判断】" + binaryTree.contains(9));
        System.out.println("【元素存在判断】" + binaryTree.contains(10));
    }
}
```

程序执行结果：

【元素存在判断】true
【元素存在判断】false

本程序向二叉树中保存了若干个数据(int 自动转型为 Integer，而 Integer 为 Comparable 接口子类)，随后就可以通过 contains()方法判断是否存在指定的数据，如果存在则返回 true，否则返回 false。

1.19.4　二叉树数据删除

视频名称　0142_【理解】二叉树数据删除

视频简介　二叉树数据结构的最大优势在于数据存储的动态扩充和数据的删除操作。本视频主要讲解二叉树数据删除处理以及节点重排操作。

在二叉树中进行数据保存时，需要依靠一定的存储规则进行节点的配置。由于二叉树的数据本身是动态存储的，所以理论上也应该提供数据删除的功能（删除数据的同时需要考虑节点重排问题）。而为了保证二叉树中节点的有序性，需要考虑 3 种节点删除情况。假设当前二叉树的存储结构如图 1-44 所示。

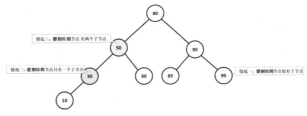

图 1-44　当前二叉树的存储结构

（1）如果要删除的节点没有子节点，直接删除即可。

例如，对于当前给定的二叉树中的 10、60、85、95 这 4 个节点，由于其没有任何子节点，直接删除即可，如图 1-45 所示。

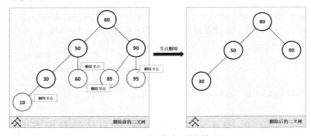

图 1-45　二叉树节点删除情况一

（2）如果要删除的节点只有一个子节点，用其子节点顶替它即可。

二叉树中给定的 30 这个节点只有 10 这一个子节点，要想将 30 删除，用 10 顶替它即可，如图 1-46 所示。

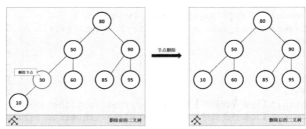

图 1-46　二叉树节点删除情况二

（3）如果要删除的节点有两个节点，则需要进行节点的移动。

例如，二叉树里面 50 这个节点同时拥有两个子节点，就以删除该节点为例来进行分析。用要删除节点的右子树之中最小的节点顶替当前要删除的节点，这样就可以实现数据的有序存储，如图 1-47 所示。

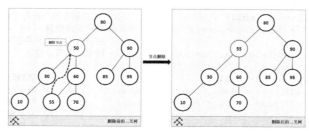

图 1-47　二叉树节点删除情况三

> 💡 **提示：概念理解为主。**
>
> 　对于二叉树的数据删除操作，读者重点要理解其 3 种情况的结构分析。如果实在不理解代码的实现，对开发也没有太大的影响，因为这些数据结构都比较常见。Java 提供的工具类中有对该操作的完整实现，直接使用这些工具类即可完成需要的功能。（面试中经常有此类问题。）

如果需要进行删除方法的定义，那么首先要在 IBinaryTree 父接口中定义删除方法，在删除时需要根据数据的内容进行删除，而后在 BinaryTreeImpl 子类的实现中要依据比较器进行删除节点的判断以及节点顺序的重排。

范例：IBinaryTree 接口方法扩充

```java
public void remove(E data);                              // 删除数据
```

范例：BinaryTreeImpl 子类覆写 remove()方法

```java
@Override
public void remove(E data) {                             // 方法覆写
    if (data == null) {                                  // 防止数据为空
        throw new NullPointerException("存储在二叉树结构中的数据不允许为null。");
    }
    if (!(data instanceof Comparable)) {                 // 未实现Comparable接口
        throw new ClassCastException("数据对象所在类未实现Comarable接口。");
    }
    if (this.contains(data)) {                           // 要删除的节点存在
        if (this.root.data.compareTo(data) == 0) {       // 要删除的节点为根节点
            this.root = this.moveNode(data);             // 移动节点
        } else {                                         // 要删除的节点不是根节点
            this.moveNode(data);                         // 节点移动
        }
        this.count--;                                    // 保存数量减少
    }
}
private Node moveNode(E data) {                           // 节点移动处理
    Node moveSubNode = null;                             // 假设当前节点为要移动的子节点
    Node deleteNode = this.root.containsNode(data);      // 判断要删除的节点是否存在
    // 情况一：要删除的节点没有任何子节点
    if (deleteNode.left == null && deleteNode.right == null) {
    // 在二叉树的结构之中根节点不存在父节点，所以此时需要进行根节点的判断
        if (deleteNode.parent != null) {                 // 存在要删除的节点的父节点引用
            if (deleteNode.parent.data.compareTo(data) <= 0) {  // 要删除的节点位置
                deleteNode.parent.right = null;
            } else {
                deleteNode.parent.left = null;
            }
```

```
        }
        deleteNode.parent = null;                                  // 处理根节点，取消根节点的父节点
    }
    // 情况二：如果要删除的节点只有一个子节点，那么直接用其子节点去顶替它
    if ((deleteNode.left != null & deleteNode.right == null)
            || (deleteNode.left == null & deleteNode.right != null)) {  // 存在一个子节点
        moveSubNode = null;                                        // 要移动节点，可能是左子树节点也可能是右子树节点
        if (deleteNode.left != null) {                            // 要删除的节点存在左子树节点
            moveSubNode = deleteNode.left;                        // 确定节点位置
        } else {                                                  // 要删除的节点不存在左子树节点
            moveSubNode = deleteNode.right;                       // 确定移动节点位置
        }
        if (deleteNode.parent != null) {                          // 要删除的节点存在父节点
            if (deleteNode.parent.data.compareTo(data) <= 0) {    // 右子树节点
                deleteNode.parent.right = moveSubNode;            // 节点移动
            } else {                                              // 左子树节点
                deleteNode.parent.left = moveSubNode;             // 节点移动
            }
        }
        moveSubNode.parent = deleteNode.parent;                   // 修改父节点
    }
    // 情况三：如果要删除的节点有两个子节点，就需要确定右子树中的最小节点
    if (deleteNode.left != null && deleteNode.right != null) {
        moveSubNode = deleteNode.right;                           // 移动节点设置为要删除的节点的右子树节点
        while (moveSubNode.left != null) {                        // 找到右子树中的最左节点
            moveSubNode = moveSubNode.left;                       // 找到最左节点
        }
        moveSubNode.parent = deleteNode.parent;                  // 修改移动节点的父节点
        moveSubNode.left = deleteNode.left;                      // 修改移动节点的左子树节点
        if (deleteNode.right != moveSubNode) {                  // 考虑到右子树节点的问题
            moveSubNode.right = deleteNode.right;               // 修改右子树节点的引用
        }
        if (deleteNode.parent != null) {                        // 存在要删除的节点
            if (deleteNode.parent.data.compareTo(data) <= 0) {  // 右子树节点
                deleteNode.parent.right = moveSubNode;          // 移动子节点
            } else {                                            // 左子树节点
                deleteNode.parent.left = moveSubNode;           // 移动子节点
            }
        }
    }
    return moveSubNode;                                          // 返回移动的子节点
}
```

本程序除了覆写 remove()方法之外，还扩充了一个节点移动的私有方法。由于需要根据不同的情况来判断节点是否需删除，因此可以通过 moveNode()方法实现指定节点的移动处理。

范例：测试节点删除

```
public class YootkDemo {
    public static void main(String[] args) throws Exception {
        IBinaryTree<Integer> binaryTree = new BinaryTreeImpl<>();   // 实例化二叉树接口
        binaryTree.add(6);                                           // 数据保存
        binaryTree.add(9);                                           // 数据保存
        binaryTree.add(3);                                           // 数据保存
        binaryTree.add(2);                                           // 数据保存
        binaryTree.add(8);                                           // 数据保存
        binaryTree.remove(3);                                        // 节点删除
        binaryTree.remove(2);                                        // 节点删除
        binaryTree.remove(8);                                        // 节点删除
        System.out.println("【获取全部数据】" + Arrays.toString(
                binaryTree.toArray()));                              // 获取全部节点
    }
}
```

程序执行结果：

【获取全部数据】[6, 9]

　　本程序首先利用 add()方法向二叉树中保存了若干个数据，随后通过 remove()方法实现了数据的删除，而每次删除的时候都将引起节点顺序的变化。

1.19.5　自定义 Map 工具类

自定义 Map
工具类

　　视频名称　0143_【掌握】自定义 Map 工具类
　　视频简介　通过二叉树可以实现较高的数据查询性能，同时结合树状结构的特点可设计较完善的数据检索工具类。本视频通过具体的操作解释二叉树在实际开发中的应用。

　　使用二叉树的结构除了可以实现有效的数据排序处理之外，更重要的是可以直接实现良好的数据查询性能。在实际的项目设计中可以基于此特征来实现一种二元偶对象的关系映射，即在数据保存在一个节点中时，保存 KEY 和 VALUE 两个子类的数据（"key=value"组合成一个二元偶对象）。而在进行查询时，可以通过 KEY 查询到与之对应的 VALUE 数据，这样就可以在已有的数据存储功能上扩充数据查询支持，从而让二叉树得到更广泛的应用。

> 💡 **提示：本小节为 Map 集合的基础知识。**
>
> 　　在 Java 开发中类集是一项重要的技术，而在类集的实现过程中存在两个核心的基础数据结构：链表和二叉树。本小节所讲解的 Map 工具类是基于二叉树结构的扩展，是后续所讲解的 java.util.Map 集合的手动实现，也是很多互联网公司笔试所要考查的内容。

　　在 Map 集合之中，最为重要的功能之一就是数据的查询处理。本小节的项目实现中，为了规范代码定义，将创建一个 IMap 接口，该接口提供用于数据保存、查询以及获取长度的 3 个方法。

　　范例：定义 IMap 接口

```java
package com.yootk.util;
/**
 * 定义一个根据树状结构进行存储的接口，同时实现数据的保存和查询
 * @param <K> 要保存数据的Key类型（根据key找到value）
 * @param <V> 要保存的核心的数据内容
 */
public interface IMap<K, V> {                          // 实现二元偶对象处理功能
    /**
     * 向Map集合之中保存相应的数据内容，所有的内容都不允许为空
     * @param key   要保存数据的key，key不允许重复
     * @param value 要保存数据的value，内容不允许为空
     * @return 如果指定的key不存在则返回null；如果key存在，则用新的内容替换旧的内容，并返回旧的内容
     */
    public V put(K key, V value);
    /**
     * 根据key查询对应的value数据
     * @param key查询key，如果不存在则不返回任何结果
     * @return key存在则返回具体数据，否则返回null
     */
    public V get(K key);
    /**
     * 获取保存的元素的个数
     * @return 元素的个数
     */
    public int size();
    /**
     * 获取IMap的默认实例化对象
     * @param <K> 与IMap接口K类型相同，一定要实现Comparable接口
     * @param <V> 与IMap接口V类型相同
     * @return IMap对象实例
     */
    public static <K, V> IMap<K, V> getInstance() {
        return new BinaryTreeMapImpl<K, V>(); // 返回子类对象实例
    }
}
```

　　IMap 接口提供了基本的操作实现，考虑到二元偶对象的保存以及数据查询的功能，本小节将按照图 1-48 所示的结构来进行 IMap 接口子类的创建，需要创建一个二元偶对象数据存储类（Entry 内部类）。由于该类中需要根据 KEY 实现数据的查询，所以 KEY 所在的类必须实现 java.lang.Comparable 接口，并正确覆写 compareTo()方法。而 Entry 类本身由于需要与 Node 类整合实现排序处理，因此在 Entry 类定义时也需要实现 java.lang.Comparable 接口，这样若干个 Node 对象实例才可以实现正确的节点排序处理。

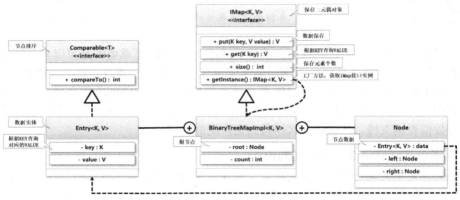

图 1-48　IMap 接口实现

范例：IMap 接口子类

```java
package com.yootk.util;
public class BinaryTreeMapImpl<K, V> implements IMap<K, V> {                // 二元偶对象存储
    // 1.如果要进行树状结构的存储，需要将每一对二元偶对象（key和value）封装在一个Entry实例之中
    private class Entry<K, V> implements Comparable<Entry<K, V>> {          // 数据实体
        private K key;                                                      // 所在类必须实现Comparable
        private V value;                                                    // 数据存储
        public Entry(K key, V value) {                                      // 创建新的数据实体
            this.key = key;                                                 // 保存KEY子类的数据
            this.value = value;                                             // 保存VALUE子类的数据
        }
        @Override
        public int compareTo(Entry<K, V> o) {                              // 数据依据key实现排序操作
            return ((Comparable) this.key).compareTo(o.key);
        }
    }
    // 2.Entry实现了二元偶对象数据包装，随后将Entry对象保存在Node之中
    private class Node {                                                    // 二叉树节点
        private Entry<K, V> data;                                           // Entry数据存储
        private Node left;                                                  // 左子树节点
        private Node right;                                                 // 右子树节点
        public Node(Entry<K, V> data) {                                    // 接收节点数据
            this.data = data;                                              // 保存Entry数据
        }
        public V addNode(Node newNode) {                                   // 保存新节点
            if (this.data.compareTo(newNode.data) < 0) {                   // 新内容大于根节点
                if (this.right == null) {                                  // 没有右子树节点
                    this.right = newNode;                                  // 保存右子树节点
                } else {                                                   // 存在右子树节点
                    return this.right.addNode(newNode);                    // 新节点保存
                }
            } else if (this.data.compareTo(newNode.data) > 0) {            // 新内容小于根节点
                if (this.left == null) {                                   // 没有左子树节点
                    this.left = newNode;                                   // 保存左子树节点
                } else {                                                   // 存在左子树节点
                    return this.left.addNode(newNode);                     // 新节点保存
                }
            } else {                                                       // key存在
                V old = this.data.value;                                   // 获取旧的内容
```

```
                this.data.value = newNode.data.value;            // 替换旧的内容
                return old;                                       // 返回旧的内容
            }
            return null;                                          // 首次保存时返回null
        }
        public V getNode(K key) {                                 // 查询节点数据
            if (this.data.key.equals(key)) {                     // key匹配成功
                return this.data.value;                          // 返回对应的value
            } else {                                             // 与其他节点匹配
                if (((Comparable) this.data.key).compareTo(key) <= 0) { // 右子树节点判断
                    if (this.right != null) {                    // 右子树节点存在
                        return this.right.getNode(key);          // 查询右子树节点
                    } else {                                     // 右子树节点不存在
                        return null;                             // 返回null
                    }
                } else {                                         // 左子树节点判断
                    if (this.left != null) {                     // 左子树节点存在
                        return this.left.getNode(key);           // 查询左子树节点
                    } else {                                     // 左子树节点不存在
                        return null;                             // 返回null
                    }
                }
            }
        }
    }
    // 以下为接口实现类的处理，将通过Node类来实现节点的相关操作
    private Node root;                                            // 根节点
    private int count;                                           // 保存元素个数
    @Override
    public V put(K key, V value) {
        if (key == null || value == null) {                      // 保存数据为空
            throw new NullPointerException("保存数据的key或者是value不允许为空！");
        }
        if (!(key instanceof Comparable)) {                      // 没有实现Comparable接口
            throw new ClassCastException("作为KEY的所在类必须实现java.lang.Comparable接口！");
        }
        Entry<K, V> entry = new Entry<>(key, value);             // 数据转为Entry对象
        Node newNode = new Node(entry);                          // 数据包裹在节点中
        this.count++;                                           // 保存元素个数自增
        if (this.root == null) {                                 // 当前没有根节点
            this.root = newNode;                                // 第一个节点作为根节点
            return null;                                         // 第一次保存时返回null
        } else {                                                 // 根节点存在
            return this.root.addNode(newNode);                  // 子节点存储
        }
    }
    @Override
    public V get(K key) {
        if (key == null) {                                       // key为空
            throw new NullPointerException("查询数据的key不允许为空！");
        }
        if (!(key instanceof Comparable)) {                      // 没有实现Comparable接口
            throw new ClassCastException("作为KEY的所在类必须实现java.lang.Comparable接口！");
        }
        if (this.root == null) {                                 // 未保存任何数据
            return null;                                         // 返回null
        }
        return this.root.getNode(key);                          // 基于递归进行处理
    }
    @Override
    public int size() {
        return this.count;                                       // 获取保存元素个数
    }
}
```

　　本程序中的 Node 类实现了数据与节点的匹配，而后 Entry 类实现了二元偶对象的存储处理，这样在进行最终数据获取时，就可以依据 KEY 子类（Comparable 接口子类）的数据实现 Value 内容的查找。

此时 Map 工具类已经开发完成，下面进行代码的测试。在测试中将 Map 集合中的 KEY 类型设置为 String（默认已经实现了 Comparable 接口），而 VALUE 的类型为一个自定义的 Book 类（同样是 Comparable 子类），这样创建一个泛型类型为"IMap<String, Book>"的接口实例即可实现数据存储，如图 1-49 所示。

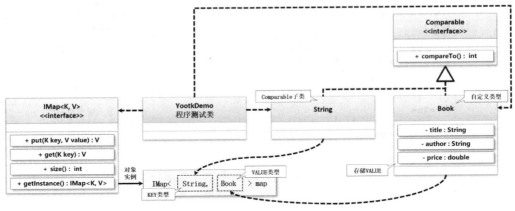

图 1-49　Map 数据存储

范例：测试 Map 工具类（注：书名与价格仅为示例）

```java
package com.yootk;
import com.yootk.util.IMap;
import com.yootk.vo.Book;
public class YootkDemo {
    public static void main(String[] args) throws Exception {
        IMap<String, Book> map = IMap.getInstance();
        System.out.println("【保存数据】" + map.put("java",
            new Book("Java从入门到项目实战", "李兴华", 99.8)));      // 数据存储
        System.out.println("【保存数据】" + map.put("java",
            new Book("Java进阶开发实战", "李兴华", 79.8)));          // 内容覆盖
        System.out.println("【保存数据】" + map.put("python",
            new Book("Python从入门到项目实战", "李兴华", 98.8)));    // 数据存储
        System.out.println("【获取数据】" + map.get("java"));       // KEY存在
        System.out.println("【获取数据】" + map.get("python"));     // KEY存在
        System.out.println("【获取数据】" + map.get("go"));         // KEY不存在
    }
}
```

程序执行结果：

```
【保存数据】null
【保存数据】【Book】图书名称：Java从入门到项目实战、图书作者：李兴华、图书价格：99.8
【保存数据】null
【获取数据】【Book】图书名称：Java进阶开发实战、图书作者：李兴华、图书价格：79.8
【获取数据】【Book】图书名称：Python从入门到项目实战、图书作者：李兴华、图书价格：98.8
【获取数据】null
```

本程序通过实例调用了 IMap 接口中所提供的处理方法。在每次数据存储时，如果指定的 KEY 不存在，则调用 put()方法，此时返回的就是 null；如果指定的 KEY 存在，则除了使用新的内容替换旧的内容之外，还会将旧的内容返回给调用者。在通过 get()方法进行数据查询时，如果查询的 KEY 不存在，则直接返回 null。

> 💡 提示：红黑树算法。
>
> 　为了实现较高的查询性能，二叉树最重要的特点之一在于可采用平衡二叉树，即左、右两边的子节点是对应的，如图 1-50 所示。但是随着数据的不断更新，有可能出现图 1-51 所示的存储结构，在进行数据查询时，其性能和链表相同。

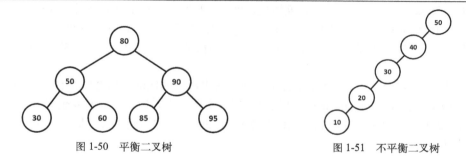

图 1-50　平衡二叉树　　　　　　　　　图 1-51　不平衡二叉树

为了解决此类问题，1972 年鲁道夫·拜尔（Rudolf Bayer）提出了平衡二叉 B 树（Symmetric Binary B-Trees）的概念，这个概念在 1978 年被利奥·吉巴斯（Leo J. Guibas）和罗伯特·塞奇威克（Robert Sedgewick）修改为"红黑树"。

红黑树

视频名称　0144_【掌握】红黑树

视频简介　二叉树的高性能查询的前提是保证二叉树的平衡。本视频主要分析二叉树结构存在的问题、红黑树实现原理，以及在数据增加和删除操作中的平衡修复。

由于本书并不是专门讲解数据结构与算法的图书，因此有兴趣的读者可以根据本书附送的视频进行学习。理解红黑树的作用后，就更容易理解本书第 5 章的 Map 集合实现原理了。这一概念也是在求职面试过程中经常出现的技术点。

1.20　本 章 概 览

1．CharSequence 是 Java 提供的字符序列标准操作接口，该接口中有 3 个常用子类：String、StringBuffer、StringBuilder。

2．StringBuffer 采用了多线程的同步处理，操作安全性较高，但是性能较差；而 StringBuilder 是基于异步线程处理的，性能较高，但是数据的安全性较差。在实际的开发中应该根据程序自身的特点选择使用。

3．为了便于资源的统一释放管理，Java 提供了 AutoCloseable 接口，开发者只需要依据 try 语句的格式自定义该接口对象，即可在操作完成后自动调用 close()方法释放资源。

4．Runtime 是一个由 JVM 提供的类，可以通过此类获取内存信息以及与进程有关的处理。该类采用了单例设计模式，开发者可以通过 Runtime.getRuntime()方法获取该类的对象实例。

5．System 类提供了系统处理支持，可以通过其获取当前的时间戳（默认的 Date 类无参构造方法会自动调用此方法）。该类提供 gc()方法，而该方法具体是由 Runtime.gc()操作实现的。

6．传统的对象释放操作是使用 Object 类所提供的 finalize()方法实现的，而 JDK 9 及其之后的版本考虑到线程死锁问题，提供了 Cleaner 回收处理，可以启用单独的回收线程实现资源释放。

7．Object 类提供了 clone()方法，而被克隆对象所在的类需要实现 Cloneable 父接口。该克隆操作为浅克隆。

8．Math 类提供了基本的数学操作支持，全部方法使用 static 定义，可以直接通过类名称调用。

9．java.util.Random 为随机数处理类，可以通过限定范围实现随机数的生成。

10．大数字的处理除了使用传统的 String 外，也可以使用 BigInteger 或 BigDecimal 类。

11．Date 类实现了日期时间的基本封装，并可以实现日期时间类型与 long 数据类型的相互转换。

12．Calendar 实现了一个日历处理类，可以轻松地计算日期。

13．SimpleDateFormat 类提供了日期格式化处理，开发者设置正确的格式化模板，即可将 Date 对象实例格式化为 String 对象实例，或者将 String 对象实例转为 Date 对象实例。

14．LocalDate 提供了多线程下的字符串与日期转换的安全处理保证，是 SimpleDateFormat 的替代品。

15．正则表达式可以通过一些正则标记实现字符串数据的匹配、拆分以及替换处理。JDK 1.4 及其之后的版本提供了 java.util.regex 开发包，用以实现正则表达式。该开发包提供了 Pattern 与 Matcher 两个工具类。JDK 1.4 及其之后的版本也对 String 类的功能进行了扩充，提供了与正则有关的处理方法。

16．程序国际化是在保证程序业务逻辑不改变的前提下的文字显示处理操作，其核心为 Locale、ResouceBundle、资源文件。通过 Format 可以实现动态文本、数字（货币）、日期时间的国际化显示处理。

17．Base64 是 Java 提供的一种 64 位二进制加密算法，常用于 HTTP 安全数据传输。

18．UUID 是一种根据当前时间戳生成的随机数据，一般不会有重复数据产生，可以作为唯一标记使用。

19．为了防止某些操作方法的返回值为 null，可以通过 Optional 类进行限定。

20．ThreadLocal 提供了多线程下的数据存储支持，是项目开发的重要组成结构，也是面试常问的技术知识。

21．Java 提供了自定义事件的支持，而在此基础之上 Spring 又对该功能进行了扩充，利用事件机制可以有效地实现业务处理逻辑之间的解耦。

22．Arrays 提供了数组的操作支持，在进行对象数组操作时，需要使用 java.lang.Comparable 或 java.util.Comparator 接口。

23．二叉树是一种查询性能较高的存储形式，利用二叉树的节点关系可以方便地实现数据的排序和数据查询功能。为了解决二叉树可能出现的不平衡问题，人们提出了红黑树修复理论。

1.21 实 战 自 测

1．定义一个 StringBuffer 类对象，然后通过 append()方法向对象中添加 26 个小写字母。要求每次只添加一个，共添加 26 次，然后逆序输出，并且可以删除前 5 个小写字母。

字符串操作

视频名称　0145_【掌握】字符串操作
视频简介　本视频主要通过案例分析 StringBuffer 类的使用，使用 StringBuffer 主要是为了利用其内容可修改（追加、插入、删除）的特点。

2．利用 Random 类产生 5 个 1～30（包括 1 和 30）的随机整数。

生成随机数

视频名称　0146_【掌握】生成随机数
视频简介　Random 类可以实现随机数的生成控制，也可以在随机数定义时设置数字的最大值。在本程序中，由于需要包括 1 和 30，所以最大值应该为 31，同时剔除 0。

3．输入一个 E-mail 地址，然后使用正则表达式验证该 E-mail 地址是否正确。

E-mail 验证

视频名称　0147_【掌握】E-mail 验证
视频简介　在实际项目开发中，用户经常需要进行邮箱信息的录入，所以需要保证邮箱格式的正确性。本视频主要讲解 E-mail 地址输入数据验证处理。

4．编写正则表达式，判断给定的 IP 地址是不是一个合法的 IP 地址。

IP 地址验证

视频名称　0148_【掌握】IP 地址验证

视频简介　本程序以 IPv4 结构的 IP 地址为主进行验证分析，在进行 IP 地址定义时采用 8 位二进制数据的形式，这样就可以通过正则表达式进行判断，同时需要对"."转义。

5．给定一段 HTML 代码<font face="Arial,Serif" size="+2" color="red">，要求对内容进行拆分，拆分之后的结果是 face Arial,Serif、ize +2、color red。

HTML 结构拆分

视频名称　0149_【掌握】HTML 结构拆分

视频简介　本程序实现过程之中需要注意的问题是将对应的元素标记<font>删除，并依据每个属性（使用空格拆分）获取对应的数据内容。可以基于分组形式完成。

6．编写程序，实现国际化程序，通过命令行输入国家的代号，例如，1 表示中国，2 表示美国。根据输入代号调用不同的资源文件来显示信息。

国际化程序

视频名称　0150_【掌握】国际化程序

视频简介　国际化程序的实现核心在于资源文件。本视频介绍采用初始化参数的形式输入国家代号，随后根据设置的代号判断要加载的 Locale 类实例，获取不同的资源文件。

7．按照"姓名:年龄:成绩|姓名:年龄:成绩"的格式定义字符串"张三:21:98|李四:22: 89|王五:20:70|赵六:19:70"，要求将每组值分别保存在 Student 对象之中，并对这些对象按照成绩由高到低排序，如果成绩相等，则按照年龄由低到高排序。

数据排序

视频名称　0151_【掌握】数据排序

视频简介　项目开发中经常会使用字符串根据既定的格式拼凑出要描述的一个或多个数据信息。本程序将依据每组数据的拆分符"|"进行拆分，随后通过每个数据的分隔符":"获取对应数据。由于需要排序，可以利用 Comparable 接口实现。

8．编写程序，用 0～1 的随机数来模拟扔硬币试验，统计扔 1000 次后出现正、反面的次数并输出。

硬币投掷

视频名称　0152_【掌握】硬币投掷

视频简介　硬币投掷是基于随机数的生成处理机制实现的一个数据统计操作。在该数据统计操作中，由于需要同时返回多个数据，因此可以结合二叉树结构中讲解的 IMap 工具类进行实现。本视频通过具体的代码演示用一个方法返回多个数据的处理操作。

第 2 章

I/O 编程

本章学习目标

1. 掌握 File 类的使用方法，并可以使用 File 类获取文件信息以及进行目录更名处理；
2. 掌握字节与字符的输入流和输出流的使用方法，并可以实现文件数据的读写操作；
3. 掌握文件复制操作的原生实现方法，并可以使用 InputStream 类所提供的新方法实现快速文件复制操作；
4. 掌握打印流的使用方法以及装饰设计模式的概念；
5. 掌握 Scanner 的使用方法，并可以使用 Scanner 实现文件数据的读取；
6. 掌握对象序列化的概念与 java.io.Serializable 接口的作用。

I/O 是计算机系统中的重要资源，利用 I/O 可以实现磁盘或内存数据的读写操作。Java 提供了完整的 I/O 操作支持。本章将为读者全面讲解 java.io 开发包中核心操作类的使用。

2.1　文件操作类

File 类基本使用

视频名称　0201_【掌握】File 类基本使用

视频简介　文件是磁盘的重要组成元素，java.io 包通过 File 类描述文件。本视频主要讲解 File 类的常用构造方法、路径组成以及创建、删除文件的基本操作。

java.io.File 类是一个与文件操作本身有关系的工具类，用于实现文件或目录的处理操作，如创建文件、删除文件、目录列表等。File 类的定义如下。

```
public class File implements Serializable, Comparable<File> {}
```

可以发现，File 类定义时实现了 Serializable 和 Comparable 两个接口，其中对 File 的数据排序是依据文件的路径名称来实现的（根据文件名称实现排序）。其继承关系如图 2-1 所示。

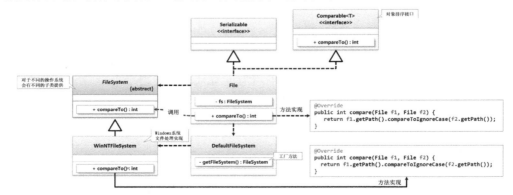

图 2-1　File 类继承关系

需要注意的是，对不同的操作系统或磁盘格式要有不同的操作支持，所以 java.io 包提供了一个 FileSystem 抽象类，而 File 类本身只提供了一个 FileSystem 类功能的包装。由于当前的 JDK 使用的是 Windows 版本，所以此处使用 WinNTFileSystem。为了便于读者理解 File 类的基本使用，下面通过表 2-1 所给出的基本操作方法进行演示。

表 2-1　File 类的基本操作方法

序号	方法名称	类型	描述
01	public File(String pathname)	普通	设置一个要操作的文件的完整路径
02	public File(File parent, String child)	普通	设置文件的父目录和子文件路径
03	public boolean createNewFile() throws IOException	普通	创建一个新的文件
04	public boolean delete()	普通	文件删除操作
05	public boolean exists()	普通	判断文件是否存在

范例：文件创建与删除

```java
package com.yootk;
import java.io.File;
public class YootkDemo {
    public static void main(String[] args) throws Exception {
        File file = new File("h:" + File.separator + "yootk.txt");        // 操作文件路径
        if (file.exists()) {                                             // 文件存在
            System.out.println("【文件存在】执行删除操作: " + file.delete());   // 文件删除
        } else {                                                        // 文件不存在
            System.out.println("【文件不存在】执行创建操作: " + file.createNewFile());// 创建文件
        }
    }
}
```

程序执行结果 1：

【文件不存在】执行创建操作：true

程序执行结果 2：

【文件存在】执行删除操作：true

本程序会判断给定的文件是否存在，如果存在则通过 delete()方法删除当前文件；如果文件不存在，则使用 createNewFile()方法根据给定的路径创建新的文件。

> 💡 提示：使用 File 路径分隔符。
>
> 　　Java 开发与操作系统的原生开发不同，它并不是直接与操作系统绑定在一起的，而是经过Java虚拟机翻译后形成操作单元，如图 2-2 所示。这样在进行文件处理操作时一定会存在延迟的问题。

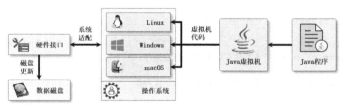

图 2-2　Java 文件操作

　　在编写 Java 程序时，需要充分考虑所有操作系统的适配问题。例如，不同的操作系统存在不同的路径分隔符，Windows 使用 "\"，而 Linux 使用 "/"，所以在编写代码时，建议用 File 类提供的 separator 常量来代替路径中的分隔符，这样程序在运行时可根据操作系统的类型进行自动适配。

2.1.1　文件目录操作

视频名称　0202_【掌握】文件目录操作

视频简介　规范化地保存文件可以通过目录的形式进行。本视频分析路径分隔符以及创建文件时父目录对操作的影响，并演示如何动态地实现父目录的创建。

文件目录操作

目录是操作系统进行文件管理的基本单元，所有的文件都应该按照需要保存在相应的目录之中。在进行文件创建前一定要保证父目录存在，如图 2-3 所示。

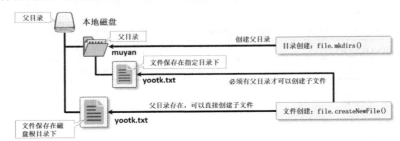

图 2-3　文件创建与目录

由于在实例化 File 类对象时，所有的文件或目录的路径都是以字符串的形式给出的（此时路径可能并不存在），因此需要根据当前所设置的路径来动态地实现父目录的判断以及相关目录的创建。这可以利用表 2-2 所示的操作方法实现。

表 2-2　File 类的操作方法

序号	方法名称	类型	描述
01	public boolean mkdir()	普通	创建单级目录
02	public boolean mkdirs()	普通	创建多级目录（更加适用）
03	public String getParent()	普通	获取父目录
04	public File getParentFile()	普通	获取父目录对应的文件对象

范例：创建带有父目录的文件

```java
package com.yootk;
import java.io.File;
public class YootkDemo {
    public static void main(String[] args) throws Exception {
        File file = new File("h:" + File.separator + "muyan" + File.separator + "vip" +
            File.separator + "yootk.txt");                  // 定义要操作的文件路径
        if (!file.getParentFile().exists()) {               // 父目录不存在
            file.getParentFile().mkdirs();                  // 创建父目录
        }
        if (file.exists()) {                                // 文件已存在
            System.out.println("【文件存在】执行删除操作: " + file.delete()); // 删除文件
        } else {                                            // 文件不存在
            System.out.println("【文件不存在】执行创建操作: " + file.createNewFile()); // 创建文件
        }
    }
}
```

程序执行结果 1：

【文件不存在】执行创建操作：true

程序执行结果 2：

【文件存在】执行删除操作：true

　　本程序在进行文件的创建或删除之前会判断当前给定路径中的父目录是否存在,如果存在则直接进行文件操作,如果不存在则创建父目录。

2.1.2 获取文件信息

获取文件信息

　　磁盘中的文件除了可以实现具体的数据内容记录之外,实际上还会有一些附加的元数据信息,如图 2-4 所示。当文件创建或修改时,操作系统会自动对这些元数据信息进行维护;使用者得到一个文件后,也可以直接通过元数据信息获取自己所需要的数据。

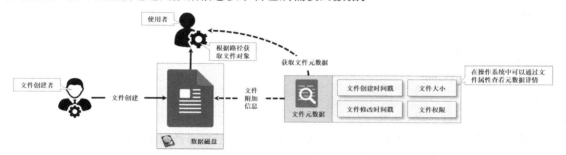

图 2-4　获取文件元数据

　　File 类除了可以实现文件或目录的基础操作,也可以获取指定路径的文件的部分元数据,这些数据的获取可以通过表 2-3 所示的方法来实现。下面通过具体的代码进行操作展示。

表 2-3　获取文件元数据的方法

序号	方法名称	类型	描述
01	public boolean canExecute()	普通	判断当前的路径是否拥有可执行的权限
02	public boolean canRead()	普通	判断当前的路径是否拥有可读的权限
03	public boolean canWrite()	普通	判断当前的路径是否拥有可写的权限
04	public File getAbsoluteFile()	普通	获取文件绝对路径实例
05	public String getAbsolutePath()	普通	获取文件绝对路径字符串
06	public String getName()	普通	获取字符串的名称
07	public boolean isAbsolute()	普通	是否为绝对路径
08	public boolean isDirectory()	普通	是否为目录
09	public boolean isFile()	普通	是否为文件
10	public boolean isHidden()	普通	是否为隐藏文件或目录
11	public long lastModified()	普通	获取最后一次修改日期时间
12	public long length()	普通	获取文件长度(单位为 Byte)

　　范例:获取文件元数据

```java
package com.yootk;
import java.io.File;
import java.text.SimpleDateFormat;
public class YootkDemo {
    public static void main(String[] args) throws Exception {
        File file = new File("H:" + File.separator + "yootk.png");  // 文件路径
```

```
        if (file.exists()) {                                       // 获取信息的前提是文件存在
            System.out.printf("【文件大小】%sB, %5.2fMB\n", file.length(),
                ((double) file.length() / 1024 / 1024));
            SimpleDateFormat sdf = new SimpleDateFormat("yyyy-MM-dd HH:mm:ss");
            System.out.printf("【最后一次修改日期时间】日期时间数值：%s、日期时间：%s\n",
                file.lastModified(), sdf.format(new java.util.Date(file.lastModified())));
            System.out.printf("【文件权限】可读：%s、可写：%s、可执行：%s\n",
                file.canRead(), file.canWrite(), file.canExecute());
            System.out.printf("【文件绝对路径】%s\n", file.getAbsoluteFile());
            System.out.printf("【文件目录】%s\n", file.getParent());
            System.out.printf("【文件名称】%s\n", file.getName());
            System.out.printf("【路径类型】文件夹：%s、文件：%s", file.isDirectory(), file.isFile());
        }
    }
}
```

程序执行结果：

```
【文件大小】53367575B,50.90MB
【最后一次修改日期时间】日期时间数值：1636413356314、日期时间：2022-07-16 13:29:16
【文件权限】可读：true、可写：true、可执行：true
【文件绝对路径】H:\yootk.png
【文件目录】H:\
【文件名称】yootk.png
【路径类型】文件夹：false、文件：true
```

本程序在获取文件元数据信息时通过 exists()判断当前给定路径的文件是否存在，如果存在则利用 File 给出的方法获取相关内容，在获取文件大小和与时间戳有关的数据时，数据都是以 long 类型返回的。

 提示：返回的文件大小以 Byte 为单位。

> 在通过 length()方法获取文件大小时，结果是以 Byte 为单位返回的，这样一个较大的文件返回的数字会很大，所以会以 long 类型进行保存。

2.1.3　获取目录信息

视频名称　0204_【掌握】获取目录信息

视频简介　磁盘之中除了文件还有目录，File 类可以方便地实现对目录的各种操作。本视频通过具体的代码结合迭代操作实现文件目录数据的获取。

获取目录信息

一个目录中往往会有若干个子目录或子文件，如果想获取指定目录下的结构，则可以通过 File 类提供的方法来完成，如表 2-4 所示。如果仅仅要获取目录下结构的名称，直接使用 list()方法即可；如果要对指定目录下的子目录或文件进行处理操作，则建议通过 listFiles()方法来实现。

表 2-4　获取目录数据的方法

序号	方法名称	类型	描述
01	public String[] list()	普通	列出所有的子路径名称
02	public File[] listFiles()	普通	列出所有子路径的 File 对象数组
03	public File[] listFiles(FileFilter filter)	普通	列出目录结构的时候设置一个用于判断的过滤器

由于文件列表中可能有大量的子路径（文件或目录）信息，因此为了便于这些子路径的过滤，java.io 包还提供了一个 FileFilter 接口。该接口是一个函数式接口，只提供一个 accept()方法，在此方法中设置文件的过滤条件即可。类的关联关系如图 2-5 所示。下面介绍如何应用此接口来实现指定文件类型的过滤列表操作。

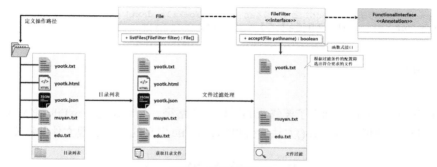

图 2-5　文件过滤处理

范例：列出指定目录下的全部.txt 文件

```java
package com.yootk;
import java.io.File;
public class YootkDemo {
    public static void main(String[] args) throws Exception {
        File file = new File("H:" + File.separator);              // 目录路径
        info(file);                                               // 目录查询
    }
    public static void info(File file) {                          // 目录列出
        if (file.isDirectory()) {                                 // 路径是目录
            File list[] = file.listFiles((f) -> f.isDirectory() ? true :
                    f.getName().endsWith(".txt"));                // 目录数据过滤
            if (list != null) {                                   // 文件列表不为空
                for (File temp : list) {                          // 列表递归操作
                    info(temp);                                   // 递归操作，继续列出
                }
            }
        } else {
            System.out.println(file);                             // 直接输出文件信息
        }
    }
}
```

本程序实现了一个指定目录下的文件列表处理操作。一个目录之中可能存在大量的子目录，如果要获取每一个子目录下的指定类型文件，就需要通过递归的方式实现。在进行文件类型匹配时，程序通过 FileFilter 接口设置了过滤条件（文件以"txt"结尾），这样在程序执行后就会列出指定路径下的全部.txt 文件信息。

2.1.4　文件更名

文件更名

视频名称	0205_【掌握】文件更名
视频简介	有了文件操作类的帮助，就可以对目录或子目录中的名称进行自动修改。本视频主要通过递归操作介绍如何实现目录中文件名称的批量更名处理。

文件或目录在定义后可以根据需要进行名称的修改。File 类提供了 renameTo()方法，在使用该方法时需要明确定义一个新的文件路径。而该方法除了可以实现文件命名之外，实际上还提供文件移动的功能。

范例：文件重命名

```java
package com.yootk;
import java.io.File;
public class YootkDemo {
    public static void main(String[] args) throws Exception {
        File oldFile = new File("H:" + File.separator + "yootk.png");      // 原始文件
        File newFile = new File("D:" + File.separator + "muyan.png");      // 新的文件
```

```
    // renameTo()方法定义: public boolean renameTo(File dest)
    System.out.println("【文件更名处理】" + oldFile.renameTo(newFile));    // 文件更名
  }
}
```

程序执行结果:

```
【文件更名处理】true
```

本程序首先通过 oldFile 确定了要修改的原始文件路径,然后通过 newFile 定义了新的文件路径,最后通过 oldFile 调用 renameTo()方法后会根据 newFile 定义的路径实现文件的移动与更名处理。

2.2　输入输出流

数据流简介

视频名称　0206_【掌握】数据流简介
视频简介　流是 I/O 的基本操作单元,流设计中都会提供输入与输出两方面的支持。本视频主要讲解 Java 为文件内容操作提供的两组类以及代码操作流程。

流(Stream)主要指的是数据的处理方式,一般来讲流有输入(Input)和输出(Output)两种基本的操作形式。以图 2-6 所示的结构来讲,应用程序在需要进行文件处理时,会通过输入流将磁盘中的文件内容读取到内存中,而在处理完成后可以通过输出流来实现数据的保存。

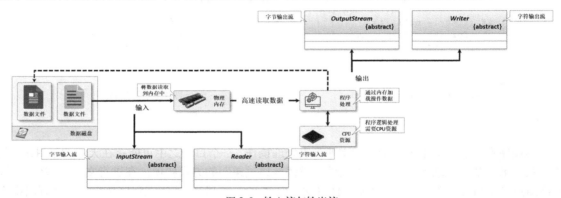

图 2-6　输入流与输出流

java.io 包针对 I/O 操作的数据形式提供两类流:字节流(InputStream、OutputStream)、字符流(Reader、Writer)。这两种操作流的基本形式相同,唯一的区别在于字节流是以字节(byte)数据操作为主,而字符流是以字符(char)数据操作为主。为便于读者理解,下面以文件操作为例说明两种操作流的使用步骤。

① 通过 File 类定义一个要操作文件的路径(这是在进行文件 I/O 的时候所需要采用的方式)。
② 通过字节流或字符流的子类将父类对象实例化。
③ 实现数据的读(read()方法)、写(write()方法)操作。
④ 流是非常宝贵的资源,操作完毕后一定要进行关闭(close()方法)。

2.2.1　OutputStream 字节输出流

OutputStream
字节输出流

视频名称　0207_【掌握】OutputStream 字节输出流
视频简介　本视频主要讲解 OutputStream 类的定义及组成,同时分析所实现的父接口的作用,并通过实例讲解如何将字符串中的数据输出到文件之中。

java.io.OutputStream 类是 Java 提供的字节输出流的操作父类，是一个抽象的概念。由于在实际的开发中可能会存在任意的输出终端，所以 OutputStream 仅仅提供了一个方法的规定，而具体的输出操作则需要由子类来完成。如果要进行的是输出操作，则可以使用 java.io.FileOutputStream 子类，其继承关系如图 2-7 所示。

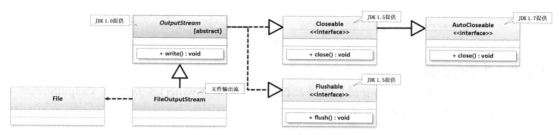

图 2-7　OutputStream 字节输出流

> 💡 **提示：I/O 后期扩充接口。**
>
> JDK 1.0 仅仅提供了 OutputStream 抽象父类，而 JDK 1.5 及其之后的版本将该类中的 flush() 方法和 close() 两个方法抽象出来，保存在 Closeable 与 Flushable 两个接口中。考虑到语法结构的简化操作，JDK 1.7 及其之后的版本又提供了 AutoCloseable 接口以实现资源的自动关闭。

OutputStream 主要通过字节实现数据输出操作，所以 OutputStream 类提供了 3 个 write() 方法实现数据输出。这 3 个方法可以接收的参数类型为字节数据或字节数组，如表 2-5 所示。

表 2-5　OutputStream 类的常用方法

序号	方法名称	类型	描述
01	public void write(byte[] b) throws IOException	普通	对全部字节数组进行输出
02	public void write(byte[] b, int off, int len)　throws IOException	普通	实现指定范围字节数组内容的输出
03	public abstract void write(int b) throws IOException	普通	输出单个字节

范例：向文件中写入数据

```java
package com.yootk;
import java.io.*;
public class YootkDemo {
    public static void main(String[] args) throws Exception {
        File file = new File("H:" + File.separator + "muyan" + File.separator + "vip" +
                File.separator + "yootk.txt");              // 输出文件路径
        if (!file.getParentFile().exists()) {               // 父目录不存在
            file.getParentFile().mkdirs();                  // 创建父目录
        }
        OutputStream output = new FileOutputStream(file);   // 实例化输出流对象
        String message = "www.yootk.com";                   // 待输出数据
        // OutputStream类的输出是以字节数据为主的，所以需要将字符串转为字节数据
        byte data[] = message.getBytes();                   // 将字符串转为字节数组
        output.write(data);                                 // 输出全部字节数组的内容
        output.close();                                     // 关闭输出流
    }
}
```

使用 FileOutputStream 类进行文件数据输出时，可以根据给出的文件路径进行文件的自动创建，而为了保证文件创建成功，需要创建与之相关的父目录。由于 OutputStream 为字节输出流，因此需要将输出的字符串数据转为字节数组后再调用 write() 方法。在代码的最后一定要调用 close() 方法以及时实现资源释放。本程序的执行流程如图 2-8 所示。

图 2-8　OutputStream 文件输出

> 💡 **提示：数据追加处理。**
>
> 　　重复执行以上程序，每次都会进行文件数据的覆盖。除了 write() 方法之外，OutputStream 类中还有 append() 方法可以实现已有数据的追加。

2.2.2　InputStream 字节输入流

InputStream
字节输入流

视频名称　0208_【掌握】InputStream 字节输入流

视频简介　本视频主要讲解如何利用 InputStream 类进行文件信息的读取，以及 3 个 read() 方法与 OutputStream 类中 3 个 write() 方法的操作形式的区别。

　　java.io.InputStream 提供了字节输入流的操作定义。由于实际的开发中会有多种不同的数据输入流，所以 InputStream 被设计为抽象类。如果想通过文件实现数据读取，则可以使用 FileInputStream 子类进行对象实例化，如图 2-9 所示。

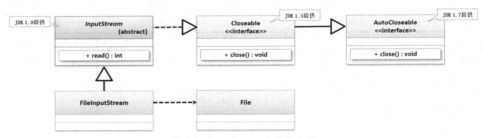

图 2-9　InputStream 字节输入流

　　InputStream 类提供了 read() 数据读取方法，并对该方法进行了重载，可以将数据读取到字节数组之中，也可以每次读取单个数据。JDK 9 及其之后的版本还提供了流的转换处理支持，这些方法如表 2-6 所示。

表 2-6　InputStream 类的常用方法

序号	方法名称	类型	描述
01	public int available() throws IOException	普通	获取全部可用字节数据
02	public abstract int read() throws IOException	普通	读取单个字节数据
03	public int read(byte[] b) throws IOException	普通	将内容读取到字节数组之中，并返回读取的字节数据长度，如果此时已经读取到输入流底部（无数据）则返回 "−1"
04	public int read(byte[] b, int off, int len) throws IOException	普通	读取部分内容到字节数组之中，并返回读取的字节数据长度，若已读取到输入流底部（无数据）则返回 "−1"
05	public byte[] readAllBytes() throws IOException	普通	JDK 9 之后提供，读取输入流中的全部字节数据内容
06	public long transferTo(OutputStream out) throws IOException	普通	JDK 9 之后提供，流的传输转换

OutputStream 类中有 3 个 write()方法，InputStream 类中有 3 个结构对应的 read()方法，无论从方法的名称上还是从参数的类型及个数上都是非常对称的。由于 read()方法重载后的作用有所不同，为便于读者理解，下面将通过图 2-10 所给出的结构，分析这 3 个 read()方法的区别。

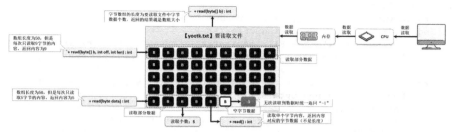

图 2-10　InputStream 数据读取操作

范例：读取全部文件数据

```java
package com.yootk;
import java.io.*;
public class YootkDemo {
    public static void main(String[] args) throws Exception {
        File file = new File("H:" + File.separator + "muyan" + File.separator + "vip" +
            File.separator + "yootk.txt");                    // 输出文件路径
        if (file.exists()) {                                  // 文件存在
            // 此处采用AutoCloseable自动关闭处理，程序执行完成后后自动调用close()方法
            try (InputStream input = new FileInputStream(file)) {  // 文件输入流
                // 此时开辟的数组长度远远超过yootk.txt文件所保存的数据长度
                byte data[] = new byte[1024];                 // 开辟1KB的空间进行读取
                int len = input.read(data);                   // 读取数据并返回读取的字节数据个数
                System.out.println("读取到的数据内容【" +
                    new String(data, 0, len) + "】");          // 将字节数组转字符串后输出
            } catch (Exception e) {}
        }
    }
}
```

程序执行结果：

读取到的数据内容【www.yootk.com】

由于 InputStream 类实现了 AutoCloseable 父接口的功能，所以可以借助于 try 语句实现自动关闭处理。在进行数据读取时，首先开辟一个字节数组（此时的字节数组长度远远超过文件所保存的数据长度），随后利用 read()方法将数据读取到该字节数组之中，并根据返回的字节数据个数将部分字节数组转为字符串。本程序的操作流程如图 2-11 所示。

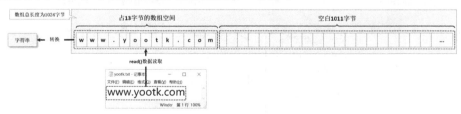

图 2-11　数据读取操作

💡 提示：InputStream 循环读取数据。

使用 InputStream 实现数据读取时，为了提高读取性能，往往会开辟一个字节数组，而后向该数组中进行数据的填充。在实际的开发中往往无法确认所开辟数组的长度，如果数组长度较小则会影响数据读取性能，如果数组长度较大又会造成空间的浪费。所以此时最佳的做法是根据自身应用的性能开辟一个预计长度的数组，而后基于循环的方式进行读取。代码实现如下。

范例：循环读取数据

```java
package com.yootk;
import java.io.*;
public class YootkDemo {
    public static void main(String[] args) throws Exception {
        StringBuffer buffer = new StringBuffer();                  // 保存读取到的内容
        File file = new File("H:" + File.separator + "muyan" + File.separator +
            "vip" + File.separator + "yootk.txt");                 // 输出文件路径
        if (file.exists()) {                                       // 文件存在
            try (InputStream input = new FileInputStream(file)) {  // 文件输入流
                byte data[] = new byte[8];                         // 开辟字节数组
                int len = 0;                                       // 保存数组长度
                // 表达式1: input.read(data)，将输入流的数据读取到字节数组中
                // 表达式2: len = input.read(data)，将读取到的数组长度赋值给len
                // 表达式3: (len = input.read(data)) != -1，判断len是否不为-1
                while ((len = input.read(data)) != -1) {
                    buffer.append(new String(data, 0, len));       // 数据保存
                }
                System.out.println("读取到的数据内容【" + buffer + "】");
            } catch (Exception e) {}
        }
    }
}
```

程序执行结果：

读取到的数据内容【www.yootk.com】

本程序采用了循环的形式，每次只通过输入流读取 8 字节的内容，随后将读取的数据保存在 StringBuffer 对象中，在全部数据读取完成后（返回的读取长度为 "–1" 字节），通过 StringBuffer 输出全部数据。

2.2.3 Writer 字符输出流

Writer 字符
输出流

视频名称　0209_【掌握】Writer 字符输出流

视频简介　OutputStream 适用于字节数据输出，这类数据适用于网络传输，但是在操作时需要进行字节数组转换操作。为了简化输出的操作，Java 提供字符输出流，直接支持字符串输出。本视频主要讲解通过字符流进行内容输出的操作。

OutputStream 在进行数据输出前需要将字符串转为字节数据或字节数组。为了简化这一转换过程，JDK 1.1 之后提供了一个 java.io.Writer 类，该类的继承结构如图 2-12 所示。

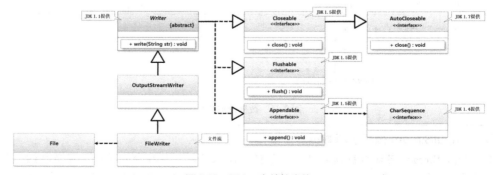

图 2-12　Writer 字符输出流

Writer 最大的操作特点之一是可以直接实现字符串数据的输出，从而避免字符串与字节数据之间重复的转换处理操作。这在中文数据的处理中极为重要。Writer 类的常用方法如表 2-7 所示。

表 2-7　Writer 类的常用方法

序号	方法名称	类型	描述
01	public void write(char[] cbuf) throws IOException	普通	输出字符数组
02	public void write(char[] cbuf, int off, int len) throws IOException	普通	输出部分字符数组
03	public void write(String str) throws IOException	普通	输出字符串数据
04	public void write(String str, int off, int len) throws IOException	普通	输出字符串部分数据
05	public void write(int c) throws IOException	普通	输出单个字符
06	public void flush() throws IOException	普通	强制清空缓冲区

范例：使用 Writer 输出数据

```java
package com.yootk;
import java.io.*;
public class YootkDemo {
    public static void main(String[] args) throws Exception {
        File file = new File("H:" + File.separator + "muyan" + File.separator +
            "vip" + File.separator + "yootk.txt");              // 输出文件路径
        if (!file.getParentFile().exists()) {
            file.getParentFile().mkdirs();
        }
        try (Writer out = new FileWriter(file)) {                // 对象实例化
            out.write("沐言科技：www.yootk.com\n");               // 输出信息
            out.append("李兴华高薪就业编程训练营：edu.yootk.com");    // 追加输出信息
        } catch (Exception e) {}
    }
}
```

本程序通过 File 配置了输出文件路径，而后在结合 FileWriter 进行文件内容输出时，会自动进行文件的创建，同时可以通过该类提供的 write()以及 append()方法实现内容的输出操作。程序的执行结果如图 2-13 所示。

图 2-13　Writer 文件输出

2.2.4　Reader 字符输入流

Reader 字符
输入流

视频名称　0210_【掌握】Reader 字符输入流

视频简介　字节输入流适用于网络的传输和底层数据的交换。为了方便地进行文字处理，Java 又提供了字符输入流。本视频主要讲解通过字符输入流进行文件读取的操作。

JDK 1.1 及其之后的版本为了便于中文数据的读取操作，提供了 java.io.Reader 字符输入流的支持类，可以直接基于字符数组的形式实现数据的读取操作，也可以将输入流的数据转至 NIO 的缓冲区存储，继承结构如图 2-14 所示。

虽然 Writer 类提供了 CharSequence 和 String 类型的数据输出支持，但是 Reader 类并没有提供可以直接读取全部数据的处理方法，而是需要像 OutputStream 一样将数据读取到字符数组之中。Reader 类的常用方法如表 2-8 所示。

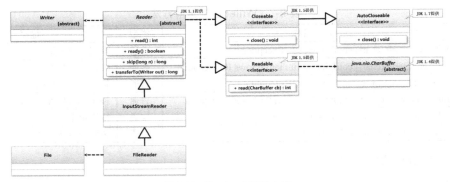

图 2-14　Reader 字符输入流

表 2-8　Reader 类的常用方法

序号	方法名称	类型	描述
01	public int read(char[] cbuf) throws IOException	普通	将要读取的数据读取到字符数组中
02	public abstract int read(char[] cbuf, int off, int len) throws IOException	普通	将数据读取到指定字符数组的指定位置
03	public int read() throws IOException	普通	读取单个字符内容
04	public long skip(long n) throws IOException	普通	跳过若干个字符定位读取
05	public long transferTo(Writer out) throws IOException	普通	将字符输入流转为特定的字符输出流

范例：Reader 数据读取

```
package com.yootk;
import java.io.*;
public class YootkDemo {
    public static void main(String[] args) throws Exception {
        File file = new File("H:" + File.separator + "muyan" + File.separator + "vip" +
            File.separator + "yootk.txt");             // 文件路径
        if (file.exists()) {                            // 文件存在
            try (Reader in = new FileReader(file)) {    // 对象实例化
                char data[] = new char[1024];           // 开辟字符数组
                // 读取数据到字符数组，随后返回读取到的数据长度
                int len = in.read(data);
                System.out.println(new String(data, 0, len));  // 字符数组转为字符串
            } catch (Exception e) {}
        }
    }
}
```

程序执行结果：

沐言科技：www.yootk.com
李兴华高薪就业编程训练营：edu.yootk.com

本程序通过 Reader 结合字符数组（适用于读取包含中文的数据内容）的形式实现了文件数据的读取处理。其读取的处理形式除了数据类型外，与使用 InputStream 读取的处理形式相同。

2.2.5　字节流与字符流的区别

字节流与字符流
区别

视频名称　0211_【掌握】字节流与字符流区别
视频简介　Java 提供的两种流是随 JDK 版本升级而不断完善的。为了帮助读者理解这两种流的区别，本视频分析字节流与字符流在使用上的区别，并强调字符流清空缓冲区的意义。

JDK 1.0 提供了字节流（InputStream、OutputStream），随后，JDK 1.1 提供了字符流（Reader、

Writer）。而在实际的使用过程中，字节流一般直接在存储终端实现数据保存功能，而字符流需要经过缓冲区的处理，才可以实现数据的保存。以文件输出流为例，操作形式如图 2-15 所示。

（a）FileOutputStream 文件输出

（b）FileWriter 文件输出

图 2-15　文件输出流与数据缓存

　　每当用户通过 FileOutputStream 类提供的 write()方法进行数据输出时,即便不关闭文件输出流,内容也可以保存到终端文件中。而在使用 FileWriter 类进行数据输出时,如果没有关闭文件输出流,则会造成某些数据不被保存到终端文件中。这主要是因为字符流在操作时会将部分数据保存在缓冲区中,当调用 close()方法时会进行缓冲区的强制清除操作。除了调用 close()方法清除缓冲区外,也可以使用 flush()方法在不关闭文件输出流的情况下实现缓存清空操作。

　　范例：**字符流缓存处理**

```java
package com.yootk;
import java.io.*;
public class YootkDemo {
    public static void main(String[] args) throws Exception {
        File file = new File("H:" + File.separator + "muyan" + File.separator + "vip" +
            File.separator + "yootk.txt");                      // 终端文件路径
        if (!file.getParentFile().exists()) {                   // 父目录不存在
            file.getParentFile().mkdirs();                      // 创建父目录
        }
        Writer out = new FileWriter(file);                      // 对象实例化
        out.write("沐言科技: www.yootk.com\n");                 // 数据输出
        out.append("李兴华高薪就业编程训练营: edu.yootk.com");    // 数据输出
        out.flush();                                            // 强制刷新缓冲区
    }
}
```

　　本程序分别使用 write()和 append()方法向终端文件实现数据的输出，因为使用的是字符输出流，所以在未关闭输出流的情况下可以利用 flush()方法实现缓冲清空处理，以保证内容完整写入终端文件。

2.3　转　换　流

转换流

　　视频名称　0212_【理解】转换流

　　视频简介　字节流与字符流各有特点, java.io 既然提供了两种流, 就同时提供了转换支持。本视频主要讲解如何通过 InputStreamReader 与 OutputStreamWriter 实现字节流与字符流之间的转换。

　　java.io 提供了两种不同的数据操作流，为了便于这两种操作流之间的转换处理，又提供了两个转换流的处理类。利用 InputStreamReader 可以将 InputStream 转为 Reader，从而实现字符输入流的数据读取操作；利用 OutputStreamReader 可以将 OutputStream 转为 Writer，利用字符输出流实现数据的写入操作。这两个类的定义及构造方法如下所示。

InputStreamReader	**public class** InputStreamReader **extends** Reader	**public** InputStreamReader (InputStream in)
OutputStreamWriter	**public class** OutputStreamWriter **extends** Writer	**public** OutputStreamWriter (OutputStream out)

通过两个转换流的定义可以发现图 2-16 所示的继承关系。转换流都是字符流的子类，且在各自的构造方法中可以实现字节流对象实例的接收，这样就可以实现 I/O 流类型的转换处理。

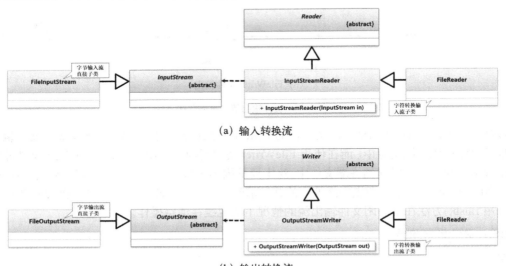

（a）输入转换流

（b）输出转换流

图 2-16　转换流处理结构

范例：字节输出流转字符输出流

```java
package com.yootk;
import java.io.*;
public class YootkDemo {
    public static void main(String[] args) throws Exception {
        File file = new File("H:" + File.separator + "muyan" + File.separator + "vip" +
            File.separator + "yootk.txt");                    // 终端文件路径
        if (!file.getParentFile().exists()) {                 // 此时文件有父目录
            file.getParentFile().mkdirs();                    // 创建父目录
        }
        Writer out = new OutputStreamWriter(
                new FileOutputStream(file));                  // 字节输出流转字符输出流
        out.write("沐言科技：www.yootk.com");                  // 数据输出
        out.close();                                          // 关闭输出流并强制刷新缓冲区
    }
}
```

本程序首先实例化了一个 FileOutputStream 的字节输出流对象实例，而后利用 OutputStreamWriter 类的构造方法，将该字节输出流转为 Writer 字符输出流对象实例。这样就可以直接利用字符串进行数据的输出，避免了对字节流的处理操作。

范例：字节输入流转字符输入流

```java
package com.yootk;
import java.io.*;
public class YootkDemo {
    public static void main(String[] args) throws Exception {
        File file = new File("H:" + File.separator + "muyan" + File.separator + "vip" +
```

```
                        File.separator + "yootk.txt");              // 终端文件路径
        if (file.exists()) {                                        // 终端文件存在
            Reader in = new InputStreamReader(new FileInputStream(file)); // 字节输入流转字符输入流
            char[] data = new char[1024];                           // 开辟字符数组
            int len = in.read(data);                                // 读取数据并返回读取数据的长度
            System.out.println(new String(data, 0, len));           // 字符数组转字符串并输出
            in.close();                                             // 关闭字符输入流
        }
    }
}
```

程序执行结果：

沐言科技：www.yootk.com

本程序利用 InputStreamReader 类将字节输入流的对象转为字符输入流，这样在进行数据读取时，就可以通过字符数组的形式实现数据的加载。

 提示：转换流的作用在于进行中文数据读取。

> 通过前面一系列的操作比较可以发现，字节流都以字节数据操作为主，而字符流都以字符数据操作为主。在 Java 中由于使用了 Unicode，所以字符数据可以保存中文，这样在进行数据读取或写入时，使用转换流可以更加方便地进行中文数据的处理。这一点后面的章节还会讲解。

2.4 文件复制

视频名称 0213_【掌握】文件复制

视频简介 DOS 支持文件复制，可以实现目录和文件的复制。Java 的 I/O 操作既然可以实现磁盘和流处理，就可以通过程序模拟文件复制支持。本视频主要通过实战代码讲解如何使用字节流进行文件与目录的复制操作。

文件复制

传统的 DOS 支持文件复制处理命令，该命令的基本形式为"copy 源文件路径 目标文件路径"，这样在命令执行完毕后就可以直接实现文件的复制操作。实际上这种文件的复制处理本身就是一种 I/O 流的技术应用。考虑到程序的适用性，应该采用字节流实现。

复制的源文件通过 FileInputStream 加载输入流，目标文件通过 FileOutputStream 写入。由于不确定源文件的大小，因此为了防止内存溢出，在进行数据复制时无法对全部文件进行读取，只能采用边读边写的形式进行处理。即每次通过输入流读取指定长度的字节数组，而后将该数组的内容通过输出流写入目标文件，如图 2-17 所示。

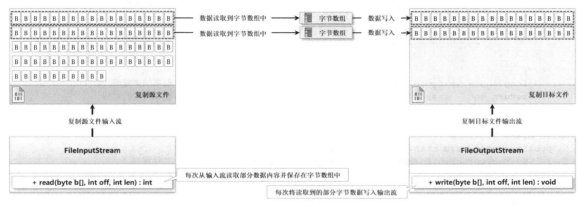

图 2-17 文件复制的实现

范例：文件复制应用

```java
package com.yootk;
import java.io.*;
class CopyUtil {
    private File inFile;                                          // 输入文件路径
    private File outFile;                                         // 输出文件路径
    /**
     * 通过数组实现复制参数的配置，这个数组的长度必须为2，两个数组元素的作用如下
     * 第一个元素为复制文件的源路径，第二个元素为复制文件的输出目标路径
     * @param args 保存文件复制处理中所需的源文件路径以及目标文件路径的数组
     */
    public CopyUtil(String args[]) {
        if (args.length != 2) {                                  // 参数的个数不足
            System.out.println("【ERROR】程序复制命令输入的参数不足，无法执行。"); // 提示信息
            System.out.println("使用参考：java YootkDemo 源文件路径 目标文件路径"); // 提示信息
            System.exit(1);                                      // 程序退出
        }
        this.inFile = new File(args[0]);                         // 源文件
        this.outFile = new File(args[1]);                        // 目标文件
    }
    public CopyUtil(String inPath, String outPath) {             // 构造方法
        this.inFile = new File(inPath);                          // 源文件
        this.outFile = new File(outPath);                        // 目标文件
    }
    /**
     * 实现文件的复制处理操作
     * @return 复制文件所花费的时间
     */
    public long copy() throws IOException {                      // IOException是最大的I/O异常
        long start = System.currentTimeMillis();                // 获取开始时间
        InputStream input = null;                               // 输入流对象
        OutputStream output = null;                             // 输出流对象
        try {
            input = new FileInputStream(this.inFile);           // 输入流
            output = new FileOutputStream(this.outFile);        // 输出流
            byte data[] = new byte[2048];                       // 每次复制2048字节的内容
            int len = 0;                                        // 保存每次复制的数据的长度
            while ((len = input.read(data)) != -1) {            // 数据未读取完
                output.write(data, 0, len);                     // 内容输出
            }
        } catch (IOException e) {                               // I/O异常
            throw e;
        } finally {
            if (input != null) {                                // 输入流不为空
                input.close();                                  // 关闭输入流
            }
            if (output != null) {                               // 输出流不为空
                output.close();                                 // 关闭输出流
            }
        }
        long end = System.currentTimeMillis();                  // 获取结束时间
        return end - start;                                     // 获取花费的时间
    }
}
public class YootkDemo {
    public static void main(String[] args) throws Exception {
        System.out.println(new CopyUtil(args).copy());          // 文件复制
    }
}
```

程序启动参数：

```
java com.yootk.YootkDemo h:\muyan.png h:\yootk.png
```

程序执行结果：

85（单位：毫秒）

本程序为了便于实现数据的复制处理，定义了一个 CopyUtil 工具类，在该类的实现中通过 Java 命令初始化参数的形式设置要复制的源文件路径和目标文件路径，复制完成后返回本次复制所耗费的时间。

> 💡 **提示：InputStream 新支持。**
>
> JDK 9 之后为了便于实现数据流的复制处理操作，在 InputStream 类中提供了一个数据流的传输处理方法，该方法定义如下：
>
> ```
> public long transferTo (OutputStream out) throws IOException
> ```
>
> 只要在此方法中设置了输出流，即可直接将输入流的数据写入。虽然此种方式在实际工作中非常方便，但是为便于读者理解概念，本书以原生的代码为主讲解功能的实现。

2.5 字 符 编 码

字符编码

视频名称 0214_【掌握】字符编码

视频简介 本视频主要为读者讲解在程序开发中比较常见的几种编码（ISO 8859-1、GBK、GB2312、Unicode、UTF-8）的特点，同时分析程序乱码问题

计算机中的全部操作都是由"0"和"1"二进制数所组成的处理单元。在进行网络数据的传输和磁盘文件存储时，最终传递的内容都是二进制的字节数据，如图 2-18 所示。

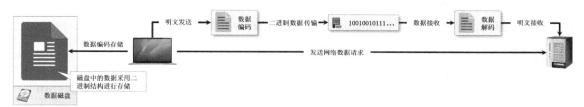

图 2-18 数据传输

所有图片、音频、视频、文本等都需要进行有效的编码和解码处理，否则无法实现传输与保存。在现实的开发中文本的常见字符编码一般有如下几种。

- **ISO 8859-1**：一种国际通用单字节编码，向下兼容 ASCII，其编码范围是 0x00～0xFF，0x00～0x7F 的编码和 ASCII 的一致，主要包含西欧语言、希腊语、泰语、阿拉伯语等对应的文字符号。
- **GBK / GB2312**：中文的国标编码（基于 1980 年发布的《信息交换用汉字编码字符集 基本集》，是中文信息处理的我国国家标准），专门用来表示汉字，是双字节编码。GBK 可以表示简体中文和繁体中文，而 GB2312 只能表示简体中文。GBK 是兼容 GB2312 的。
- **Unicode**：十六进制编码，可以准确地表示出任何语言文字。此编码不兼容 ISO 8859-1。
- **UTF-8**：可以用来表示 Unicode 标准中的任何字符，是针对 Unicode 的一种可变长度的字符编码，第一个字节与 ASCII 兼容，使原来处理 ASCII 字符的软件无须修改或只进行少量修改便可继续使用。

> 💡 **提示：当前系统属性。**
>
> 如果想实现正确的编码处理，那么需要确定当前系统或应用中所支持的编码，而这可以由 System 类提供的 getProperties()方法来完成。

范例：获取系统属性

```java
package com.yootk;
public class YootkDemo {
    public static void main(String[] args) throws Exception {
        System.getProperties().list(System.out);    // 输出全部系统属性
    }
}
```

程序执行结果：

```
file.separator=\（系统路径分隔符，file.separator对应的内容）
file.encoding=GBK（通过系统命令行获取）
```

以上程序所获得的属性内容较多，这里只抽取了两个属性定义。其中 file.encoding 表示的是文件的编码，如果通过命令行运行本程序，则编码方式为 GBK，而如果通过 IntelliJ-IDEA 运行本程序，则编码方式与当前开发工具一致（开发工具中的文本编码建议使用 UTF-8）。

范例：观察乱码对程序的影响

```java
package com.yootk;
import java.io.*;
public class YootkDemo {
    public static void main(String[] args) throws Exception {
        File file = new File("h:" + File.separator + "message.txt");    // 文件路径
        OutputStream output = new FileOutputStream(file);               // 文件输出流
        output.write("沐言科技：www.yootk.com".getBytes("ISO8859-1"));   // 强制编码
        output.close();                                                 // 关闭文件输出流
    }
}
```

此时的程序代码的编码方式为 UTF-8，但是该程序强制性地对包含中文数据的内容使用了 ISO 8859-1 编码，程序执行后打开 message.txt 文件时就会出现中文乱码问题，如图 2-19 所示。

图 2-19　产生中文乱码

> 💡 **提示：开发中建议使用 UTF-8 编码。**
>
> 　　通过分析可以发现，在项目中之所以出现乱码一般有两个主要原因：一是编码方式与解码方式不统一；二是采用了错误的编码方式。所以在实际的开发以及网络传输中常用的编码方式为 UTF-8。在代码编写中不需要刻意地进行编码的转换，默认的编码与当前程序所在源代码的编码相同。

2.6　内存操作流

内存操作流

视频名称　0215_【掌握】内存操作流

视频简介　将 I/O 的处理操作放在内存中，可以避免文件操作留下磁盘痕迹。本视频主要讲解内存操作流的使用，并通过一个大小写转换处理的案例讲解 I/O 操作。

前面章节所有程序的操作终端都是文件，即在进行 I/O 操作时必须提供一个终端文件。而除了这种文件的 I/O 方式外，也可以基于内存终端实现数据的输入与输出操作，如图 2-20 所示。

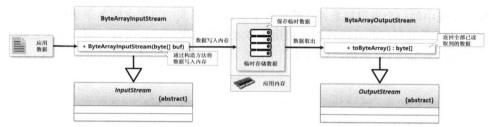

图 2-20　内存操作流

java.io 包提供了两种内存操作流，分别是字节内存操作流（ByteArrayInputStream、ByteArrayOutputStream）与字符内存操作流（CharArrayInputStream、CharArrayOutputStream）。考虑到实用性，本节将以字节内存操作流为主进行讲解。

在使用 ByteArrayInputStream（内存输入流）和 ByteArrayOutputStream（内存输出流）两个不同的处理类时，开发者可以通过 ByteArrayInputStream 将要读取的数据保存在内存中，而对于内存数据的取出，则可以先将其放置在 ByteArrayOutputStream 类的对象实例中，而后通过该类所提供的方法获取全部数据。

范例：内存数据读写

```java
package com.yootk;
import java.io.*;
public class YootkDemo {
    public static void main(String[] args) throws Exception {
        String message = "www.YOOTK.com";                          // 字母有大小写区分
        InputStream input = new ByteArrayInputStream(message.getBytes());   // 内存数据读取
        ByteArrayOutputStream output = new ByteArrayOutputStream();      // 内存输出流
        int data = 0;                                              // 单个字节存储
        while ((data = input.read()) != -1) {                      // 数据读取
            output.write(Character.toLowerCase(data));             // 数据转小写字母并输出
        }
        String loadData = new String(output.toByteArray());        // 字节数组转字符串
        System.out.println("处理后的数据: " + loadData);            // 内容输出
        input.close();                                             // 关闭内存输入流
        output.close();                                            // 关闭内存输出流
    }
}
```

程序执行结果：

处理后的数据：www.yootk.com

本程序将要处理的字符串数据转为字节数组后保存在了内存输入流（ByteArrayInputStream）之中，这样在通过 InputStream 读取数据时，所读取的数据就是该字节数组。在进行内存数据取出时，可以按照传统 I/O 的方式基于循环进行读取。由于本程序要实现一个字母转小写的操作，因此每次只读取单个字节并利用 Character.toLowerCase()方法实现小写字母的转换处理。在全部数据读取完成后，可以利用 toByteArray()方法以字节数组的形式获取保存的全部数据。

2.7　管　道　流

视频名称　0216_【掌握】管道流

视频简介　Java 是一门多线程编程语言，可以通过若干个线程提高程序的执行性能，在进行 I/O 设计时也提供了不同线程间的管道流。本视频主要讲解在两个线程之间实现的管道 I/O 处理操作。

管道流

在操作系统中每一个进程都是独立的运行单元,所以不同的进程之间如果想通信则必须依靠管道流。Java 为了提高程序的处理性能,采用了多线程的实现形式,所以不同的线程之间也可以基于管道流的概念来实现 I/O 通信,如图 2-21 所示。

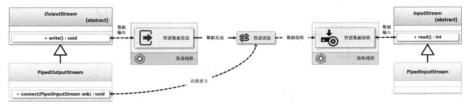

图 2-21 线程管道通信

java.io 包为线程管道通信提供了两种管道流,一种是字节管道流(PipedOutputStream、PipedInputStream),另外一种是字符管道流(PipedWriter、PipedReader)。以字节管道流的使用为例,在创建输入与输出两个管道之间的连接时,必须依靠 PipedOutputStream 类所提供的 connect() 方法,这样才可以将管道输出流所在的子线程数据发送到管道输入流所在的子线程中。

范例:线程管道通信

```java
package com.yootk;
import java.io.*;
class SendThread implements Runnable {                              // 发送线程
    private PipedOutputStream output = new PipedOutputStream();     // 管道输出流
    @Override
    public void run() {
        try {
            this.output.write("沐言科技: www.yootk.com".getBytes()); // 数据发送
        } catch (IOException e) {}
    }
    public PipedOutputStream getOutput() {                          // 获取管道输出流
        return this.output;
    }
}
class ReceiveThread implements Runnable {                           // 接收线程
    private PipedInputStream input = new PipedInputStream();        // 管道输入流
    @Override
    public void run() {
        try {
            byte data[] = new byte[1024];                          // 开辟字节数组
            int len = this.input.read(data);                       // 接收管道输入流的数据
            System.out.println("【接收到消息】" + new String(data, 0, len)); // 数据输出
        } catch (IOException e) {}
    }
    public PipedInputStream getInput() {                            // 获取管道输入流
        return this.input;
    }
}
public class YootkDemo {
    public static void main(String[] args) throws Exception {
        SendThread send = new SendThread();                        // 发送线程
        ReceiveThread receive = new ReceiveThread();               // 接收线程
        send.getOutput().connect(receive.getInput());              // 管道连接
        new Thread(send).start();                                  // 线程启动
        new Thread(receive).start();                               // 线程启动
    }
}
```

程序执行结果:

【接收到消息】沐言科技: www.yootk.com

　　本程序定义了数据发送以及数据接收两个处理线程,随后分别在各自的类中绑定了所需要的管道流对象实例,当通过 PipedOutputStream 类中提供的 connect()方法将输出管道流与管道输入流建立连接后,发送线程发送的数据将自动被接收线程接收到。

2.8 RandomAccessFile

视频名称	0217_【掌握】RandomAccessFile
视频简介	InputStream 与 Reader 可以实现文件的批量读取,但是对较大文件的处理逻辑非常复杂。本视频主要讲解随机读写类的使用,以及如何实现数据的写入与读取。

　　RandomAccessFile 是从 JDK 1.0 开始提供的一个文件随机读写处理类,该类的最大特点之一是可以根据用户的需要从指定的位置开始实现文件数据的读取处理,这就要求文件在保存时必须进行有效的格式定义(数据保存的长度需要进行明确的设计)。该类的继承结构如图 2-22 所示。

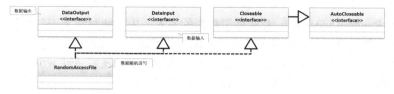

图 2-22　RandomAccessFile 类的继承结构

　　RandomAccessFile 类为了简化数据输入与输出的处理操作,对常见的数据类型提供了完整的支持,例如,写入或读取整型数据、浮点型数据等的处理方法,这些数据都是有固定的存储长度的;而在进行字符串数据读写时就需要进行数据长度的设定。RandomAccessFile 类的常用方法如表 2-9 所示。

表 2-9　RandomAccessFile 类的常用方法

序号	方法名称	类型	描述
01	public RandomAccessFile(File file, String mode) throws FileNotFoundException	构造	通过指定的文件创建随机读取对象,同时设置操作模式,有两种主要的模式:只读(r)、读写(rw)
02	public int read(byte[] b) throws IOException	普通	读取指定的字节数据
03	public final int readInt() throws IOException	普通	读取整型数据
04	public final double readDouble() throws IOException	普通	读取浮点型数据
05	public void seek(long pos) throws IOException	普通	设置读取指针的位置
06	public int skipBytes(int n) throws IOException	普通	跳过指定长度的字节
07	public void write(byte[] b) throws IOException	普通	写入字节数据
08	public final void writeInt(int v) throws IOException	普通	写入整型数据
09	public final void writeDouble(double v) throws IOException	普通	写入浮点型数据

　　范例:定长数据写入

```java
package com.yootk;
import java.io.*;
public class YootkDemo {
    public static final int MAX_LENGTH = 8;                          // 字符串最大长度为8位
    public static void main(String[] args) throws Exception {
        File file = new File("H:" + File.separator + "muyan" + File.separator + "vip" +
            File.separator + "yootk.data");                          // 输出文件路径
        if (!file.getParentFile().exists()) {                        // 父目录不存在
            file.getParentFile().mkdirs();                           // 创建父目录
```

```
        }
        RandomAccessFile raf = new RandomAccessFile(file, "rw");      // 通过读写模式进行输出
        String names[] = new String[] { "zhangsan", "lisi", "wangwu",
            "zhaoliu", "sunqi" };                                      // 姓名数据
        int ages[] = new int[] { 17, 18, 16, 19, 20 };                // 年龄数据
        for (int x = 0; x < names.length; x++) {                      // 循环写入
            String name = addEscape(names[x]);                        // 长度处理
            raf.write(name.getBytes());                               // 输出8位的字节数据
            raf.writeInt(ages[x]);                                    // 输出4位的整型数据
        }
        raf.close();                                                 // 关闭随机读写流
    }
    public static String addEscape(String val) {                     // 增加空格
        StringBuffer buffer = new StringBuffer(val);                 // 字符串缓冲
        while (buffer.length() < MAX_LENGTH) {                       // 循环添加
            buffer.append(" ");                                      // 在最后添加空格
        }
        return buffer.toString();                                    // 返回处理后的数据
    }
}
```

本程序采用 RandomAccessFile 类实现了数据的写入，由于此时需要进行数据输出，所以使用读写模式来进行文件处理。在数据写入时必须考虑到数据读取的需求，这样就需要手动补足姓名长度（必须达到 8 位），补足的方式就是在数据的最后添加空格。随后通过 write()方法实现 8 位字节数据的写入，同时写入的还有一个整型数据，该数据的长度为 4 位，一条完整数据的总长度就为 12 位，这样就可以利用字节读取索引位置的变更来实现数据的随机读取处理。程序执行完成后，yootk.data 中的数据存储结构如图 2-23 所示。

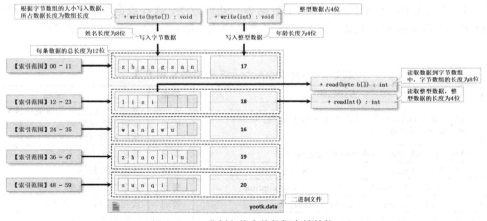

图 2-23　二进制文件中的数据存储结构

范例：定长数据读取

```
package com.yootk;
import java.io.*;
public class YootkDemo {
    public static final int MAX_LENGTH = 8;                          // 字符串最大长度为8位
    public static void main(String[] args) throws Exception {
        File file = new File("H:" + File.separator + "muyan" + File.separator + "vip" +
            File.separator + "yootk.data");                          // 输入文件路径
        if (file.exists()) {                                         // 文件存在
            RandomAccessFile raf = new RandomAccessFile(file, "r");  // 采用读模式进行处理
            {   // 读取 "lisi" 的数据，即第2条数据
                raf.skipBytes(12);                                   // 跨过12字节
                byte data[] = new byte[MAX_LENGTH];                  // 姓名数据长度统一为8位
                raf.read(data);                                      // 读取姓名数据
```

```java
        int age = raf.readInt();                                     // 读取整型数据
        System.out.printf("【第2条数据】姓名：%s、年龄：%d\n",
            new String(data).trim(), age);                           // 数据输出
    }
    {                       // 读取"zhangsan"的数据，即第1条数据
        raf.seek(0);                                                 // 回到指定的索引位置
        byte data[] = new byte[MAX_LENGTH];                          // 姓名数据长度统一为8位
        raf.read(data);                                              // 读取姓名数据
        int age = raf.readInt();                                     // 读取整型数据
        System.out.printf("【第1条数据】姓名：%s、年龄：%d\n",
            new String(data).trim(), age);                           // 数据输出
    }
    {                       // 读取"sunqi"的数据，即第5条数据
        raf.skipBytes(36);                                           // 跨过12字节
        byte data[] = new byte[MAX_LENGTH];                          // 姓名数据长度统一为8位
        raf.read(data);                                              // 读取姓名数据
        int age = raf.readInt();                                     // 读取整型数据
        System.out.printf("【第5条数据】姓名：%s、年龄：%d\n",
                new String(data).trim(), age);                       // 数据输出
    }
        }
    }
}
```

程序执行结果：

```
【第2条数据】姓名：lisi、年龄：18
【第1条数据】姓名：zhangsan、年龄：17
【第5条数据】姓名：sunqi、年龄：20
```

由于此时每条数据的长度是固定的，因此可以依据 RandomAccessFile 类实现二进制文件的定位读取。开发中采用随机读取的数据操作可以避免全部数据的加载，实现更高效的数据读取处理，但是缺点在于其需要进行准确的存储设计，否则将无法实现指定位置的数据读取。

2.9 打 印 流

视频名称　0218_【掌握】打印流
视频简介　本视频讲解打印流类（PrintStream、PrintWriter）所采用的设计模式及其使用，同时讲解 JDK 1.5 所提供的格式化输出处理。

打印流

java.io 包所提供的 OutputStream 和 Writer 两个类虽然定义了核心的数据输出功能，但是存在数据支持上的缺陷，例如，OutputStream 只允许字节数据的输出，Writer 只允许字符串或字符数据的输出。而 Java 提供了非常丰富的数据类型（如 int、long、double），所以为了简化这类数据的 I/O 输出处理操作，java.io 包提供了打印流的概念，开发者利用打印流就可以方便地实现各类数据的输出，如图 2-24 所示。

图 2-24　打印流

提示：打印流采用了装饰设计模式。

Java 提供了一种装饰设计模式，而打印流就是基于此设计模式实现的工具类。该模式的主要特点是对已有的类功能进行重新包装，并提供新的更加全面的处理方法，以实现操作简化调用的目的。

java.io 为了便于输出，提供了字节打印流（PrintStream，为 OutputStream 子类）与字符打印流（PrintWriter，为 Writer 子类），这两个打印流的类继承结构类似。以 PrintWriter 类为例，可以得到图 2-25 所示的类继承结构。

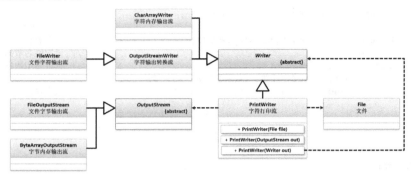

图 2-25　PrintWriter 字符打印流类继承结构

通过图 2-25 所示的结构可以清楚地发现，在打印流的构造方法中需要明确地接收一个输出的终端输出流对象（文件输出、内存输出或管道输出），这样在进行输出时开发者调用打印流类提供的方法即可实现 OutputStream 或 Writer 类中 write()方法的调用，以实现最终的 I/O 输出处理。PrintWriter 类的常用方法如表 2-10 所示。

表 2-10　PrintWriter 类的常用方法

序号	方法名称	类型	描述
01	public PrintWriter(File file) throws FileNotFoundException	构造	向文件输出
02	public PrintWriter(OutputStream out)	构造	向指定字节输出流输出
03	public PrintWriter(Writer out)	构造	向指定字符输出流输出
04	public PrintWriter append(char c)	普通	追加输出内容
05	public PrintWriter append(CharSequence csq)	普通	追加输出内容
06	public PrintWriter format(String format, Object... args)	普通	格式化输出
07	public void print(数据类型 变量)	普通	数据输出
08	public void println(数据类型 变量)	普通	数据输出并追加换行

范例：使用 PrintWriter 实现文件输出

```java
package com.yootk;
import java.io.*;
public class YootkDemo {
    public static void main(String[] args) throws Exception {
        File file = new File("H:" + File.separator + "muyan" + File.separator +
            "vip" + File.separator + "yootk.txt");          // 输出文件
        PrintWriter pu = new PrintWriter(new FileOutputStream(file));  // 文件输出流
        String name = "李兴华";                             // 待输出数据
        int age = 18;                                       // 待输出数据
        double score = 98.531982;                           // 待输出数据
        pu.printf("姓名：%s、年龄：%d、成绩：%5.2f\n", name, age, score);  // 格式化输出
        pu.println("沐言科技：www.yootk.com");             // 输出数据并换行
        pu.close();                                         // 关闭输出流
    }
}
```

本程序通过 PrintWriter 包装了一个 FileOutputStream 字节文件输出流对象实例，随后利用该类所提供的 printf()方法实现了格式化内容的输出处理。

2.10 System 类对 I/O 的支持

System 类对
I/O 的支持

视频名称　0219_【理解】System 类对 I/O 的支持

视频简介　System 类提供了用于屏幕显示的输出操作，实际上这也是基于 I/O 操作实现的。本视频主要讲解 System 类中 err、out、in 这 3 个 I/O 常量的作用。

java.lang.System 类是系统应用开发过程中非常常见的一个功能类，本系列图书一直在介绍使用该类提供的语句实现数据输出。该类一共提供 3 个与 I/O 有关的常量，如表 2-11 所示。

表 2-11　System 类提供的 I/O 常量

序号	常量	描述
01	public static final InputStream in	表示标准的键盘输入
02	public static final PrintStream out	表示进行信息的输出
03	public static final PrintStream err	表示错误的输出

可以发现 System 类提供的 3 个常量的类型是 InputStream 或 PrintStream，如图 2-26 所示。所以先前进行数据输出时所使用的 System.out.println()操作本质上调用的是字节打印流提供的输出方法，但是其输出的终端为控制台。而 System.in 对应的是标准键盘输入，并且该对象的实例化是 JVM 进程在启动时自动提供的。

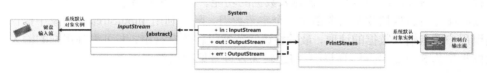

图 2-26　System 类提供的 I/O 常量

范例：错误输出

```
package com.yootk;
public class YootkDemo {
    public static void main(String[] args) throws Exception {
        try {
            Integer.parseInt("yootk");                  // 数据类型转换出错
        } catch (Exception e) {                          // 产生转换异常
            System.out.println("【信息输出】" + e);        // 信息输出
            System.err.println("【错误输出】" + e);        // 错误输出
        }
    }
}
```

程序执行结果：

```
【信息输出】java.lang.NumberFormatException: For input string: "yootk"
【错误输出】java.lang.NumberFormatException: For input string: "yootk"
```

本程序为了验证 System.out 和 System.err 的使用，特意制造了一个数据格式化异常。由于 out 和 err 都是字节打印流（PrintStream）对象实例，所以输出的结果相同。

> 💡 提示：System.err 在开发工具中的输出为红色字体。
>
> 如果只在命令行模式下观察，System.out 和 System.err 的输出内容是完全一样的。但是如果在 IDE 开发工具（如 Eclipse 或 IntelliJ IDEA）中使用，就会发现 System.err 的输出文字采用了红色字体。

> System.out 主要用于输出用户可以见到的数据,而 System.err 输出不希望用户见到的错误数据,默认情况下错误输出会在控制台显示。如果有需要,也可以调用 System 类所提供的 setErr()方法来手动设置 PrintStream 的实例化对象,以指定不同的输出位置,但是这样做的意义一般不大。
>
> 另外在开发调试过程中,为了便于观察开发工具下的代码,往往会在调试过程中使用 System.err 输出一些变量的内容,这样可以在控制台通过红色字体输出,便于开发者观察。

很多编程语言直接提供键盘输入语法支持,然而在 Java 中如果想实现键盘数据的输入处理,就必须依靠 System.in。该对象在使用 read()方法进行数据读取时,将进入阻塞状态,用户键盘数据输入完成后才会让程序继续执行。

范例:键盘数据输入

```java
package com.yootk;
import java.io.InputStream;
public class YootkDemo {
    public static void main(String[] args) throws Exception {
        InputStream keyboardInput = System.in;               // 键盘数据输入
        System.out.print("请输入要发送的数据信息: ");          // 提示信息
        byte data[] = new byte[20];                          // 开辟字节数组
        int len = keyboardInput.read(data);                  // 接收键盘输入数据
        System.out.println("【输入数据回显】" + new String(data, 0, len));
    }
}
```

程序执行结果:

请输入要发送的数据信息: **www.yootk.com**(该数据由键盘输入)
【输入数据回显】www.yootk.com

本程序通过 System.in 实现了键盘输入数据的功能。由于 System.in 对应的是 InputStream 对象实例,因此在进行数据接收时需要创建一个字节数组,随后利用 InputStream 对象中提供的 read()方法实现用户键盘输入数据的读取,最后将该字节数组转为字符串,即可得到用户的输入数据。由于该数据类型为 String,因此可以任意将之转为各种常见数据类型。

> 💡 提示:对象输出操作。
>
> 本系列图书为读者讲解过 Object 类的 toString()方法,开发者只要在指定的类中覆写 toString()方法,在进行对象输出时就会自动调用该方法将输出对象转为字符串输出。实际上这一功能是依靠 PrintStream 类提供的方法完成的,请看下面的分析。
>
> 范例:PrintStream 对象输出执行分析
>
> ```java
> println()源代码
> public void println(Object x) {              // 输出对象并追加换行
>     String s = String.valueOf(x);            // 将对象转为字符串
>     synchronized (this) {                    // 数据同步输出
>         print(s);                            // 调用本类print()方法
>         newLine();                           // 输出换行
>     }
> }
> ```
>
> 范例:String 数据转换执行分析
>
> valueOf()源代码:
>
> ```java
> public static String valueOf(Object obj) {   // 对象转String数据
>     return (obj == null) ? "null" : obj.toString();
> }
> ```
>
> 通过如上的 PrintStream.println()方法和 String.valueOf()方法的源代码可以清楚地观察到,对象输出时会自动调用对象所在类的 toString()方法进行字符串转换处理。

2.11 BufferedReader

视频名称 0220_【掌握】BufferedReader
视频简介 本视频主要讲解 BufferedReader 类的定义结构，以及它如何与 System.in 结合实现合理的键盘输入数据操作，并介绍如何利用 BufferedReader 实现文件数据的读取。

System.in 在接收数据时需要进行字节数组的开辟，一旦该数组开辟得较大，则会造成内存空间的浪费；数组开辟得较小，则有可能出现数据丢失及乱码的问题。所以应该在输入流中引入一种缓存机制，即用户输入的数据暂时保存在缓存中，待输入完成后通过缓存一次性取出全部的数据，如图 2-27 所示。这样就可以解决 InputStream 接收键盘输入数据所存在的问题。

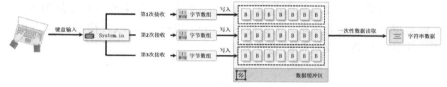

图 2-27 缓冲区输入

在进行键盘输入数据接收时，由于用户输入的数据可能包含中文，因此较好的做法是使用字符流缓冲区处理类。同时考虑到数据类型的转换支持，最佳的做法是以字符串的形式返回。java.io 包提供了 BufferedReader 字符流缓冲区处理类，该类为 Reader 的子类，其继承结构如图 2-28 所示。

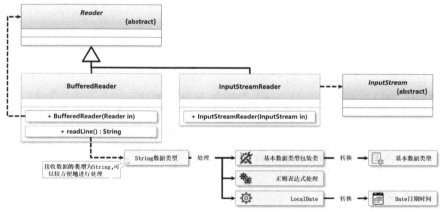

图 2-28 BufferedReader 类的继承结构

BufferedReader 是一个字符流的处理类，BufferedReader 类所提供的构造方法只能够实现 Reader 类的对象接收。而 System.in 对应的类型为 InputStream，所以需要 InputStreamReader 转换流处理类将 InputStream 对象实例转为 Reader 对象实例，这样才可以调用 BufferedReader 类的构造方法进行对象实例化。而在进行数据接收后可以通过 readLine()方法一次性将缓冲区中的数据以 String 对象的形式读取出来。下面将对先前的键盘输入的程序进行修改，以实现任意长度的键盘输入数据的读取。

范例：键盘数据读取标准格式

```java
package com.yootk;
import java.io.*;
public class YootkDemo {
    public static void main(String[] args) throws Exception {
        // 实例化BufferedReader字符流缓冲区处理类，并接收键盘输入流
        BufferedReader keyboard = new BufferedReader(new InputStreamReader(System.in));
```

```
        System.out.print("请输入你要发送的信息：");              // 提示信息
        String str = keyboard.readLine();                       // 数据读取
        System.out.println("【数据回显】" + str);                // 数据输出
    }
}
```

程序执行结果：

请输入你要发送的信息：www.yootk.com（该数据由键盘输入）
【数据回显】www.yootk.com

　　本程序通过 BufferedReader 封装了 System.in 字节输入流对象，这样所有的输入流数据会先保存在缓冲区中，而后就可以通过 readLine()方法依据默认分隔符（\n）一次性将数据取出。由于 readLine()方法返回的是字符串，因此可以根据最终的项目需要将数据任意转为各种类型。

　　通过以上的分析可以发现，BufferedReader 在读取时是以换行符 "/n" 为分隔符实现数据缓冲区加载的，那么现在就可以利用这一机制通过 BufferedReader 实现文件流数据的读取。假设有一个文本文件，该文件包含若干行文本数据内容，如图 2-29 所示。如果此时直接使用 InputStream 字节流进行读取，则数据的保存较为烦琐。但是使用 BufferedReader 可以直接返回字符串，这样不仅适用于程序处理，也便于实现中文数据的完整加载。

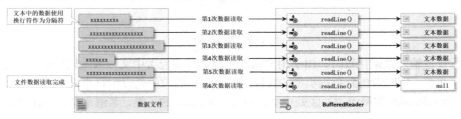

图 2-29　缓冲区读取文件

范例：通过缓冲区读取文本数据

```
package com.yootk;
import java.io.*;
public class YootkDemo {
    public static void main(String[] args) throws Exception {
        File file = new File("h:" + File.separator + "message.txt");   // 文件路径
        if (file.exists()) {                                           // 文件存在
            BufferedReader input = new BufferedReader(new FileReader(file)); // 文件字符输入流
            String data = null;                                        // 保存每行读到的数据
            while ((data = input.readLine()) != null) {                // 循环数据读取
                System.out.println(data);                              // 内容输出
            }
            input.close();                                             // 关闭文件字符输入流
        }
    }
}
```

　　本程序通过 FileReader 获取了一个文件字符输入流的对象实例，而后利用 BufferedReader 类中的 readLine()方法每次读取里面的一行数据并进行输出。如果数据已经全部读取完毕则用 readLine() 方法返回 null，并结束文件数据读取操作。

2.12　Scanner

Scanner

视频名称　0221_【掌握】Scanner
视频简介　本视频主要讲解 JDK 1.5 所提供的 Scanner 类，以及如何实现字节数据的读取操作，同时讲解使用 Scanner 读取文件数据时路径分隔符的定义问题。

为了实现更标准且更简化的数据读取操作，JDK 5 提供了一个 java.util.Scanner 工具类。该类可以由用户自定义读取匹配分隔符（使用正则规则），也可以直接通过文件或者 InputStream 实现数据读取。其常用方法如表 2-12 所示。

表 2-12　Scanner 类常用方法

序号	方法名称	类型	描述
01	public Scanner(File source) throws FileNotFoundException	构造	获取一个文件流
02	public Scanner(File source, String charsetName) throws FileNotFoundException	构造	采用特定的编码方式打开一个文件流
03	public Scanner(InputStream source)	构造	字节输入流读取
04	public Scanner(InputStream source, String charsetName)	构造	采用特定编码打开一个字节输入流
05	public Scanner(String source)	构造	直接将一个字符串作为一个输入流
06	public boolean hasNext()	普通	判断是否有数据
07	public boolean hasNextXxx()	普通	判断是否有指定的数据
08	public String next()	普通	获取当前的输入数据
09	public Xxx nextXxx()	普通	获取指定类型的数据
10	public Scanner useDelimiter(String pattern)	普通	设置读取分隔符

考虑到实际项目开发中在进行数据读取时一般会有多种数据类型的返回要求，所以 Scanner 类设计为可以通过 nextXxx()方法根据需要返回指定类型。例如，当返回 int 数据时使用 nextInt()方法，当返回 double 数据时使用 nextDouble()方法。一般这些方法在调用之前都需要通过 hasNextXxx()方法进行判断，该判断方法可以根据所需的类型进行校验，如果发现读取到的数据不是最终需要的类型则返回 false，如果数据类型正确则返回 true。Scanner 类的继承结构如图 2-30 所示。

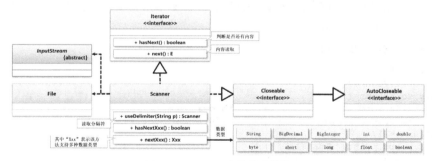

图 2-30　Scanner 类的继承结构

范例：Scanner 读取键盘输入数据

```java
package com.yootk;
import java.util.Scanner;
public class YootkDemo {
    public static void main(String[] args) throws Exception {
        Scanner scanner = new Scanner(System.in);               // 实例化Scanner类对象
        System.out.print("请输入您的年龄: ");                     // 提示信息
        if (scanner.hasNextInt()) {                              // 有整型数据输入
            int age = scanner.nextInt();                         // 获取数据内容
            System.out.println("您的年龄: " + age + ", 属于" + (age > 18 ? "成年人" : "未成年人"));
        }
    }
}
```

程序执行结果：

请输入您的年龄: 16（该数据由键盘输入）
您的年龄: 16, 属于未成年人

本程序在实例化 Scanner 对象时传入了 System.in 实例，这样将实现键盘数据读取的处理。由于此时需要输入的是一个整型数据，所以先使用 hasNextInt()方法判断是否有数据输入，如果有则使用 nextInt()方法获取数据内容。虽然 Scanner 提供了丰富的数据类型的接收判断，但是在实际开发中依然有自定义输入数据格式的需要，此时开发者可以基于正则表达式进行匹配。

范例：正则表达式格式匹配

```java
package com.yootk;
import java.util.Scanner;
public class YootkDemo {
    public static void main(String[] args) throws Exception {
        Scanner scanner = new Scanner(System.in);          // 实例化Scanner类对象
        System.out.print("请输入注册邮箱: ");                 // 提示信息
        if (scanner.hasNext("\\w+@\\w+\\.\\w+")) {          // 正则校验
            String value = scanner.next("\\w+@\\w+\\.\\w+");  // 获取数据内容
            System.out.println("回显输入数据: " + value);       // 数据输出
        } else {                                            // 校验失败
            System.err.println("【ERROR】输入数据的格式不正确。");  // 错误输出
        }
    }
}
```

程序执行结果：

```
请输入注册邮箱: muyan@yootk.com（该数据由键盘输入）
回显输入数据: muyan@yootk.com
```

本程序采用了正则的方式进行数据输入的验证处理操作，如果用户输入的数据符合正则要求，则可以进行数据接收，否则会输出错误信息。

> 💡 **提示：Scanner 默认分隔符。**
>
> Scanner 以空白分隔符的形式实现数据读取。即：如果用户输入的数据包含空格，则会进行分隔处理。以下面的程序为例。
>
> 范例：观察空白分隔符的影响
>
> ```java
> package com.yootk;
> import java.util.Scanner;
> public class YootkDemo {
>     public static void main(String[] args) throws Exception {
>         Scanner scanner = new Scanner(System.in);
>         int num = 1;
>         System.out.print("请输入信息: ");
>         while (scanner.hasNext()) {
>             System.out.println("【第" + num++ + "次数据接收】" + scanner.next());
>         }
>     }
> }
> ```
>
> 程序执行结果:
>
> ```
> 请输入信息: muyan yootk 李兴华
> 【第1次数据接收】muyan
> 【第2次数据接收】yootk
> 【第3次数据接收】李兴华
> ```
>
> 以上内容需要 3 次才可以全部接收成功，而如果需要将这些数据一次性接收，就必须使用 Scanner 类提供的 useDelimiter()方法进行分隔符配置。
>
> 范例：将换行符配置为分隔符
>
> ```java
> scanner.useDelimiter("\n");              // 分隔符定义
> ```
>
> 此语句配置完成后，再次执行同样的程序，会发现包含空格的数据不再被分隔。

2.13 对象序列化

Serializable 接口

视频名称　0222_【掌握】Serializable 接口

视频简介　序列化是一种对象传输手段，Java 有自己的序列化管理机制。本视频主要讲解对象序列化的操作意义，以及 Serializable 接口的作用。

Java 中的 I/O 提供了常规数据（如字符串、数字、字节数据）的传输支持，但是 Java 是面向对象的编程语言，所以对象才是 Java 的重要数据结构。Java 中的实例化对象都是保存在堆内存中的，而如果想实现对象数据的 I/O 传输处理，则可以通过对象序列化的形式，将堆内存中的数据转为二进制数据再进行处理，如图 2-31 所示（注：书名与价格仅为示例）。

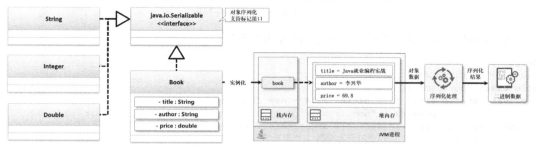

图 2-31　对象序列化

考虑到类的功能设计问题，并不是所有类的对象都允许序列化的处理操作。为了可以明确地进行序列化操作的标记，Java 提供了 java.io.Serializable 接口，该接口没有任何方法，仅仅作为功能标记使用。而在 Java 类库中的 String、Integer、Double 等系统类也是该接口的子类，所以这些类的对象都可以序列化为二进制数据。

范例：定义允许被序列化的类

```java
class Book implements java.io.Serializable {              // 本类的对象可以被序列化处理
    private String title;
    private String author;
    private double price;
    public Book(String title, String author, double price) {
        this.title = title;
        this.author = author;
        this.price = price;
    }
    public String toString() {
        return "【图书】名称：" + this.title + "、作者：" + this.author + "、价格：" + this.price;
    }
    // setter方法、getter方法、无参构造方法略
}
```

本程序定义了一个简单 Java 类，由于该类实现了 Serializable 接口，因此所产生的所有 Book 类的对象实例都允许进行对象序列化处理。

2.13.1　序列化与反序列化

序列化与反序列化

视频名称　0223_【掌握】序列化与反序列化

视频简介　序列化和反序列化需要在二进制存储格式上实现统一，为此 Java 提供了对象序列化操作类。本视频主要讲解 ObjectOutputStream 类与 ObjectInputStream 类的作用，并通过实例演示反序列化的操作。

Serializable 仅仅提供了一个序列化的处理标记，同时 java.io 包提供了与之对应的实现类：对象序列化处理类（ObjectOutputStream）、对象反序列化处理类（ObjectInputStream）。ObjectOutputStream 类提供了 writeObject()方法，可以将对象转为指定结构的二进制数据流。而要想通过此数据流进行对象的解析，则必须依靠 ObjectInputStream 类所提供的 readObject()方法来完成，处理形式如图 2-32 所示。

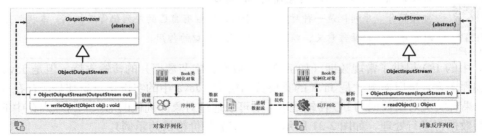

图 2-32　对象序列化与反序列化

范例：对象序列化与反序列化（注：书名与价格仅为示例）

```java
package com.yootk;
// Book类定义重复，代码略
public class YootkDemo {
    private static final File BINARY_FILE = new File("h:" +
            File.separator + "book.ser");                    // 文件路径
    public static void main(String[] args) throws Exception {
        serial(new Book("Java进阶开发实战", "李兴华", 69.8));   // 序列化处理
        System.out.println(dserial());                       // 反序列化处理
    }
    public static void serial(Object object) throws IOException {  // 对象序列化
        ObjectOutputStream oos = new ObjectOutputStream(
                new FileOutputStream(BINARY_FILE));          // 文件序列化
        oos.writeObject(object);                             // 序列化输出
        oos.close();                                         // 关闭输出流
    }
    public static Object dserial() throws Exception {        // 对象反序列化
        ObjectInputStream ois = new ObjectInputStream(
            new FileInputStream(BINARY_FILE));               // 对象输入流
        Object data = ois.readObject();                      // 反序列化对象
        ois.close();                                         // 关闭输入流
        return data;
    }
}
```

程序执行结果：

【图书】名称：Java进阶开发实战、作者：李兴华、价格：69.8

本程序基于二进制文件实现了序列化对象的存储，而后利用 ObjectInputStream.readObject()方法对该二进制文件进行了解析处理，从而得到了保存在文件中的对象信息。

2.13.2　transient 关键字

视频名称　　0224_【掌握】transient 关键字

视频简介　　为了保证对象序列化的高效传输，需要防止一些不必要成员属性的序列化处理。本视频主要讲解 transient 关键字在序列化中的作用与使用。

transient 关键字

在默认情况下，每一个对象进行序列化处理时，都会将该对象中保存的所有属性全部转为二进制数据。但是在一些情况下，有些属性可能不需要存储，这时就可以通过 Java 提供的 transient 关键字进行标记，如图 2-33 所示（注：书名与价格仅为示例）。

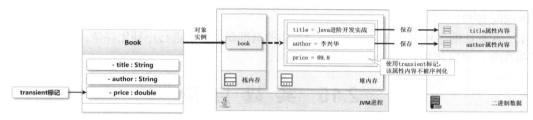

图 2-33 transient 关键字

范例：transient 属性定义

```java
class Book implements java.io.Serializable {          // 本类的对象可以被序列化处理
    private String title;
    private String author;
    private transient double price;
    // 其他代码结构相同，不重复列出，略
}
```

程序在 Book 类中对 price 属性使用了 transient 关键字进行定义，这样在最终进行序列化处理时，该属性不会被保留在二进制数据中。当进行反序列化操作时，该属性为其对应数据类型的默认值。

2.14 本 章 概 览

1．java.io 包是 Java 提供的 I/O 流处理包，该包中有 5 个核心类（File、OutputStream、InputStream、Writer、Reader）以及一个核心接口（Serializable）。

2．java.io.File 类是一个与文件或目录本身操作有关的类，可以通过设置的路径实现文件或目录的创建、删除操作，也可以获取文件的元数据信息或进行目录列表操作。

3．对于 I/O 流的操作形式，JDK 1.0 只提供了字节流的操作类（OutputStream、InputStream），而 JDK 1.1 提供了字符流的操作类（Writer、Reader）。

4．字节输出流通过 OutputStreamWriter 可转换为字符输出流，字节输入流通过 InputStreamReader 可转换为字符输入流。

5．在 JDK 9 及其之后的版本中，InputStream 提供了 transferTo()方法，利用该方法可以将一个字节输入流中的全部数据保存到指定的字节输出流中。

6．Java 编程中有多种字符编码方案，而在实际开发中推荐使用 UTF-8 编码。

7．如果要进行临时的 I/O 处理操作，可以通过内存流来完成。

8．为便于两个线程之间的 I/O 操作，java.io 包提供了管道流的支持，在使用时需要对管道输出流与管道输入流进行绑定。

9．RandomAccessFile 提供了非常方便的随机读写的支持，但是在进行数据存储时必须限制数据存储长度。

10．为便于数据输出，Java 提供了打印流的支持，可以通过打印流提供的 print()、println()方法进行数据输出，同时该方法支持多种常用数据类型。

11．System 类提供了 3 个 I/O 常量：in（键盘输入）、out（数据输出）、err（错误输出）。

12．BufferedReader 提供了数据缓冲区读取的支持，可以将读取到的数据保存在缓冲区中，而后一次性读取，这样在进行中文数据处理时较为方便，可以避免读取字节内容不完整而造成的乱码问题。

13．java.util.Scanner 是 JDK 1.5 提供的工具类，该类实现了 Iterable 接口，可以通过 hasNext()方法判断是否有数据，随后利用 next()方法获取数据。

14．为便于对象的传输，Java 提供了序列化的概念，而序列化对象所在的类必须实现 java.io.

Serializable 接口。

15．在默认的序列化处理方式下，一个类中的全部属性都会进行序列化存储。如果某个属性不需要被保存，可以使用 transient 关键字进行定义。

2.15 实 战 自 测

1．编写 Java 程序，输入 3 个整数，并求出 3 个整数的最大值和最小值。

输入数据比大小

视频名称 0225_【掌握】输入数据比大小

视频简介 Java 中的键盘输入操作需要通过 System.in 来进行处理，但是为了方便、频繁地进行数据输入，需要进行数据输入工具类的定义。本视频通过面向对象的方式实现了 3 个数据输入后的大小比较。

2．从键盘传入多个字符串，并将它们按逆序输出在屏幕上。

字符串逆序处理

视频名称 0226_【掌握】字符串逆序处理

视频简介 本程序需要通过程序逻辑输入多个不同的字符串，而后将每组数据进行逆序处理。本视频采用面向对象设计，介绍如何实现数据的存储以及逆序控制。

3．从键盘输入数据"TOM:89 |JERRY:90 |TONY:95"，数据格式为"姓名:成绩|姓名:成绩|姓名:成绩"，对输入的内容按照成绩由高到低排序。

输入数据排序

视频名称 0227_【掌握】输入数据排序

视频简介 指定格式的文本数据输入是一种较为常见的操作形式。本视频将讲解通过程序输入一个标准结构字符串，并利用比较器实现数据的排序处理。

4．完成系统登录程序，可以通过初始化参数方式配置用户名和密码。如果用户没有输入用户名和密码，则提示输入用户名和密码；如果用户输入了用户名但是没有输入密码，则提示用户输入密码。判断用户名是否为 yootk，密码是否为 muyan，如是，则提示登录成功；如不是，显示登录失败信息。用户再次输入用户名和密码，连续 3 次输入错误后自动退出。

用户登录认证

视频名称 0228_【掌握】用户登录认证

视频简介 本视频主要模拟一个用户的登录程序处理，用户通过键盘输入用户名与密码，并利用合理的程序结构进行登录验证，同时通过 static 统计认证次数，实现安全控制。

5．有一个班采用民主投票方法推选班长，班长候选人共 4 位，每个人的姓名及代号分别为"张三　1；李四　2；王五　3；赵六　4"。程序操作员将每张选票上所填的代号（1、2、3、4）循环输入计算机，输入数字 0 结束输入，然后程序将所有候选人的得票情况显示出来，并显示最终当选者的信息。

投票选举班长

视频名称 0229_【掌握】投票选举班长

视频简介 由于存在多位候选人，因此本程序需要将候选人的相关信息定义在单独的程序类中，同时为了方便进行信息展示，可以通过 switch 实现一个控制菜单。

第 3 章
Java 网络编程

本章学习目标
1. 理解网络编程的意义以及 java.net 开发包的作用;
2. 理解 java.net 开发包提供的 TCP 与 UDP 网络程序的区别以及具体实现;
3. 理解多线程与网络编程之间的关联,并可以基于 BIO 模型实现数据交互处理。

　　世界上有了计算机,就有了网络连接的需求,继而就需要有完整的网络通信。本章将为读者讲解 java.net 开发包的使用,并介绍如何基于此开发包实现 TCP 与 UDP 的网络程序开发。

3.1　网络编程概述

视频名称　0301_【理解】网络程序概述
视频简介　网络通信是项目开发中的核心技术,也是现代计算机软件的主要发展方向。本视频为读者介绍 OSI 七层模型的作用,并对 Socket 网络程序的开发结构进行讲解。

网络程序概述

　　网络编程的主要内容之一就是数据的交互处理。网络编程模型中一般有客户端与服务端两个核心组成部分,客户端可以向服务端进行请求数据的发送,服务端在接收到客户端请求后,利用其自身定义的业务逻辑对请求数据进行处理,并将处理后的数据响应给客户端,如图 3-1 所示。

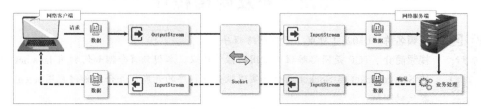

图 3-1　网络编程模型

> 💡 **提示:Socket 为一个抽象概念。**
> 　　Socket 在整个网络编程中仅仅是一个通信层的抽象概念,它本身只提供了一些操作的核心接口,而具体的接口实现由不同的协议来完成,如 TCP(Transmission Control Protocol,传输控制协议)或 UDP(User Datagram Protocol,用户数据报协议)。

　　客户端与服务端之间的通信依靠 Socket(套接字)完成,在通信过程中数据以字节流的方式传输,客户端的数据输出对服务端而言就是输入,反过来服务端的响应输出对客户端而言就是输入。而在网络通信的过程中,为了实现数据的有效传输,还有一个标准的 OSI(Open System Interconnection,开放系统互连)七层模型,这 7 层分别为物理层、数据链路层、网络层、传输层、会话层、表示层、应用层,每一层都有不同的数据标识。OSI 七层模型对要发送的数据进行处理,而在接收后对接收到的内容进行反向处理，获取原始数据，具体的处理流程如图 3-2 所示。

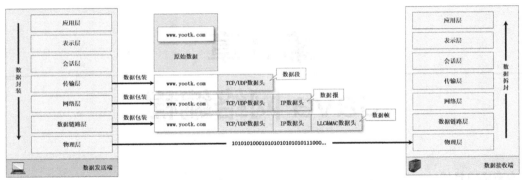

图 3-2　OSI 七层模型

Java 中的 java.net 开发包主要提供了 TCP/UDP 的程序的开发支持，在这些支持中封装了 TCP 或 UDP 中的数据编码处理操作，可以帮助开发者回避协议的实现细节，从而使网络应用的开发变得更加简单。

 提示：C-S 与 B-S 网络模型。

根据 Socket 编程开发的实际应用形式，可将之分为如下两种不同的开发模式。

- **C-S（Client-Server）结构**：需要开发两套程序，一套是服务端程序，另外一套是客户端程序，在维护的时候服务端程序和客户端程序都需要进行更新。这种结构使用特定的数据传输协议（由用户自己定义），并使用一些非公开的端口，所以程序的安全性比较高。
- **B-S（Browser-Server）结构**：基于浏览器实现客户端应用，只需要开发一套服务端程序，维护升级时修改服务端的程序代码即可。这种结构的主要特点是维护与开发的成本相对较低，同时因为使用的是公共的处理协议（HTTP，是基于 TCP 的一种实现），所以程序的安全性较低。

3.2　开发网络程序

视频名称　0302_【理解】开发网络程序
视频简介　TCP 是网络编程中常用的操作协议。本视频将介绍如何利用 java.net 开发包中的 ServerSocket 与 Socket 两个类实现服务端程序的开发，并介绍如何利用 telent 实现服务器代码测试。

开发网络程序

一个完整的网络程序一般分为两个核心组成部分：客户端、服务端。服务端需要首先开启服务应用，随后绑定监听端口并等待客户端连接。客户端连接成功后，就可以实现两者的 I/O 通信处理，通信完成后客户端就可以与服务端断开连接。相应网络通信模型如图 3-3 所示。

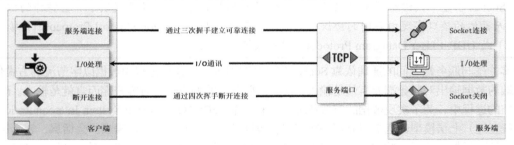

图 3-3　网络通信模型

提示：TCP 连接与关闭。

TCP 是可靠的数据传输协议，在进行网络通信时必须建立可靠的连接，因此采用了"三次握手"的连接机制；客户端断开连接时必须采用"四次挥手"的方式。但是这样一来就造成了通信性能的下降。虽然 TCP 是基础的网络通信协议，但是其最大的性能缺点恰恰在于可靠的连接处理。

本系列的后续图书中会基于 TCP 及其衍生的 HTTP 进行大量的分析与实战讲解，读者在此处先理解网络编程的基本实现形式即可。

为了便于网络程序的开发，java.net 包提供了 ServerSocket 与 Socket 两个处理类，这两个类的关联结构如图 3-4 所示。其中 ServerSocket 主要工作在服务端，需要与一个具体的端口进行绑定，随后在此端口上等待客户端的连接请求。对于服务端来讲，每一个连接请求都使用一个 Socket 对象实例进行描述，在获得客户端的 Socket 对象实例之后就可以通过 InputStream 与 OutputStream 实现数据的接收与发送。

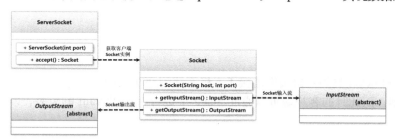

图 3-4　两个类的关联结构

为便于理解，下面将通过一个基础的程序模型介绍如何实现网络应用的开发。本程序执行过程是，客户端连接到服务端之后，服务端向客户端发送一个字符串数据，数据发送完成后客户端断开与服务端的连接。下面来观察具体实现。

范例：开发服务端应用

```java
package com.yootk.server;
import java.io.*;
import java.net.*;
public class HelloServer {
    public static void main(String[] args) throws Exception {
        ServerSocket serverSocket = new ServerSocket(9999);              // 9999端口绑定监听
        System.out.println("【HelloServer】服务端启动监听 ......");        // 提示信息
        // 每一个连接到服务端的客户端都通过Socket对象来描述，所以此时要等待连接
        Socket client = serverSocket.accept();                          // 等待客户端连接
        // 向指定的Socket实现数据的输出，所以应该获取Socket输出流
        PrintStream out = new PrintStream(client.getOutputStream());    // 通过打印流输出
        out.println("www.yootk.com");                                   // 响应数据
        client.shutdownOutput();                                        // 等待数据发送完毕
        serverSocket.close();                                           // 服务端关闭
    }
}
```

程序执行结果：

```
【HelloServer】服务端启动监听 ......
```

本程序首先使用 ServerSocket 在本地系统的 9999 端口上绑定了监听，随后调用 accept()方法等待客户端连接处理。在客户端连接后，服务端会利用 PrintStream 实现客户端输出流的包装，并进行数据的发送。

提示：阻塞 I/O 处理。

读者运行本程序后会发现，每当服务端的代码执行到 accept()方法时，当前的服务端应用都会进入一种阻塞状态，一直到有客户端连接成功才解除阻塞状态，而这样的设计本身就是一种性能较差的实现方案。

范例：客户端连接服务端

```java
package com.yootk.client;
import java.net.Socket;
import java.util.Scanner;
public class HelloClient {
    public static void main(String[] args) throws Exception {
    // 设置服务器的连接地址（localhost表示本机）以及端口号
        Socket client = new Socket("localhost", 9999);
        Scanner scanner = new Scanner(client.getInputStream());        // 接收服务端输出
        if (scanner.hasNext()) { // 接收到数据
            System.out.println("【HelloClient】" + scanner.next());     // 内容输出
        }
        client.shutdownInput();                                         // 等待输入完成
        client.close();                                                 // 客户端关闭
    }
}
```

程序执行结果：

【HelloClient】www.yootk.com

本程序利用 Socket 类的对象实例连接了本机系统的 9999 监听端口，连接成功之后，服务端向客户端输出数据，而此时的客户端可以通过 Scanner 进行 InputStream 的包装，以方便地获取服务端响应数据。

3.3　ECHO 程序模型

视频名称　0303_【理解】ECHO 程序模型
视频简介　ECHO 是网络程序的经典程序模型，是一种客户端与服务端数据交互的处理模式。本视频为读者讲解 ECHO 模型的具体操作结构。

ECHO 是 TCP 程序设计与开发中的经典模型。在 ECHO 程序模型中，客户端接收键盘输入数据，并将此数据发送到服务端，服务端在接收到数据之后对该数据进行响应（将客户端发送过来的数据发还给客户端），当用户不再需要进行交互时，可以输入 exit 指令表示交互结束，如图 3-5 所示。

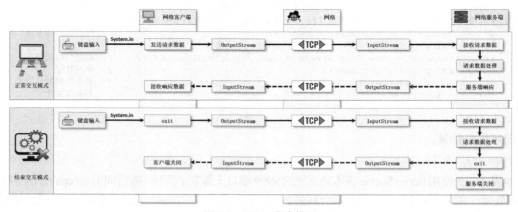

图 3-5　ECHO 程序模型

范例：ECHO 服务端应用

```java
package com.yootk.server;
import java.io.PrintStream;
import java.net.ServerSocket;
```

```java
import java.net.Socket;
import java.util.Scanner;
public class EchoServer {
    public static void main(String[] args) throws Exception {
        ServerSocket serverSocket = new ServerSocket(9999);               // 绑定端口
        Socket client = serverSocket.accept();                            // 等待客户端连接
        Scanner scanner = new Scanner(client.getInputStream());           // 客户端输入流
        PrintStream out = new PrintStream(client.getOutputStream());      // 客户端输出流
        boolean flag = true;                                              // 持续交互标记
        while (flag) {                                                    // 标记判断
            if (scanner.hasNext()) {                                      // 存在请求数据
                String value = scanner.next().trim();                     // 去掉无用空格
                if (value.equalsIgnoreCase("exit")) {                     // 结束交互
                    out.println("【EchoServer】信息服务交互完毕, 已经断开与服务器的连接。");
                    flag = false;                                         // 停止交互
                    break;                                                // 循环中断
                }
                out.println("ECHO:" + value);                             // 服务端响应
            }
        }
        serverSocket.close();                                             // 服务端关闭
    }
}
```

本程序实现了 ECHO 服务端应用的开发，服务端收到一个客户端连接的 Socket 对象实例时，将分别获取该客户端的 InputStream 输入流与 OutputStream 输出流实例，只要客户端发送数据到服务端，服务端就会接收并对处理后的数据进行响应。

由于本程序需要客户端接收键盘输入数据，为了方便处理，可以定义一个专属的键盘输入工具类，该类可以实现字符串数据的获取。该工具类的具体实现如下。

范例：键盘输入工具类

```java
package com.yootk.util;
import java.io.*;
public class KeyboardInputUtil {
    private static final BufferedReader INPUT = new BufferedReader(
            new InputStreamReader(System.in));                           // 键盘缓冲输入流
    private KeyboardInputUtil() {}                                        // 构造方法私有化
    public static String getString(String prompt) {                      // 获取字符串数据
        System.out.print(prompt);                                        // 提示信息
        try {
            String value = INPUT.readLine();                             // 读取数据内容
            return value;
        } catch (Exception e) {
            return null;
        }
    }
}
```

本程序实现了 BufferedReader 与 System.in 操作的封装，同时为了便于用户获取数据，直接定义了一个 static 类型的 getString()方法，调用时只需要传入提示信息的内容，就可以实现键盘输入数据的获取，而该类主要与 ECHO 客户端整合。

范例：ECHO 客户端应用

```java
package com.yootk.client;
import java.io.PrintStream;
import java.net.Socket;
import java.util.Scanner;
import com.yootk.util.KeyboardInputUtil;
public class EchoClient {
    public static void main(String[] args) throws Exception {
```

```java
Socket client = new Socket("localhost", 9999);              // 创建客户端的连接类
Scanner scanner = new Scanner(client.getInputStream());     // 客户端输入流
PrintStream out = new PrintStream(client.getOutputStream()); // 客户端输出流
boolean flag = true;                                        // 循环标记
while (flag) {                                              // 标记判断
    String value = KeyboardInputUtil
        .getString("请输入要发送的数据：").trim();            // 键盘输入数据
    out.println(value);                                    // 向服务端发送数据
    if (scanner.hasNext()) {                               // 等待服务端响应数据
        System.out.println("【ECHO客户端】" + scanner.next()); // 服务端响应
    }
    if (value.equalsIgnoreCase("exit")) {                  // 交互结束
        flag = false;                                      // 退出循环
    }
}
client.close();                                            // 关闭客户端连接
```

程序执行结果：

请输入要发送的数据：沐言科技：www.yootk.com（键盘输入数据）
【ECHO客户端】ECHO:沐言科技：www.yootk.com
请输入要发送的数据：exit（键盘输入数据）
【ECHO客户端】【EchoServer】信息服务交互完毕，已经断开与服务器的连接。

本程序实现了 ECHO 客户端的开发，首先通过 Socket 与指定服务器的端口进行连接，而后分别通过 Socket 获取了 InputStream 输入流与 OutputStream 输出流。为了便于持续交互处理，程序通过 flag 定义了一个循环标记，只要该标记的内容为 true，用户即可持续通过键盘实现数据的输入，并持续实现服务端响应数据的接收。在客户端输入 exit 指令后，服务端与客户端将分别关闭，并结束交互操作。

3.4　BIO 网络模型

视频名称　0304_【理解】BIO 网络模型
视频简介　BIO 是网络通信的传统模型，采用多线程的模式进行处理。本视频为读者分析传统单线程网络服务器运行中所存在的问题，同时介绍如何对传统的 ECHO 模型进行改造，实现多线程并发访问处理。

BIO 网络模型

ECHO 程序已经可以实现正常的交互处理操作，但是当前的程序属于单线程应用（所有的处理逻辑全部写在主线程之中），所以只允许单个客户端进行访问，有其他客户端进行访问时将无法连接，如图 3-6 所示。

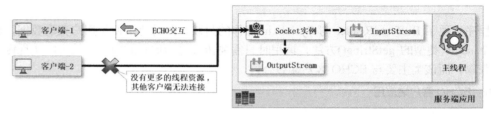

图 3-6　单线程模式下的 ECHO 交互

如果服务器希望可以同时处理若干个客户的请求，那么最佳的做法就是以多线程的模式运行，即：服务端为每一个连接的客户创建一个线程，每一个线程分别实现各自客户端的数据处理服务，如图 3-7 所示。

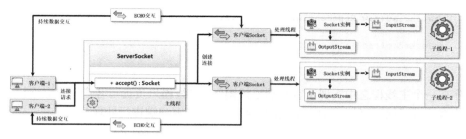

图 3-7　多线程与网络服务应用

通过图 3-7 所示的结构可以发现，此时需要主线程与子线程互相配合，主线程通过 ServerSocket 提供的 accept()方法监听客户端请求，随后将每一个客户端的请求保存在一个用于处理的子线程之中，而后每一个子线程与对应的客户端进行数据的交互处理。

范例：Socket 多线程处理类

```java
package com.yootk.server;
import java.io.PrintStream;
import java.net.Socket;
import java.util.Scanner;
public class EchoHandler implements Runnable {            // 多线程处理
    private Socket client;                                // 客户端Socket
    public EchoHandler(Socket client) {                   // 主线程传递客户端Socket
        this.client = client;
    }
    @Override
    public void run() {                                   // 线程处理
        try {
            Scanner scanner = new Scanner(client.getInputStream());    // 客户端输入流
            PrintStream out = new PrintStream(client.getOutputStream()); // 客户端输出流
            boolean flag = true;                          // 交互持续标记
            while (flag) {                                // 交互判断
                if (scanner.hasNext()) {                  // 是否有输入数据
                    String value = scanner.next().trim(); // 去掉无用空格
                    if (value.equalsIgnoreCase("exit")) { // 结束交互
                        out.println("【EchoServer】信息服务交互完毕，已经断开与服务器的连接。");
                        flag = false;                     // 停止交互
                        break;                            // 代码中断
                    }
                    out.println("ECHO:" + value);         // 客户端响应
                }
            }
        } catch (Exception e) {}
    }
}
```

本程序定义了一个线程处理类，在该类中封装了一个客户端请求的 Socket 对象实例（每一个 EchoHandler 线程类对象都会包含一个不同的客户端 Socket 实例），随后基于此 Socket 对象实现了与客户端之间的数据交互。

范例：EchoServer 引入线程模型

```java
package com.yootk.server;
import java.net.*;
public class EchoServer {
    public static void main(String[] args) throws Exception {
        ServerSocket serverSocket = new ServerSocket(9999);    // 绑定监听端口
        boolean flag = true;                                   // 持续交互标记
        while (flag) {                                          // 标记判断
            Socket client = serverSocket.accept();             // 等待客户端连接
```

```
            new Thread(new EchoHandler(client)).start();        // 启动线程
        }
        serverSocket.close();                                    // 服务端关闭
    }
}
```

本程序在一个主线程之中实现了客户端连接操作，主线程只负责与客户端建立连接。主线程获取一个新的客户端连接后直接启动一个新的子线程，对该客户端进行处理。

3.5 UDP 网络编程

UDP 网络编程

视频名称　0305_【理解】UDP 网络编程
视频简介　网络编程中可靠的操作全部由 TCP 来实现，而除了 TCP 之外，也可以利用 UDP 进行通信。本视频主要讲解 UDP 程序的特点以及实现模型。

虽然 TCP 可以实现可靠的网络连接与数据传输，但是随之而来的就是对性能的严重影响，所以网络开发中还有 UDP 程序模型。UDP 数据传输采用的是非可靠的连接，客户端基于订阅的方式与服务端连接，服务端在发送消息时采用广播的方式，但是客户端不一定可以接收到其发送的消息，操作形式如图 3-8 所示。

> 💡 提示：UDP 是未来的发展方向。
>
> 　　从传输的可靠性来讲 TCP 一定是远远高于 UDP 的，但是从性能上来讲 UDP 传输效率更高，所以在未来的通信发展中，会出现许多基于 UDP 设计的传输通信，如 HTTP 3.0。但是考虑到当前已经存在的各类应用，走到这一步还需要很长的一段时间。

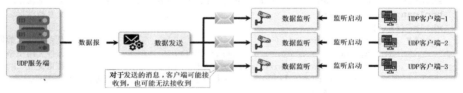

图 3-8　UDP 数据传输

在 UDP 程序开发中，客户端与服务端都需要借助于 DatagramSocket 类进行数据报的发送与接收，而 DatagramPacket 处理类方便了数据报的收发。这些类的关联结构如图 3-9 所示。下面基于此结构介绍如何实现 UDP 通信操作。

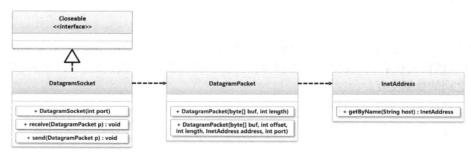

图 3-9　UDP 实现类结构

范例：UDP 客户端订阅

```
package com.yootk.client;
import java.net.*;
```

```
public class UDPClient {
    public static void main(String[] args) throws Exception {
        DatagramSocket client = new DatagramSocket(9999);              // 客户端监听端口
        byte data[] = new byte[1024];                                 // 接收信息
        DatagramPacket packet = new DatagramPacket(data, data.length); // 接收数据报
        System.out.println("【UDPClient】客户端等待服务端发送消息 ......");
        client.receive(packet);                                        // 消息接收
        System.out.println("【UDPClient】接收到消息, 消息内容为: " +
            new String(data, 0, packet.getLength()));
        client.close();                                                // 关闭客户端
    }
}
```

程序执行结果：

【UDPClient】客户端等待服务端发送消息 ......
【UDPClient】接收到消息, 消息内容为: www.yootk.com（该消息为服务器启动后发送）

UDP 客户端在启动时都会提供一个监听端口, 而服务端将依据此端口将数据报的内容发送到客户端。客户端使用 receive() 方法后程序将进入阻塞状态, 直到服务器发送数据后才继续向下执行。

范例：UDP 服务端

```
package com.yootk.server;
import java.net.*;
public class UDPServer {
    public static void main(String[] args) throws Exception {
        DatagramSocket server = new DatagramSocket(8000);              // 服务监听端口
        String message = "www.yootk.com";                             // 待发送数据
        DatagramPacket packet = new DatagramPacket(message.getBytes(), 0, message.length(),
                InetAddress.getByName("localhost"), 9999);            // 创建数据报
        server.send(packet);                                          // 发送数据报
        System.out.println("【UDPServer】数据信息发送完毕 ......");
        server.close();                                              // 关闭服务端
    }
}
```

程序执行结果：

【UDPServer】数据信息发送完毕 ......

本程序实现了一个 UDP 服务端应用, 该服务端绑定在 8000 端口, 而后在进行数据报创建时, 设置了客户端的主机名称（本机名称为 localhost）以及监听端口。这样在通过 send() 方法发送消息后, UDP 客户端如果已经启动则可以进行数据的接收, 如果没有启动则无法接收到相应的数据。

3.6 本章概览

1. java.net 开发包提供了 TCP 与 UDP 两种网络通信协议的应用开发。

2. TCP 通信需要建立可靠的服务连接, 所以在连接时需要进行三次握手处理, 在连接关闭时需要进行四次挥手处理。虽然 TCP 传输可靠, 但是其处理性能较低。

3. TCP 的开发可以通过 ServerSocket 和 Socket 两个类来完成, 其中 ServerSocket 工作在服务端, 而 Socket 工作在客户端, 每一个客户端的连接都用一个 Socket 实例化对象表示。

4. BIO 是一种基础的网络模型, 它可以将每一个请求连接的客户端封装为一个线程, 使服务器可以并发处理多个客户端的 I/O 请求。

5. UDP 是一种不可靠的连接协议, 使用数据报的方式进行数据的发送与接收。由于其性能较高, 所以在未来会有更多基于 UDP 的设计出现。

第 4 章

Java 反射机制

本章学习目标

1. 掌握反射机制的作用，并理解 Class 类与程序类之间的关联；
2. 掌握反射机制与对象实例化操作的关联，并可以基于反射机制实现动态的工厂设计模式；
3. 掌握反射机制中提供的类结构操作方法；
4. 掌握 ClassLoader 类的作用，并可以基于自定义 ClassLoader 实现类的加载操作；
5. 掌握 Annotation 与反射机制的整合处理方法，并可以基于自定义 Annotation 实现工厂设计模式的改良；
6. 掌握代理设计模式与动态代理设计模式的实现方法和区别；
7. 掌握反射机制与简单 Java 类的整合应用方法，并可以通过反射实现类属性自动赋值的处理操作。

　　虽然 Java 提供了丰富的面向对象的设计模型，但是仅仅依靠这些概念所实现的程序并没有有效的重用性设计，使得代码的开发重复且冗余，所以 Java 提供了反射机制的支持。利用反射机制可以有效地实现类结构的统一化调用。本章将为读者全面讲解反射机制的使用，同时基于大量的实例为读者分析工厂设计模式、代理设计模式以及 Annotation 注解应用的实现。

4.1　认识反射机制

认识反射机制

视频名称　0401_【掌握】认识反射机制

视频简介　反射是 Java 的核心处理单元。本视频主要为读者讲解反射的基本作用，同时介绍如何利用 Object 类中的 getClass()方法通过对象取得其完整信息。

　　在传统的调用模式中，用户要调用某个类所提供的方法，首先需要通过该类的构造方法获取该类的实例化对象，随后通过"对象.方法()"的形式实现调用。在一个类产生实例化对象之后，实际上就可以通过该实例化对象获取所在类的相关信息，而这就是反射机制的作用。

　　为了便于所有对象所在类的信息获取，Object 类提供了一个 getClass()方法，如图 4-1 所示。由于 Object 是所有类的父类，因此 Java 中的全部类都可以调用此方法，而此方法返回的是一个 Class 类的实例化对象，该类就是反射操作的源头。下面来观察如何通过 Class 类获取类的基本信息。

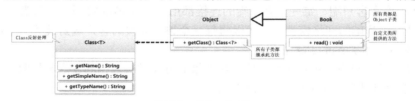

图 4-1　Object 与 Class

范例：反射基础操作（注：书名仅为示例）

```java
package com.yootk;
class Book {
    public void read() {
        System.out.println("认真学习李兴华老师编著的《Java进阶开发实战》");
    }
}
public class YootkDemo {
    public static void main(String[] args) throws Exception {
        Book book = new Book();                              // 获取Book类的实例化对象
        book.read();                                          // 常规调用操作
        // 以下的操作为使用Class类提供的方法，以获取类的相关信息
        System.out.println(book.getClass().getName());        // 对象所在类的完整名称
        System.out.println(book.getClass().getSimpleName());  // 类的简化名称（不包含包名称）
        System.out.println(book.getClass().getTypeName());    // 获得对象所在类类型
    }
}
```

程序执行结果：

```
认真学习李兴华老师编著的《Java进阶开发实战》
com.yootk.Book（getName()方法返回的数据）
Book（getSimpleName()方法返回的数据）
com.yootk.Book（getTypeName()方法返回的数据）
```

通过执行结果可以发现，任何类的实例化对象都可以通过 getClass()方法获取对象所在类的反射处理支持，而后利用 Class 类提供的方法获取对象所在类的名称信息。

4.2 Class 类对象实例化

Class 类对象
实例化

视频名称　0402_【掌握】Class 类对象实例化

视频简介　Class 是反射操作中最为重要的程序类，获取了 Class 类的实例就意味着获取了类的全部操作权限。本视频将针对 JDK 支持的 3 种 Class 类对象实例化方式进行讲解。

java.lang.Class 是 Java 提供的反射处理操作的源头，即所有与类反射相关的操作都需要通过 Class 实例化对象来完成。而考虑到实际应用环境的多样性，Java 提供 3 种 Class 类对象的实例化方式。

（1）通过"对象.getClass()"方法获取。

Object 类提供了 getClass()方法，所有类产生实例化对象之后都可以进行该方法的调用。在使用此种方式时需要明确通过 import 语句进行程序类的导入，并且需要实例化对象存在。

范例：通过对象获取 Class 实例

```java
package com.yootk;
import java.util.Date;                                       // 需要导入程序类
public class YootkDemo {
    public static void main(String[] args) throws Exception {
        Date date = new Date();                              // 实例化Date类对象
        System.out.println(date.getClass());                // 获取Class对象
    }
}
```

程序执行结果：

```
class java.util.Date
```

（2）通过"类名称.class"的语法获取。

为了便于获取指定类的 Class 实例对象，可以直接使用 Java 提供的语法。这种操作机制不需要产生实例化对象，在使用时更加方便，但是依然需要在代码中使用 import 语句导入类。

范例：通过 Java 语法获取 Class 实例

```
package com.yootk;
import java.util.Date;                                          // 需要导入程序类
public class YootkDemo {
    public static void main(String[] args) throws Exception {
        System.out.println(Date.class);                        // 获取Class对象
    }
}
```

程序执行结果：

```
class java.util.Date
```

（3）通过 "Class.forName()" 方法获取。

Class 类的内部并没有提供可用的构造方法，但是提供了一个 forName() 静态方法，开发者传入类的完整名称即可获取指定类的 Class 对象。该方法的完整定义如下。

```
public static Class<?> forName(String className) throws ClassNotFoundException
```

范例：通过 Class.forName() 方法获取 Class 实例

```
package com.yootk;
public class YootkDemo {
    public static void main(String[] args) throws Exception {
        Class<?> clazz = Class.forName("java.util.Date");       // 获取Class对象
        System.out.println(clazz);
    }
}
```

程序执行结果：

```
class java.util.Date
```

通过执行结果可以发现，程序不需要明确使用 import 语句导入所需要的程序类，将所需要的类名称传入 forName() 方法即可返回与之对应的 Class 实例。

> 💡 提示：Class 的 3 种实例化方式都有实际意义。
>
> 以上 3 种 Class 对象实例化方式在实际的开发与设计中都有具体的应用场景，不存在彼此替代的关系。读者应该深刻理解这些操作。本系列的《Java Web 开发实战（视频讲解版）》一书将结合 Class 对象实例为读者讲解自定义开发框架的设计，而这也是理解 Spring 开发框架的重要一步。

4.3　反射与对象实例化

反射实例化
类对象

视频名称　0403_【掌握】反射实例化类对象

视频简介　对象实例化操作是 JVM 底层提供的操作，除了可以基于关键字 new 实现之外，也可以基于反射技术实现。本视频主要讲解如何使用 Class 类对象实现对象的实例化。

Java 原生语法提供了对象实例化处理的关键字 new，按照指定的语法通过构造方法的形式即可获取指定类的实例化对象。但是有了反射机制之后，可以直接依靠 Class 类所提供的方法进行对象实例化，该方法调用形式如下。

范例：反射实例化类对象（注：书名仅为示例）

```
package com.yootk;
class Book {
    public Book() {                                            // 构造方法
        System.out.println("【Book类构造方法】实例化新的Book类对象");
```

```
    }
    public void read() {                                              // 普通方法
        System.out.println("认真学习李兴华老师编著的《Java进阶开发实战》");
    }
}
public class YootkDemo {
    public static void main(String[] args) throws Exception {
        Class<?> bookClazz = Class.forName("com.yootk.Book");      // 获取Class对象实例
        // 通过反射实例化得到的对象的返回类型统一为Object
        Object obj = bookClazz.getDeclaredConstructor().newInstance() ;
        Book book = (Book) obj;                                       // 对象向下转型
        book.read();                                                  // 调用Book类方法
    }
}
```

程序执行结果：

【Book类构造方法】实例化新的Book类对象
认真学习李兴华老师编著的《Java进阶开发实战》

本程序首先通过 Class.forName()方法实现了 Book 类 Class 对象的获取，随后利用该类中提供的方法基于反射机制调用了 Book 类的构造方法，实现了 Book 类对象实例化处理。

> 💡 **提示：JDK 9 之后对象实例化方法的变化。**
>
> 在 JDK 9 以前的开发版本中，Class 类提供了一个 newInstance()方法，开发者只需要调用此方法即可通过指定类的无参构造方法进行实例化对象的获取。而在 JDK 9 及其之后的版本中该方法已经不推荐使用了。
>
> **范例：newInstance()方法定义**
>
> ```
> @Deprecated(since="9")                                  // JDK 9及其之后的版本不推荐使用
> public T newInstance() throws InstantiationException, IllegalAccessException {}
> ```
>
> 在 JDK 9 及其之后的版本中，推荐的对象实例化的做法为 "clazz.getDeclaredConstructor(). newInstance()"。该操作实际上是通过 Constructor 处理类实现无参构造方法调用的，关于这一点本章后面有详细讲解。

4.3.1 反射与工厂设计模式

反射与工厂设计模式

视频名称 0404_【掌握】反射与工厂设计模式

视频简介 工厂设计模式可以解决类结构设计的耦合问题。通过反射可以进一步完善工厂设计模式，使其拥有更好的接口适应性。本视频主要分析传统工厂设计模式的弊端，并讲解如何利用反射实现工厂类定义。

使用反射机制进行对象实例化时，传入指定的类名称即可获取该类的实例化对象。可以直接在项目中基于此种机制进行工厂设计模式的完善，如图 4-2 所示。

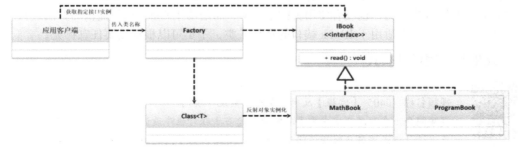

图 4-2 反射与工厂设计模式

　　在传统的静态工厂设计模式中，工厂类必须通过给定的标记手动判断需要实例化的类，而后通过关键字 new 进行子类对象实例化。实际上这样一来就造成了代码结构的可维护性变差，因为一旦需要扩充新的子类，就需要进行工厂方法的修改，这样的设计是不符合可重用的设计思想的。那么此时最佳的做法就是基于反射机制进行工厂类的修改，使得工厂类获得更加灵活的使用形式。代码实现如下。

　　范例：动态工厂类（注：书名仅为示例）

```
package com.yootk;
interface IBook {                                                // 接口
    public void read();                                          // 抽象方法
}
class MathBook implements IBook {                                 // 接口子类
    @Override
    public void read() {
        System.out.println("【MathBook】认真学习大学数学课程。");
    }
}
class ProgramBook implements IBook {                              // 接口子类
    @Override
    public void read() {
        System.out.println("【ProgramBook】认真学习李兴华老师编著的《Java进阶开发实战》。");
    }
}
class Factory {                                                   // 工厂类
    private Factory() {}
    public static IBook getInstance(String className) {          // 传入子类完整名称
        try {                                                    // 反射实例化对象
            Object obj = Class.forName(className).getDeclaredConstructor().newInstance();
            if (obj instanceof IBook) {                          // 防止出现ClassCastException
                return (IBook) obj;                              // 对象向下转型
            }
            return null;                                         // 返回null
        } catch (Exception e) {                                  // 出现异常
            return null;                                         // 返回null
        }
    }
}
public class YootkDemo {
    public static void main(String[] args) throws Exception {
        IBook bookA = Factory.getInstance("com.yootk.MathBook");
        bookA.read();
        IBook bookB = Factory.getInstance("com.yootk.ProgramBook");
        bookB.read();
    }
}
```

　　程序执行结果：

【MathBook】认真学习大学数学课程。
【ProgramBook】认真学习李兴华老师编著的《Java进阶开发实战》。

　　本程序基于反射机制实现了工厂设计模式的改进，在 Factory.getInstance() 方法中不再绑定某一个具体的 IBook 接口的子类，也没有使用关键字 new，而是基于 Class 类所提供的方法进行对象实例化处理。这样的工厂类适用于 IBook 接口的全部子类，子类可以根据需要任意扩充。

4.3.2　反射与单例设计模式

反射机制与
单例设计模式

　　视频名称　　0405_【掌握】反射机制与单例设计模式
　　视频简介　　在程序开发中需要不断地考虑多线程对程序设计的影响。本视频针对懒汉式的单例设计模式进行多线程访问下的分析，并给出同步问题的解决方案。

单例设计模式可以保证在一个 JVM 进程中某一个类只有唯一的对象实例，从而保证一些核心对象的唯一性。而单例设计模式又分为"饿汉式"单例设计模式与"懒汉式"单例设计模式，其中饿汉式单例设计模式不存在线程同步的处理问题，如图 4-3 所示。而懒汉式单例设计模式由于需要在每次返回对象前进行对象是否实例化的判断，就有可能出现线程处理不同步的问题。

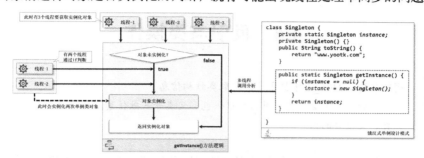

图 4-3 饿汉式单例设计模式与线程访问

通过图 4-3 所示的分析可以发现，在采用饿汉式单例设计模式时，可能会有若干个线程并发访问，产生多个实例化对象。而要想解决这样的设计问题，就必须采用线程同步的方式进行处理。具体代码实现如下。

范例：饿汉式单例设计模式

```java
package com.yootk;
class Singleton {                                          // 单例设计类
    // 使用volatile避免了副本数据的复制与写入处理，可以更快地实现与原始内存数据的同步
    private static volatile Singleton instance;            // 饿汉式单例设计模式
    private Singleton() {                                   // 构造方法私有化
        System.out.println("【" + Thread.currentThread().getName() +
            "】实例化Singleton类的对象。");
    }
    public String toString() {
        return "www.yootk.com";
    }
    // 不要在该方法中直接使用synchronized，否则会出现若干线程同步调用所造成的性能瓶颈
    public static Singleton getInstance() {                 // 获取Singleton类实例化对象
        if (instance == null) {                            // 对象未实例化
            // 同步处理主要用于保证对象实例化的过程只有一个线程参与
            synchronized (Singleton.class) {               // 同步代码块
                if (instance == null) {                    // 对象未实例化
                    instance = new Singleton();            // 对象实例化
                }
            }
        }
        return instance;                                   // 获取对象实例
    }
}
public class YootkDemo {
    public static void main(String[] args) throws Exception {
        for (int x = 0; x < 10; x++) {
            new Thread(() -> {
                Singleton singleton = Singleton.getInstance(); // 获取实例化对象
                System.out.println(singleton);
            }, "单例操作线程 - " + x).start();
        }
    }
}
```

程序执行结果：

【单例操作线程 - 1】实例化Singleton类的对象。
www.yootk.com
www.yootk.com（其他线程的重复输出略）

本程序采用同步的方式实现了饿汉式单例设计模式的修改。在修改时必须进行性能与同步两方面的考虑，所以在定义 getInstance()方法时没有使用 synchronized。这样既可以保证该方法异步调用的性能提升，又对 Singleton 对象的实例化操作步骤使用了同步代码块进行处理。即便有多个线程也不会造成多次对象实例化的设计问题，这才是合理的懒汉式单例设计模式。

4.4　反射与类操作

反射获取类结构信息

视频名称　0406_【掌握】反射获取类结构信息

视频简介　一个类在定义时需要提供包、父类等基础信息。本视频主要讲解如何取得继承父类、父接口的信息。

反射机制除了可以实现对象的实例化处理之外，还可以依据 Class 类所提供的方法来进行类的结构解析处理，例如，指定类所实现的父接口、继承的父类以及所在包等信息。这些方法如表 4-1 所示。

表 4-1　反射获取类结构的方法

序号	方法名称	类型	描述
01	public Package getPackage()	普通	获取指定类的所在包
02	public String getPackageName()	普通	获取程序类所在包的名称
03	public Class<? super T> getSuperclass()	普通	获取父类
04	public Class<?>[] getInterfaces()	普通	获取所实现的全部接口

通过表 4-1 所列出的方法可以发现，在 Java 中，所有的类、接口、父类都可以通过 Class 类的实例化对象来描述，而程序所在的包可以通过 Package 来描述。为了便于理解，下面根据图 4-4 所定义的类结构来介绍如何实现方法操作。

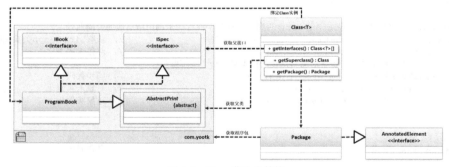

图 4-4　Class 获取类结构

范例：反射获取类结构

```java
package com.yootk;
interface IBook {}
interface ISpec {}
abstract class AbstractPrint {}                                    // 父类是Object
class ProgramBook extends AbstractPrint implements IBook, ISpec {}
public class YootkDemo {
    public static void main(String[] args) throws Exception {
        Class<?> clazz = Class.forName("com.yootk.ProgramBook");   // 获取Class实例
        System.out.println("【包名称】" + clazz.getPackageName());   // 获取包名称
        Class<?> superClazz = clazz.getSuperclass();               // 获取父类
        System.out.println("【继承父类】" + superClazz.getName());
```

```
        System.out.println("【继承父类】" + superClazz.getSuperclass().getName());
        Class<?> inters[] = clazz.getInterfaces();                       // 获取父接口
        for (Class<?> temp : inters) {                                   // 接口迭代
            System.out.println("【实现接口】" + temp.getName());          // 输出接口名称
        }
    }
}
```

程序执行结果：

【包名称】com.yootk（ProgramBook所在包名称）
【继承父类】com.yootk.AbstractPrint（AbstractPrint是ProgramBook父类）
【继承父类】java.lang.Object（AbstractPrint是Object子类）
【实现接口】com.yootk.IBook（ProgramBook类实现的父接口）
【实现接口】com.yootk.ISpec（ProgramBook类实现的父接口）

本程序定义的 ProgramBook 类继承了 AbstractPrint 抽象类，并实现了 IBook 与 ISpec 两个父接口，而相关信息都可以通过其 Class 对象实例来获取。读者在日后的项目开发中经常需要进行一些程序结构上的分析，可以按照当前结构的方式进行处理。

4.4.1 反射调用构造方法

反射调用构造
方法

视频名称　0407_【掌握】反射调用构造方法

视频简介　构造方法是对象实例化的重要结构，反射也可以准确地进行有参构造方法的调用。本视频主要讲解如何通过反射实现指定构造方法的调用以及参数设置。

类的对象实例化需要依靠构造方法进行属性的初始化处理，而在一个类中定义的所有构造方法也可以利用反射机制来获取。Class 类中定义了表 4-2 所示的反射获取构造方法。

表 4-2　反射获取构造方法

序号	方法名称	类型	描述
01	public Constructor<T> getConstructor(Class<?>... parameterTypes) throws NoSuchMethodException, SecurityException	普通	根据指定参数类型获取指定构造方法对象，只可以获得 public 访问权限定义的构造方法
02	public Constructor<?>[] getConstructors() throws SecurityException	普通	获取类中的全部构造方法，只可以获得 public 访问权限定义的构造方法
03	public Constructor<T> getDeclaredConstructor(Class<?>... parameterTypes) throws NoSuchMethodException, SecurityException	普通	获取类中指定参数类型的构造方法对象，可以获得类中全部的构造方法（不区分权限）
04	public Constructor<?>[] getDeclaredConstructors() throws SecurityException	普通	获取全部构造方法，可以获得类中全部的构造方法（不区分权限）

范例：反射获取构造方法

```
package com.yootk;
import java.lang.reflect.Constructor;
class Book {                                    // Book类中的构造方法使用了不同的访问权限
    public Book() {}
    protected Book(String title) {}
    Book(String title, String author) {}
    private Book(String title, String author, double price) {}
}
public class YootkDemo {
    public static void main(String[] args) throws Exception {
        Class<?> clazz = Class.forName("com.yootk.Book");
        {
            System.out.println("------------ getConstructors()获取构造方法 -------------");
```

```
        for (Constructor<?> constructor : clazz.getConstructors()) { // 迭代输出构造方法
            System.out.println("【1 - 构造信息】" + constructor);
        }
    }
    {
        System.out.println("--------getDeclaredConstructors()获取构造方法 --------------");
        for (Constructor<?> constructor : clazz.getDeclaredConstructors()) { // 迭代输出构造方法
            System.out.println("【2 - 构造信息】" + constructor);
        }
    }
}
```

程序执行结果：

```
------------ getConstructors()获取构造方法 ----------------
【1 - 构造信息】public com.yootk.Book()
--------getDeclaredConstructors()获取构造方法 --------------
【2 - 构造信息】private com.yootk.Book(java.lang.String,java.lang.String,double)
【2 - 构造信息】com.yootk.Book(java.lang.String,java.lang.String)
【2 - 构造信息】protected com.yootk.Book(java.lang.String)
【2 - 构造信息】public com.yootk.Book()
```

本程序在 Book 类中定义了 4 个构造方法，并且这 4 个构造方法分别采用了不同的访问权限，而后分别利用 Class 类提供的 getConstructors()与 getDeclaredConstructors()方法进行了构造方法的获取。通过最终的执行结果可以发现，两个方法中只有 getDeclaredConstructors()方法不受访问权限的控制，同时每一个构造方法都使用了 java.lang.reflect.Constructor 类的对象实例来表示，如图 4-5 所示。

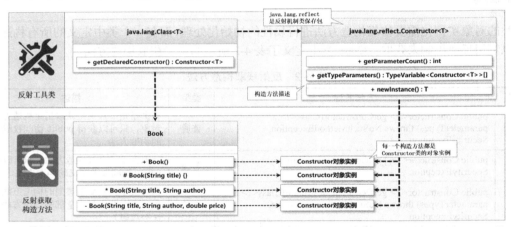

图 4-5　反射与构造方法解析

由于不同的构造方法内部会有不同的参数个数以及参数类型，要想获取这些信息，可以通过与之对应的 Constructor 类的对象实例来完成，也可以使用 newInstance()方法来进行指定构造方法的调用，以实现对象实例化处理。Constructor 类的常用方法如表 4-3 所示。

表 4-3　Constructor 类的常用方法

序号	方法名称	类型	描述
01	public String getName()	普通	获取构造方法的名称
02	public int getParameterCount()	普通	获取构造方法中的参数个数
03	public TypeVariable<Constructor<T>>[] getTypeParameters()	普通	获取构造方法的参数类型
04	public T newInstance(Object... initargs) throws InstantiationException, IllegalAccessException, IllegalArgumentException, InvocationTargetException	普通	调用构造方法进行对象的反射实例化

范例：通过 Constructor 实例化对象（注：书名与价格仅为示例）

```java
package com.yootk;
import java.lang.reflect.Constructor;
class Book {
    private String title;
    private String author;
    private double price;
    public Book(String title, String author, double price) {    // 有3个参数的构造方法
        this.title = title;                                      // 属性初始化
        this.author = author;                                    // 属性初始化
        this.price = price;                                      // 属性初始化
    }
    // 本类中的无参构造方法、setter方法、getter方法略
    public String toString() {
        return "【Book】图书名称：" + this.title + "、图书作者：" +
            this.author + "、图书价格：" + this.price;
    }
}
public class YootkDemo {
    public static void main(String[] args) throws Exception {
        Class<?> clazz = Class.forName("com.yootk.Book");        // 获取Class实例
        Constructor<?> constructor = clazz.getDeclaredConstructor(
            String.class, String.class, double.class);           // 获取指定构造方法
        Object obj = constructor.newInstance(
            "Java进阶开发实战", "李兴华", 69.8);                   // 反射对象实例化
        System.out.println(obj);                                 // 对象输出
    }
}
```

程序执行结果：

【Book】图书名称：Java进阶开发实战、图书作者：李兴华、图书价格：69.8

本程序通过 Class 类提供的 getDeclaredConstructor()方法，获取了 Book 类中指定类型的构造方法。由于此时构造方法中需要进行参数的接收，所以可以通过 Constructor 类提供的 newInstance()方法进行参数的设置与实例化对象获取。

4.4.2 反射调用方法

视频名称　0408_【掌握】反射调用方法

视频简介　通过对象实现方法调用虽然简单直接，但是采用了硬编码的形式。基于反射的方法调用可以实现更加灵活的操作。本视频主要讲解如何利用反射实现类中普通方法的调用。

获取了一个类的实例化对象之后，就可以利用该实例化对象进行方法的调用，所以方法是一个类中重要的组成结构。在反射机制操作中，可以通过 Class 类获取方法相关的定义内容，相关反射获取方法如表 4-4 所示。

表 4-4　反射获取方法

序号	方法名称	类型	描述
01	public Method getMethod(String name, Class<?>... parameterTypes) throws NoSuchMethodException, SecurityException	普通	获取类中的public 访问权限定义的指定方法
02	public Method[] getMethods() throws SecurityException	普通	获取类中 public 访问权限定义的所有方法
03	public Method getDeclaredMethod(String name, Class<?>... parameterTypes) throws NoSuchMethodException, SecurityException	普通	获取类中的指定参数的方法，不区分访问控制权限
04	public Method[] getDeclaredMethods() throws SecurityException	普通	获取类中所有方法(不区分访问控制权限)

范例：获取类中的全部方法

```
package com.yootk;
import java.lang.reflect.Method;
class Book {
    public void read() throws RuntimeException {}
}
public class YootkDemo {
    public static void main(String[] args) throws Exception {
        Class<?> clazz = Class.forName("com.yootk.Book");       // 获取Class实例
        // 提示：如果此时使用的是getDeclaredMethods()方法，则只能获取本类中的方法
        Method methods[] = clazz.getMethods();                  // 获取类中全部方法
        for (Method method : methods) {                         // 方法集合迭代
            System.out.println(method);                         // 输出方法对象
        }
    }
}
```

程序执行结果：

```
public void com.yootk.Book.read() throws java.lang.RuntimeException
public final void java.lang.Object.wait() throws java.lang.InterruptedException
public boolean java.lang.Object.equals(java.lang.Object)
public java.lang.String java.lang.Object.toString()
此处会列出Object类中的全部被子类所继承的方法，信息重复，略
```

本程序定义了一个 Book 类，同时在该类中定义了一个 read()方法，这样在使用 getMethods()方法时，可以获取该类中的全部方法（包括本类定义的方法与从父类继承的方法）。

> 💡 **提示：自定义方法输出格式。**
>
> 　　本程序通过 Method 类中提供的 toString()方法实现了方法信息的输出。如果用户在实际的开发中需要采用自定义的格式输出方法信息，则可以通过 Method 类提供的一系列方法来完成。此类知识对实际的开发作用不大，有兴趣的读者可以通过本小节的视频进行学习。

　　在反射机制之中，类中的每一个方法都通过 java.lang.reflect.Method 类的实例化对象描述，其常用方法如表 4-5 所示。当开发者获取此类的对象时，除了可以获得一些方法的定义信息之外，最重要的是可以直接进行方法的反射调用，而且在进行调用时可以直接通过 Object 对象（不是具体的类实例）完成操作。

表 4-5　Method 类的常用方法

序号	方法名称	类型	描述
01	public Class<?> getReturnType()	普通	获取方法的返回值类型
02	public Type[] getGenericParameterTypes()	普通	获取方法的参数类型
03	public Type[] getGenericExceptionTypes()	普通	获取方法中抛出的异常类型
04	public Object invoke(Object obj,Object... args) throws IllegalAccessException, IllegalArgumentException, InvocationTargetException	普通	方法的调用
05	public abstract int getModifiers()	普通	方法的访问修饰符

范例：通过反射操作简单 Java 类

```
package com.yootk;
import java.lang.reflect.Method;
class Book {                                                   // 自动生成无参数构造方法
    // 标准的简单Java类，通过属性的名称就可以得到其对应的setter方法与getter方法的名称
    private String title;                                     // 成员属性
    // setter方法定义时要以 "set" 开头，而后属性名称的首字母要求大写
    public void setTitle(String title) {
        this.title = title;
```

```
    }
    // getter方法定义时要以 "get" 开头, 而后属性名称的首字母要求大写
    public String getTitle() {
        return title;
    }
}
public class YootkDemo {
    public static void main(String[] args) throws Exception {
        String fieldName = "title";                                      // 成员属性名称
        String fieldValue = "Java进阶开发实战";                          // 成员属性内容
        Class<?> clazz = Class.forName("com.yootk.Book");                 // Class实例
        // 1.如果想通过Book类实现属性的操作, 那么一定要获取Book类的对象
        Object object = clazz.getDeclaredConstructor().newInstance();    // 反射对象实例化
        // 2.要找到指定调用的setter方法, setTitle()方法的参数类型为String
        Method setMethod = clazz.getMethod("set" + initcap(fieldName), String.class);
        // 3.利用反射结合对象实例(不是具体的Book类, 而是Object类)同时传入所需要的参数
        setMethod.invoke(object, fieldValue); // 等价于 "book类对象.setTitle(fieldValue)"
        // 4.找到getter方法, getter方法没有参数类型
        Method getMethod = clazz.getMethod("get" + initcap(fieldName));
        // 5.通过反射获取getter方法的返回值
        Object value = getMethod.invoke(object);                         // 等价于 "Book类对象.getTitle()"
        System.out.println(value);
    }
    public static String initcap(String str) {                           // 首字母大写
        if (str == null || "".equals(str)) {                             // 内容为空
            return str;                                                  // 直接返回
        }
        if (str.length() == 1) {                                         // 字符串长度为1位
            return str.toUpperCase();                                    // 整体转大写字母
        } else {                                                         // 首字母大写
            return str.substring(0, 1).toUpperCase() + str.substring(1);
        }
    }
}
```

程序执行结果:

Java进阶开发实战

本程序实现了一个反射调用方法的经典形式, 可以根据指定的属性名称并基于拼凑的形式获取该属性对应的 setter 方法与 getter 方法的 Method 对象实例。这样就可以通过该类的实例化对象(反射获取)并结合 Method 类提供的 invoke()方法进行类中方法的调用。需要注意的是, 本程序并没有获得一个具体的 Book 类对象实例, 而是直接基于 Object 类实现调用。程序的实现操作如图 4-6 所示。

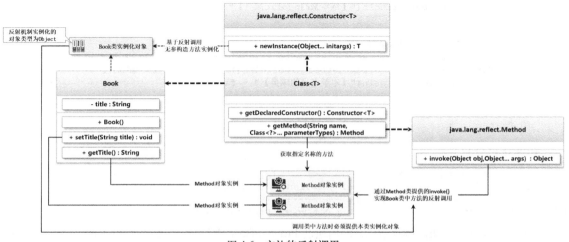

图 4-6 方法的反射调用

4.4.3　反射调用成员属性

反射调用成员
属性

视频名称　0409_【掌握】反射调用成员属性

视频简介　成员属性保存了一个对象的所有信息，通过反射可以实现成员属性的赋值与取值操作。本视频主要讲解属性的直接操作，以及封装取消等操作。

反射机制在设计时涵盖了所有的类结构信息，除了前面介绍的构造方法以及方法的反射调用之外，也支持成员属性的反射调用。Class 类定义了表 4-6 所示的获取成员属性的方法。

表 4-6　反射获取成员属性的方法

序号	方法名称	类型	描述
01	public Field[] getFields() throws SecurityException	普通	获得所有继承而来的 public 定义的成员属性
02	public Field getField(String name) throws NoSuchFieldException, SecurityException	普通	获取一个指定名称的成员属性
03	public Field[] getDeclaredFields() throws SecurityException	普通	获取类定义的全部成员属性
04	public Field getDeclaredField(String name) throws NoSuchFieldException, SecurityException	普通	获取类中指定名称的成员属性

范例：获取类成员属性

```java
package com.yootk;
import java.lang.reflect.Field;
interface IBook {
    public static final String FLAG = "沐言科技: www.yootk.com";   // 全局常量
}
abstract class AbstractBook implements IBook {                      // 接口实现
    protected String type = "编程教育类图书";                        // 父类protected定义的成员属性
    private String company = "沐言科技软件学院";                      // 父类private定义的成员属性
}
class ProgramBook extends AbstractBook {                            // 类继承
    private String title;                                          // 本类成员属性
}
public class YootkDemo {
    public static void main(String[] args) throws Exception {
        Class<?> clazz = Class.forName("com.yootk.ProgramBook"); // 获取操作类
        {   // 获取从父类继承的成员属性
            System.out.println("---------- getFields()执行结果 -----------");
            for (Field field : clazz.getFields()) {                // 成员属性迭代
                System.out.println("【继承来的public成员】" + field);
            }
        }
        {   // 获取本类定义的成员属性
            System.out.println("---------- getDeclaredFields()执行结果 -----------");
            for (Field field : clazz.getDeclaredFields()) {        // 成员属性迭代
                System.out.println("【本类定义的成员】" + field);
            }
        }
    }
}
```

程序执行结果：

```
---------- getFields()执行结果 -----------
【继承来的public成员】public static final java.lang.String com.yootk.IBook.FLAG
---------- getDeclaredFields()执行结果 -----------
【本类定义的成员】private java.lang.String com.yootk.ProgramBook.title
```

本程序定义了一个类的继承结构，而后通过 ProgramBook 类获取了与之对应的 Class 类实例，通过 getFields()方法获取全部从父类继承的公共成员属性，而本类的成员属性只能够通过 getDeclaredFileds()方法获取。由于类中的成员属性有多个，所以返回的为 Field 类型的数组。程序的执行结构如图 4-7 所示。

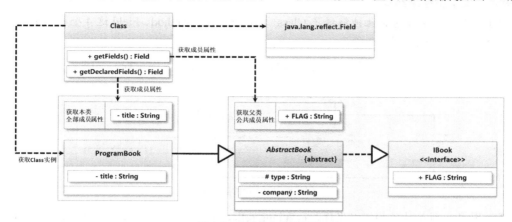

图 4-7 反射获取成员属性

通过以上的代码分析可以发现，每一个成员属性都可以通过 Field 对象实例表示，所以 Field 类提供了一系列与属性相关的操作方法，这些方法如表 4-7 所示。

表 4-7 Field 类的常用方法

序号	方法名称	类型	描述
01	public Object get(Object obj) throws IllegalArgumentException, IllegalAccessException	普通	获取指定成员属性的内容
02	public void set(Object obj, Object value) throws IllegalArgumentException, IllegalAccessException	普通	设置成员属性的内容
03	public String getName()	普通	获取成员属性名称
04	public Class<?> getType()	普通	获取成员属性类型
05	public void setAccessible(boolean flag)	普通	设置封装的可见性

范例：使用 Field 操作成员属性

```java
package com.yootk;
import java.lang.reflect.Field;
class Book {
    private String title;                                    // 图书名称
    // 此时Book类中只定义一个成员属性，并未提供setter方法与getter方法
}
public class YootkDemo {
    public static void main(String[] args) throws Exception {
        Class<?> clazz = Class.forName("com.yootk.Book");    // 获取操作类
        Object object = clazz.getDeclaredConstructor().newInstance(); // 实例化对象
        Field titleFiled = clazz.getDeclaredField("title");  // 获取指定成员属性的Field对象
        titleFiled.setAccessible(true);                      // 取消封装处理
        titleFiled.set(object, "Java进阶开发实战");           // 等价于"对象.title = "...""
        System.out.println(titleFiled.get(object));          // 等价于"对象.title"
    }
}
```

程序执行结果：

Java进阶开发实战

本程序通过 getDeclaredField()方法获取 Book 类中 title 成员属性，并通过 Field 对象进行该成员属性的封装。由于该属性已经使用了 private 封装，所以在外部调用之前需要通过 setAccessible(true)方法取消封装，随后就可以通过 Field 类提供的 set()与 get()方法设置或取得属性内容。

> 💡 **提示：反射类继承结构。**
>
> 以上分析已经为读者详细地解释了 Class、Constructor、Method、Field 这 4 个核心类的使用，这 4 个类的基本关联如图 4-8 所示。
>
>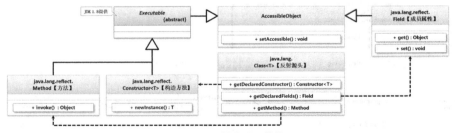
>
> 图 4-8　反射类继承结构
>
> 通过图 4-8 所示的结构可以发现，java.lang.reflect 包中的 3 个核心类都是 AccessibleObject 子类，对访问权限的控制方法也是由该类提供的。

4.4.4　Unsafe 工具类

Unsafe 工具类

视频名称　0410_【掌握】Unsafe 工具类

视频简介　Java 为了方便开发者使用底层操作，提供了 Unsafe 工具类，该类可以绕过 JVM 的运行机制来进行调用处理。本视频主要结合反射机制演示 Unsafe 类的作用。

java.lang.reflect 本身所描述的是一种反射的基本操作功能，除了这个基本的功能之外，JDK 里面还有一个比较特殊的反射类：sun.misc.Unsafe。该类最大的特点是可以在没有实例化对象的情况下进行类中方法的调用。

由于 Unsafe 类在使用时直接与操作系统的底层进行交互，所以该类并没有提供任何对象实例化方式，但是在其内部提供一个 theUnsafe 实例化对象，如图 4-9 所示。可以通过反射机制来获取此成员属性，达到 Unsafe 对象实例化的目的。下面通过一个具体的操作实例进行使用说明。

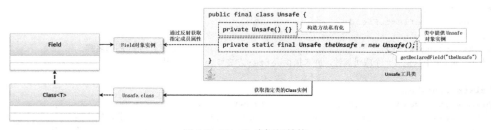

图 4-9　Unsafe 类调用结构

范例：使用 Unsafe 类调用类方法

```java
package com.yootk;
import java.lang.reflect.Field;
import sun.misc.Unsafe;
class Singleton {
    private Singleton() {                                    // 构造方法只进行输出
        System.out.println("【Singleton】实例化类对象");      // 执行此语句表示对象实例化
    }
    public void print() {
        System.out.println("沐言科技：www.yootk.com");
    }
}
```

```java
public class YootkDemo {
    public static void main(String[] args) throws Exception {
        Field unsafeField = Unsafe.class.getDeclaredField("theUnsafe"); // 通过反射获取成员属性
        unsafeField.setAccessible(true);                    // 取消封装
        Unsafe unsafe = (Unsafe) unsafeField.get(null);     // 获取UnSafe对象
        Singleton singleton = (Singleton) unsafe.allocateInstance(Singleton.class); // 获取实例
        singleton.print();                                  // 方法调用
    }
}
```

程序执行结果：

沐言科技：www.yootk.com

Unsafe 类定义时并没有提供构造方法或静态方法，所以在使用时必须通过反射机制获取该类中的 theUnsafe 内置成员属性，该成员属性对应的类型为 Unsafe。获取 Unsafe 类的对象后就可以利用 allocateInstance()方法获取指定类的对象（此时的对象未经过正常的 Java 对象实例化处理，所以不会调用类中的无参构造方法），这样就可以在没有实例化对象的情况下实现类中方法的调用。

 提示：Unsafe 类绕过了 JVM 管理。

以上程序使用 Unsafe 类实现类中方法的调用，从实际的开发来讲这种做法会完全绕过 JVM 对实例化对象的管理，使得对某些对象不便于及时进行回收。但是很多 Java 工具类的设计为了提高性能也会大量使用 Unsafe，读者对此有基本的认识即可。

4.5 ClassLoader 类加载器

ClassLoader 简介

视频名称 0411_【掌握】ClassLoader 简介

视频简介 JVM 进行程序类的加载时需要类加载器，Java 内部提供类加载器的支持。本视频主要为读者讲解内置 ClassLoader 的使用以及 ClassLoader 主要作用。

程序要在 JVM 中执行，一定要通过 JVM 加载所需要的字节码文件，如图 4-10 所示。而字节码文件的加载需要通过 ClassLoader 类加载器来完成，只有通过类加载器加载的程序类文件才可以被 JVM 解析、执行。

图 4-10 类加载器

范例：获取 ClassLoader

```java
package com.yootk;
class Book {}
public class YootkDemo {
    public static void main(String[] args) throws Exception {
        ClassLoader loader = Book.class.getClassLoader();   // 获取ClassLoader
        while (loader != null) {                            // 存在ClassLoader
            System.out.println(loader);
            loader = loader.getParent();                    // 获取父加载器
        }
    }
}
```

程序执行结果：

```
jdk.internal.loader.ClassLoaders$AppClassLoader@14514713
jdk.internal.loader.ClassLoaders$PlatformClassLoader@2c13da15
```

本程序使用了一个自定义的 Book 类，而后通过该类的 Class 对象获取了与之相关的 ClassLoader。Java 提供了多种类加载器，为便于读者观察，本程序通过循环的形式输出了全部的 ClassLoader，而 JDK 实际上提供了如下 3 种 ClassLoader。

- Bootstrap：JVM 系统内部的类加载器的处理机制，JVM 原生类加载机制，专门用于加载系统类（java.lang.String、java.util.Date 等）。
- PlatformClassLoader：平台类的加载器（在 JDK 1.8 及以前的版本中为 ExtClassLoader），可以加载一些第三方扩展.jar 文件包中的程序类。
- AppClassLoader：应用程序类加载器，可以实现系统中类程序文件的加载。

在所有给定的类加载器中，由于 Bootstrap 类加载器是 JVM 自行管理的，所以用户无法获取该类加载器的信息（获取该类加载器信息时返回 null）。在实际运行过程中，应用程序会根据自身类的需要按照图 4-11 所示的顺序进行类加载。

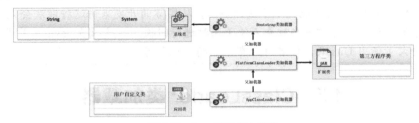

图 4-11　Java 默认类加载器

> 💡 **提示：双亲加载机制。**
>
> 在 JDK 中，使用不同的类加载器进行类的加载操作，最主要的目的在于保证系统的安全性。例如，开发者自定义了一个 java.lang.String 类（与系统提供的 String 类相同），但是系统中的 java.lang.String 类是被 Bootstrap 类加载的，所以不会重复加载相同的类，从而保护了系统安全。

4.5.1　自定义文件类加载器

自定义文件类加载器

　　视频名称　0412_【掌握】自定义文件类加载器

　　视频简介　Java 可以方便地提供类加载的支持，这使程序的开发拥有极大的灵活性。本视频主要讲解结合 I/O 处理程序来实现一个自定义 ClassLoader 类的使用。

在 Java 开发中，除了使用内置的类加载器之外，开发者也可以根据自身的需要来创建自己的类加载器。例如，要通过类的文件路径（非 CLASSPATH 设置路径，如图 4-12 所示）进行加载，而后将指定字节码文件的类进行对象的实例化处理，这一功能就只能基于自定义类加载器实现。

图 4-12　文件类加载器

范例：创建 Message 程序类

```
package com.yootk.util;
public class Message {
```

```
    public String echo(String msg) {                    // 字符串响应处理
        return "【ECHO】" + msg;
    }
}
```

为了便于读者理解程序，本程序在 Message 类中只定义了一个基础的 ECHO 操作，随后对此 Java 程序进行编译，并将得到的 Message.class 字节码文件保存在本地系统 H 磁盘的根目录之中。

> 💡 提示：Message 类不要保存在应用之中。
>
> 在本程序定义的过程中，com.yootk.util.Message 类不要保存在最终应用项目的 CLASSPATH 之中，即：此时有两个完全独立的项目，最终依靠文件流实现 Message.class 加载。

ClassLoader 是一个抽象类，该类提供一个 defineClass()方法，该方法可以将所读取到的字节流内容转为 Class 对象实例，这样就可以基于 Class 类实现指定加载类的对象实例化处理。由于本程序将基于文件输入流的方式读取，因此可以借助 FileInputStream 读取全部文件数据，而后利用 ByteOutputStream 保存全部读取到的数据，从而实现字节码文件的全部加载，实现结构如图 4-13 所示。

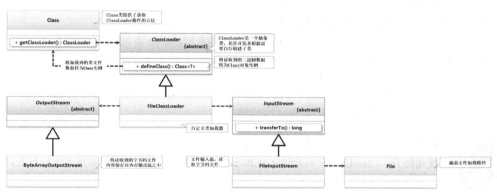

图 4-13　自定义文件类加载器

范例：文件类加载器

```
package com.yootk;
import java.io.*;
import java.lang.reflect.Method;
// 进行加载器的创建必须继承ClassLoader父类，并且依据方法进行调用
class FileClassLoader extends ClassLoader {              // 创建一个专属的文件类加载器
    // 定义要加载的字节码文件的绝对路径，必须通过File进行路径的拼凑
    private static final String CLASS_FILE_PATH = "H:" + File.separator + "Message.class";
    // 此时自定义了一个类加载的方法，这个类加载的方法一定不要重名
    public Class<?> loadData(String className) throws Exception {
        byte data[] = this.loadFileClassData();                          // 加载要使用的类文件
        if (data != null) {                                              // 类数据加载成功
            return super.defineClass(className, data, 0, data.length);   // 创建Class实例
        }
        return null;
    }
    // 自定义一个新的方法，将根据给定的文件路径进行加载，为了简化设计没有进行严格的异常控制
    private byte[] loadFileClassData() throws Exception {
        // 获取要加载文件的二进制字节输入流对象
        InputStream input = new FileInputStream(new File(CLASS_FILE_PATH));
        // 最终需要将所有的数据保存在内存之中，并且要利用字节数组返回
        ByteArrayOutputStream bos = new ByteArrayOutputStream();          // 内存输出流
        input.transferTo(bos);                                           // 数据读取
        byte data[] = bos.toByteArray();                                 // 获取全部Class文件数据
        input.close();                                                   // 关闭文件输入流
        bos.close();                                                     // 关闭内存输出流
        return data;                                                     // 返回二进制数据
```

```
    }
}
public class YootkDemo {
    public static void main(String[] args) throws Exception {
        FileClassLoader fileClassLoader = new FileClassLoader();      // 实例化自定义类加载器
        Class<?> clazz = fileClassLoader.loadData("com.yootk.util.Message");        // 加载类
        Object messageObject = clazz.getDeclaredConstructor().newInstance();        // 对象实例化
        Method method = clazz.getMethod("echo", String.class);        // 获取echo()方法对象
        System.out.println(method.invoke(messageObject, "沐言科技：www.yootk.com")); // 方法调用
    }
}
```

程序执行结果：

【ECHO】沐言科技：www.yootk.com

此时的程序基于文件输入流的形式实现了 Message 字节码文件的读取，随后在 FileClassLoader 内部将此字节码文件转为了 Class 对象实例，这样就可以基于反射的形式实现对象实例化以及类中的方法调用。

 提示：文件类加载器无法直接使用类名称。

> 本程序中全部操作都是基于反射处理的，并且在获得 Message 类的实例化对象之后也没有进行强制性的转型。这是因为在当前项目中不存在 Message 类的定义，一旦转型则在代码编译时将出现错误，所以只能够基于反射的形式实现类方法调用。

4.5.2 自定义网络类加载器

视频名称 0413_【掌握】自定义网络类加载器

视频简介 ClassLoader 的方便之处在于可以由用户任意定义加载程序文件的位置，除了在文件中加载之外，也可以通过网络服务器进行加载。本视频介绍如何通过 Socket 程序开发用于类文件下载的服务端，并基于 ClassLoader 实现远程类的加载与使用。

自定义网络类
加载器

除了基于本地的类文件加载方式之外，也可以将类加载器延伸到分布式网络环境之中。例如，可以在网络服务器中提供一个 Message.class 字节码文件，而后基于 Socket 连接将此字节码文件发送到本地应用，这样本地应用就可以直接获取该类的 Class 对象并进行方法调用，如图 4-14 所示。为便于读者理解，下面将通过详细的步骤介绍如何实现。

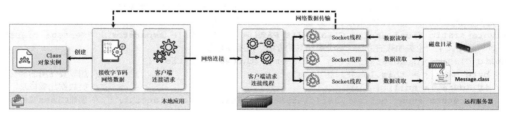

图 4-14　网络加载类

（1）IDE 开发工具：本小节将创建两个项目：YootkServer（服务端）、YootkClient（客户端）。

（2）YootkServer 项目：创建服务端处理线程类，通过线程类实现字节码数据的响应。

```
package com.yootk.server;
import java.io.*;
import java.net.Socket;
public class ClassDataLoadThread implements Runnable {
    private Socket client;                                          // 客户端Socket
    public ClassDataLoadThread(Socket client) {                    // 传递客户端Socket
        this.client = client;                                       // 客户端Socket
    }
```

```
        @Override
        public void run() {                                                    // 线程处理
            try {
                this.client.getOutputStream().write(this.loadClassData());     // 服务端响应
                this.client.close();                                           // 关闭客户端连接
            } catch (Exception e) {}
        }
        public byte[] loadClassData() throws Exception {                       // 读取Class字节码文件
            InputStream input = new FileInputStream(new File("H:" + File.separator + "Message.class"));
            ByteArrayOutputStream bos = new ByteArrayOutputStream();           // 内存输出流
            input.transferTo(bos);                                             // 数据读取
            byte data[] = bos.toByteArray();                                   // 获取字节码数据
            input.close();                                                     // 关闭输入流
            bos.close();                                                       // 关闭内存输出流
            return data;                                                       // 返回二进制数据
        }
    }
```

（3）YootkServer 项目：定义服务端请求处理类，该类将每一个接收到的请求转为子线程进行数据响应。

```
package com.yootk.server;
import java.net.*;
public class ClassDataServer {
    public static void main(String[] args) throws Exception {
        ServerSocket serverSocket = new ServerSocket(9999);                   // 绑定端口
        boolean flag = true;                                                  // 持续交互标记
        while (flag) {                                                        // 标记判断
            Socket client = serverSocket.accept();                           // 等待客户端连接
            new Thread(new ClassDataLoadThread(client)).start();             // 启动线程
        }
        serverSocket.close();                                                // 服务端关闭
    }
}
```

（4）YootkClient 项目：定义网络类加载器，该类通过 Socket 发起服务器连接并接收字节码数据。

```
package com.yootk;
import java.io.*;
import java.net.Socket;
public class NetClassLoader extends ClassLoader {                            // 网络类加载器
    // 此时需要通过特定的网络服务器进行类的加载，就必须明确定义出服务器的地址以及连接端口
    private static final String SERVER_HOST = "localhost" ;                  // 直接进行本机网络服务访问
    private static final int SERVER_PORT = 9999 ;                            // 服务器的连接端口
    // 此时自定义一个类加载的方法，这个类加载的方法一定不要重名
    public Class<?> loadData(String className) throws Exception {
        byte data [] = this.loadFileClassData() ;                           // 加载要使用的类文件
        if (data != null) {                                                 // 类信息已成功加载
            return super.defineClass(className, data, 0, data.length);
        }
        return null ;
    }
    // 自定义一个新的方法，将根据给定的文件路径进行加载，为了简化设计没有进行严格的异常控制
    private byte[] loadFileClassData() throws Exception {
    // 获取要加载文件的二进制字节输入流对象
        Socket client = new Socket(SERVER_HOST, SERVER_PORT) ;              // 进行网络服务器的连接
        // 获取网络服务器响应给客户端的字节输入流
        InputStream input = client.getInputStream() ;                       // 网络输入流
        // 最终需要将所有的数据保存在内存之中，并且利用字节数组返回
        ByteArrayOutputStream bos = new ByteArrayOutputStream() ;           // 内存输出流
        input.transferTo(bos) ;                                             // 数据读取
        byte data [] = bos.toByteArray() ;                                 // 获取字节码数据
```

```
    client.shutdownInput();                                    // 等待传输完毕
    input.close();                                             // 关闭网络输入流
    bos.close();                                               // 关闭内存输出流
    client.close();                                            // 关闭Socket
    return data ;                                              // 返回二进制数据
  }
}
```

（5）YootkClient 项目：使用网络类加载器加载 Message 类并进行方法调用。

```
package com.yootk;
import java.lang.reflect.Method;
public class YootkDemo {
    public static void main(String[] args) throws Exception {
        NetClassLoader fileClassLoader = new NetClassLoader(); // 实例化自定义类加载器
        Class<?> clazz = fileClassLoader.loadData("com.yootk.util.Message"); // 加载类
        Object messageObject = clazz.getDeclaredConstructor().newInstance(); // 对象实例化
        Method method = clazz.getMethod("echo", String.class); // 获取echo()方法对象
        System.out.println(method.invoke(messageObject, "沐言科技：www.yootk.com")); // 方法调用
    }
}
```

程序执行结果：

【ECHO】沐言科技：www.yootk.com

　　本程序在启动后将通过服务端提供的字节码文件来获取指定类的实例化对象，这样的设计使得程序类的加载操作更加灵活。开发者可以通过服务端方便地实现核心功能类的维护，而客户端也可以及时获取类的最新功能。

4.6　反射与代理设计模式

视频名称　0414_【掌握】静态代理设计模式分析

视频简介　代理设计模式可以实现真实业务和辅助业务的有效拆分。本视频主要讲解传统静态代理设计模式的开发以及如何与工厂设计模式结合使用。

静态代理设计
模式分析

　　Java 中的代理设计模式可以有效地实现真实业务与具体业务之间的细分。例如，要创建一个用于网络消息发送的业务接口，如果想保证消息发送成功，就必须在消息发送之前进行消息服务器的连接，在消息发送之后为了节约服务器资源也需要及时断开与消息服务器之间的连接，如图 4-15 所示。

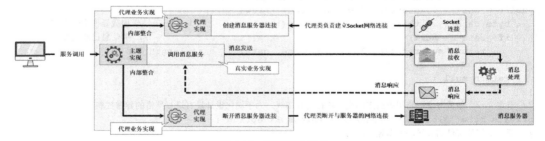

图 4-15　代理设计模式

　　此时最佳的实现方案就是基于代理设计模式，将真实业务主题包裹在代理业务主题之中，利用代理业务主题实现与业务有关的辅助性方法（网络连接、连接关闭）定义。随后在核心的业务方法之中进行操作的整合，并通过真实业务主题提供的方法进行最终消息的发送与响应处理。这样可以得到图 4-16 所示的实现类关联结构。

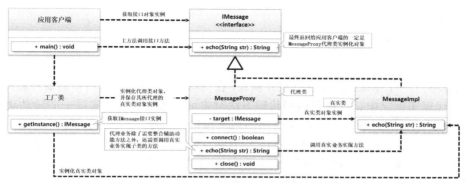

图 4-16　代理设计模式的实现类关联结构

范例：静态代理设计模式

```java
package com.yootk;
interface IMessage {                                          // 定义核心业务接口
    public String echo(String str);                          // 核心业务处理方法
}
class MessageImpl implements IMessage {                       // 真实业务实现类
    @Override
    public String echo(String str) {
        return "【ECHO】" + str;                               // 模拟网络传输
    }
}
class MessageProxy implements IMessage {                      // 代理业务实现类
    private IMessage target;                                 // 保存真实业务实例
    public MessageProxy(IMessage target) {                   // 接收真实业务实例
        this.target = target;
    }
    public boolean connect() {                               // 模拟网络连接
        System.out.println("【MessageProxy】建立消息服务器的网络连接。");
        return true;                                         // 模拟连接成功
    }
    public void close() {                                    // 模拟网络关闭
        System.out.println("【MessageProxy】断开消息服务器的网络连接。");
    }
    @Override
    public String echo(String str) {
        try {
            if (this.connect()) {                            // 连接成功
                return this.target.echo(str);                // 调用真实业务实例
            }
        } finally {
            this.close();                                    // 连接关闭
        }
        return "error";                                      // 返回错误信息
    }
}
class Factory {                                               // 静态工厂类
    private Factory() {}                                     // 限制实例化对象产生
    public static IMessage getInstance() {
        return new MessageProxy(new MessageImpl());          // 返回代理实例
    }
}
public class YootkDemo {
    public static void main(String[] args) throws Exception {
        IMessage message = Factory.getInstance();            // 获取接口实例
        System.out.println(message.echo("沐言科技：www.yootk.com")); // 调用接口方法
    }
}
```

程序执行结果：

```
【MessageProxy】建立消息服务器的网络连接。
【MessageProxy】断开消息服务器的网络连接。
【ECHO】沐言科技: www.yootk.com
```

本程序实现了一个基础的静态代理设计模式，在当前给定的代理结构中，需要将真实业务对象实例保存在代理实例之中，这样在调用代理方法时才可以通过代理类实现一些辅助功能的执行（connect()、close()方法调用）。用户在调用 IMessage 接口方法时，并不关心所获取的是哪一个具体子类的实例，所以通过 Factory.getInstance()工厂方法封装了代理类对象的实例化操作。

本程序实现的是一个基础的代理设计模式，也是一个静态代理设计模式。因为当前的 MessageProxy 类只能为 IMessage 接口提供代理服务，而面对大量功能重复、业务不重复的处理操作时，这样的代理设计模式就会造成代码重复。所以为了解决此类问题，Java 反射机制提供了动态代理设计模式的支持。

4.6.1　JDK 动态代理机制

视频名称　0415_【掌握】JDK 动态代理机制
视频简介　由于静态代理设计模式采用硬编码的形式，代理类不具备通用性，这样就会产生大量的重复代码。要得到统一的代理支持，可以基于动态代理设计模式完成。本视频将为读者讲解动态代理设计模式的实现。

JDK 动态
代理机制

虽然使用代理设计模式可以有效地解决类功能结构的设计问题，但是传统的静态代理模式之中一个代理类只能为一个接口提供代理服务，如果按照此类的设计方式编写代码，那么项目之中就会充满功能雷同的代理类。例如，要实现一个消息的发送，服务器可以接收的消息类型包括文本、图像、视频，这样在进行设计时就可以设计出 3 个不同的功能接口，分别对应文本消息(ITextMessage)、图像消息（IImageMessage）、视频消息（IVideoMessage），这 3 个接口最终都向同一台服务器发出消息请求。如果此时按照静态代理设计模式设计，则每一个消息接口都需要提供一个代理类，利用代理类来实现服务器的连接与关闭，这时类的实现结构如图 4-17 所示。

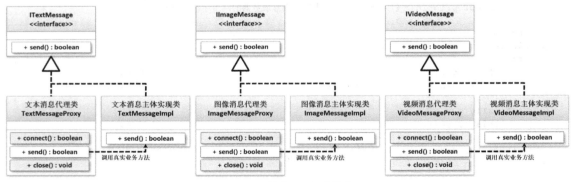

图 4-17　静态代理设计模式

通过图 4-17 所示的结构可以清楚地发现，此时的代理类的设计功能重复了。所以静态代理设计模式只能够用于理解代理机制的核心原理，而在实际的开发之中需要通过动态代理设计模式来实现代理类的高可用设计，如图 4-18 所示。

动态代理设计模式是 JDK 1.3 正式引入的一项实用开发技术。该技术要求若干个不同的功能接口使用同一个代理类，所以提供了一个 java.lang.reflect.InvocationHandler 接口，并且强制要求代理类实现了该接口才可以基于动态代理机制来实现最终的代理结构。InvocationHandler 接口的定义如下。

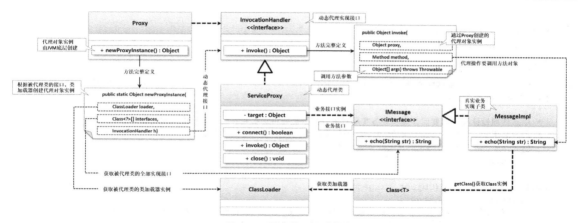

图 4-18　动态代理设计模式

```java
package java.lang.reflect;
public interface InvocationHandler {
    /**
     * 该方法主要实现了动态代理方法的定义，并且通过该方法实现真实业务方法的调用与结果返回
     * @param     proxy  调用该方法的代理类实例
     * @param     method 调用的接口方法对象（真实业务方法对象）
     * @param     args   接口方法调用时所传递的参数
     * @return    接口方法调用的结果
     * @throws    方法调用时所产生的异常
     */
    public Object invoke(Object proxy, Method method, Object[] args) throws Throwable;
}
```

　　InvocationHandler 仅仅规定了动态代理设计模式的代理方法定义，而在代理设计模式之中最重要的是获取一个与核心业务接口有关的代理对象，这一功能就需要通过 java.lang.reflect.Proxy 类所提供的 newProxyInstance()方法来实现。Proxy.newInstance()方法将基于真实业务实现类的类加载器、实现接口类型来动态创建一个与真实业务实现类父接口相关的对象实例。在创建的同时需要绑定 InvocationHandler 对应的实现子类实例，这样在通过接口进行业务方法调用时，调用的是动态代理对象实例，具体的代理操作是由 invoke()完成的。实现结构如图 4-19 所示。

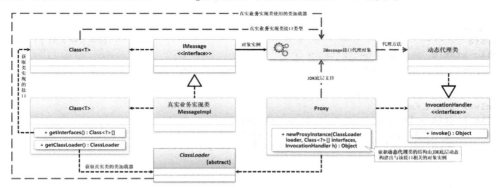

图 4-19　动态代理实现

范例：实现动态代理设计模式

```java
package com.yootk;
import java.lang.reflect.*;
interface IMessage {                                    // 定义核心业务接口
    public String echo(String str);                     // 核心业务处理方法
}
class MessageImpl implements IMessage {                 // 真实业务实现类
```

```
    @Override
    public String echo(String str) {
        return "【ECHO】" + str;                                      // 模拟网络传输
    }
}
class ServerProxy implements InvocationHandler {                        // 此为公共的代理类
    private Object target;                                             // 核心业务对象
    /**
     * 动态代理设计模式需要保存真实业务实现对象，那么需要将真实业务实现对象传递到代理类之中
     * 同时基于java.lang.reflect.Proxy系统类，动态创建一个代理业务类对象
     * @param target 要绑定的真实业务实现对象
     * @return 系统生成的代理类对象
     */
    public Object bind(Object target) {                               // 保存真实业务实现对象
        this.target = target;
        // 获取真实业务实现对象的类加载器，这样可以解析.class文件的结构，从而实现接口代理对象的定义
        // 所有的动态代理都是基于接口的设计应用，那么此时就要获取全部的接口信息
        // 当前的类为InvocationHandler接口子类，所以使用this描述的是本接口的实例化对象
        return Proxy.newProxyInstance(target.getClass().getClassLoader(),
                target.getClass().getInterfaces(), this);
    }
    @Override
    public Object invoke(Object proxy, Method method, Object[] args) throws Throwable {
        // 代理方法中需要进行方法的反射调用，反射调用需要提供实例化对象、Method对象、方法参数
        try {
            if (this.connect()) {                                     // 连接成功
                return method.invoke(this.target, args);              // 调用真实业务实现对象
            }
        } finally {
            this.close();                                             // 连接关闭
        }
        return "error";                                               // 返回错误信息
    }
    public boolean connect() {                                        // 代理方法
        System.out.println("【代理业务】建立消息服务器的网络连接。");
        return true;
    }
    public void close() {                                             // 代理方法
        System.out.println("【代理业务】断开消息服务器的网络连接。");
    }
}
class Factory {                                                       // 静态工厂类
    private Factory() {}                                              // 限制实例化对象产生
    public static IMessage getInstance() {
        return (IMessage) new ServerProxy().bind(new MessageImpl()); // 返回代理实例
    }
}
public class YootkDemo {
    public static void main(String[] args) throws Exception {
        IMessage message = Factory.getInstance();                    // 获取接口实例
        System.out.println(message.echo("沐言科技：www.yootk.com")); // 调用接口方法
    }
}
```

程序执行结果：

```
【代理业务】建立消息服务器的网络连接。
【代理业务】断开消息服务器的网络连接。
【ECHO】沐言科技：www.yootk.com
```

　　本程序实现了动态代理设计模式，所有的真实业务实现类需要绑定在 ServerProxy 的动态代理类之中，这样就可以通过 Proxy 类提供的 newProxyInstance()方法创建代理对象，而代理对象在进行接口方法调用时会调用 InvocationHandler 接口提供的 invoke()方法实现真实业务方法调用。

> **注意：JDK 提供的动态代理机制必须基于接口实现。**
>
> 　　在 JDK 所提供的动态代理机制中可以发现，Proxy.newProxyInstance()方法调用时需要传入类实现的接口信息，如果在代理设计模式中没有使用到接口，那么是无法正常返回代理对象的。所以利用 JDK 实现代理设计模式的前提就是接口存在。
>
> 　　本系列图书中的《Java Web 开发实战（视频讲解版）》会为读者讲解如何通过动态代理设计模式实现数据库事务的控制，而 Spring 开发相关图书会基于动态代理设计模式的思想讲解 AOP 技术。在整个 Java 体系之中，动态代理都是非常重要的一项开发技术，读者一定要掌握该技术的实现结构和相关的概念。

4.6.2　CGLib 动态代理机制

CGLib 动态
代理机制

　　视频名称　0416_【掌握】CGLib 动态代理机制
　　视频简介　JDK 的动态代理机制是按照接口的形式实现的，第三方开源组织又开发了基于类的代理结构。本视频主要讲解如何基于 CGLib 开发包实现动态代理设计模式。

　　虽然 JDK 提供了良好的动态代理技术支持，但是其在实现过程中必须依赖于接口，在没有接口实现的情况下就无法使用 Proxy.newProxyInstance()进行代理对象的创建。为了解除这种限制，第三方开发人员开发出了 CGLib 组件，该组件最大的特点是在没有接口实现的情况下依然可以创造出代理对象。

> **提示：通过 Maven 仓库下载开发包。**
>
> 　　在实际的项目开发中会使用到大量的第三方开源组件，开发者可以访问 MVN 仓库站点进行组件的查询与获取，如图 4-20 所示。
>
>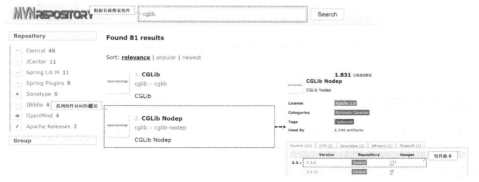
>
> 图 4-20　组件下载

　　需要注意的是，所有下载得到的第三方应用组件在实际使用之前都需要配置到项目的 CLASSPATH 之中。如果没有使用开发工具，直接修改系统环境的 CLASSPATH 即可；如果使用了开发工具，则需要在开发工具中进行组件的依赖配置。对此操作不熟悉的读者可以查看本小节的视频。

　　范例：使用 CGLib 实现代理设计模式

```java
package com.yootk;
import java.lang.reflect.Method;
import net.sf.cglib.proxy.*;
class Message {                                         // 此类未实现任何接口
    public String echo(String msg) {
```

```
            return "【ECHO】" + msg;
    }
}
class ServerProxy implements MethodInterceptor {        // CGLib的方法拦截器
    private Object target;                               // 真实业务实现对象
    public ServerProxy(Object target) {                  // 绑定真实业务实现对象
        this.target = target;
    }
    public boolean connect() {                           // 代理方法
        System.out.println("【代理业务】建立消息服务器的网络连接。");
        return true;
    }
    public void close() {                                // 代理方法
        System.out.println("【代理业务】断开消息服务器的网络连接。");
    }
    @Override
    public Object intercept(Object o, Method method, Object[] objects,
            MethodProxy methodProxy) throws Throwable {  // 方法拦截处理
        try {
            if (this.connect()) {                        // 连接成功
                return method.invoke(this.target, objects);  // 调用真实业务实现对象
            }
        } finally {
            this.close();                                // 连接关闭
        }
        return "error";                                  // 返回错误信息
    }
}
public class YootkDemo {
    public static void main(String[] args) throws Exception {
        Message target = new Message();                  // 核心业务对象
        Enhancer enhancer = new Enhancer();              // 代理控制类
        enhancer.setSuperclass(target.getClass());       // 模拟一个公共父类
        enhancer.setCallback(new ServerProxy(target));   // 配置代理功能
        Message proxy = (Message) enhancer.create();     // 创建代理对象
        System.out.println(proxy.echo("沐言科技: www.yootk.com"));  // 代理方法调用
    }
}
```

程序执行结果:

```
【代理业务】建立消息服务器的网络连接。
【代理业务】断开消息服务器的网络连接。
【ECHO】沐言科技: www.yootk.com
```

  本程序基于 CGLib 实现了动态代理设计模式。可以发现 CGLib 实现的动态代理设计模式是基于拦截的模式完成的,即在进行接口方法调用时首先定义一个方法拦截器,而后通过拦截器实现真实业务方法调用,这样就解除了动态代理设计模式中接口必须存在的限制。

4.7 反射与 Annotation

反射与
Annotation

视频名称　0417_【掌握】反射与 Annotation

视频简介　Annotation 之所以可以在 Java 开发中得到广泛的应用,是因为其不仅结构简单,还可以结合反射进行配置操作。本视频主要讲解如何基于反射获取 Annotation 定义。

  Annotation 是 JDK 1.5 及其之后的版本提供的重要的开发技术,不仅可以方便地进行各类操作的整合,还可以使程序的编写更加灵活,在整个 Java 项目的开发体系中有着不可替代的作用。然而要想发挥出 Annotation 的作用,需要结合 Java 反射机制,如图 4-21 所示。

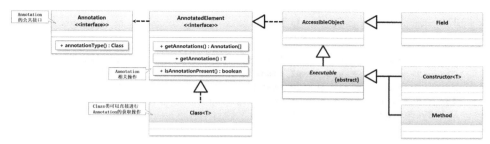

图 4-21　Annotation 与反射机制

　　JDK 1.5 及其之后的开发版本提供了 java.lang.reflect.AnnotatedElement 接口，并且修改了 Class 类的定义，使其可以直接实现该接口。AnnotatedElement 接口提供了获取注解的处理方法，这些方法如表 4-8 所示。该接口在与 Class 的反射机制操作结合后，就可以方便地通过类、方法或属性来获取指定位置上所定义的注解。

表 4-8　AnnotatedElement 接口方法

序号	方法名称	类型	描述
01	public <T extends Annotation> T getAnnotation(Class<T> annotationClass)	普通	获取指定类型的 Annotation
02	public Annotation[] getAnnotations()	普通	获取定义的全部 Annotation
03	public default <T extends Annotation> T[] getAnnotationsByType(Class<T> annotationClass)	普通	得到指定类型的 Annotation
04	public default boolean isAnnotationPresent(Class<? extends Annotation> annotationClass)	普通	判断是否存在指定的 Annotation

　　范例：获取 Annotation 信息

```java
package com.yootk;
import java.lang.annotation.Annotation;
import java.lang.reflect.Method;
@FunctionalInterface                                                // 函数式接口定义
@Deprecated(since = "1.1")                                          // 此接口不推荐使用
interface IMessage {                                               // 定义接口
    public String echo(String msg);
}
@Deprecated(since = "3.0")                                          // 此接口不推荐使用
class MessageImpl implements IMessage {
    @Override                                                      // 此注解无法获取
    public String echo(String msg) {
        return "【ECHO】" + msg;
    }
}
public class YootkDemo {
    public static void main(String[] args) throws Exception {
        {
            System.out.println("---------- 获取IMessage接口上的注解信息 ----------");
            Class<?> clazz = IMessage.class;                        // 获取接口的Class对象实例
            for (Annotation annotation : clazz.getAnnotations()) {  // 获取指定结构上的全部注解
                System.out.println(annotation);
            }
        }
        {
            System.out.println("---------- 获取MessageImpl子类上的注解信息 ----------");
            Class<?> clazz = MessageImpl.class;                     // 获取接口的Class对象实例
            for (Annotation annotation : clazz.getAnnotations()) {  // 获取指定结构上的全部注解
                System.out.println(annotation);
```

```
            }
        }
        {
            System.out.println("---------- 获取MessageImpl.echo()方法上的注解信息 ----------");
            Class<?> clazz = MessageImpl.class;                            // 获取接口的Class对象实例
            Method method = clazz.getDeclaredMethod("echo", String.class);
            for (Annotation annotation : method.getAnnotations()) { // 获取指定结构上的全部注解
                System.out.println(annotation);
            }
        }
    }
}
```

程序执行结果：

```
---------- 获取IMessage接口上的注解信息 ----------
@java.lang.FunctionalInterface()
@java.lang.Deprecated(forRemoval=false, since="1.1")
---------- 获取MessageImpl子类上的注解信息 ----------
@java.lang.Deprecated(forRemoval=false, since="3.0")
---------- 获取MessageImpl.echo()方法上的注解信息 ----------
```

本程序采用了一个基本的接口实现类的结构，并且在接口与实现类中进行了相关注解的定义，随后利用反射机制获取指定的 Class 结构对象，并利用 getAnnotations()方法获取运行的所有注解项。

 提问：为什么无法获取 echo()方法上的注解？

在定义 MessageImpl.echo()方法时，明明使用了 "@Override" 注解，但是在最终获取的时候并没有得到该注解，这是什么原因？

回答：只有运行时注解才可以获取。

在 Java 中的所有注解都是有其运行范围的，而 JDK 默认提供的 "@Override" 注解仅在 Java 源代码编译的时候生效，这一点可以通过该注解的源代码观察到。

范例：@Override 注解源代码

```
package java.lang;
import java.lang.annotation.*;
@Target(ElementType.METHOD)            // 只允许在方法中使用
@Retention(RetentionPolicy.SOURCE)     // 源代码中生效
public @interface Override {}
```

"@Deprecated" 注解的保存范围是运行时（RUNTIME），所以可以通过反射来获取，这一点后面的章节会讲解。

4.7.1　自定义 Annotation

视频名称　0418_【掌握】自定义 Annotation

视频简介　除了使用系统提供的 Annotation 之外，开发者还可以自定义 Annotation，此时就需要明确指定 Annotation 的操作范围。本视频主要讲解自定义 Annotation，以及结合反射获取 Annotation 信息。

自定义
Annotation

开发者除了使用 JDK 提供的默认 Annotation 之外，也可以根据自身的需要创建与业务有关的自定义注解。在注解定义时需要使用@Rentention 定义注解的作用范围，并通过@Taget 定义该注解应用在何种结构之中（类声明处、方法定义处或成员属性定义处），这样就可以得到图 4-22 所示的注解定义关联结构。

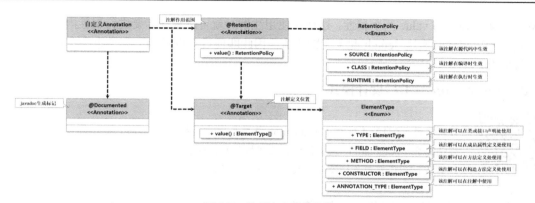

图 4-22 注解定义关联结构

范例：自定义注解

```java
package com.yootk;
import java.lang.annotation.*;
import java.lang.reflect.Method;
@Retention(RetentionPolicy.RUNTIME)                              // 运行时生效
@Target({ ElementType.TYPE, ElementType.METHOD })               // 注解可以出现在类和方法处
@interface Action {                                             // 自定义Annotation
    // 定义注解属性时如果没有使用default，则表示使用该注解时必须设置内容
    public String title() default "李兴华高薪就业编程训练营";        // 注解属性
    public String value();                                     // value是一个重要的标记
}
@Action(title = "沐言科技", value = "www.yootk.com")              // 使用自定义注解
class Message {
    // 注意：如果注解中的属性名称为value，则可以直接使用"@注解(内容)"的形式自动匹配value名称
    @Action("edu.yootk.com")                                   // 填充value属性
    public String echo(String msg) {
        return "【ECHO】" + msg;
    }
}
public class YootkDemo {
    public static void main(String[] args) throws Exception {
        {
            System.out.println("---------- 获取Message类上的注解信息 ----------");
            Class<?> clazz = Message.class;                    // 获取Class对象实例
            for (Annotation annotation : clazz.getAnnotations()) {  // 获取全部注解
                System.out.println(annotation);
            }
        }
        {
            System.out.println("---------- 获取Mesage.echo()方法上的注解信息 ----------");
            Class<?> clazz = Message.class;                    // 获取Class对象实例
            Method method = clazz.getDeclaredMethod("echo", String.class);
            for (Annotation annotation : method.getAnnotations()) {  // 获取全部注解
                System.out.println(annotation);
            }
        }
    }
}
```

程序执行结果：

```
---------- 获取Message类上的注解信息 ----------
@com.yootk.Action(title="沐言科技", value="www.yootk.com")
---------- 获取Mesage.echo()方法上的注解信息 ----------
@com.yootk.Action(title="李兴华高薪就业编程训练营", value="edu.yootk.com")
```

本程序自定义了一个 Action 注解，而该注解可以应用在类、接口以及方法的声明处。Action

注解中定义了 title 与 value 两个属性，这样在使用注解时就可以根据需要进行属性内容的设置。由于在定义 title 属性时通过 default 配置了默认值，因此即便没有设置 title 属性也会自动通过默认值来进行填充。

4.7.2 Annotation 与工厂设计模式

Annotation 与
工厂设计模式

视频名称　0419_【掌握】Annotation 与工厂设计模式

视频简介　Annotation 是提供配置处理操作的，这些配置可以通过反射实现。本视频主要讲解 Annotation 与工厂设计模式的整合处理操作。

要想有效体现注解机制的操作特点，需要结合一些具体的实例来进行分析。本小节将介绍对工厂设计模式进行 Annotation 注解化的设计改进，如图 4-23 所示。

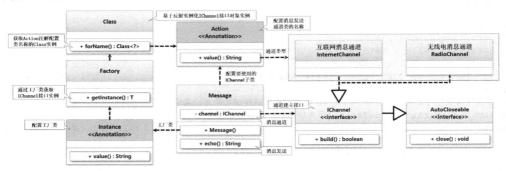

图 4-23　工厂设计模式改进

使用传统的工厂设计模式时都要通过 Factory.newInstance()方法进行对象实例化处理，而现在可以直接基于自定义的@Action 注解来配置要使用的 IChannel 接口子类，同时，通过@Instance 注解配置可以实例化 IChannel 接口对象的工厂类。这样在获取 Message 类对象的时候可以基于构造方法来获取 IChannel 接口实例，从而实现消息的响应处理。

范例：基于 Annotation 实现的工厂设计模式

```
package com.yootk;
import java.lang.annotation.*;
@Target({ ElementType.TYPE })                                      // 注解定义在类声明处
@Retention(RetentionPolicy.RUNTIME)                                // 运行时有效
@interface Action {                                                // 自定义注解
    public String value();                                         // 注解属性
}
@Target({ ElementType.CONSTRUCTOR })                               // 注解在构造方法处定义
@Retention(RetentionPolicy.RUNTIME)                                // 运行时有效
@interface Instance {                                              // 工厂类配置
    public String value();                                         // 注解属性
}
interface IChannel extends AutoCloseable {                         // 传输通道
    public boolean build();                                        // 建立通道
}
class InternetChannel implements IChannel {                        // 互联网消息通道
    @Override
    public boolean build() {
        System.out.println("【InternetChannel】建立互联网消息通道。");
        return true;
    }
    @Override
    public void close() throws Exception {
        System.out.println("【InternetChannel】关闭互联网消息通道。");
```

```
    }
}
class RadioChannel implements IChannel {                    // 无线电消息通道
    @Override
    public boolean build() {
        System.out.println("【RadioChannel】建立无线电消息通道。");
        return true;
    }

    @Override
    public void close() throws Exception {
        System.out.println("【RadioChannel】关闭无线电消息通道。");
    }
}
class Factory {                                              // 编写工厂类
    private Factory() {}
    public static <T> T getInstance(String className) {     // 泛型工厂类
        try { // 工厂类基于反射机制,实现指定类对象实例化处理
            return (T) Class.forName(className).getDeclaredConstructor().newInstance();
        } catch (Exception e) {
            return null;
        }
    }
}
@Action("com.yootk.RadioChannel")                           // 通过注解配置连接通道
class Message {                                             // 消息处理
    private IChannel channel;                               // 连接通道
    @Instance("com.yootk.Factory")
    public Message() {                                      // 构造方法
        try {                                              // 获取注解配置属性
            Action actionAnnotation = super.getClass()
                .getAnnotation(Action.class);              // 获取类上的Annotation
            Instance instanceAnnotation = super.getClass().getConstructor()
                .getAnnotation(Instance.class);            // 获取构造方法上的注解
            String factoryClassName = instanceAnnotation.value();  // 获取子类名称
            Class<?> factoryClazz = Class.forName(factoryClassName);
            this.channel = (IChannel) factoryClazz.getMethod("getInstance", String.class)
                .invoke(null, actionAnnotation.value());   // 获取工厂方法
        } catch (Exception e) {}
    }
    public String echo(String msg) throws Exception {       // 消息响应
        String echoMessage = "【ERROR】消息发送失败!";
        if (this.channel.build()) {                        // 通道创建成功
            echoMessage = "【ECHO】" + msg;                 // 创建回应信息
            this.channel.close();
        }
        return echoMessage;
    }
}
public class YootkDemo {
    public static void main(String[] args) throws Exception {
        System.out.println(new Message().echo("沐言科技: www.yootk.com")); // 消息响应
    }
}
```

程序执行结果:

```
【RadioChannel】建立无线电消息通道。
【RadioChannel】关闭无线电消息通道。
【ECHO】www.yootk.com
```

本程序在定义 Message 类时,需要配置一个 IChannel 接口实例,而该接口实例所使用的子类将通过@Action 注解进行配置。这样在 Message 类对象实例化时就可以通过构造方法并结合@Instance 注解定义的工厂类来获取接口实例,以实现最终的消息响应操作。

4.8 反射与简单 Java 类

传统类属性
赋值弊端

视频名称 0420_【掌握】传统类属性赋值弊端
视频简介 实例化对象存在之后就需要进行属性的赋值操作,传统的基于 setter 方法的赋值形式虽然简单,但是过于烦琐。本视频主要讲解传统简单 Java 类属性设置问题。

简单 Java 类是项目开发中最基础的类结构,也拥有良好的设计规则,在传统的项目开发中都需要通过类中提供的 setter 方法来实现属性内容的设置。而当需要设置的属性过多时,必然会造成大量重复的代码结构出现。例如,现在有一个描述雇员信息的简单 Java 类,该类中有 ename 与 job 两个属性,以及与属性相关的 setter/getter 方法,该类的定义结构如下。

范例:雇员信息类

```java
package com.yootk.vo;
public class Emp {
    private String ename;
    private String job;
    public String getEname() {                              // 属性获取
        return ename;
    }
    public void setEname(String ename) {                    // 属性设置
        this.ename = ename;
    }
    public String getJob() {                                // 属性获取
        return job;
    }
    public void setJob(String job) {                        // 属性设置
        this.job = job;
    }
    @Override
    public String toString() {
        return "雇员姓名: " + this.ename + "、雇员职位: " + this.job;
    }
}
```

假设此时的内容需要通过网络传输,而在网络传输时,所有的数据采用了"属性名称:属性内容|属性名称:属性内容"的形式,那么传统的做法就是对当前的字符串进行拆分,而后根据属性名称找到匹配的 setter 方法,将相关的数据保存在 Emp 对象的属性之中,如图 4-24 所示。这样就可以得到如下的程序实现。

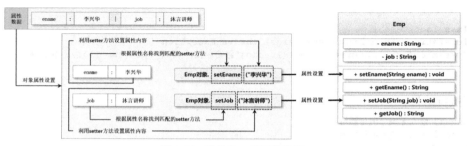

图 4-24 简单 Java 类属性设置

范例:传统属性设置操作

```java
package com.yootk;
import com.yootk.vo.Emp;
```

```java
public class YootkDemo {
    public static final String EMP_DATA = "ename:李兴华|job:沐言讲师";    // 模拟网络数据
    public static void main(String[] args) throws Exception {
        Emp emp = new Emp();                                          // 对象实例化
        String result[] = EMP_DATA.split("\\|");                      // 数据信息拆分
        for (String data : result) {                                  // 数组迭代
            String temp[] = data.split(":");                          // 拆分数据
            switch (temp[0]) {                                        // 属性名称匹配
            case "ename":                                             // 属性匹配
                emp.setEname(temp[1]);                                // 设置属性内容
                break;
            case "job":                                               // 属性匹配
                emp.setJob(temp[1]);                                  // 设置属性内容
                break;
            }
        }
        System.out.println(emp);                                      // 对象输出
    }
}
```

程序执行结果：

雇员姓名：李兴华、雇员职位：沐言讲师

　　程序通过 EMP_DATA 字符串模拟了网络数据的接收。使用端接收到此数据之后，需要首先依据“|”进行字符串拆分，获取每组要设置的属性名称与内容，而后通过 switch 匹配要操作的属性，随后调用与之相关的 setter 方法完成最终的属性设置。

　　但是随着项目之中的简单 Java 类越来越多、功能不断完善，简单 Java 类中的属性越来越多，最终所产生的问题就是需要大量重复调用 setter 方法进行对象属性的设置。而这样的操作必然带来代码结构上的重复，不仅烦琐而且不利于代码的维护。要想解决此类问题，就需要通过反射机制进行进一步的抽象设计。

 提示：简单 Java 类是项目的核心结构。

　　Java 技术的学习体系较为庞大，为了帮助读者进行更加有效且合理的学习规划，本书仅仅对 Java 中的各种应用环境进行分析。要想进一步理解这些应用案例，则需要继续学习本系列的后续图书。《Java Web 开发实战（视频讲解版）》将基于简单 Java 类讲解业务设计模型，而《Spring 开发实战（视频讲解版）》等后续的书籍中将基于简单 Java 类实现更深入的应用，所以掌握本节的操作原理是学习后续课程的关键。

4.8.1　属性自动赋值实现思路

属性自动赋值
实现思路

　　视频名称　　0421_【掌握】属性自动赋值实现思路
　　视频简介　　如果想解决属性赋值的 setter 方法重复调用问题，就需要针对赋值的操作结构进行定义，通过字符串给出明确处理格式。本视频主要提出代码结构设计优化方案。

　　当前给定的字符串实际上包含属性名称与属性内容两个信息的组合，而属性名称又与类中的属性名称对应。那么根据简单 Java 类的定义规则，只需要将属性名称的首字母大写，同时为其追加“set”前缀，就得到了 setter 方法名称。而在 setter 方法中所需要接收的参数类型也与属性类型相同，如图 4-25 所示。所以要想进行代码结构的优化，最佳的解决方案就是基于反射调用处理。

　　在反射机制的处理中，每一个类的结构都可以通过 Class 实例来获取。在本小节操作中可以基于 Class 实现简单 Java 类无参构造方法的调用并实例化类对象，随后通过成员属性的名称来获取与之对应的 Field 对象实例，这样就可以基于属性的类型获取相关的 Method 对象实例，最终通过 Method 类提供的 invoke() 方法实现类中的 setter 方法调用。由于本小节操作不需要具体的对象类型，因此其适用于所有的简单 Java 类赋值处理。而为了便于处理，合理的设计就是创建一个工厂类，该工厂类可以依据简单 Java 类的 Class 实例与特定结构的字符串实现简单 Java 类的对象实例化与属性赋值处理，如图 4-26 所示。

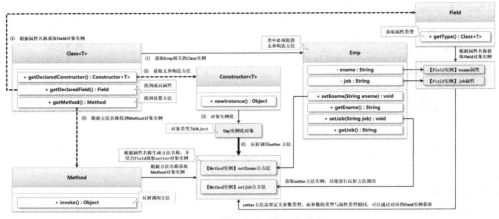

图 4-25　属性自动赋值操作流程

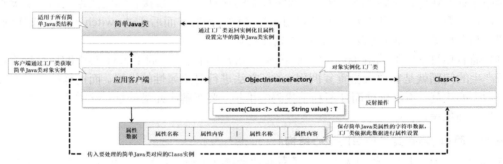

图 4-26　属性赋值处理

范例：定义工厂结构模型

```java
package com.yootk.util;
public class ObjectInstanceFactory {
    private ObjectInstanceFactory() {} // 禁止实例化本类对象
    /**
     * 实现简单Java类的对象实例创建以及属性设置处理
     * @param clazz 要进行操作的简单Java类的Class对象
     * @param value 包含属性内容的字符串"属性名称:属性内容|属性名称:属性内容|..."
     * @param <T>    由于可以返回所有的Java类对象，基于泛型配置
     * @return 返回指定简单Java类的对象实例
     */
    public static <T> T create(Class<?> clazz, String value) {
        // 由于此处还未讲解具体的实现，只列出基本的操作结构，代码暂时为空，后续讲解时进行完善
        return null;
    }
}
```

以上操作仅仅定义了一个基础的工厂类，但是其内部所涉及的对象实例化以及属性的设置暂时未实现，后面会进行代码完善。而此时的应用程序主类调用该工厂类即可实现实例化对象的获取。

范例：通过工厂类获取实例化对象

```java
package com.yootk;
import com.yootk.util.ObjectInstanceFactory;
import com.yootk.vo.Emp;
```

```
public class YootkDemo {
    public static final String EMP_DATA = "ename:李兴华|job:沐言讲师";       // 模拟网络数据
    public static void main(String[] args) throws Exception {
        // 此时的应用主类不再涉及具体的反射操作细节，全部的处理由工厂类完成
        Emp emp = ObjectInstanceFactory.create(Emp.class, EMP_DATA);       // 对象实例化
        System.out.println(emp);                                          // 对象输出
    }
}
```

此时的应用类通过 ObjectInstanceFactory.create()方法即可实现简单 Java 类对象的实例化操作。同时由于泛型的支持，在对象接收时也不再需要强制进行向下转型，从而可避免安全隐患。

4.8.2 单级属性赋值

视频名称 0422_【掌握】单级属性赋值

视频简介 简单 Java 类的组成较为单一，只需要通过反射考虑获取相应的 Field 与 Method 实例就可以实现赋值处理。本视频主要讲解对单个 VO 类实例化对象实现的属性赋值处理操作。

单级属性赋值

程序开发的基本框架已经搭建好了，随后就可以在此框架之中进行代码的完善，根据不同的功能定义相关的类或接口。图 4-27 所示为属性赋值实现类关系。由于本小节的操作步骤较多，下面将基于分步的模式进行讲解。

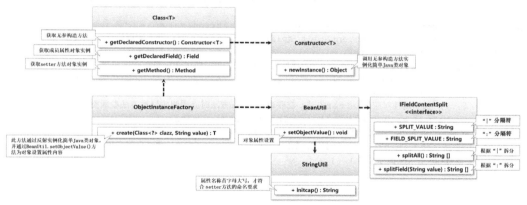

图 4-27　属性赋值实现类关系

（1）为了便于反射操作类的统一管理，建议创建一个 com.yootk.util.bean 开发子包。

（2）在进行属性赋值的处理操作之中需要进行字符串数据的拆分，而拆分操作是实现整个代码中的属性匹配与内容设置的关键步骤。由于字符串中的分隔符是固定的，因此可以考虑将这些功能定义在 IFieldContentSplit 接口之中，利用全局常量定义分隔符，而后利用 static 定义拆分处理方法。

```
package com.yootk.util.bean;
public interface IFieldContentSplit {                          // 内容拆分
    public static final String SPLIT_VALUE = "\\|";            // 拆分字符串
    public static final String FIELD_SPLIT_VALUE = ":";        // 拆分字符串
    public static String[] splitAll(String value) {            // 根据 "|" 拆分数据
        return value.split(SPLIT_VALUE);
    }
    public static String[] splitField(String value) {          // 根据 ":" 拆分数据
        return value.split(FIELD_SPLIT_VALUE, 2);              // 拆分为两段数据
    }
}
```

（3）在进行反射方法获取时，需要对属性名称进行处理，此时可以创建一个字符串工具类，并在其中定义字符串首字母大写的处理方法。

```
package com.yootk.util;
public class StringUtil {                                  // 字符串工具类
    private StringUtil() {}                                 // 禁止对象实例化
    public static String initcap(String value) {            // 首字母大写
        if (value == null || "".equals(value)) {            // 内容为空
            return value;                                   // 直接返回
        }
        if (value.length() == 1) {                          // 长度为1位
            return value.toUpperCase();                     // 整体转为大写字母
        }
        return value.substring(0, 1).toUpperCase() + value.substring(1); // 首字母大写
    }
}
```

（4）创建 BeanUtil 工具类，通过该类实现对象属性内容的设置。

```
package com.yootk.util.bean;
import java.lang.reflect.*;
import com.yootk.util.StringUtil;
public class BeanUtil {
    private BeanUtil() {}                                   // 禁止产生实例化对象
    /**
     * 实现对象反射属性赋值的处理操作
     * @param object 要进行实例化处理的对象实例（不允许为空）
     * @param value  满足于指定格式要求（属性名称:属性内容|属性名称:属性内容|...）的数据字符串
     */
    public static void setObjectValue(Object object, String value) {
        String all[] = IFieldContentSplit.splitAll(value);  // 获取数据信息
        for (String content : all) {                        // 数据迭代
            try { // 此处可能出现的错误情况是属性内容不存在
                String fields[] = IFieldContentSplit.splitField(content); // 获取属性名称和内容
                Field field = object.getClass().getDeclaredField(fields[0]); // 找到属性
                // 找到属性对应的setter方法，在获取setter方法时必须明确设置方法参数类型（Class）
                Method method = object.getClass().getMethod("set" +
                    StringUtil.initcap(fields[0]), field.getType());
                method.invoke(object, fields[1]);           // 通过反射实现setter方法调用
            } catch (Exception e) {}
        }
    }
}
```

（5）在 ObjectInstanceFactory ()工厂方法中利用反射实例化对象，并通过 BeanUtil.setObjectValue()
方法设置属性。

```
package com.yootk.util;
import com.yootk.util.bean.BeanUtil;
public class ObjectInstanceFactory {
    private ObjectInstanceFactory() {}                     // 禁止实例化本类对象
    public static <T> T create(Class<?> clazz, String value) {
        try {
            Object object = clazz.getDeclaredConstructor().newInstance(); // 基于反射实例化对象
            BeanUtil.setObjectValue(object, value);         // 设置属性内容
            return (T) object;                              // 返回实例化对象
        } catch (Exception e) {
            return null;                                    // 出现错误则返回null
        }
    }
}
```

　　工厂类开发完成后，再次执行程序的主类发现会自动返回一个 Emp 对象实例，同时该实例之
中所有的属性都已经配置正确。

4.8.3 属性类型转换

属性类型转换

视频名称　0423_【掌握】属性类型转换

视频简介　一个简单 Java 类中的属性类型不只有 String，还会包含整型、浮点型、日期时间类型等。本视频主要讲解如何实现多种数据类型的赋值以及转换处理操作。

当前的应用之中已经成功地实现 String 类型属性的自动赋值处理。然而在实际的项目开发之中，需要考虑各种数据类型，如 int 或 Integer、double 或 Double、Date 等。所以此时就需要对已有程序类的功能进行扩充，使其可以针对不同的数据类型实现相应的 setter 方法调用。

简单 Java 类属性实现自动赋值操作的核心在于使用 Method 类的 invoke() 方法，而该方法在进行反射调用时，设置的所有参数内容都是以 Object 动态参数的形式传递的。所以要实现不同数据类型的设置，就需要对属性的内容进行转型处理，如图 4-28 所示。下面将依照具体的步骤介绍如何实现这一功能。

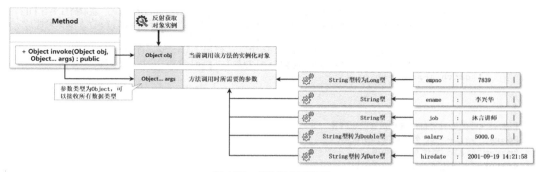

图 4-28　多数据类型处理

> 💡 提示：本小节只讲解核心类型。
>
> 本小节只讲解核心的代码模型，不会将所有常规的数据类型全部列出，只列出常用的几种数据类型的转换处理。有兴趣的读者可以依照以下程序的结构自行扩充。

（1）修改 Emp 程序类，丰富其内部使用的属性类型。

```java
package com.yootk.vo;
import java.util.Date;
public class Emp {
    private Long empno;
    private String ename;
    private String job;
    private Double salary;
    private Date hiredate;
    // 相关的setter方法、getter方法、无参构造方法略
    @Override
    public String toString() {
        return "雇员编号: " + this.empno + "、雇员姓名: " + this.ename + "、雇员职位: " +
            this.job + "、基本工资: " + this.salary + "、雇佣日期: " + this.hiredate;
    }
}
```

（2）修改 BeanUtil 工具类，在该类中追加数据类型的转换处理方法，同时修改 setObjectValue() 方法，使其在反射调用方法时接收转换处理后的参数内容。

```java
package com.yootk.util.bean;
import java.lang.reflect.*;
import java.math.BigDecimal;
```

```java
import java.time.*;
import java.time.format.DateTimeFormatter;
import java.util.Date;
import com.yootk.util.StringUtil;
public class BeanUtil {
    // 此时需要实现字符串转日期时间数据的处理，考虑到多线程的影响，通过LocalDateTime类实现
    private static final DateTimeFormatter DATE_TIME_FORMATTER =
            DateTimeFormatter.ofPattern("yyyy-MM-dd HH:mm:ss");
    private static final ZoneId ZONE_ID = ZoneId.systemDefault();    // 获取当前的时区ID
    private BeanUtil() {}                                            // 禁止产生实例化对象
    /**
     * 实现对象反射属性赋值的处理操作
     * @param object 要进行实例化处理的对象实例（不允许为空）
     * @param value  满足指定格式要求（属性名称:属性内容|属性名称:属性内容|...）的数据字符串
     */
    public static void setObjectValue(Object object, String value) {
        String all[] = IFieldContentSplit.splitAll(value);          // 获取数据信息
        for (String content : all) {                                // 数据迭代
            try {
                String fields[] = IFieldContentSplit.splitField(content);// 获取属性名称和内容
                Field field = object.getClass().getDeclaredField(fields[0]); // 找到属性
                Method method = object.getClass().getMethod("set" +
                        StringUtil.initcap(fields[0]), field.getType());
                method.invoke(object, convert(fields[1], field));   // 传递转换后数据
            } catch (Exception e) {}
        }
    }
    /**
     * 根据属性的类型对字符串进行数据类型转换
     * @param value 包含数据内容的字符串
     * @param field 属性对应的类型
     * @return 返回转换后的具体数据类型
     */
    public static Object convert(String value, Field field) {
        String fieldTypeName = field.getType().getName();           // 获取当前的属性类型名称
        try {
            switch (fieldTypeName) {                                 // 通过switch进行处理
                case "java.lang.String":
                    return value;                                   // 不需要做出转换
                case "int":                                         // int数据类型
                    return Integer.parseInt(value);                 // 转为整型返回
                case "java.lang.Integer":                           // Integer包装类型
                    return Integer.parseInt(value);                 // 转为整型返回
                case "double":                                      // double数据类型
                    return Double.parseDouble(value);               // 转为double类型返回
                case "java.lang.Double":                            // Double包装类型
                    return Double.parseDouble(value);               // 转为double类型返回
                case "java.math.BigDecimal":                        // 大浮点数包装类型
                    return new BigDecimal(value);                   // 返回BigDecimal类型对象
                case "long":                                        // long数据类型
                    return Long.parseLong(value);                   // 转为long类型
                case "java.lang.Long":                              // long包装类型
                    return Long.parseLong(value);                   // 转为long类型
                case "java.util.Date": {                            // 日期时间数据
                    LocalDateTime localDateTime = LocalDateTime.parse(value,
                            DATE_TIME_FORMATTER);                   // 日期时间数据解析
                    Instant instant = localDateTime.atZone(ZONE_ID).toInstant();
                    return Date.from(instant);                      // 类型转换
                }
            }
        } catch (Exception e) {}
        return null;
    }
}
```

（3）修改程序主类，在数据字符串中传递更多的属性内容。

```java
package com.yootk;
import com.yootk.util.ObjectInstanceFactory;
import com.yootk.vo.Emp;
public class YootkDemo {
    public static final String EMP_DATA = "empno:7839|ename:李兴华|job:沐言讲师|"
            + "salary:5000.0|hiredate:2001-09-19 14:21:58";     // 模拟网络数据
    public static void main(String[] args) throws Exception {
        Emp emp = ObjectInstanceFactory.create(Emp.class, EMP_DATA) ;   // 对象实例化
        System.out.println(emp);                              // 对象输出
    }
}
```

程序执行结果：

雇员编号：7839、雇员姓名：李兴华、雇员职位：沐言讲师、基本工资：5000.0、
雇佣日期：Wed Sep 19 14:21:58 CST 2001

通过此时的程序执行结果来看，当前的反射机制已经可以很好地适应各类常见的数据类型，并成功地实现雇员属性的设置。

4.8.4　级联对象实例化

级联对象实例化

视频名称　0424_【掌握】级联对象实例化

视频简介　一个类与其他类之间可以有引用关系。对于这样的级联结构，就需要考虑对象实例化问题。本视频主要讲解如何在多级 VO 配置关系时通过反射技术实现动态实例化对象操作。

当前所给出的 Emp 类仅仅是一个独立的程序类，但实际的设计结构中是有可能存在级联关系的。例如，一个雇员属于一个部门，一个部门属于一个公司，所以为了可以明确地描述出部门与公司的概念，就需要分别定义两个类，如图 4-29 所示。

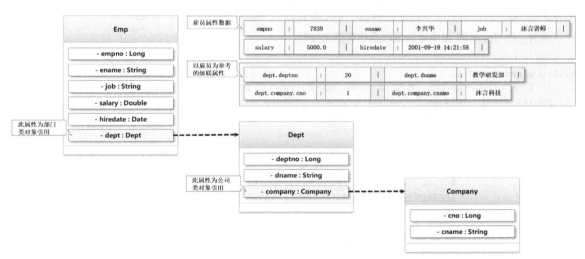

图 4-29　对象级联关系

虽然此时设计的是类的级联关系，但是内容设置的起始点依然是 Emp 类，所有的属性设置都应该参考 Emp 类中的属性。而要对象找到其他关联结构的属性，就必须通过"起始点属性.关联类属性.关联类属性"的形式配置。根据图 4-29 所列出的类结构，可以得到如下 3 个具有关联性的简单 Java 类定义。

范例：定义简单 Java 类

Company 类：

```
package com.yootk.vo;
public class Company {
    private Long cno;
    private String cname;
    // setter方法、getter方法略
}
```

Dept 类：

```
package com.yootk.vo;
public class Dept {
    private Long deptno;
    private String dname;
    private Company company;
    // setter方法、getter方法略
}
```

Emp 类：

```
package com.yootk.vo;
import java.util.Date;
public class Emp {
    private Long empno;
    private String ename;
    private String job;
    private Double salary;
    private Date hiredate;
    private Dept dept;
    // setter方法、getter方法略
}
```

在本程序中，Emp 类保存 Dept 对象实例，而 Dept 类保存 Company 对象实例，但是所有关联类的属性都没有进行对象的实例化操作。这也就意味着在进行级联属性操作之前需要解决的是级联对象的自动实例化操作，而这类功能的实现需要进行 BeanUtil 工具类的功能扩充。

范例：在 BeanUtil 类中追加级联属性实例化控制

```
package com.yootk.util.bean;
public class BeanUtil {
    // BeanUtil类的代码较多，为便于读者理解，所有重复代码不再列出
    public static void setObjectValue(Object object, String value) {
        String all[] = IFieldContentSplit.splitAll(value);              // 获取数据信息
        for (String content : all) {                                     // 数据迭代
            try {
                String fields[] = IFieldContentSplit.splitField(content); // 获取属性名称和内容
                if (fields[0].contains(".")) {                           // 级联关系
                    String cascade[] = fields[0].split("\\.");           // 获取级联信息
                    instanceCascadeObject(object, cascade);              // 对象级联处理
                } else {                                                  // 普通属性
                    Field field = object.getClass().getDeclaredField(fields[0]); // 找到属性
                    Method method = object.getClass().getMethod("set" +
                        StringUtil.initcap(fields[0]), field.getType());
                    method.invoke(object, convert(fields[1], field));    // 传递转换后数据
                }
            } catch (Exception e) {}
        }
    }
    /**
     * 级联对象实例化操作
     * @param object    当前的操作的发起对象实例
     * @param cascade 级联的配置关系数组
```

```
     *  @return 最后一个级联对象实例（当前操作属性的对应实例）
     *  @throws Exception 反射调用中可能产生的错误
     */
    private static Object instanceCascadeObject(Object object,
            String cascade[]) throws Exception {              // 实例化级联对象
        for (int x = 0; x < cascade.length - 1; x++) {        // 进行级联对象实例化
            // 1.由于级联对象有可能被重复使用多次，所以必须防止有可能出现的重复对象实例化问题
            Method getMethod = object.getClass().getMethod("get" +
                    StringUtil.initcap(cascade[x]));
            Object instance = getMethod.invoke(object);       // 获取当前的实例化对象
            if (instance == null) {                           // 2.当前对象还没有实例化
                // 3. 需要反射调用当前对象的setter方法进行对象的手动实例化，找到成员属性的类型
                Field field = object.getClass().getDeclaredField(cascade[x]);
                // 4. 根据返回的对象类型来实现对象的实例化处理操作
                Object obj = field.getType().getConstructor().newInstance();
                // 5. 调用类中的setter方法将对象的内容设置到类中
                Method setMethod = object.getClass().getMethod("set" +
                        StringUtil.initcap(cascade[x]), field.getType());
                setMethod.invoke(object, obj);                // 实现setter方法的调用
                // 6. 修改当前的object类型
                object = obj;                                 // 需要更换级联的下一步操作
            } else {                                          // 如果instance不为空
                object = instance;
            }
        }
        return object;                                        // 返回最后一个级联对象
    }
}
```

级联属性配置时一般都会通过 "." 进行分隔，这样在进行属性内容设置前程序就会对是否存在 "." 进行判断。如果存在则通过 instanceCascadeObject() 方法进行级联对象实例化；如果不存在则认为该属性是普通属性，直接进行赋值处理。

范例：验证级联对象实例化功能

```
package com.yootk;
import com.yootk.util.ObjectInstanceFactory;
import com.yootk.vo.Emp;
public class YootkDemo {
    public static final String EMP_DATA = "empno:7839|ename:李兴华|job:沐言讲师|"
            + "salary:5000.0|hiredate:2001-09-19 14:21:58|"
            + "dept.deptno:20|dept.dname:教学研发部|"
            + "dept.company.cno:1|dept.company.cname:沐言科技";       // 模拟网络数据
    public static void main(String[] args) throws Exception {
        Emp emp = ObjectInstanceFactory.create(Emp.class, EMP_DATA); // 对象实例化
        System.out.println(emp);                                     // 对象输出
        System.out.println(emp.getDept());                           // 对象输出
        System.out.println(emp.getDept().getCompany());              // 对象输出
    }
}
```

程序执行结果：

```
雇员编号：7839、雇员姓名：李兴华、雇员职位：沐言讲师、基本工资：5000.0、雇佣日期：Wed Sep 19 14:21:58 CST 2001
部门编号：null、部门名称：null
公司编号：null、公司名称：null
```

此时所传递的雇员数据包含部门与公司对象实例的属性，由于所有的操作都已经封装在不同的工具类之中，因此对于外部的使用者来讲，除了数据内容的改变之外，它们的整体结构并没有任何不同。通过最终几个对象实例的输出，也可以发现 Emp 类中的 dept 属性以及 Dept 类中的 company 属性都已经成功地实现对象的实例化处理，而后所需要解决的就是这些级联对象的属性保存问题了。

4.8.5　级联属性赋值

级联属性赋值

视频名称　0425_【掌握】级联属性赋值

视频简介　类引用定义之后就是其他引用类型的属性赋值操作。本视频主要讲解多级实例化对象属性内容的获取与其属性设置。

级联对象实例化完成之后，就需要进行级联对象属性的设置。由于在级联对象设置时需要通过具体的对象实例进行属性的设置，所以在每一次进行级联属性设置时，都需要确定好当前要操作的对象实例是哪一个，如图 4-30 所示。

对于当前的代码来讲，所有的 Bean 对象的属性处理全部由 BeanUtil.setObjectValue()方法来实现。那么此时就可以对该类的功能进行扩充，使其可以使用单级属性赋值与多级属性赋值处理。

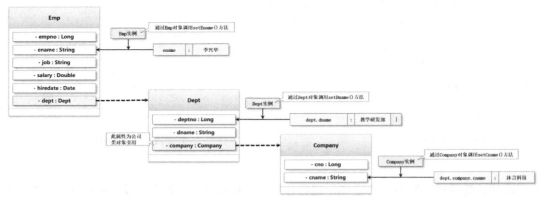

图 4-30　级联对象操作实例

范例：修改 BeanUtil 工具类，追加级联属性内容赋值处理

```java
package com.yootk.util.bean;
public class BeanUtil {
    // BeanUtil类的代码较多，为便于读者理解，所有重复代码不再列出
    public static void setObjectValue(Object object, String value) {
        String all[] = IFieldContentSplit.splitAll(value);              // 获取数据信息
        for (String content : all) {                                    // 数据迭代
            try {
                String fields[] = IFieldContentSplit.splitField(content); // 获取属性名称和内容
                if (fields[0].contains(".")) {                          // 级联关系
                    String cascade[] = fields[0].split("\\.");          // 获取级联信息
                    // 对象级联处理，并返回操作属性对应的类实例
                    Object cascadeInstance = instanceCascadeObject(object, cascade);
                    setFieldValue(cascadeInstance, cascade[cascade.length - 1], fields[1]);
                } else {                                                // 普通属性
                    Field field = object.getClass().getDeclaredField(fields[0]); // 找到属性
                    Method method = object.getClass().getMethod("set" +
                        StringUtil.initcap(fields[0]), field.getType());
                    method.invoke(object, convert(fields[1], field));   // 传递转换后数据
                }
            } catch (Exception e) {}
        }
    }
    /**
     * 实现指定对象实例属性内容的设置
     * @param object       当前进行设置的实例化对象
     * @param fieldName    属性的名称
     * @param fieldValue   属性设置的内容
```

```
 * @throws Exception 抛出所有产生的异常
 */
private static void setFieldValue(Object object, String fieldName,
        String fieldValue) throws Exception {
    Field field = object.getClass().getDeclaredField(fieldName); // 找到属性
    // 找到属性对应的setter方法，在获取setter方法的时候必须明确设置方法的参数类型（Class）
    Method method = object.getClass().getMethod("set" +
            StringUtil.initcap(fieldName), field.getType());
    method.invoke(object, convert(fieldValue, field));  // 通过反射实现setter方法的调用
}
}
```

为便于读者理解，本程序创建了一个 setFiledValue()方法实现级联对象的属性赋值处理，这样可以避免在 setObjectValue()方法中循环设置属性引起当前对象概念的混乱。而在这一代码修改完成后，再次运行之前的测试程序，可以发现所有的属性内容已经全部设置成功。

> 提示：可重用设计的理解。
>
> 反射机制是 Java 之中最为重要的一项技术，也是后续所有开发框架实现的基础。可以说正是因为提供了反射机制，Java 才得到了良好的发展生态。
>
> 本程序的实现实际上也属于一种程序的可重用设计，利用当前的类模型，可以有效地解决代码结构重复的设计问题。本程序不仅有助于读者扩展设计思路，也是后续框架课程的实现核心。

4.9 本章概览

1．反射机制是 Java 中最重要的技术组成部分，可以基于反射机制深入类结构，实现更灵活的调用形式。

2．Class 是 Java 反射机制的处理源头，基于 Class 可以获取一个类的完整结构（Package、Constructor、Field、Method）。

3．通过反射可以实现对象的实例化处理，相较使用关键字 new，此种方式更加灵活，同时也使得代码的配置更加方便。最佳的做法就是基于工厂设计模式，以解决静态工厂类扩充困难的问题。

4．代理设计模式可以有效地实现类功能的划分。JDK 提供了动态代理设计模式，可以通过一个代理类代理相同功能的程序类，但是其实现必须依靠接口。而第三方组件所提供的 CGLib 应用由于通过拦截器模式处理代理，因此可以在没有接口的情况下实现动态代理机制。

5．类的加载需要通过 ClassLoader 来完成，JDK 提供了 3 种内置的类加载器：Bootstrap、PlatformClassLoader、AppClassLoader。开发者也可以根据自身的需要动态扩充类加载器。为了保护系统类，Java 提供了双亲加载机制，所有的系统类只允许被 Bootstrap 类加载器加载。

6．Annotation 可以改进程序类的设计模型，基于反射机制可以使 Annotation 的应用更加灵活，进一步实现类的解耦应用。在 JDK 1.5 及其之后的版本中可以通过 AnnotatedElement 接口获取指定结构的 Annotation 定义。

第5章

Java 类集框架

本章学习目标

1. 掌握类集开发框架的主要作用以及核心接口的组成结构；
2. 掌握 List 与 Set 集合设计的区别，并掌握其不同子类的应用场景与实现机制；
3. 掌握 Iterator 与 Enumeration 集合迭代输出操作方法，并可以使用其输出 Collection 与 Map 集合；
4. 掌握 Map 集合的特点及其各个子类的实现特点；
5. 掌握 HashMap 子类的工作原理，并深刻理解其引入红黑树机制的主要作用；
6. 掌握 Map 数据的存储结构，深刻理解 Map.Entry 接口的设计意义；
7. 掌握栈（Stack）与队列（Queue）的操作特点与具体应用环境；
8. 掌握 Properties 属性类的作用，并可以通过该类实现资源文件的创建与读取；
9. 理解 Collections 工具类的使用，并可以通过其提供的方法实现集合操作；
10. 理解 Stream 操作的特点，并可以基于 Lambda 表达式实现集合数据流的处理操作。

数据结构是一种跨越所有编程语言的设计，任何编程语言在代码开发过程中都离不开数据结构的支持。Java 专门提供了类集框架，类集框架可以帮助开发者封装数据结构设计中的种种烦琐概念，也使项目的应用开发变得更加容易。本章将为读者完整地讲解 Java 类集框架所涉及的接口以及各个实现子类的特点。

> 💡 **提示：理解链表与二叉树的设计。**
>
> 本系列图书的《Java 程序设计开发实战（视频讲解版）》已经为读者讲解了链表的设计与实现，而本书第 2 章又为读者讲解了二叉树的设计与实现。读者如果想更好地理解类集框架的作用以及设计实现，那么一定要先掌握这两部分知识内容。
>
> 需要提醒读者的是，Java 类集是对数据结构的完整封装，不同的 JDK 版本也在对这些类集的性能进行优化更新，从使用的角度上来讲这是很容易理解的。但是在很多面试过程中常考查其底层实现原理，所以本章除了介绍如何使用类集之外，也会为读者讲解类集的设计实现原理。

5.1 Java 类集框架简介

Java 类集框架
简介

视频名称 0501_【掌握】Java 类集框架简介

视频简介 类集是针对数据存储结构的标准描述。本视频主要讲解类集的发展历史以及不同 JDK 版本对类集的支持，同时介绍类集中的常用接口。

在项目开发中如果要实现多个数据对象的存储，那么首先应该想到的就是数组，因为数组属于

Java 的原生数据类型，也有完整的处理语法。但是所有的数组在使用时都有一个最大的问题，其保存数据的个数是有限的，超过数组长度的限制将无法进行存储，如图 5-1 所示。

图 5-1　数组数据存储

要解决数组的存储扩容问题，传统的做法就是每次都声明一个新的且存储空间更大的数组，而后将原始数组的内容复制到新数组之中，随后进行引用的配置修改，如图 5-2 所示。如果采用这样的处理方案，在数据持续增加的应用环境下，就需要重复产生无数个体量庞大的垃圾空间，这样不仅会占用大量的内存空间，也必然会使 GC 的性能严重下降，从而影响整个应用程序的性能，最终导致应用出现问题。

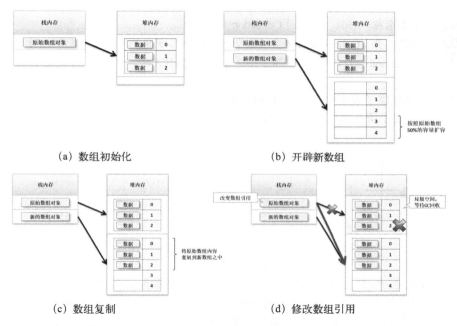

图 5-2　原始数组扩容处理

为了解决传统数组所带来的容量限制问题，在实际的使用中可以基于链表数据结构通过引用的配置实现多数据的存储，这样只要有足够的内存空间，就可以持续地进行数据的保存。虽然这样的结构有利于存储，但是需要不断地对链表的结构进行性能与存储结构上的优化，而这就会带来开发成本的飙升，如图 5-3 所示。为了解决这样的设计问题，JDK 1.2 正式引入了 Java 类集框架，基于类集框架中提供的接口和类可以轻松地实现数组、链表、树、栈、队列等常用数据结构的开发。

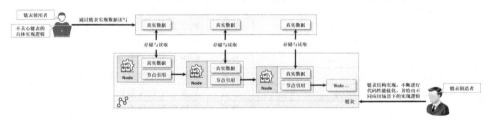

图 5-3　链表的开发与应用

> **提示：关于各类数据结构性能的简单分析。**
>
> 从实际的开发角度来讲，多个数据存储一般会通过数组、链表、树 3 种数据结构来实现，而这 3 种数据结构的特点如下。
>
> - 数组：属于 Java 语言的原始实现，其根据索引实现数据查询的时间复杂度为 $O(n)$，而如果利用二分查找算法进行数据查询，可以实现时间复杂度为 $O(\log_2 n)$。
> - 链表：根据索引查询的时间复杂度为 $O(n)$，一个设计良好的链表可以基于跳表机制实现时间复杂度为 $O(\log_2 n)$。
> - 树：平衡二叉树根据 key 实现查询的时候可以迅速进行定位，其时间复杂度为 $O(\log_2 n)$，但开发难度太高。

5.2 Collection 集合接口

Collection
集合接口

视频名称 0502_【掌握】Collection 集合接口
视频简介 Collection 是单实例操作的标准接口，提供了大量的标准操作。本视频主要讲解 Collection 接口的作用、常用子接口及其常用操作方法。

Java 类集框架提供了若干种不同的操作接口，而其中最重要的一个就是 java.util.Collection 接口。此接口主要实现了所有单值数据的存储，如图 5-4 所示。

图 5-4 单值数据集合

早期的项目开发一般都会使用 Collection 集合来直接实现数据的存储操作。同时，在 JDK 1.2 中，由于没有泛型技术，Collection 会将所有保存的数据都通过 Object 类型进行存储，这样一个集合之中就有可能存储各类数据对象，因此就有可能出现操作不当所引发的 ClassCastException 强制转型异常。而 JDK 1.5 引入了泛型机制，对 Collection 也进行了修改，使其可以利用泛型来限制集合对象所允许存储的数据类型，从而避免了数据存储上的混乱。Collection 接口的常用方法如表 5-1 所示。

表 5-1 Collection 接口的常用方法

序号	方法名称	类型	描述
01	public boolean add(E e)	普通	向集合中追加单个数据
02	public boolean addAll(Collection<? extends E> c)	普通	向集合中追加一组数据
03	public void clear()	普通	清空集合数据
04	public boolean contains(Object o)	普通	判断集合中是否存在指定内容，需要 equals()支持
05	public boolean containsAll(Collection<?> c)	普通	判断某一个集合的内容是否存在
06	public boolean isEmpty()	普通	判断是否为空集合（没有保存任何数据）
07	public Iterator<E> iterator()	普通	获取 Iterator 接口对象实例
08	public boolean remove(Object o)	普通	从集合中删除数据，需要 equals()支持
09	public int size()	普通	返回集合中保存的元素个数
10	public Object[] toArray()	普通	将集合中的数据转为对象数组

Collection 在 JDK 1.2 中只是一个独立的接口，但是随着 JDK 版本的升级，Collection 接口在定义形式上也发生了改变，提供了更多存储形式各异的子接口，如 List 子接口（可以存储重复数据）、Set 子接口（不允许存储重复数据）、SortedSet 子接口（数据排序）、Queue 子接口（单向队列）、Deque 子接口（双向队列）、BlockingDeque 子接口（阻塞队列）等。为便于读者理解，图 5-5 列出了这些接口的继承结构，要想充分理解 Collection 集合，就需要掌握每一个接口的作用。

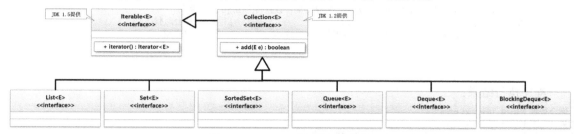

图 5-5 Collection 接口的继承结构

> ⓘ **注意：不要直接使用 Collection 接口。**
>
> 早期的项目开发中经常可以见到 Collection 接口的直接应用，但是 Collection 接口本身并不能够明确描述其存储数据的特点（是否允许重复、是否排序保存等），所以已经不适合于现代开发。现代的开发中都以 Collection 子接口为主，所以掌握每一个子接口的存储特点及其相关子类的使用方法才是学习类集最重要的部分。

5.3　List 集合

List 接口简介

视频名称　0503_【掌握】List 接口简介
视频简介　List 是 Collection 最为常用的子接口。本视频主要讲解 List 接口的特点，同时分析 List 接口的扩展方法以及常用子类定义。

java.util.List 是一个最为常用的数据存储接口，其最大的存储特点在于允许保存重复的数据内容。该接口也是 Collection 接口的子类，并且对 Collection 接口所提供的方法进行了扩充，扩充的方法如表 5-2 所示。

表 5-2　List 子接口扩充的方法

序号	方法名称	类型	描述
01	public void add(int index, E element)	普通	在指定索引位置添加元素
02	public E get(int index)	普通	根据索引获取保存的数据
03	public int indexOf(Object o)	普通	获取指定数据的索引位置
04	public ListIterator<E> listIterator()	普通	获取 ListIterator 接口对象实例
05	public E set(int index, E element)	普通	修改指定索引位置的数据
06	public default void sort(Comparator<? super E> c)	普通	使用特定比较器实现排序操作
07	public List<E> subList(int fromIndex, int toIndex)	普通	截取子集合
08	public static <E> List<E> of(E... elements)	普通	通过给定元素创建 List 集合，JDK 9 之后提供

在 List 子接口之中最为重要的一个扩充方法就是 get()，该方法可以根据指定的存储索引来获取对应的数据内容。在 JDK 9 及其之后的版本中 List 接口又扩充了一个 of() 静态方法，该方法可以将指定的元素转为 List 集合，下面观察该方法的使用。

范例：使用 of()方法创建 List 集合

```java
package com.yootk;
import java.util.List;
public class YootkDemo {
    public static void main(String[] args) throws Exception {
        List<String> all = List.of("www.yootk.com", "edu.yootk.com",
                "www.yootk.com");                    // 创建包含重复数据的集合
        // Collection提供了toArray()方法，可以将集合数据转为Object[]数组
        for (Object temp : all.toArray()) {          // 集合迭代
            System.out.println("【集合数据】" + temp);    // 数据输出
        }
    }
}
```

程序执行结果：

```
【集合数据】www.yootk.com
【集合数据】edu.yootk.com
【集合数据】www.yootk.com（重复设置的数据被保留下来）
```

本程序通过 List.of()静态方法创建了一个包含 3 个元素的 List 集合，随后利用 Collection 接口提供的方法将 List 集合转为对象数组后迭代输出。通过输出结果可以发现，List 按照保存的顺序进行数据存储，同时允许保存重复数据。

> （！）**注意：List.of()只实现了数据存储。**
>
> List.of()方法是 JDK 9 及其之后的版本提供的简化处理方式，仅仅定义了数据的存储，而对数据的增加、删除等操作都是无法进行调用的。
>
> 范例：错误的调用（代码片段）
>
> ```java
> List<String> all = List.of("www.yootk.com", "edu.yootk.com", "www.yootk.com");
> all.add("沐言科技 - 李兴华");                        // 该方法无法使用
> ```
>
> 程序执行结果：
>
> ```
> Exception in thread "main" java.lang.UnsupportedOperationException
> ```
>
> 本程序调用 add()方法之后发现产生了 UnsupportedOperationException 异常，而异常出现的关键就在于该方法未正确实现。

List 是一个允许重复存储的操作接口，如果想通过其实现具体的数据保存、修改、查询等功能，就需要依靠相关的子类。在 List 集合中常用子类分别为 ArrayList、LinkedList、Vector，继承结构如图 5-6 所示。

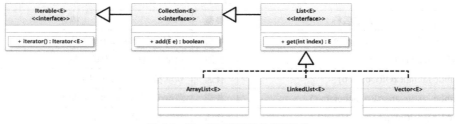

图 5-6　List 接口常用子类继承结构

5.3.1　ArrayList 子类

视频名称	0504_【掌握】ArrayList 子类
视频简介	线性结构最方便的实现方式是基于数组实现。本视频主要基于 ArrayList 子类为读者讲解 List 子接口的方法特点与应用。

ArrayList 子类

ArrayList 是 List 接口常用的子类，其内部是以对象数组的形式实现的。所以在使用此子类之前一般都需要预估可能存储的数据量，这样就可以避免数组重复开辟所带来的额外性能损耗。ArrayList 类定义如下。

```
public class ArrayList<E>
    extends AbstractList<E>                     // 该抽象类继承AbstractCollection父抽象类
    implements List<E>, RandomAccess, Cloneable, Serializable {}
```

可以发现 ArrayList 类继承了 AbstractList 父抽象类，并实现了 List 接口。而 AbstractList 抽象类也实现了 List 接口。这样的定义结构是为了强调 ArrayList 子类与 List 接口关联，继承结构如图 5-7 所示。

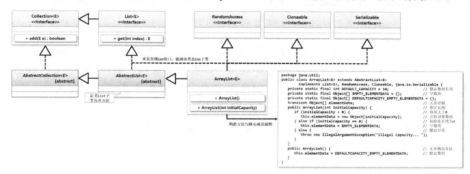

图 5-7 ArrayList 子类继承结构

 提示：ArrayList 源代码结构。

为了便于读者理解 ArrayList 内部的实现结构，本小节在讲解 ArrayList 继承结构时为读者展现了其内部的实现源代码。可以发现，在 ArrayList 类的内部存储的是 Object[]对象数组，所以 ArrayList 类的构造方法需要进行对象数组的初始化，默认的无参构造方法定义了一个空对象数组（不是 null）。

范例：ArrayList 基本使用

```
package com.yootk;
import java.util.*;
public class YootkDemo {
    public static void main(String[] args) throws Exception {
        List<String> all = new ArrayList<>();                   // 实例化List接口对象
        all.add("沐言科技：www.yootk.com");                       // 数据保存
        all.add("李兴华高薪就业编程训练营：edu.yootk.com");          // 数据保存
        all.add("沐言科技：www.yootk.com");                       // 重复保存
        for (Object temp : all.toArray()) {                     // 集合迭代
            System.out.println("【集合数据】" + temp);            // 数据输出
        }
    }
}
```

程序执行结果：

```
【集合数据】沐言科技：www.yootk.com
【集合数据】李兴华高薪就业编程训练营：edu.yootk.com
【集合数据】沐言科技：www.yootk.com
```

本程序通过 ArrayList 获取了 List 接口实例，由于 ArrayList 是一个完整的子类，所以可以直接调用其内部提供的 add()方法实现数据保存，而这些数据都保存在对象数组之中。

 提示：ArrayList.add()方法数组扩充。

ArrayList 子类在进行数据保存时基于数组结构存储，因此本身就存在长度限制。为了解除这种长度限制，需要进行对象数组的动态扩充，而这一操作是由 grow()方法实现的。

范例：grow()容量扩充操作

```java
private Object[] grow(int minCapacity) {                          // 容量扩充
    int oldCapacity = elementData.length;                        // 保存旧容量
    if (oldCapacity > 0 ||
        elementData != DEFAULTCAPACITY_EMPTY_ELEMENTDATA) {       // 已扩充过容量
        int newCapacity = ArraysSupport.newLength(oldCapacity,
            minCapacity - oldCapacity, oldCapacity >> 1);         // 新数组容量
        return elementData = Arrays.copyOf(elementData, newCapacity);  // 复制
    } else {                                                      // 第一次扩充
        return elementData = new Object[Math.max(DEFAULT_CAPACITY, minCapacity)];
    }
}
```

由于默认情况下初始化的对象数组是一个保存长度为 0 位的对象数组，所以在使用 grow()方法进行处理时，首先要判断对象数组是否为新数组。如果是新数组，则根据设置的"minCapacity"参数进行新数组定义；而如果不是新数组，则依据指定的规则来计算新的数组长度，随后生成新数组并进行原始内容复制。

对于 ArrayList 类来讲，数组扩充处理往往是调用 add()方法完成的，那么根据 ArrayList 类源代码的执行，可以得出图 5-8 所示的操作流程。

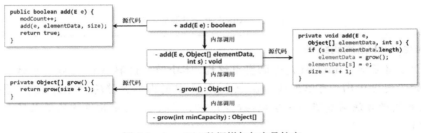

图 5-8　ArrayList 数据增加与容量扩充

5.3.2　保存自定义类对象

视频名称　0505_【掌握】保存自定义类对象

视频简介　类集可以实现各种数据对象的保存。本视频讲解如何利用 ArrayList 类保存自定义类对象以及 equals()方法在集合中的作用。

使用 List 集合除了可以保存系统提供的类对象实例之外，也可以根据需要实现自定义类对象的存储。而要想让类集可以实现正确的数据删除操作，此时就必须在该类中提供 equals()方法，如图 5-9 所示。

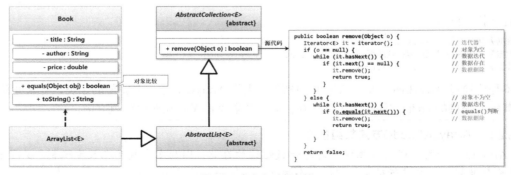

图 5-9　自定义对象存储

范例：List 保存自定义类对象（注：书名与价格仅为示例）

```java
package com.yootk;
import java.util.*;
class Book {                                              // 自定义类
    private String title;                                // 图书名称
    private String author;                               // 图书作者
    private double price;                                // 图书价格
    public Book(String title, String author, double price) {  // 构造方法
        this.title = title;
        this.author = author;
        this.price = price;
    }
    @Override
    public boolean equals(Object obj) {                  // 对象比较
        if (this == obj) {                               // 引用地址相同
            return true;                                 // 同一对象
        }
        if (!(obj instanceof Book)) {                    // 对象不是指定类实例
            return false;                                // 对象不同
        }
        Book book = (Book) obj;                          // 获取Book类实例
        return this.title.equals(book.title) && this.author.equals(book.author)
                && this.price == book.price;             // 属性相等判断
    }
    public String toString() {
        return "【图书】名称：" + this.title + "、作者：" + this.author + "、价格：" + this.price;
    }
}
public class YootkDemo {
    public static void main(String[] args) throws Exception {
        List<Book> all = new ArrayList<>();              // 实例化List接口对象
        all.add(new Book("Java就业编程实战", "李兴华", 99.8));   // 数据保存
        all.add(new Book("Spring就业编程实战", "李兴华", 97.9)); // 数据保存
        all.add(new Book("Netty就业编程实战", "李兴华", 98.6));  // 数据保存
        all.remove(new Book("Netty就业编程实战", "李兴华", 98.6)); // 数据删除
        all.forEach(System.out::println);                // 迭代输出
    }
}
```

程序执行结果：

```
【图书】名称：Java就业编程实战、作者：李兴华、价格：99.8
【图书】名称：Spring就业编程实战、作者：李兴华、价格：97.9
```

本程序在 List 集合中保存了 Book 类的对象实例。由于该类为用户自定义类，因此要想正常地实现集合操作，就需要在 Book 类中覆写 equals()方法，这样才可以通过 remove()方法实现正确的数据删除操作。而除了原始的数组数据迭代输出之外，也可以通过 forEach()方法并结合消费型函数式接口完成数据迭代输出。

5.3.3 LinkedList 子类

LinkedList 子类

视频名称 0506_【掌握】LinkedList 子类

视频简介 类集中链表可以线性地定义，通过 LinkedList 实现链表结构。本视频主要为读者介绍 LinkedList 子类的使用及其与 ArrayList 类的区别。

java.util.LinkedList 子类提供了 List 接口的链表实现方案，该子类基于 Node 关联关系实现了数据的存储。所以相较 ArrayList，LinkedList 不需要进行数组扩容与复制的处理操作。该类的定义结构如下。

```
public class LinkedList<E>
    extends AbstractSequentialList<E> // 该抽象类为AbstractList子类
    implements List<E>, Deque<E>, Cloneable, Serializable
```

通过 LinkedList 继承结构可以发现，其继承自 AbstractSequentialList 父抽象类，同时又重复实现了 List 接口，如图 5-10 所示。读者打开源代码也可以发现，LinkedList 类中还维护有一个 Node 内部类，通过该类来实现链表节点的关系保存。

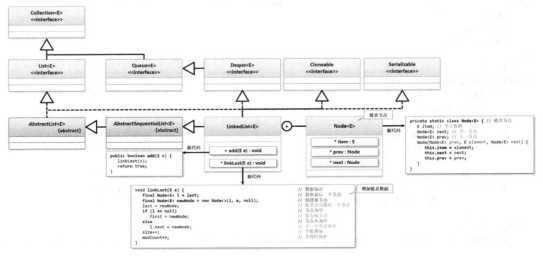

图 5-10　LinkedList 类继承结构

范例：使用 LinkedList 子类存储

```java
package com.yootk;
import java.util.*;
public class YootkDemo {
    public static void main(String[] args) throws Exception {
        List<String> all = new LinkedList<>();          // 实例化List接口对象
        all.add("沐言科技：www.yootk.com");                // 数据保存
        all.add("李兴华高薪就业编程训练营：edu.yootk.com");   // 数据保存
        all.add("沐言科技：www.yootk.com");                // 重复保存
        System.out.println("【获取索引为0的数据】" + all.get(0));   // 正确返回数据
        System.out.println("【获取索引为1的数据】" + all.get(1));   // 正确返回数据
        System.out.println("【获取索引为9的数据】" + all.get(9));   // 索引错误，产生异常
    }
}
```

程序执行结果：

```
【获取索引为0的数据】沐言科技：www.yootk.com
【获取索引为1的数据】李兴华高薪就业编程训练营：edu.yootk.com
Exception in thread "main" java.lang.IndexOutOfBoundsException: Index 9 out of bounds for length 3
```

本程序使用 LinkedList 子类实现了若干字符串数据的存储，并通过 List 接口扩充的 get()方法依据索引的形式实现了数据的获取。如果在数据获取时的访问索引超过了保存的数据长度，则会抛出 IndexOutOfBoundsException（索引越界异常）。

 提示：LinkedList 索引返回。

　　LinkedList 不像 ArrayList 基于数组实现（ArrayList 直接基于数组索引即可返回数据），所以在获取指定索引数据时，实际上都是需要通过节点迭代的形式处理的，这一点可以通过图 5-11 所示的源代码操作结构来观察。

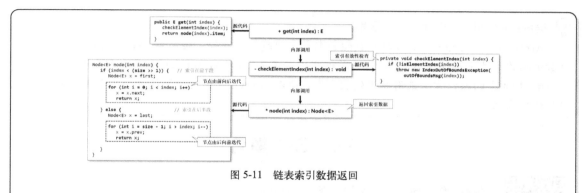

图 5-11　链表索引数据返回

可以发现，为了防止在链表索引访问时出现全部节点迭代的操作，首先要对当前的查询索引进行判断，而后依据判断结果进行向前或向后迭代处理。

5.3.4　Vector 子类

视频名称　0507_【掌握】Vector 子类

视频简介　Vector 是 Java 在类集未定义标准时提供的集合操作类，也是早期项目开发中被大量采用的集合类。本视频主要通过源代码的比较分析 ArrayList 与 Vector 类的区别。

Vector 类是 JDK 1.0 提出的动态数组实现类，JDK 1.23 对此类的结构进行了修改，使其多实现了 List 接口。该类的定义结构如下。

```
public class Vector<E>
    extends AbstractList<E>
    implements List<E>, RandomAccess, Cloneable, Serializable {}
```

通过此时给出的类定义结构可以清楚地发现，Vector 与 ArrayList 的继承结构相同，而且 Vector 内部也通过一个对象数组的形式来实现数据的存储。由于所有的子类最终都向 List 接口转型，所以从最终使用的形式上来讲，代码与先前并没有任何不同。

范例：使用 Vector 实现数据存储

```
package com.yootk;
import java.util.*;
public class YootkDemo {
    public static void main(String[] args) throws Exception {
        List<String> all = new Vector<>();                       // 实例化List接口对象
        all.add("沐言科技：www.yootk.com");                        // 数据保存
        all.add("李兴华高薪就业编程训练营：edu.yootk.com");          // 数据保存
        all.add("沐言科技：www.yootk.com");                        // 重复保存
        for (int x = 0; x < all.size(); x++) {                   // 集合循环
            System.out.println(all.get(x));                      // 根据索引获取数据
        }
    }
}
```

程序执行结果：

```
沐言科技：www.yootk.com
李兴华高薪就业编程训练营：edu.yootk.com
沐言科技：www.yootk.com
```

本程序通过 Vector 类实例化了 List 接口。由于所有的子类最终都向 List 接口实现了转型，因此在调用时可以依据 List 接口的方法实现集合操作（不需要关心具体的实现细节）。本程序在进行集合输出时首先通过 size()方法获取保存的数据长度，随后基于 get()方法依据索引实现所有数据的获取。

提示：ArrayList 与 Vector 的区别。

　　ArrayList 与 Vector 都通过对象数组的形式实现数据的存储，但是在 Vector 类之中所有的集合数据操作方法全部使用 synchronized 关键字进行定义，所以 Vector 采用的是线程安全处理操作。而 ArrayList 中的操作方法采用异步处理形式，所以 ArrayList 在处理性能方面高于 Vector，但是线程的安全性较差。

5.4　Set 集合

Set 集合接口简介

　　视频名称　0508_【掌握】Set 集合接口简介
　　**视频简介　**在某些环境下，集合数据不需要保存重复内容，所以 Collection 提供了 Set 接口标准。本视频主要讲解 Set 集合接口的特点及其常用子类的定义。

　　java.util.Set 是 Collection 子接口，该接口与 List 接口最大的不同在于，其保存的数据都是有序存储的，并且不能保存重复数据。该接口并没有像 List 接口那样对 Collection 接口功能进行扩充，所以其只能使用标准的方式来实现集合数据处理。

 提示：Set 无法进行索引操作。

　　List 接口提供 set()实现指定索引数据的修改，而利用 get()方法可以获取指定的索引数据。但是 Set 接口并没有提供这些方法，所以 Set 无法像 List 那样通过循环的形式（size()方法与 get()方法）进行数据操作。

　　范例：创建 Set 集合

```
package com.yootk;
import java.util.*;
public class YootkDemo {
    public static void main(String[] args) throws Exception {
        Set<String> all = Set.of("www.yootk.com", "edu.yootk.com"); // 创建Set集合
        all.forEach(System.out::println);                            // 迭代输出
    }
}
```

　　程序执行结果：

```
www.yootk.com
edu.yootk.com
```

　　本程序利用在 JDK 9 及其之后的版本中新增的 Set.of()方法设置创建了一个 Set 集合，随后通过 Collection 接口定义的 forEach()迭代方法结合 System.out.println()方法的引用，实现了集合内容的输出。但是如果开发者在设置 Set 数据时定义了重复的数据内容，则当前代码会抛出 IllegalArgumentException 异常。

　　与 List.of()方法相同，Set.of()方法仅仅提供了数据集合的创建与存储处理。而要想进行完整的集合操作，则必须使用 Set 接口的子类进行对象的实例化处理。常用的 Set 子类包括 HashSet（哈希无序存储）、LinkedHashSet（按保存顺序存储）、TreeSet（排序存储），继承结构如图 5-12 所示。

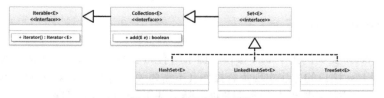

图 5-12　Set 子类继承结构

5.4.1 HashSet 子类

HashSet 子类

视频名称　0509_【掌握】HashSet 子类

视频简介　哈希是一种常见的数据存储模式，HashSet 是基于哈希存储的集合。本视频主要讲解 HashSet 子类的继承特点以及存储特点。

　　HashSet 是一种数据哈希存储的数据集合，最终在 HashSet 中保存的数据顺序和存储时的顺序不同，而是基于一定的算法进行存储位置的计算，根据计算结果实现数据的存储。HashSet 是 Set 接口常用的子类，其内部存储的数据不允许出现重复（重复数据只会保留一个）。HashSet 类的定义结构如下，继承结构如图 5-13 所示。

```
public class HashSet<E>
    extends AbstractSet<E>
    implements Set<E>, Cloneable, java.io.Serializable {}
```

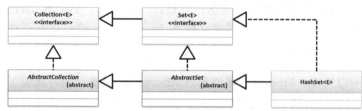

图 5-13　HashSet 继承结构

　　范例：使用 HashSet 存储数据

```
package com.yootk;
import java.util.*;
public class YootkDemo {
    public static void main(String[] args) throws Exception {
        Set<String> all = new HashSet<>();              // 实例化Set接口对象
        all.add("www.yootk.com");                       // 数据保存
        all.add("edu.yootk.com");                       // 数据保存
        all.add("Hello,yootk.com");                     // 数据保存
        all.add("www.yootk.com");                       // 数据重复保存
        all.forEach(System.out::println);              // 迭代输出
    }
}
```

　　程序执行结果：

```
edu.yootk.com
www.yootk.com
Hello,yootk.com
```

　　本程序通过 HashSet 子类获取了 Set 接口对象，随后利用 add()方法进行数据的存储。通过最终的执行结果可以发现，数据并没有按照添加的顺序存储，也不允许重复的数据存在。

> 💡 **提示：使用 LinkedHashSet 有序存储。**
>
> 　　java.util.LinkedHashSet 是 HashSet 子类，直接实现了 Set 接口。此类与 HashSet 最大的不同在于，其保存数据的顺序为添加顺序。
>
> 　　范例：使用 LinkedHashSet 存储数据
>
> ```
> Set<String> all = new LinkedHashSet<>();        // 实例化Set接口对象
> all.add("www.yootk.com");                       // 数据保存
> all.add("edu.yootk.com");                       // 数据保存
> all.add("Hello,yootk.com");                     // 数据保存
> all.add("www.yootk.com");                       // 数据重复保存
> System.out.println(all);                        // 直接输出集合
> ```

程序执行结果：

```
[www.yootk.com, edu.yootk.com, Hello,yootk.com]
```

　　通过此时的执行结果可以发现，所有的数据按照添加顺序进行存储，并且无法保存重复数据。本系列的《Spring 开发实战（视频讲解版）》会讲解如何基于配置文件的形式定义 Set 集合，而这一操作由于有顺序要求，因此会自动使用 LinkedHashSet 进行存储。

5.4.2　TreeSet 子类

　　视频名称　0510_【掌握】TreeSet 子类
　　视频简介　哈希基于无序的方式进行管理，为了解决这一问题，Java 集合框架提供了 TreeSet 的有序存储结构。本视频基于 Set 接口的特点为读者分析 TreeSet 类的使用特点。

　　如果在 Set 集合之中的数据需要进行有效的存储，则可以通过 java.util.TreeSet 子类来实现。在该类中数据按自然顺序存放。TreeSet 类的定义如下。

```
public class TreeSet<E> extends AbstractSet<E>
    implements NavigableSet<E>, Cloneable, java.io.Serializable {}
```

　　通过类的定义可以发现，TreeSet 子类继承自 AbstractSet 父类，同时实现了 NavigableSet 父接口。需要注意的是，此时出现的 NavigableSet 接口是 SortedSet 子接口（该接口实现排序存储），而 SortedSet 又是 Set 子接口，于是可以得到图 5-14 所示的类继承结构。

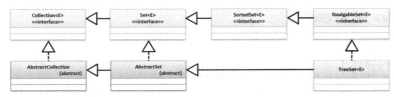

图 5-14　TreeSet 类继承结构

　　范例：使用 TreeSet 存储数据

```
package com.yootk;
import java.util.*;
public class YootkDemo {
    public static void main(String[] args) throws Exception {
        Set<String> all = new TreeSet<>();                    // 实例化Set接口对象
        all.add("muyan.yootk.com");                           // 数据存储
        all.add("edu.yootk.com");                             // 数据存储
        all.add("book.yootk.com");                            // 数据存储
        System.out.println(all);                             // 直接输出集合
    }
}
```

　　程序执行结果：

```
[book.yootk.com, edu.yootk.com, muyan.yootk.com]
```

　　本程序将实例化 Set 接口的子类更换为了 TreeSet，并随意进行了数据的存储。通过最终执行结果可以发现，所有的数据按照首字母顺序有序排列。

5.4.3　TreeSet 排序说明

　　视频名称　0511_【掌握】TreeSet 排序说明
　　视频简介　集合可以保存任意类型的数据，但是对 TreeSet 子类的实现有特殊要求。本视频主要分析使用 TreeSet 子类排序存储与使用 Comparable 接口实现子类的注意事项。

java.util.TreeSet 可以实现数据的排序以及重复数据的剔除，而这一功能是通过 Comparable 接口来实现的，如图 5-15 所示。前面的 TreeSet 集合中保存的是 java.lang.String 类，如果要提供自定义的程序类，则该类必须手动实现 Comparable 接口，否则无法正常存储。

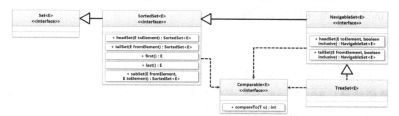

图 5-15　TreeSet 排序处理

范例：自定义类对象排序存储（注:书名与价格仅为示例）

```java
package com.yootk;
import java.util.*;
class Book implements Comparable<Book> {                    // 自定义类
    private String title;
    private String author;
    private double price;
    public Book(String title, String author, double price) {
        this.title = title;
        this.author = author;
        this.price = price;
    }
    public String toString() {
        return "【Book】名称：" + this.title + "、作者：" + this.author + "、价格：" + this.price;
    }
    @Override
    public int compareTo(Book o) {                          // 所有属性都参与计算
        if (this.price > o.price) {                         // price属性判断
            return 1;
        } else if (this.price < o.price) {
            return -1;
        } else {
            if (this.title.compareTo(o.title) > 0) {        // title属性判断
                return 1;
            } else if (this.title.compareTo(o.title) < 0) {
                return -1;
            } else {
                return this.author.compareTo(o.author);     // author属性判断
            }
        }
    }
}
public class YootkDemo {
    public static void main(String[] args) throws Exception {
        Set<Book> all = new TreeSet<>();                    // 实例化Set接口对象
        all.add(new Book("Java进阶开发实战", "李兴华", 69.8));    // 数据存储
        all.add(new Book("Java程序设计开发实战", "李兴华", 59.8)); // 数据存储
        all.add(new Book("Java进阶开发实战", "李兴华", 69.8));    // 数据重复
        all.add(new Book("Spring开发实战", "李兴华", 79.8));     // 数据存储
        all.add(new Book("Spring Boot开发实战", "李兴华", 71.8)); // 数据存储
        all.add(new Book("Spring Cloud开发实战", "李兴华", 68.6)); // 数据存储
        all.forEach(System.out::println);                   // 迭代输出
    }
}
```

程序执行结果：

```
【Book】名称：Java程序设计开发实战、作者：李兴华、价格：59.8
【Book】名称：Spring Cloud开发实战、作者：李兴华、价格：68.6
【Book】名称：Java进阶开发实战、作者：李兴华、价格：69.8
【Book】名称：Spring Boot开发实战、作者：李兴华、价格：71.8
【Book】名称：Spring开发实战、作者：李兴华、价格：79.8
```

本程序自定义了一个 Book 类，由于该类的对象实例需要通过 TreeSet 集合存储，因此必须实现 Comparable 接口；随后在 compareTo()方法中按价格由低到高实现了排序规则的定义，这样当若干个 Book 类对象保存在 TreeSet 之中时就可以根据既定的规则实现有序存储，同时 TreeSet 中也依靠 compareTo()方法实现了重复数据的剔除。

5.4.4　重复元素判断

视频名称　0512_【掌握】重复元素判断

视频简介　Set 集合中不允许有重复元素。本视频主要讲解如何利用 Object 类中的 hashCode()、equals()两个方法消除重复元素。

TreeSet 可以依靠 Comparable 接口来实现对重复对象数据的判断，但是这种操作并不适合于 HashSet 集合，主要因为 HashSet 采用哈希算法实现了数据存储（不需要排序，所以 Comparable 接口对 HashSet 无效）。所谓的哈希算法指的是在集合的内部创建若干个数据存储区域，每当有新的对象存储时，可以根据哈希码（HashCode）来确定其保存的分区位置，这样所有的数据分到了若干个存储区域，要想判断对象是否存在，通过指定的存储区域进行数据的比较即可，如图 5-16 所示。这样既实现了快速的数据定位，又避免了全部集合的对象比较，从而保证在大规模存储下的 HashSet 处理性能。

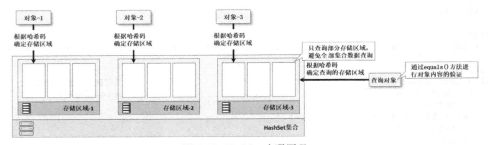

图 5-16　HashSet 实现原理

为了实现这种 HashSet 的分区存储机制，Object 类提供了 hashCode()与 equals()两个方法。hashCode()的功能主要是依据所有的对象属性计算出唯一的整型编码，用于确定数据的存储区域。确定存储区域之后，通过 equals()方法进行指定区域中的全部数据内容的判断，以确定其是否与已保存的数据重复，如果重复（equals()返回 true）则不进行存储，如果不重复（equals()返回 false）则进行存储，这样就可以实现图 5-17 所示的 HashSet 数据存储。为便于读者理解，下面将通过一个具体的应用实例来进行这一概念的讲解。

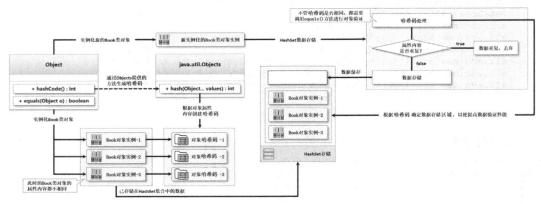

图 5-17　HashSet 数据存储

提示：哈希码不要相同。

哈希码决定了 HashSet 中的对象存储区域，一旦哈希码相同则意味着所有的对象将保存在同一个区域之中。这样随着数据存储量的增加，equals()判断时间必然越来越长，最终导致应用程序的性能出现问题。

综合来讲，不管哈希码是否相同，在进行 HashSet 数据存储时都要调用 equals()方法进行判断，所以真正决定存储的是 equals()方法的返回值，而哈希码只是一种性能提升的处理手段。

范例：HashSet 排除重复元素（注：书名与价格仅为示例）

```java
package com.yootk;
import java.util.*;
class Book {                                                      // 自定义类
    private String title;
    private String author;
    private double price;
    public Book(String title, String author, double price) {
        this.title = title;
        this.author = author;
        this.price = price;
    }
    @Override
    public boolean equals(Object o) {                             // 对象比较
        if (this == o)                                            // 引用地址相同
            return true;                                          // 对象相同
        if (o == null || getClass() != o.getClass())             // 对象类型不匹配
            return false;                                         // 对象不同
        Book book = (Book) o;                                     // 转型为Book类实例
        return Double.compare(book.price, price) == 0 && title.equals(book.title)
            && author.equals(book.author);                       // 属性比较
    }
    @Override
    public int hashCode() {                                       // 获取对象标识哈希码
        return Objects.hash(title, author, price);               // 获取哈希码
    }
    public String toString() {
        return "【Book】名称：" + this.title + "、作者：" + this.author + "、价格：" + this.price;
    }
}
public class YootkDemo {
    public static void main(String[] args) throws Exception {
        Set<Book> all = new HashSet<>();                         // 实例化Set接口对象
        all.add(new Book("Java进阶开发实战", "李兴华", 69.8));      // 数据存储
        all.add(new Book("Java程序设计开发实战", "李兴华", 59.8));  // 数据存储
        all.add(new Book("Java进阶开发实战", "李兴华", 69.8));      // 数据重复
        all.add(new Book("Spring开发实战", "李兴华", 79.8));       // 数据存储
        all.forEach(System.out::println);                        // 迭代输出
    }
}
```

程序执行结果：

```
【Book】名称：Spring开发实战、作者：李兴华、价格：79.8
【Book】名称：Java程序设计开发实战、作者：李兴华、价格：59.8
【Book】名称：Java进阶开发实战、作者：李兴华、价格：69.8
```

在本程序中定义的 Book 类覆写了 hashCode()与 equals()两个方法。其中 hashCode()利用了 Objects.hash()方法并依据属性的内容获取哈希码，而 equals()方法则根据属性的内容进行详细的比较，这样在最终进行 Set 数据存储时，如果发现所存储的数据包含重复内容，则不会进行数据存储。

5.5 集 合 输 出

通过以上分析，读者应该已经掌握了 List 与 Set 集合的存储特点。这些集合在本质上就像容器，

容器除了具有存储的功能之外，还需要支持数据的取出，这样才可以实现数据的操作。在 Java 类集中对获取集合数据有 4 种支持，分别是 Iterator 迭代输出、ListIterator 双向迭代输出、Enumeration 枚举输出、foreach 输出。下面分别来看这几种输出方式的使用。

5.5.1　Iterator 迭代输出

视频名称	0513_【掌握】Iterator 迭代输出
视频简介	虽然集合支持将数据以数组形式返回，但是这类操作的性能往往不是最好的，因此在开发中迭代是一种常用的集合输出模式。本视频主要讲解 Iterator 接口的定义以及元素删除相关问题的解决。

Iterator 迭代输出

java.util.Iterator 是集合输出之中最为常用的一个接口，该接口最重要的功能就是实现集合数据的迭代输出。JDK 1.5 及其之后的版本提供了 java.util.Iterable 接口，通过此接口的 iterator()方法可以获取 Iterator 接口实例，如图 5-18 所示。

图 5-18　Iterator 迭代输出

在最初的设计中，iterator()方法是定义在 Collection 接口之中的，JDK 1.5 及其之后的版本将该方法定义在 Iterable 接口之中，同时在 List 和 Set 子接口中都可以使用 iterator()方法获取 Iterator 对象实例。表 5-3 列出了 Iterator 接口的常用方法。

表 5-3　Iterator 接口的常用方法

序号	方法名称	类型	描述
01	public boolean hasNext()	普通	判断是否有下一个内容
02	public E next()	普通	获取内容
03	default void remove()	普通	删除内容

迭代输出的特点在于，为集合设置一个操作指针。默认初始化时该指针在第一个数据之前，而后通过指针的移动判断是否有数据存在，如果存在则获取该数据并进行适当的处理。而如果指针已经在最后一个数据之后，那么表示全部数据获取完成，迭代结束。整个操作流程如图 5-19 所示。

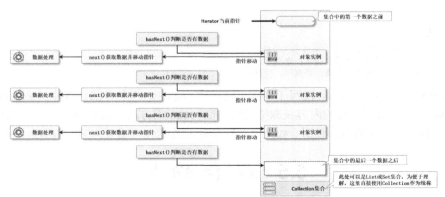

图 5-19　数据迭代处理

提示：Iterator 适合于全部集合输出。

本书在前面进行 List 与 Set 接口分析时讲解过，List 接口提供了 get()方法，可以根据索引并结合循环的模式实现集合数据的处理；而 Set 因为没有 get()方法，所以只能将集合对象转为对象数组再进行循环处理。而有了 Iterator 接口之后，只要是集合都可以使用该接口输出，所以对于集合的输出来讲 Iterator 是最常用的形式。后续本书会讲解 foreach 输出，虽然语法形式不同，但是其依然是基于 Iterator 的处理机制实现的。

范例：Iterator 集合输出

```
package com.yootk;
import java.util.*;
public class YootkDemo {
    public static void main(String[] args) throws Exception {
        List<String> all = new ArrayList<>();                       // 实例化List接口对象
        all.add("沐言科技: www.yootk.com");                          // 数据保存
        all.add("李兴华高薪就业编程训练营: edu.yootk.com");            // 数据保存
        Iterator<String> iter = all.iterator();                     // 获取Iterator接口实例
        while (iter.hasNext()) {                                     // 判断是否有数据
            String temp = iter.next();                              // 获取数据
            System.out.println(temp);                               // 数据输出
        }
    }
}
```

程序执行结果：

沐言科技: www.yootk.com
李兴华高薪就业编程训练营: edu.yootk.com

本程序使用 List 存储了若干条数据，随后通过 iterator()方法获取了 Iterator 接口对象实例。由于集合中的数据较多，所以可以通过循环的形式，利用 hasNext()移动指针并进行数据是否存在的判断。如果数据存在则通过 next()获取数据，如果数据已经全部迭代完成则退出循环。

 注意：迭代时不要使用 Collection 提供的 remove()方法。

在进行数据迭代处理过程中，如果要删除某些数据，不要直接通过"集合对象.remove()"方法操作。因为该方法会破坏已经存在的集合存储结构，从而导致迭代操作失败。正确的做法是通过 Iterator 接口提供的 remove()方法进行删除。

5.5.2 ListIterator 双向迭代输出

ListIterator
双向迭代输出

视频名称 0514_【掌握】ListIterator 双向迭代输出

视频简介 Iterator 实现了单向迭代输出操作的支持，而 Java 考虑到双向迭代的需求，提供了 ListIterator 接口。本视频主要分析两种迭代操作的区别，并通过具体的操作演示双向迭代输出。

Iterator 迭代操作只能实现由前向后的单向迭代处理。为了使程序的迭代输出操作更加灵活，java.util 包提供了一个 ListIterator 接口。该接口在 Iterator 的已有功能上追加了双向迭代的支持。该接口的继承结构如图 5-20 所示。

获取 ListIterator 接口的对象实例只能通过 List 接口所提供的 listIterator()方法来实现，所以并不是所有的集合都可以实现双向迭代处理。ListIterator 接口扩充的操作方法如表 5-4 所示。

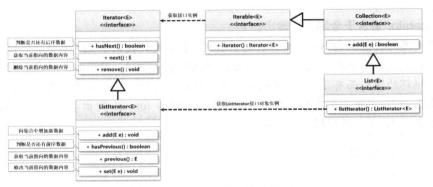

图 5-20　ListIterator 接口的继承结构

表 5-4　ListIterator 接口扩充的操作方法

序号	方法名称	类型	描述
01	public void add(E e)	普通	向集合中增加数据
02	public boolean hasPrevious()	普通	判断是否有前一个元素
03	public E previous()	普通	获取前一个元素
04	public void set(E e)	普通	修改当前元素数据

范例：使用 ListIterator 实现双向迭代

```java
package com.yootk;
import java.util.*;
public class YootkDemo {
    public static void main(String[] args) throws Exception {
        List<String> all = new ArrayList<>();                    // 实例化List接口对象
        all.add("www.yootk.com");                                // 数据保存
        all.add("edu.yootk.com");                                // 数据保存
        ListIterator<String> iter = all.listIterator();          // 双向迭代
        // 双向迭代是依靠内部的数据指针控制的，所以指针只有先向后移动才可以向前移动
        System.out.print("由前向后输出: ");
        while (iter.hasNext()) {                                  // 判断是否有后一个数据
            String str = iter.next();                            // 获取数据
            System.out.print(str + "、");
            iter.set("【YOOTK】" + str);                          // 修改数据
        }
        System.out.print("\n由后向前输出: ");                     // 追加一个空行
        while (iter.hasPrevious()) {                             // 判断是否有前一个数据
            System.out.print(iter.previous() + "、");             // 获取数据
        }
    }
}
```

程序执行结果：

```
由前向后输出: www.yootk.com、edu.yootk.com、
由后向前输出: 【YOOTK】edu.yootk.com、【YOOTK】www.yootk.com、
```

此时的程序实现了双向迭代处理，所以需要通过 List 接口提供的 listIterator()获取 ListIterator 接口对象实例，这样在进行由前向后迭代后，就可以进行由后向前的逆向迭代。

5.5.3　Enumeration 枚举输出

Enumeration
枚举输出

视频名称　0515_【掌握】Enumeration 枚举输出

视频简介　早期的 Vector 可以提供集合保存功能，所以 Java 针对此接口的输出提供了 Enumeration 接口。本视频主要介绍如何利用 Enumeration 实现 Vector 集合的操作。

Enumeration 是 JDK 1.0 提出的一个枚举输出接口,其主要实现的是 Vector 集合中的数据输出处理。Vector 类提供的 elements()方法可以获取此接口对象的实例。Enumeration 接口的方法如表 5-5 所示。

表 5-5　Enumeration 接口的方法

序号	方法名称	类型	描述
01	public default Iterator<E> asIterator()	普通	将 Enumeration 转为 Iterator 接口对象实例
02	public boolean hasMoreElements()	普通	判断是否有下一个元素
03	public E nextElement()	普通	获取当前元素

在 JDK 1.8 及其之前的版本中,Enumeration 接口只提供两个方法,而 JDK 9 及其之后的版本提供了一个 asIterator()方法,可以将 Enumeration 接口实例转为 Iterator 接口实例进行迭代输出。图 5-21 为读者展示了 Enumeration 相关的实例化与转换操作类关联结构。

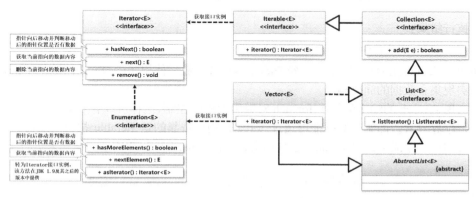

图 5-21　Enumeration 类关联结构

范例:使用 Enumeration 输出 Vector 集合

```java
package com.yootk;
import java.util.*;
public class YootkDemo {
    public static void main(String[] args) throws Exception {
        Vector<String> all = new Vector<>();            // 实例化Vector对象
        all.add("www.yootk.com");                        // 数据保存
        all.add("edu.yootk.com");                        // 数据保存
        Enumeration<String> enu = all.elements();        // 获取Enumeration接口实例
        while (enu.hasMoreElements()) {                  // 判断是否有数据
            System.out.println(enu.nextElement());       // 获取数据
        }
    }
}
```

程序执行结果:

```
www.yootk.com
edu.yootk.com
```

本程序直接实例化了 Vector 类,这样才可以通过 Vector 类提供的 elements()方法获取 Enumeration 接口实例;随后通过迭代的方式获取了 Vector 集合的全部数据。

5.5.4　foreach 输出

foreach 输出

视频名称　0516_【掌握】foreach 输出

视频简介　foreach 是一种新的集合迭代输出格式。本视频主要讲解如何利用 JDK 1.5 的新特性实现集合输出操作,并讲解 foreach 与 Iterable 接口之间的关联。

　　foreach 是 JDK 1.5 及其之后的版本提出的新型的 for 循环,除了可以通过其实现数组内容的输出之外,也可以通过其实现类集的迭代输出操作。下面通过一个具体的案例来说明其基本使用。

　　范例:使用 foreach 输出集合

```java
package com.yootk;
import java.util.*;
public class YootkDemo {
    public static void main(String[] args) throws Exception {
        List<String> all = List.of("www.yootk.com", "edu.yootk.com",
                "book.yootk.com");                        // 创建List集合
        for (String tmp : all) {                          // foreach迭代
            System.out.print(tmp + "、");                 // 数据输出
        }
    }
}
```

　　程序执行结果:

```
www.yootk.com、edu.yootk.com、book.yootk.com、
```

　　程序通过 List.of()方法创建了一个静态的存储集合,随后使用 foreach 直接进行了集合对象的迭代,以实现集合数据的简化输出。

　　数组实现 foreach 的输出依靠了 foreach 对数组索引的控制,这样可以有效地避免因操作不当而出现的数组越界异常。而集合数据能够通过 foreach 输出依靠的是 Iterable 接口的支持,所以如果一个自定义的类对象需要通过 foreach 进行输出,就需要按照图 5-22 所示的结构来进行定义。

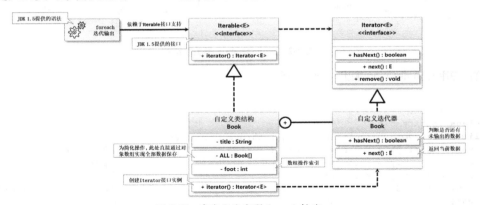

图 5-22　自定义类实现 foreach 输出

　　范例:自定义类实现 foreach 输出(注:书名仅为示例)

```java
package com.yootk;
import java.util.*;
class Book implements Iterable<Book> {                        // 自定义类
    private static final Book ALL[] = new Book[] { new Book("Java进阶开发实战"),
        new Book("Java Web开发实战"), new Book("Spring开发实战"),
        new Book("Spring Boot开发实战"),new Book("Spring Cloud开发实战") };
    private int foot = 0;                                      // 数组操作索引
    private String title;                                     //只定义一个属性
    public Book() {}                                          // 无参构造方法
    private Book(String title) {                              // 单参构造方法
        this.title = title;
    }
    public String toString() {
        return "【Book】图书名称:" + this.title;
    }
    @Override
    public Iterator<Book> iterator() {                        // 获取Iterator实例
```

```
        return new BookIter();
    }
    private class BookIter implements Iterator<Book> {          // 自定义迭代器
        @Override
        public boolean hasNext() {
            return Book.this.foot < Book.ALL.length;            // 还有数据
        }
        @Override
        public Book next() {
            return Book.ALL[Book.this.foot++];                  // 返回当前数据
        }
    }
}
public class YootkDemo {
    public static void main(String[] args) throws Exception {
        Book book = new Book();                                 // 获取Book类对象实例
        for (Book obj : book) {                                 // 集合迭代
            System.out.println(obj);                            // 对象输出
        }
    }
}
```

程序执行结果：

```
【Book】图书名称：Java进阶开发实战
【Book】图书名称：Java Web开发实战
【Book】图书名称：Spring开发实战
【Book】图书名称：Spring Boot开发实战
【Book】图书名称：Spring Cloud开发实战
```

Book 类定义处实现了 Iterable 接口，这样该类的对象可以直接通过 foreach 进行输出，在输出时需要 Iterator 接口的实现类支持。为了定义方便，本程序在 Book 类的内部定义了一个 BookIter 迭代器处理类，这样就可以在 foreach 每次迭代时通过 BookIter 类实现具体的判断与数据获取。

> 💡 **提示：链表结构改进。**
>
> 本系列的《Java 程序设计开发实战（视频讲解版）》一书已经为读者详细地讲解了链表的作用以及具体的开发实现。但是在课程讲解时由于受到技术的限制，仅仅通过对象数组的形式获取了全部保存在链表中的数据内容。而学习过 foreach 与 Iterable 接口的关联后，读者也可以尝试通过此机制来进行自定义链表设计与使用结构的改进。
>
> 由于该部分内容已讲解过，考虑到整体结构的设计以及知识的连贯性问题，本书没有为读者重复讲解。但是考虑到读者的学习以及面试的需要，本节的配套视频通过具体的代码依据图 5-23 所示的类结构进行了完整链表数据结构的实现。这样的实现也有助于读者理解 ArrayList 或 LinkedList 数据迭代的实现原理，有兴趣的读者可以依据视频自行学习此部分内容。

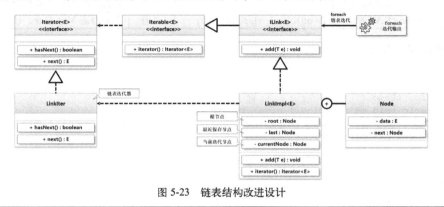

图 5-23　链表结构改进设计

5.6　Map 集合

Map 接口简介

视频名称　0517_【掌握】Map 接口简介

视频简介　Map 是一种保存二元偶对象数据的接口标准。本视频主要介绍 Map 接口与 Collection 接口的区别，详细地介绍 Map 接口的方法以及 Map 接口的常用子类。

Collection 是单值集合的操作接口标准，在 Collection 集合中保存的数据主要用于进行迭代的获取操作。而除了这种集合之外，java.util 包还提供了一个 Map 集合，该集合是一种用于存储二元偶对象的集合接口。所谓的二元偶对象指的是在每次数据存储时都需要存储"key"和"value"两个数据内容，在进行集合数据操作时，一般通过 key 来找到与之匹配的 value。为便于读者理解 Collection 与 Map 集合的特点，下面通过图 5-24 所示的结构进行分析。

图 5-24　Collection 与 Map

通过图 5-24 可以清楚地发现，Collection 主要用于数据的存储，这些数据在最终操作时往往会进行迭代处理；而在 Map 中保存的数据除了可以进行迭代之外，实际上还支持数据的查找功能。java.util.Map 接口也提供了大量的方法供开发者进行集合操作，这些方法如表 5-6 所示。

表 5-6　Map 接口的常用方法

序号	方法名称	类型	描述
01	public void clear()	普通	清空 Map 集合
02	public boolean containsKey(Object key)	普通	判断指定的 key 数据是否存在
03	public boolean containsValue(Object value)	普通	判断指定的 value 数据是否存在
04	public Set<Map.Entry<K,V>> entrySet()	普通	将 Map 集合转为 Set 集合
05	public V get(Object key)	普通	根据 key 获取对应的 value 数据
06	public Set<K> keySet()	普通	获取全部的 key，key 是不能够重复的
07	public Collection<V> values()	普通	获取 Map 集合中全部的 value 数据
08	public static <K,V> Map.Entry<K,V> entry(K k, V v)	普通	创建 Map.Entry 接口对象
09	public V put(K key, V value)	普通	向集合中实现数据的存储
10	public V remove(Object key)	普通	根据 key 删除 Map 集合中的数据
11	public static <K,V> Map<K,V> of(K k1, V v1, K k2, V v2)	普通	创建静态 Map 集合，该方法重载多次

范例：创建 Map 集合

```java
package com.yootk;
import java.util.*;
public class YootkDemo {
    public static void main(String[] args) throws Exception {
        Map<Integer, String> map = Map.of(1, "one", 2, "two", 3, "three");// 静态Map集合
        System.out.println(map);
    }
}
```

程序执行结果：

```
{1=one, 3=three, 2=two}
```

本程序利用 JDK 9 及其之后的版本提供的 Map.of()方法，实现了一个静态 Map 集合的创建。由于 Map 集合中需要保存 KEY 和 VALUE 两部分数据，这样就需要在定义接口时定义两个泛型。而在使用 Map.of()方法时需要同时保存 key 和 value 一对数据项，并且该数据不允许重复（一旦重复会抛出 IllegalArgumentException 异常），也不允许进行内容的修改。

在项目开发中，会根据不同的场景选择 Map 的子类，常见的子类有 HashMap、TreeMap、Hashtable 等，这些类的继承关联结构如图 5-25 所示。下面将针对这些子类的使用进行讲解。

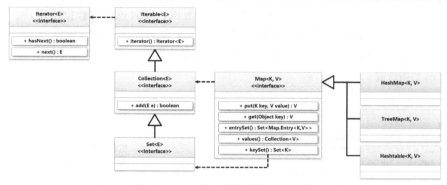

图 5-25　Map 接口子类的继承关联结构

5.6.1　HashMap

视频名称　0518_【掌握】HashMap

视频简介　本视频主要通过 HashMap 类对 Map 接口方法进行验证，同时分析 HashMap 源代码中关于数据保存、存储扩充以及红黑树在 HashMap 中的应用的内容。

java.util.HashMap 是基于哈希算法实现的一个二元偶对象集合存储类，该类是 java.util.Map 接口的子类，也是在实际项目开发中使用较多的一个类。该类的定义结构如下所示。

```java
public class HashMap<K,V> extends AbstractMap<K,V>
    implements Map<K,V>, Cloneable, Serializable {}
```

实际上 HashMap 子类和我们先前见到的 ArrayList 子类的继承结构类似，都是创建了一个各自接口的抽象类，随后又让其实现了各自的父接口，如图 5-26 所示。

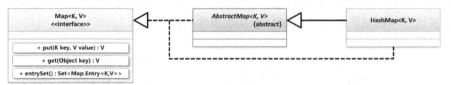

图 5-26　HashMap 类继承结构

范例：使用 HashMap 存储数据

```java
package com.yootk;
import java.util.*;
public class YootkDemo {
    public static void main(String[] args) throws Exception {
        Map<Integer, String> map = new HashMap<>();                   // 实例化Map接口对象
        System.out.println("【未发生替换】" + map.put(1, "book.yootk.com")); // KEY不重复
        System.out.println("【已发生替换】" + map.put(1, "www.yootk.com"));  // KEY重复
        System.out.println("【未发生替换】" + map.put(2, "edu.yootk.com"));  // 新的KEY
        System.out.println("【Map数据】" + map);                        // 输出集合的全部数据
    }
}
```

程序执行结果：

【未发生替换】null（第一次存储数据，没有重复的KEY）
【已发生替换】book.yootk.com（此时会进行数据替换，同时返回旧的数据内容）
【未发生替换】null（没有重复的数据，不会返回旧数据）
【Map数据】{1=www.yootk.com, 2=edu.yootk.com}

　　Map 在进行数据存储时需要使用 put()方法，该方法需要接收与 Map 接口泛型定义一致的数据内容。如果此时存储的 KEY 不存在，则 put()方法会将内容保存在 Map 集合之中，同时返回 null；如果此时存储的 KEY 存在，则使用新的数据替换已有数据，同时返回旧数据给用户。
　　使用 Map 实现的数据存储最为核心的功能是有效的数据查询，可以根据 KEY 返回对应的 VALUE，这一功能可以通过 Map 接口提供的 get()方法来实现。

　　范例：Map 数据查询

```java
package com.yootk;
import java.util.*;
public class YootkDemo {
    public static void main(String[] args) throws Exception {
        Map<Integer, String> map = new HashMap<>();         // 实例化Map接口对象
        map.put(1, "edu.yootk.com");                        // 增加集合数据
        map.put(2, "www.yootk.com");                        // 增加集合数据
        map.put(null, "沐言科技");                            // KEY为null
        map.put(0, null);                                   // VALUE为null
        System.out.println("【KEY存在】查询"key = 1"的结果: " + map.get(1));
        System.out.println("【KEY存在】查询"key = null"的结果: " + map.get(null));
        System.out.println("【KEY不存在】查询"key = 9"的结果: " + map.get(9));
    }
}
```

　　程序执行结果：

【KEY存在】查询"key = 1"的结果：edu.yootk.com
【KEY存在】查询"key = null"的结果：沐言科技
【KEY不存在】查询"key = 9"的结果：null

　　本程序在 HashMap 集合中保存了若干条数据内容，为了验证其存储特点，将部分数据的 KEY 或 VALUE 设置为了 null。通过最终的 get()方法调用可以发现，对于存在的 KEY，查询时都会返回对应的内容；而对于不存在的 KEY，查询时返回的内容是 null。
　　通过如上分析读者应该可以清楚地掌握 Map 接口的基本使用方法。但是在整个 Map 实现过程中实际上存在一个较为重要的设计问题——如何在保存大量数据的情况下快速获取所需要的数据？要想解答这个问题就需要进行 HashMap 实现原理分析。
　　1．HashMap 对象初始化
　　我们在使用 HashMap 时往往是通过构造方法进行对象实例化处理的。HashMap 类定义了多个构造方法，其中无参构造方法会使用一个默认的扩充阈值初始化，而有参构造方法可以由用户自定义扩充阈值，如图 5-27 所示。

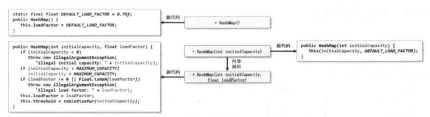

图 5-27　HashMap 构造方法

　　通过图 5-27 所示的结构可以发现，在使用默认无参构造方法进行实例化时，会使用默认的扩容比率来实现容量的扩充（当 HashMap 存储数据空间不足时，需要进行存储容量的扩充）；在使用

有参构造方法时，也可以由用户自行定义扩充阈值。而单参构造方法又调用了双参构造方法，所以核心的构造方法如下所示。

范例：HashMap 核心构造方法

```java
package java.util;
public class HashMap<K,V> extends AbstractMap<K,V>
        implements Map<K,V>, Cloneable, Serializable {
    static final int DEFAULT_INITIAL_CAPACITY = 1 << 4;     // 默认容量为16
    static final int MAXIMUM_CAPACITY = 1 << 30;            // 保存最大容量为1073741824
    static final float DEFAULT_LOAD_FACTOR = 0.75f;         // 默认的扩容比率
    static final int TREEIFY_THRESHOLD = 8;                 // 树状转换触发容量
    transient Node<K,V>[] table;                            // 哈希桶数据存储（动态扩容）
    // 在每次扩容时都通过"threshold * loadFactor"来进行动态计算
    int threshold;                                          // 当前的存储容量
    final float loadFactor;                                 // 用户设置的扩容比率
    public HashMap(int initialCapacity, float loadFactor) {
        if (initialCapacity < 0)                            // 初始化容量为零，错误
            throw new IllegalArgumentException("Illegal initial capacity: " + initialCapacity);
        if (initialCapacity > MAXIMUM_CAPACITY)             // 初始化容量超过保存上限，错误
            initialCapacity = MAXIMUM_CAPACITY;
        if (loadFactor <= 0 || Float.isNaN(loadFactor))     // 扩容比率传递错误
            throw new IllegalArgumentException("Illegal load factor: " + loadFactor);
        this.loadFactor = loadFactor;                       // 属性保存
        this.threshold = tableSizeFor(initialCapacity);     // 属性保存，开辟的容量不超过上限
    }
```

2. HashMap 数据存储

在 HashMap 之中最为重要的一点就是通过 put()方法来进行数据存储。在数据量较小的情况下，HashMap 会通过链表的结构保存所添加的数据内容，如图 5-28 所示。

图 5-28　HashMap 数据存储

但是如果在数据量较大时依然采用链表的形式进行数据存储，就会带来一个严重的查询性能问题，导致 get()方法调用的查询时间复杂度攀升。所以 HashMap 提供一个 TREEIFY_THRESHOLD（树状转换阈值），当存储的数据超过 8 个时，链表转为红黑树，利用红黑树的平衡修复能力，实现数据的快速查询。而这一切转换处理都是由 put()及其相关的处理方法完成的。图 5-29 为读者列出了 put()方法的调用过程。

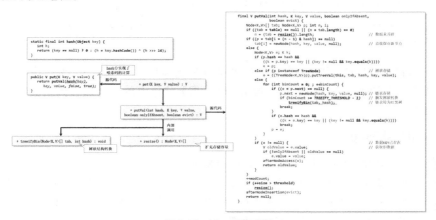

图 5-29　Map 数据存储

3. 哈希桶存储扩容

在 HashMap 之中，数据的存储结构采用的是"数组 + 链表（红黑树）"。其中的数组就是 HashMap 中的 table 属性，该属性描述的是一个哈希桶的概念，如图 5-30 所示。

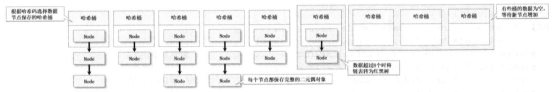

图 5-30　HashMap 中的哈希桶

通过图 5-30 可以发现，每一组数据保存时，都会根据 KEY 计算出一个哈希码，而后依据此哈希码找到一个匹配的哈希桶进行存储。由于可能存在哈希冲突，所以在 HashMap 之中将通过链表的形式进行存储，而每一个哈希桶中都保存该链表的根节点，当链表数据过多（超过 8 个）时会自动转为红黑树结构进行存储。所以随着数据量增加，不仅红黑树的结构会变多，哈希桶也需要进行容量的扩充，才可以有效地进行哈希分区的存储。这一功能在 HashMap 中是通过 resize()方法实现的。

范例：哈希桶扩容

```
final Node<K,V>[] resize() {
    Node<K,V>[] oldTab = table;                         // 保存已有的哈希桶
    int oldCap = (oldTab == null) ? 0 : oldTab.length;  // 获取已有哈希桶的保存长度
    int oldThr = threshold;                             // 获取当前的存储容量
    int newCap, newThr = 0;                             // 定义新的数组大小和新的存储容量
    if (oldCap > 0) {                                   // 已有数组长度大于0
        if (oldCap >= MAXIMUM_CAPACITY) {               // 已有容量大于保存上限
            threshold = Integer.MAX_VALUE;              // 容量为整型最大值
            return oldTab;                              // 返回原始容量大小
        } else if ((newCap = oldCap << 1) < MAXIMUM_CAPACITY &&
                oldCap >= DEFAULT_INITIAL_CAPACITY)     // 判断是否可以进行容量扩充
            newThr = oldThr << 1;                       // 容量成倍增长
    } else if (oldThr > 0)                              // 当前存储容量大于0
        newCap = oldThr;                                // 新容量为设置的容量
    else {                                              // 容量为零时表示刚初始化，使用默认值
        newCap = DEFAULT_INITIAL_CAPACITY;
        newThr = (int)(DEFAULT_LOAD_FACTOR * DEFAULT_INITIAL_CAPACITY);
    }
    if (newThr == 0) {                                  // 初始化容量设置
        float ft = (float)newCap * loadFactor;          // 计算容量大小
        newThr = (newCap < MAXIMUM_CAPACITY && ft < (float)MAXIMUM_CAPACITY ?
                (int)ft : Integer.MAX_VALUE);           // 保存新容量
    }
    threshold = newThr;                                 // 属性赋值
    @SuppressWarnings({"rawtypes","unchecked"})
    Node<K,V>[] newTab = (Node<K,V>[])new Node[newCap]; // 开辟新数组
    table = newTab;                                     // 保存哈希桶
    if (oldTab != null) {}                              // 哈希桶相关节点处理
    return newTab;
}
```

通过 resize()源代码可以清楚地发现，哈希桶容量达到其存储阈值（75%使用率）时会自动扩容至原来的 2 倍。扩容时会创建一个新的数组，所以需要将已有的数组保存到新数组之中才可以完成最终的扩容处理。

5.6.2　LinkedHashMap

视频名称　0519_【掌握】LinkedHashMap

视频简介　Hash 采用了哈希算法进行数据存储，这就造成了无序存放，但是在要求严格时需要按照顺序保存数据，所以 Java 提供了链表形式的 Map 集合。本视频主要分析如何采用链表形式的 Map 集合实现数据保存。

LinkedHashMap

HashMap 由于采用了哈希方式进行数据存储，所以在默认情况下所有的数据都是无序存放的，但是在一些特殊的环境要求下，开发者希望数据可以按照设置的顺序进行存储，此时则可以利用 LinkedHashMap 子类。该类的定义结构如下。

```
public class LinkedHashMap<K,V> extends HashMap<K,V> implements Map<K,V> {}
```

通过 LinkedHashMap 的定义可以发现其继承自 HashMap 父类，同时为了标记清楚也提供 Map 接口，这样可以得到图 5-31 所示的类继承结构。下面通过具体的代码演示该类的使用。

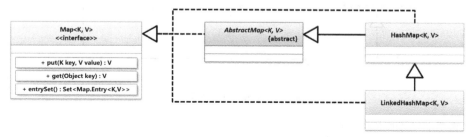

图 5-31　LinkedHashMap 类继承结构

范例：使用 LinkedHashMap 存储数据

```
package com.yootk;
import java.util.*;
public class YootkDemo {
    public static void main(String[] args) throws Exception {
        Map<Integer, String> map = new LinkedHashMap<>();        // 实例化Map接口对象
        map.put(1, "edu.yootk.com");                             // 增加集合数据
        map.put(2, "www.yootk.com");                             // 增加集合数据
        map.put(null, "沐言科技");                                // KEY为null
        map.put(0, null);                                        // VALUE为null
        map.forEach((key,value)->{                               // 迭代输出
            System.out.println("【Map输出】key = " + key + "、value = " + value);
        });
    }
}
```

程序执行结果：

```
【Map输出】key = 1、value = edu.yootk.com
【Map输出】key = 2、value = www.yootk.com
【Map输出】key = null、value = 沐言科技
【Map输出】key = 0、value = null
```

本程序使用 LinkedHashMap 实现了 Map 集合数据的存储，通过最终的迭代输出结果可以发现，其存储顺序就是数据保存的顺序。

5.6.3　TreeMap

TreeMap

视频名称　0520_【掌握】TreeMap

视频简介　Map 集合的主要功能是依据 key 实现数据查询需求，为了方便进行 key 排序操作，Java 提供了 TreeMap 集合。本视频主要讲解 TreeMap 子类的特点以及排序说明。

java.util.TreeMap 子类是一个可以依据存储的 key 的自然顺序实现数据有序存放的 Map 集合类型，其需要 key 所在的类实现 java.lang.Comparable，并依据其内部提供的 compareTo()方法实现排序操作。该类的定义结构如下。

```
public class TreeMap<K,V> extends AbstractMap<K,V>
    implements NavigableMap<K,V>, Cloneable, java.io.Serializable {}
```

　　TreeMap 与 HashMap 都继承了 AbstractMap 抽象类，而 TreeMap 实现的是一个 NavigableMap 父接口，该接口为 SortedMap 的子接口，而 SortedMap 可以通过 Comparable 实现数据排序存储。TreeMap 类继承结构如图 5-32 所示。

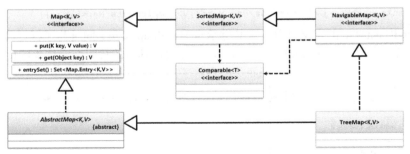

图 5-32　TreeMap 类继承结构

范例：使用 TreeMap 排序存储

```java
package com.yootk;
import java.util.*;
public class YootkDemo {
    public static void main(String[] args) throws Exception {
        Map<Integer, String> map = new TreeMap<>();           // 实例化Map接口对象
        // 需要根据KEY排序，所以此时的KEY不允许设置为null，否则会出现NullPointerException
        map.put(99, "edu.yootk.com");                         // 增加集合数据
        map.put(66, "book.yootk.com");                        // 增加集合数据
        map.put(88, "www.yootk.com");                         // 增加集合数据
        map.put(0, null);                                     // VALUE为null
        map.forEach((key, value) -> {                         // 迭代输出
            System.out.println("【Map输出】key = " + key + "、value = " + value);
        });
    }
}
```

程序执行结果：

```
【Map输出】key = 0、value = null
【Map输出】key = 66、value = book.yootk.com
【Map输出】key = 88、value = www.yootk.com
【Map输出】key = 99、value = edu.yootk.com
```

　　本程序通过 TreeMap 子类实例化了 Map 接口对象，并且使用 Integer 作为 KEY 类型（Integer 是 Comparable 子类），这样在最终进行数据存储时，所有的数据将按照 KEY 升序排列。

5.6.4　Hashtable

　　视频名称　　0521_【掌握】Hashtable
　　视频简介　　Hashtable 是早期的字典实现类，可以方便地实现数据查询。本视频主要讲解 Hashtable 的继承结构，并通过源代码的分析比较其与 HashMap 的区别。

　　Hashtable 是 JDK 1.0 提供的二元偶对象存储类，JDK 1.2 及其之后的版本为了继续保留 Hashtable 类，让其多实现了一个 Map 接口，于是就得到了如下类定义结构。

```java
public class Hashtable<K,V>
    extends Dictionary<K,V>
    implements Map<K,V>, Cloneable, java.io.Serializable {}
```

　　可以发现 Hashtable 除了实现 Map 接口之外，还会额外继承一个 Dictionary 抽象类，而该类也是 JDK 1.0 提供的，实现了一个字典数据的存储与查找类（可以理解为最初的 Map 原型）。图 5-33 展示了 Hashtable 继承关联，可以发现 Dictionary 所提供的主要方法和 Map 所提供的类似。

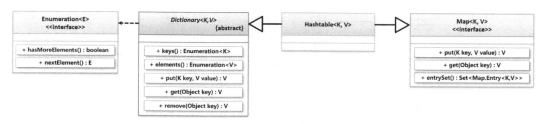

图 5-33　Hashtable 继承关联

范例：使用 Hashtable 存储

```java
package com.yootk;
import java.util.*;
public class YootkDemo {
    public static void main(String[] args) throws Exception {
        Map<Integer, String> map = new Hashtable<>();              // 实例化Map接口对象
        // 存储时KEY和VALUE均不能为空，否则会出现NullPointerException
        map.put(99, "edu.yootk.com");                              // 增加集合数据
        map.put(66, "book.yootk.com");                             // 增加集合数据
        map.put(88, "www.yootk.com");                              // 增加集合数据
        map.forEach((key, value) -> {                              // 迭代输出
            System.out.println("【Map输出】key = " + key + "、value = " + value);
        });
    }
}
```

程序执行结果：

```
【Map输出】key = 88、value = www.yootk.com
【Map输出】key = 66、value = book.yootk.com
【Map输出】key = 99、value = edu.yootk.com
```

本程序通过 Hashtable 实例化了 Map 接口对象。由于 Hashtable 本身也采用了哈希存储的形式，所以在 Hashtable 中存储的数据是无序的，并且不能像 HashMap 集合那样保存 null 数据。

> 💡 提示：HashMap 与 Hashtable 的区别。
>
> 　　HashMap 与 Hashtable 是两个不同 JDK 版本所提供的 Map 接口实现子类。通过先前的分析可以发现，HashMap 可以在 KEY 或 VALUE 中保存 null，而 Hashtable 却无法保存，否则会在代码运行中出现 NullPointerException 异常。
>
> 　　除此之外，在 Hashtable 中的操作方法使用了 synchronized 同步声明，所以这些方法都属于线程安全的方法，但是性能相对较差；而 HashMap 中的集合操作方法采用异步方式处理，操作性能较高，但是属于非线程安全的操作。

5.6.5　Map.Entry

视频名称　0522_【掌握】Map.Entry
视频简介　Map 保存了二元偶对象，又具有数据查询功能。本视频主要讲解 Map 数据存储结构中 Map.Entry 接口的设计意义以及数据存储与获得。

　　Map 接口提供 put()方法实现二元偶对象的保存，从使用者的角度来讲是向 Map 中保存了 KEY 和 VALUE，而在 Map 集合内部实际上会自动地将这个二元偶对象封装在一个 Node 对象之中，并通过一定的算法实现这些节点数据的维护。由于 Map 接口中有众多实现子类，需要对这一节点的操作形式进行接口的标准化定义，因此在 Map 接口内部提供了一个 Entry 接口，而每一个 Map 子类都会根据自身的需要来创建不同的 Entry 子类。以项目中常用的 HashMap 类为例，可以得到图 5-34 所示的类关联结构。

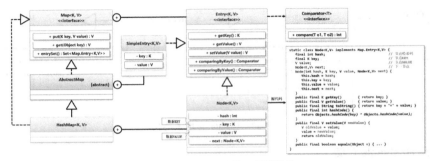

图 5-34　Map.Entry 接口关联结构

范例：创建 Map.Entry 实例

```
package com.yootk;
import java.util.*;
public class YootkDemo {
    public static void main(String[] args) throws Exception {
        // JDK9的Map接口方法: public static <K,V> Map.Entry<K,V> entry(K k, V v)
        Map.Entry<String, String> entry = Map.entry("YOOTK", "www.yootk.com");
        System.out.println("key = " + entry.getKey() + "、value = " + entry.getValue());
    }
}
```

程序执行结果：

```
key = YOOTK、value = www.yootk.com
```

本程序通过 Map 接口提供的 entry()方法创建了一个 Map.Entry 接口对象实例，在创建时需要传入 KEY 和 VALUE。而用户获取 Map.Entry 接口实例后，就可以通过接口中提供的 getKey()和 getValue()方法获取保存的 KEY 和 VALUE。

5.6.6　Iterator 迭代输出 Map 集合

视频名称　0523_【掌握】Iterator 迭代输出 Map 集合

视频简介　Iterator 是集合输出的标准形式，Map 的核心意义在于数据查询，但是依然会有输出需求。本视频主要讲解如何利用 Iterator 与 Map.Entry 输出 Map 集合中的全部元素。

Map 集合之中允许存储多个数据，所以除了数据查询之外，还可以实现数据迭代输出的操作。但是 Map 接口并没有直接提供获取 Iterator 接口对象实例的方法，所以要想通过迭代的方式输出，可以采用图 5-35 所示的结构。具体的操作步骤如下。

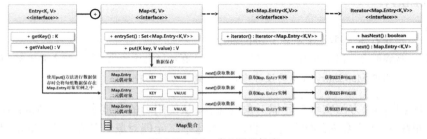

图 5-35　Map 集合迭代输出

（1）利用 Map 接口提供的 entrySet()方法将 Map 集合转为 Set 集合，Set 集合中的每一个数据都是一个节点，这些节点都是 Map.Entry 接口实例。

（2）获取 Set 接口对象实例之后，就可以通过 iterator()方法来获取 Iterator 接口对象实例。

（3）利用 Iterator 实例并结合 while 循环实现集合的迭代操作，每一次迭代出来的对象都是 Map.Entry 实例。

（4）利用 Map.Entry 接口中提供的 getKey()、getValue()方法获取包装的数据 key 与 value。

范例：Map 迭代输出

```java
package com.yootk;
import java.util.*;
public class YootkDemo {
    public static void main(String[] args) throws Exception {
        Map<Integer, String> map = new HashMap<>();                    // 实例化Map接口对象
        map.put(1, "edu.yootk.com");                                   // 增加集合数据
        map.put(2, "www.yootk.com");                                   // 增加集合数据
        Set<Map.Entry<Integer, String>> set = map.entrySet();          // Map集合转为Set集合
        Iterator<Map.Entry<Integer, String>> iter = set.iterator();    // 获取Iterator接口实例
        while (iter.hasNext()) {                                       // Iterator迭代输出
            Map.Entry<Integer, String> entry = iter.next();            // 获取数据
            System.out.println("【Map数据】key = " + entry.getKey() + "、value = " + entry.getValue());
        }
    }
}
```

程序执行结果：

```
【Map数据】key = 1、value = edu.yootk.com
【Map数据】key = 2、value = www.yootk.com
```

本程序将 Map 集合转为 Set 集合后，成功获取了 Iterator 接口实例。由于 Map 集合中的每一个节点的保存类型为 Map.Entry，在迭代时所取出的也是该类型的对象实例，因此可以利用 getKey() 与 getValue()方法获取保存数据。

> 💡 **提示：使用 foreach 输出 Map 集合**
>
> Map 集合可以通过 Iterator 实现输出，实际上也就意味着其可以通过 foreach 的形式输出，但是在输出前依然需要将 Map 集合转为 Set 集合，代码实现如下。
>
> 范例：使用 foreach 输出 Map 集合
>
> ```java
> for (Map.Entry<Integer, String> entry : map.entrySet()) { // foreach迭代
>     System.out.println("key = " + entry.getKey() + "、value = " + entry.getValue());
> }
> ```
>
> 为便于读者理解，以上程序列出了代码实现的操作片段，最终的执行结果与上一范例相同。

5.6.7 自定义 Map 集合 KEY

自定义 Map 集合 KEY

视频名称 0524_【掌握】自定义 Map 集合 KEY

视频简介 Map 集合定义时所保存的 KEY 与 VALUE 类型都可以由开发者设置。本视频主要讲解使用自定义类作为 KEY 类型的注意事项，以及实际开发中的 KEY 类型选用原则。

在对数据进行 Map 集合存储时，所保存的 KEY 和 VALUE 的类型全部由开发者自行指派，所以除了使用系统内置的类型之外，也可以使用自定义类对象进行存储。但是由于 Map 集合中的 KEY 需要具备数据查询的能力，所以为了提高查询性能，需要开发者在其所在的类中覆写 hashCode()和 equals()方法。

范例：自定义 KEY 存储类型

```java
package com.yootk;
import java.util.*;
class Book {                                                           // 自定义类
    private String title;                                              // 图书名称
```

```java
    public Book(String title) {                              // 单参构造方法
        this.title = title;                                  // 属性保存
    }
    @Override
    public boolean equals(Object o) {                        // 对象比较
        if (this == o)                                       // 引用地址相同
            return true;                                      // 为同一个对象
        if (o == null || getClass() != o.getClass())         // 对象类型不同
            return false;                                     // 不是同一个对象
        Book book = (Book) o;                                // 对象转型
        return title.equals(book.title);                     // 属性判断
    }
    @Override
    public int hashCode() {                                  // 哈希分区
        return Objects.hash(title);
    }
}
public class YootkDemo {
    public static void main(String[] args) throws Exception {
        Map<Book, String> map = new HashMap<>();             // 此时KEY的类型为自定义类
        map.put(new Book("Java进阶开发实战"), "作者:李兴华");  // 数据保存
        System.out.println(map.get(new Book("Java进阶开发实战")));  // 数据查询
    }
}
```

程序执行结果:

作者:李兴华

本程序创建的 Map 集合中的 KEY 使用了自定义的 Book 类,这样在通过 get()进行数据查找时就需要利用 hashCode()来匹配分区定位,而后再利用 equals()进行比较,才可以得到与之对应的 VALUE。

> 💡 提示:HashMap 与 HashSet 关系。
>
> 　　通过以上的分析可以发现,HashMap 中自定义存储 KEY 的操作模式与 HashSet 中的完全一样,实际上是因为 HashSet 内部是基于 HashMap 实现的,这一点可以通过以下的源代码观察到。
>
> 　　范例:HashSet 部分源代码
>
> ```java
> package java.util;
> public class HashSet<E> extends AbstractSet<E>
>     implements Set<E>, Cloneable, java.io.Serializable {
>     private transient HashMap<E,Object> map;              // HashMap对象
>     private static final Object PRESENT = new Object();   // VALUE数据
>     public HashSet() {
>         map = new HashMap<>();                            // 实例化HashMap
>     }
>     public boolean add(E e) {                             // 数据增加
>         return map.put(e, PRESENT)==null;                 // 保存Map数据
>     }
> }
> ```
>
> 　　通过 HashSet 源代码可以发现,所有通过 Set 保存的数据本质上都作为 KEY 保存在 HashMap 集合之中,所以 HashSet 只是 HashMap 的简化应用。

5.7　Stack

Stack

视频名称　0525_【掌握】Stack

视频简介　本视频主要讲解栈数据结构的作用以及现实使用中的场景,同时分析 Stack 类的继承结构,并通过操作方法进行栈操作分析。

Stack（栈）是一种比较常见的数据类型，其最大的特点是采用了 FILO（First In Last Out，先进后出）的数据存储模型，即最早存入集合的数据最后才能取出，而最晚存入的数据最先可以取出，如图 5-36 所示。

> 💡 **提示：浏览器与 FILO 存储。**
>
> 在使用浏览器访问网页时，一般都存在"后退"与"前进"两个按钮，每一次后退显示的页面都是上一次的页面内容，而最早打开的页面只有在进行了全部后退后才可以见到。这就是一种栈结构的典型应用。

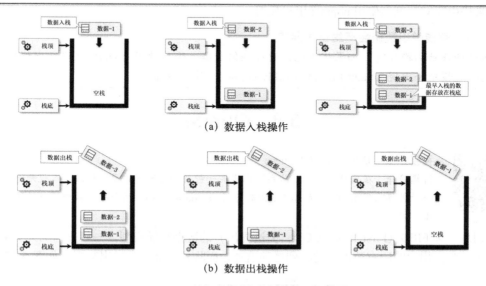

图 5-36 栈数据操作

为了便于开发者进行栈数据结构的操作，Java 提供了 java.util.Stack 工具类。该类在 JDK 1.0 中提供，同时也是 Vector 子类，但是如果要进行栈操作，则必须使用表 5-7 所示的方法。

表 5-7 栈操作方法

序号	方法名称	类型	描述
01	public E push(E item)	普通	向栈中保存数据
02	public E pop()	普通	从栈顶弹出数据
03	public boolean empty()	普通	判断是否为空栈

范例：入栈与出栈操作

```java
package com.yootk;
import java.util.*;
public class YootkDemo {
    public static void main(String[] args) throws Exception {
        Stack<String> stack = new Stack<>();                     // 栈存储
        System.out.println("【数据存储前】空栈判断: " + stack.empty());
        stack.push("沐言优拓：www.yootk.com");                      // 数据入栈
        stack.push("李兴华编程训练营：edu.yootk.com");               // 数据入栈
        System.out.println("【数据存储后】空栈判断: " + stack.empty());
        while (!stack.empty()) { // 如果不是空栈
            System.out.println("【数据出栈】" + stack.pop()); // 出栈并输出
        }
    }
}
```

程序执行结果：

【数据存储前】空栈判断：true
【数据存储后】空栈判断：false
【数据出栈】李兴华编程训练营：edu.yootk.com
【数据出栈】沐言优拓：www.yootk.com

本程序首先实例化了一个 Stack 对象，同时设置数据的存储类型为 String。由于刚定义的栈结构中没有任何数据，所以 empty()方法返回 true；在随后通过 push()方法添加了若干数据后，再次使用 empty()的结果就变为了 false。在出栈时也需要根据 empty()方法的返回状态判断是否还有数据，如果栈中还有数据则使用 pop()弹出栈数据。

> ⓘ **注意：空栈弹出数据会产生空栈异常。**
>
> 在进行栈结构操作时，如果栈中已经没有任何数据，依然使用 pop()方法进行出栈操作，则程序运行过程中将出现 java.util.EmptyStackException（空栈异常）。

5.8 Queue

视频名称	0526_【掌握】Queue
视频简介	在项目开发中，队列可以实现一种数据缓冲区的操作形式。本视频通过具体的分析讲解队列结构存在的意义，同时分析 Queue 与 Deque 两个队列操作接口的区别以及具体应用。

队列是一种 FIFO（First In First Out，先进先出）的数据存储模型，一般分为队列头部与队列尾部两个部分。用户的所有数据通过队列尾部追加，而队列头部负责弹出数据，如图 5-37 所示。

图 5-37 队列数据结构

为便于队列的处理操作，Java 类集框架提供了一个 java.util.Queue 接口。该接口是 Collection 的子接口，而实现该接口的子类是 LinkedList，继承结构如图 5-38 所示。

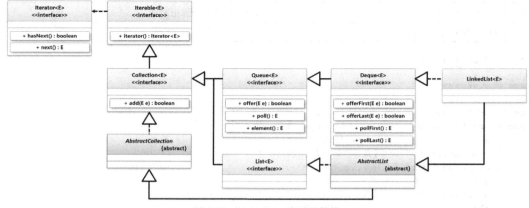

图 5-38 LinkedList 类继承结构

Queue 作为 Collection 的子接口，除了可以使用从 Collection 继承而来的方法（这些方法可能会产生异常）进行处理之外，在其内部也进行了一些方法的扩充。表 5-8 列出了 Queue 接口的常用方法。

表 5-8 Queue 接口的常用方法

序号	方法名称	类型	描述
01	public boolean add(E e)	普通	向队列中保存数据，如果没有可用空间则抛出异常
02	public boolean offer(E e)	普通	实现数据保存，如果保存成功则返回 true，否则返回 false
03	public E remove()	普通	从队列头部获取数据并删除原始内容，空队列抛出异常
04	public E poll()	普通	从队列获取数据，如果为空队列则返回 null
05	public E element()	普通	检查但是不删除队列头部，如果此时队列为空会抛出异常
06	public E peek()	普通	检查但是不删除队列头部，如果此时队列为空会返回 null

范例：队列基本操作

```java
package com.yootk;
import java.util.*;
public class YootkDemo {
    public static void main(String[] args) throws Exception {
        Queue<String> queue = new LinkedList<>();              // 创建队列实例
        System.out.println("【队列数据增加】" + queue.offer("YOOTK-A"));  // 数据增加
        System.out.println("【队列数据增加】" + queue.offer("YOOTK-B"));  // 数据增加
        System.out.println("【队列数据增加】" + queue.offer("YOOTK-C"));  // 数据增加
        while (!queue.isEmpty()) {                              // 队列不为空
            System.out.println("【获取队列数据】" + queue.poll());   // 队列弹出
        }
    }
}
```

程序执行结果：

```
【队列数据增加】true（队列数据增加成功）
【队列数据增加】true（队列数据增加成功）
【队列数据增加】true（队列数据增加成功）
【获取队列数据】YOOTK-A（数据弹出，最早保存的数据最先弹出）
【获取队列数据】YOOTK-B（数据弹出）
【获取队列数据】YOOTK-C（数据弹出，最后保存的数据最后弹出）
```

本程序通过 LinkedList 获取了 Queue 接口对象实例，随后利用 offer()方法向队列尾部添加数据，而在进行数据弹出时，将按照数据保存的顺序。

Queue 只实现了一个完整的单向队列，而在数据结构中又提供 Deque 双向队列，开发者可以自由选择在队列的头部或尾部进行数据的添加与获取处理。Deque 接口的常用方法如表 5-9 所示。

表 5-9 Deque 接口的常用方法

序号	方法名称	类型	描述
01	public void addFirst(E e)	普通	【Exception】在队列头部添加数据，如果队列已满则抛出异常
02	public boolean offerFirst(E e)	普通	在队列头部添加数据，保存成功则返回 true，否则返回 false
03	public void addLast(E e)	普通	【Exception】在队列尾部添加数据，如果队列已满则抛出异常
04	public boolean offerLast(E e)	普通	在队列尾部添加数据，保存成功则返回 true，否则返回 false
05	public E removeFirst()	普通	【Exception】通过队列头部获取并删除数据，如果队列为空则抛出异常
06	public E pollFirst()	普通	从队列头部获取并删除数据，如果队列为空则返回 null
07	public E removeLast()	普通	【Exception】通过队列尾部获取并删除数据，如果队列为空则抛出异常
08	public E pollLast()	普通	从队列尾部获取并删除数据，如果队列为空则返回 null
09	public E getFirst()	普通	【Exception】从队列头部获取但不删除数据，队列为空则抛出异常
10	public E peekFirst()	普通	从队列头部获取但不删除数据，队列为空则返回 null
11	public E getLast()	普通	【Exception】从队列尾部获取但不删除数据，队列为空则抛出异常
12	public peekLast()	普通	从队列尾部获取但不删除数据，队列为空则返回 null

范例：双向队列存储

```java
package com.yootk;
import java.util.*;
```

```java
public class YootkDemo {
    public static void main(String[] args) throws Exception {
        Deque<String> deque = new LinkedList<>();              // 创建队列实例
        deque.add("Yootk-B");                                   // 增加数据
        deque.addFirst("Yootk-A");                              // 增加数据
        deque.addLast("Yootk-C");                               // 增加数据
        while (!deque.isEmpty()) {                              // 队列不为空
            System.out.println("【获取队列数据】" + deque.poll());  // 队列弹出
        }
    }
}
```

程序执行结果：

```
【获取队列数据】Yootk-A
【获取队列数据】Yootk-B
【获取队列数据】Yootk-C
```

本程序通过 LinkedList 子类实例化了 Deque 接口实例，随后分别使用 3 个不同的方法实现了队列数据的添加。这 3 个操作方法如图 5-39 所示。

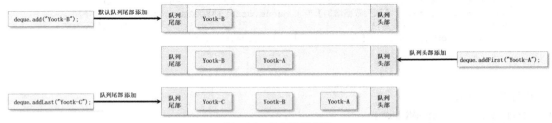

图 5-39　双向队列存储

5.9　Properties

视频名称　0527_【掌握】Properties 属性操作

视频简介　为了便于属性的管理和传输，Java 集合框架提供了 Properties 工具类，利用该类可以通过 I/O 流的形式生成或读取属性文件。本视频通过具体的案例为读者分析了该类的使用与数据存储特点。

Properties
属性操作

在项目开发中除了可以通过集合保存对象之外，也可以利用集合的概念保存一些配置属性的定义，这可以通过 java.util.Properties 类来完成。该类是 Hashtable 的子类，但是只允许操作 String 类型的数据，其常用方法如表 5-10 所示。

表 5-10　Properties 类的常用方法

序号	方法名称	类型	描述
01	public Properties()	普通	构建 Properties 类对象实例
02	public Object setProperty(String key, String value)	普通	设置属性内容
03	public String getProperty(String key)	普通	根据 key 获取属性，如果属性不存在则返回 null
04	public String getProperty(String key, String defaultValue)	普通	根据 key 获取属性，如果属性不存在则返回默认值
05	public void store(OutputStream out, String comments) throws IOException	普通	将属性内容通过输出流输出
06	public void store(Writer writer, String comments) throws IOException	普通	将属性内容通过输出流输出
07	public void load(InputStream inStream) throws IOException	普通	通过字节输入流读取全部属性内容
08	public void load(Reader reader) throws IOException	普通	通过字符输入流读取全部属性内容

通过 Properties 类提供的方法可以发现，属性可以由用户自行设置，也可以通过输入流进行内容的读取，而配置完成的属性也可以基于输出流进行输出。图 5-40 给出了 Properties 类的关联结构。

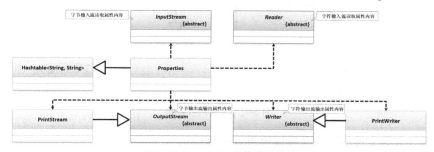

图 5-40　Properties 类的关联结构

范例：属性基本操作

```java
package com.yootk;
import java.util.*;
public class YootkDemo {
    public static void main(String[] args) throws Exception {
        Properties properties = new Properties();                // 创建属性操作类
        properties.setProperty("yootk", "www.yootk.com");        // 保存属性
        properties.setProperty("edu", "edu.yootk.com");          // 保存属性
        System.out.println("【获取属性KEY存在】" + properties.getProperty("yootk"));
        System.out.println("【获取属性KEY不存在】" + properties.getProperty("muyan"));
        System.out.println("【获取属性KEY不存在】" + properties.getProperty("muyan", "暂未启用"));
    }
}
```

程序执行结果：

```
【获取属性KEY存在】www.yootk.com
【获取属性KEY不存在】null
【获取属性KEY不存在】暂未启用
```

本程序实现了一个 Properties 属性的常规处理操作，首先实例化了 Properties 类对象，随后利用 setProperty()方法设置了属性的二元偶对象内容。获取属性时可以根据 KEY 进行查找，如果属性存在则返回对应内容，如果属性不存在则返回 null 或设置的默认值。

Properties 对于属性的操作还提供 I/O 流的支持，可以通过 InputStream 或 Reader 对象实例实现属性数据的读取，或者通过 OutputStream 或 Writer 实例将属性内容输出。下面介绍如何基于文件输出流的方式来实现属性的文件存储。

范例：保存属性文件

```java
package com.yootk;
import java.io.*;
import java.util.*;
public class YootkDemo {
    public static void main(String[] args) throws Exception {
        Properties properties = new Properties();                // 创建属性操作类
        properties.setProperty("yootk", "www.yootk.com");        // 保存属性
        properties.setProperty("edu", "edu.yootk.com");          // 保存属性
        properties.store(new FileOutputStream(
            new File("H:" + File.separator + "MuYan.properties")),
            "MuYan-Yootk-LiXingHua");                             // 文件输出流输出属性内容
    }
}
```

此时已经通过 Properties 保存了两个属性内容，随后利用 store()方法并结合 FileOutputStream 文件输出流向文件之中保存了全部属性内容，文件中的每一行为一组完整属性，采用了 key=value 的结构保存，如图 5-41 所示。

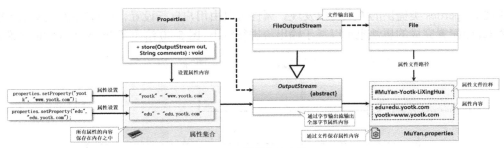

图 5-41 属性内容存储

> 💡 提示：属性存储文件的扩展名建议使用.properties。
>
> 在进行属性文件存储时，一般使用的文件的扩展名都是.properties。实际上本书第 1 章讲解的国际化处理中也使用过类似的文件结构，这时就可以通过 Prperties 类来实现国际化文本数据的管理。

范例：读取属性资源文件

```java
package com.yootk;
import java.io.*;
import java.util.*;
public class YootkDemo {
    public static void main(String[] args) throws Exception {
        Properties properties = new Properties();              // 创建属性操作类
        properties.load(new FileInputStream(
            new File("H:" + File.separator + "MuYan.properties"))); // 文件输入流读取
        System.out.println("【获取属性信息】" + properties.getProperty("yootk"));
    }
}
```

程序执行结果：

【获取属性信息】www.yootk.com

本程序通过 FileInputStream 实现了文件输入流的定义，这样 Properties 中的属性内容就会通过 MuYan.properties 资源文件进行加载。

> 💡 提示：属性列表显示。
>
> 本书第 2 章讲解字符编码时，曾经使用 System.getProperties().list(System.out)方法列出了当前系统中的所有 JVM 参数信息。实际上 System.getProperties()返回的就是 Properties 对象实例，而 list()是 Properties 类中所定义的方法，通过该方法可以在指定的输出流中进行全部存储属性的列表显示。

5.10 Collections 工具类

视频名称 0528_【理解】Collections 工具类
视频简介 虽然集合提供了大量的操作方法，但是这些方法基本上都是围绕着标准数据操作的结构来定义的，为了进一步提升集合类数据操作的能力，Java 提供了 Collections 类。本视频主要讲解 Collections 工具类与集合间的操作关系。

Collections
工具类

虽然不同的类集接口提供了足够多的集合操作方法，但是在一些开发之中依然显得功能不足。为了弥补这样的不足，Java 提供了 java.util.Collections 工具类，该工具类可以实现大部分集合接口操作，其常用方法如表 5-11 所示。

表 5-11 Collections 常用方法

序号	常量及方法	类型	描述
01	public static final List EMPTY_LIST	常量	空 List 集合,不允许添加任何数据
02	public static final Set EMPTY_SET	常量	空 Set 集合,不允许添加任何数据
03	public static final Map EMPTY_MAP	常量	空 Map 集合,不允许添加任何数据
04	public static <T> boolean addAll(Collections<? super T> c, T... elements)	方法	向 Collections 相关集合中添加数据
05	public static <T> int binarySearch(List<? extends Comparable<? super T>> list, T key)	方法	采用二分查找法查询
06	public static <T> void copy(List<? super T> dest, List<? extends T> src)	方法	集合复制
07	public static <T> void fill(List<? super T> list, T obj)	方法	集合填充
08	public static <T> boolean replaceAll(List<T> list, T oldVal, T newVal)	方法	集合数据替换
09	public static void reverse(List<?> list)	方法	集合数据反转
10	public static <T extends Comparable<? super T>> void sort(List<T> list)	方法	集合排序

范例:Collections 集合操作

```java
package com.yootk;
import java.util.*;
public class YootkDemo {
    public static void main(String[] args) throws Exception {
        List<String> all = new ArrayList<>();                        // 创建List集合
        Collections.addAll(all, "Yootk-B", "Yootk-C", "Yootk-A");     // 数据添加
        System.out.println("【原始集合】" + all);                      // 集合输出
        Collections.reverse(all);                                     // 集合反转
        System.out.println("【集合反转】" + all);                      // 集合输出
        Collections.sort(all); // 集合排序
        System.out.println("【集合排序】" + all);                      // 集合输出
    }
}
```

程序执行结果:

```
【原始集合】[Yootk-B, Yootk-C, Yootk-A]
【集合反转】[Yootk-A, Yootk-C, Yootk-B]
【集合排序】[Yootk-A, Yootk-B, Yootk-C]
```

本程序首先创建了一个 List 集合,由于此时需要一次性添加多条数据内容到集合之中,因此可以借助于 Collections 工具类所提供的 addAll()方法;随后利用 reverse()实现了集合数据的反转,并通过 sort()方法实现了集合排序。

5.11 Stream

Stream 数据流

视频名称　0529_【理解】Stream 数据流
视频简介　随着技术的发展,集合中可能会保存越来越多的数据信息,为了便于对这些信息进行分析,Java 提供了 Stream 数据流操作。本视频主要通过实例讲解 Stream 接口的操作方法,并分析 JDK 提供的原生 MapReduce 数据处理模型。

JDK 8 开始提供 java.util.stream 数据流开发包,Stream 就是这个包中的一个接口。这个接口最主要的目的是通过函数式编程的结构实现集合数据的分析。Collection 接口也在 JDK 1.8 及其之后的版本中追加了相关的操作方法,这些方法如表 5-12 所示。Stream 接口的继承关系如图 5-42 所示。

表 5-12　Collection 提供的数据流操作方法

序号	方法名称	类型	描述
01	public default Stream<E> stream()	普通	获取一个 Stream 接口对象实例
02	public default Stream<E> parallelStream()	普通	获取多线程的 Stream 接口对象实例,并行处理数据

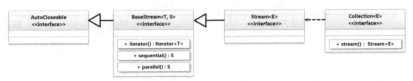

图 5-42　Stream 接口的继承关系

范例：Stream 基础操作

```java
package com.yootk;
import java.util.*;
import java.util.stream.*;
public class YootkDemo {
    public static void main(String[] args) throws Exception {
        List<String> data = new ArrayList<>();                    // 实例化List接口
        Collections.addAll(data, "Java", "JavaScript", "Python", "Ruby",
                "Go", "C", "C++", "SQL");                          // 数据存储
        Stream<String> stream = data.stream();                    // 获取Stream对象
        // filter()：对给定的数据执行过滤，本次是查询是否包含单词"java"
        // collect()：将所有满足过滤条件的数据收集成一个新的List集合
        List<String> list = stream.filter((ele) -> ele.toLowerCase().contains("java"))
            .collect(Collectors.toList());                        // Stream数据处理
        System.out.println(list);
    }
}
```

程序执行结果：

```
[Java, JavaScript]
```

本程序通过 Collection 接口所提供的 stream() 方法获取了一个 Stream 接口实例，而后基于 Lambda 表达式对集合中的每一个数据进行过滤处理（每个集合项转小写，并判断是否包含 "java"），最后将已经处理过的数据利用 collect() 方法保存在新的集合之中。可以发现基于 Stream 操作实现的代码编写都是非常方便的，同时 Stream 接口中也提供了大量的数据处理方法，这些方法如表 5-13 所示。

表 5-13　Stream 接口的常用方法

序号	方法名称	类型	描述
01	public long count()	普通	返回数据流中的元素个数
02	public Stream<T> distinct()	普通	消除数据流中的重复数据
03	public Stream<T> sorted()	普通	数据流排序
04	public Stream<T> limit(long maxSize)	普通	数据流读取长度限制
05	public Stream<T> skip(long n)	普通	跳跃元素个数
06	public void forEach(Consumer<? super T> action)	普通	数据流元素迭代
07	public T reduce(T identity, BinaryOperator<T> accumulator)	普通	数据统计操作
08	public <R,A> R collect(Collector<? super T,A,R> collector)	普通	数据收集
09	public boolean anyMatch(Predicate<? super T> predicate)	普通	数据流部分匹配
10	public boolean allMatch(Predicate<? super T> predicate)	普通	数据流全部匹配
11	public Optional<T> findFirst()	普通	获取第一个元素
12	Stream<T> filter(Predicate<? super T> predicate)	普通	数据流元素过滤
13	public <R> Stream<R> map(Function<? super T,? extends R> mapper)	普通	数据处理

范例：部分数据处理

```java
package com.yootk;
import java.util.*;
import java.util.stream.*;
public class YootkDemo {
    public static void main(String[] args) throws Exception {
        List<String> data = new ArrayList<>();                    // 实例化List接口
```

```
            Collections.addAll(data, "Java", "JavaScript", "Python", "Ruby",
                  "Go", "C", "C++", "SQL");                          // 数据存储
            Stream<String> stream = data.stream();                  // 获取Stream对象
            // skip(): 跳过指定长度的数据项
            // limit(): 要操作数据个数，例如，通过skip()跳到2，则数据获取范围索引为2~6
            // filter(): 对给定的数据执行过滤，本程序查询数据是否包含字母"j"或"c"
            // collect(): 将所有满足过滤条件的数据收集成一个新的List集合
            List<String> list = stream.skip(2).limit(4).filter((ele) ->
                  ele.toLowerCase().matches("(.*j.*)|(.*c.*)")).collect(Collectors.toList());
            System.out.println(list);
      }
}
```

程序执行结果：

[C]

本程序利用 skip() 与 limit() 方法截取了集合中的部分数据进行处理，在过滤中会将包含"j"和"c"的集合项筛选出来，随后通过 collect() 将筛选的结果以 List 集合的形式返回。

Stream 接口提供一个最为重要的 MapReduce 数据分析模型，它可以直接对类集中的数据进行分析处理。MapReduce 是一种由谷歌公司提出的分布式计算模型，主要用于搜索领域，解决海量数据的计算问题。MapReduce 模型有两个部分：Map（数据处理）与 Reduce（统计计算）。下面通过一个具体的案例进行说明。

范例：MapReduce 数据处理（注：书名与阶段仅为示例）

```
package com.yootk;
import java.util.*;
import java.util.stream.*;
class Order {                                              // 描述订单
    private String name;                                  // 商品名称
    private double price;                                 // 商品单价
    private int amount;                                   // 数量
    public Order(String name, double price, int amount) { // 构造方法
        this.name = name;                                 // 属性保存
        this.price = price;                               // 属性保存
        this.amount = amount;                             // 属性保存
    }
    // setter方法、getter方法、无参构造方法略
}
public class YootkDemo {
    public static void main(String[] args) throws Exception {
        List<Order> orders = new ArrayList<>();           // 创建订单集合
        orders.add(new Order("《Java就业编程实战》", 69.8, 8000));    // 保存订单
        orders.add(new Order("《Spring就业编程实战》", 79.8, 6000));  // 保存订单
        orders.add(new Order("《Java架构师就业编程实战》", 59.8, 72821)); // 保存订单
        Stream<Order> stream = orders.stream();           // 获取Stream接口实例
        DoubleSummaryStatistics result = stream
            .filter((ele) -> ele.getName().toLowerCase().contains("java"))
            .mapToDouble((orderObject) -> orderObject.getPrice() * orderObject.getAmount())
            .summaryStatistics();
        System.out.println("【订单总量】" + result.getCount());
        System.out.println("【订单总费用】" + result.getSum());
        System.out.println("【商品平均价格】" + result.getAverage());
        System.out.println("【商品最高价格】" + result.getMax());
        System.out.println("【商品最低价格】" + result.getMin());
    }
}
```

程序执行结果：

【订单总量】2
【订单总费用】4913095.8
【商品平均价格】2456547.9
【商品最高价格】4354695.8
【商品最低价格】558400.0

本程序在 List 集合之中保存了一组订单数据，每一个订单都包含商品的名称、价格以及购买数量。如果要对这些订单进行筛选，以及进行相关信息的统计，就可以利用 Stream 接口提供的 MapReduce 模型来处理，操作步骤如下。

（1）通过 filter()方法筛选出要参与运算的所有订单数据，这是通过订单商品名称包含"java"实现的。

（2）对筛选出来的数据进行 Map 处理，即将每一个订单中的商品数量和价格相乘，这样可以得到总价。

（3）通过 summaryStatistics()方法获取数据统计结果，随后利用 DoubleSummaryStatistics 类对象获取统计信息。

5.12　本 章 概 览

1．Java 为了解决数据结构开发难度较大的问题，在 JDK 1.2 中正式推出了类集框架，其中最为核心的接口是 Collection、List、Set、Map、Iterator、Enumeration。

2．JDK 1.5 后出现的泛型技术解决了长期以来类集中数据存储混乱的问题，从而减少了 ClassCasetException 异常产生。

3．Collection 是单值存储的最大父接口，但是由于其描述的存储类型过于泛泛，在实际的开发中更推荐使用其子接口，其中 List 子接口允许存储重复数据，而 Set 子接口不允许存储重复数据。

4．ArrayList 是 List 接口最为常用的子类，其内部是基于对象数组进行数据存储的，所以在使用之前需要预估需要的容量，从而避免对象数组的重复分配所带来的引用垃圾问题。

5．LinkedList 是基于链表形式实现的 List 接口，在使用 get()进行数据查询时，为避免全表迭代造成的性能问题，可采用部分迭代的形式进行处理（以存储量为中心进行计算）。

6．Vector 是 JDK 1.0 提供的类集工具类，JDK 1.2 及其之后的版本中多实现了一个 List 接口，从而使 Vector 被保留下来。其基本的实现逻辑与 ArrayList 的相同，但是所有的方法都采用了 synchronized 声明，属于线程安全的处理类，但是性能相对较低。

7．Set 接口主要保存那些没有重复数据的集合，但是 Set 接口并不具有像 List 接口那样的 get()、set()方法，所以无法根据索引实现数据的获取以及修改操作。

8．HashSet 是 Set 接口最为常用的一个子类，基于哈希分区的存储模式，采用无序的方式进行存储。为了提高重复数据的查询性能，可通过 hashCode()方法确定分区，而后利用 equals()方法进行对象内容的比较。

9．TreeSet 是排序的操作类，可以基于 java.lang.Comparable 接口定义的排序顺序进行存储。

10．Collection 接口在 JDK 1.5 中继承了 Iterable 父接口，提供获取 Iterator 接口对象实例的方法。利用 Iterator 接口输出集合是开发中最为常见的操作。

11．Iterator 只能够实现单向迭代输出，而 ListIterator 可以实现双向迭代输出，但是只有 List 子接口才可以使用该接口。

12．Enumeration 是早期的集合输出接口，主要与 Vector 结合在一起使用。

13．foreach 可以实现 Iterable 接口的输出支持，如果自定义类需要使用 foreach 输出，则需要在该类中定义 Iterator 实现类。

14．Map 可以实现二元偶对象的存储，而所有的二元偶对象最终都会被封装在 Map.Entry 接口实例之中。

15．HashMap 是 Map 接口最为常用的子类，HashMap 在存储时采用了"数组 + 链表（红黑树）"的模型。利用数组实现哈希桶的定义，而后每个桶会保留若干数据，当数据量小于 8 个时采用链表存储，而当数据量超过 8 个时，会采用红黑树进行存储，以达到数据查找性能的优化。

16．Hashtable 是 JDK 1.0 提供的字典实现类，在 JDK 1.2 中多实现了 Map 接口，其内部的方法使用了 synchronized 声明，所以属于多线程安全的操作，但是性能较低，同时不能够在 KEY 和 VALUE 中保存 null。

17．如果要通过 Iterator 输出 Map 集合，则需要首先将其转为 Set 集合，而后利用 Set 获取 Iterator 接口实例，从而达到迭代输出的目的。在每次迭代时所获取到的都是 Map.Entry 接口实例，通过此接口提供的 getKey()、getValue()方法可以获取二元偶对象中保存的数据。

18．Stack 实现了 FILO 模式，而 Queue 实现了 FIFO 模式。在实际开发中，队列可以起到操作缓冲的目的，这在架构技术应用中非常常见。

19．Properties 是 Hashtable 的子类，提供了 Hastable 字符串处理操作，可以直接实现属性的配置与读取，并可以基于 I/O 流实现属性的读写控制。

20．Collections 提供了良好的集合数据支持类，可以对集合的操作功能进行扩充。

5.13 实 战 自 测

1．利用类集实现以下数据表结构的映射转换，并将转换后的对象信息保存在文件之中，要求实现如下查询功能：
- 可以根据一个用户找到该用户对应的所有角色，以及每一个角色对应的所有权限信息；
- 可以根据一个角色找到该角色下的所有权限，以及拥有此角色的全部用户信息；
- 可以根据一个权限找到具备此权限的所有用户信息。

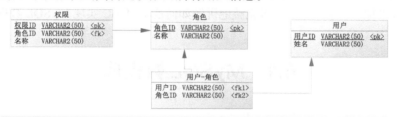

视频名称　0530_【掌握】类集序列化对象存储
视频简介　Java 类集可以方便地实现多个对象数据的动态存储，这样在进行若干个对象的序列化时就可以通过集合的方式实现统一操作。本视频基于类关联的描述实现了业务功能定义以及基于序列化方式的数据信息获取。

类集序列化
对象存储

2．利用类集实现如下复杂结构的信息输出：一个公司包含多个部门，每个部门有多个雇员，每一位雇员有各自处理的业务范围。

视频名称　0531_【掌握】部门信息查找
视频简介　对象数组虽然可以方便地实现多个数据的存储，但是因为有长度限制，所以在项目开发中控制起来较为困难。本视频介绍如何基于类集的形式改写传统代码实现操作，并介绍如何基于业务的设计实现级联关系数据信息的获取操作。

部门信息查找

3．利用类集实现若干学生信息存储，除了保存学生的基本信息之外还要求保存学生的数学成绩、编程成绩、英语成绩，随后统计所有学生的总成绩以及每门课程的平均成绩。

视频名称　0532_【掌握】学生成绩统计
视频简介　集合中除了可以保存多个数据内容，还可以有更多的数据统计管理实现。本视频通过一个实际的应用并结合具体的业务介绍如何实现学生成绩数据的计算管理操作。

学生成绩统计

第6章
Java 数据库编程

本章学习目标

1. 掌握 MySQL 数据库的安装方法以及基本 SQL 命令；
2. 掌握 JDBC 的操作分类，并可以基于指定的驱动程序实现与 MySQL 数据库的连接；
3. 掌握 Connection、Statement、PreparedStatement、ResultSet 这 4 个核心接口的使用方法，并可以通过其实现数据的 CRUD 操作；
4. 掌握数据库批处理的设计意义以及具体实现方法；
5. 掌握事务的概念，并可以基于 JDBC 实现事务处理；
6. 理解 JDBC 元数据的概念，并可以根据元数据获取数据库与数据表相关信息。

数据库是当今项目开发中必不可少的核心技术之一。Java 为了便于数据库的开发处理操作，提供了 JDBC 技术标准。本章将为读者完整地讲解如何基于 JDBC 实现 MySQL 数据库的开发处理操作。

6.1 MySQL 数据库

数据库简介

视频名称 0601_【掌握】数据库简介

视频简介 项目中需要进行大量的数据管理，而数据管理最有效的模式就是基于数据库软件进行管理。本视频为读者分析项目开发中数据库的作用以及编程开发的意义。

数据库（Database）是现代项目开发中不可或缺的重要数据管理软件，提供了数据的标准存储结构。这样，所有的数据都可以按照有序的方式进行存储，同时也支持使用 SQL 实现数据查询操作。

> 💡 **提示：关于 SQL。**
>
> SQL（Structure Query Language，结构查询语言）是由 IBM 公司开发并推广的用于数据库操作的标准语言，可以针对数据库实现数据查询、数据更新、数据库对象定义以及授权管理等操作。读者如果不熟悉 SQL 语法的相关知识，可以通过本书附赠的资源自行学习，本章只为读者讲解基本的 SQL 操作。
>
> 另外需要提醒读者的是，数据库分为 SQL 数据库（传统的关系数据库）和 NoSQL 数据库两种，本章所讲解的数据库主要是 SQL 数据库。

在一个数据库之中，最为基础的数据存储单元为数据表（Table），每张表会有若干个数据列（Column），每一列有其对应的数据类型，较为常用的数据类型有整型、字符串、日期、长文本等，详细定义如表 6-1 所示。在进行数据操作时必须依据数据类型进行处理，核心的存储结构如图 6-1 所示。

表 6-1　MySQL 常用数据类型

序号	数据类型	关键字	长度	范围
01	整型	INT	4 Byte	$-2,147,483,648 \sim 2,147,483,647$
02	大整型	BIGINT	8 Byte	$-9,223,372,036,854,775,808 \sim 9,223,372,036,854,775,807$
03	单精度浮点型	FLOAT	4 Byte	$(-3.402,823,466 \times 10^{38}, -1.175,494,351 \times 10^{-38}), 0, (1.175,494,351 \times 10^{-38}, 3.402,823\ 466,351 \times 10^{38})$
04	双精度浮点型	DOUBLE	8 Byte	$(-1.797,693,134,862,315,7 \times 10^{308}, -2.225,073,858,507,201,4 \times 10^{-308}), 0, (2.225,073\ 858,507,201,4 \times 10^{-308}, 1.797,693,134,862,315,7 \times 10^{308})$
05	字符串	VARCHAR	自定义	$0 \sim 65,535$ Byte
06	长文本	TEXT	自定义	$0 \sim 65,535$ Byte
07	极大文本	LONGTEXT	自定义	$0 \sim 4,294,967,295$ Byte
08	日期	DATE	—	1000-01-01 ～ 9999-12-31
09	时间	TIME	—	$-838:59:59 \sim 838:59:59$
10	日期时间	DATETIME	—	1000-01-01 00:00:00 ～ 9999-12-31 23:59:59

图 6-1　数据库核心存储结构

在实际项目开发中，数据库中的数据表往往需要根据具体的业务需求和项目的功能进行设计。但是如果让使用者直接操作数据库，可能会出现严重的安全问题，因此通常利用程序来进行数据库操作，用户通过程序获取数据或者更新数据。现阶段大部分的编程语言都提供数据库的开发支持，不同的编程语言基于 SQL 语法结构编写相应的语句即可实现指定数据库、数据表的数据操作，如图 6-2 所示。本章将基于 MySQL 数据库进行开发讲解。

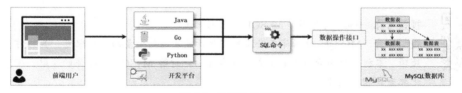

图 6-2　程序与数据库

6.1.1　MySQL 简介

MySQL 数据库
简介

视频名称　0602_【掌握】MySQL 数据库简介

视频简介　MySQL 是全球使用最广泛的开源数据库，本视频为读者介绍 MySQL 数据库的发展历史以及当前的应用状况。

MySQL 是一个小型关系数据库管理系统，由瑞典 MySQL AB 公司开发，目前是 Oracle 公司的数据库产品。在实际使用中，MySQL 数据库由于体积小、速度快、开源等众多优点被许多互联网公司所使用，开发者如果要使用 MySQL 数据库产品，直接登录其官网即可进行下载，如图 6-3 所示。本章所使用的是 MySQL 8.0。

图 6-3　MySQL 官网首页

💡 **提示：关于 MySQL 的发展历史。**

　　MySQL 的第一个版本是在 1996 年发布的，其作者为蒙蒂·维德纽斯（Monty Widenius）（见图 6-4），他创办了 MySQL AB 公司。2008 年 1 月，MySQL AB 公司被 SUN 公司收购，但是 SUN 公司并没有大力进行 MySQL 数据库的推广，而只是将其用于企业技术平台的推广。

　　2009 年 4 月，Oracle 公司又以 74 亿美元收购 SUN 公司，所以现在 Oracle 公司是 MySQL 数据库的所有者。在 MySQL 数据库被收购之后，由于其面临闭源的风险，因此 MySQL 数据库之父——Monty Widenius 又推出了一款新的 MariaDB 数据库作为 MySQL 的替代品，如图 6-5 所示。MariaDB 提供与 MySQL 兼容的操作支持。

图 6-4　MySQL 作者

图 6-5　MariaDB 与 MySQL 图标

6.1.2　MySQL 安装与配置

MySQL 安装与配置

视频名称　0603_【掌握】MySQL 安装与配置
视频简介　MySQL 数据库在安装时需要开发者进行大量的手动配置，其操作步骤也非常烦琐。本视频采用分布式的形式为读者详细地讲解 MySQL 数据库的获取、安装以及初始化配置的相关操作。

　　在进行下载时，用户需要根据所使用的操作系统选择不同的 MySQL 版本，如图 6-6 所示。由于本小节介绍的是在 Windows 上进行 MySQL 安装，所以下载的开发包为"Windows (x86, 64-bit), ZIP Archive"，如图 6-7 所示。

图 6-6　选择下载版本

图 6-7　选择开发包

提示：建议读者通过视频学习 MySQL 安装。

　　MySQL 数据库不是所有的版本都提供自动化安装，本小节所使用的 MySQL 数据库就需要由用户自己进行配置，而这部分的配置较为烦琐，建议读者根据本小节的视频讲解进行操作。另外，如果读者使用的操作系统比较旧，也有可能出现缺少支持库等错误，此时只能根据出现的错误找到相应的补丁进行处理，所以建议读者采用 Windows 10 系统，这样问题会相对少一些。

　　下载完成后可以获得一个 mysql-8.0.17-winx64.zip 压缩包，里面有 MySQL 数据库运行的相关文件，读者可以按照下面的步骤进行 MySQL 数据库的安装与配置操作。

　　（1）解压缩：为了便于 MySQL 压缩包的管理，可以将下载的 MySQL 压缩包直接解压缩到 c:\tools 目录之中，随后将其更名为 mysql8，完整路径为 c:\tools\mysql8。

　　（2）配置路径：在解压缩完成之后 mysql8 目录下会有 bin 目录，里面是全部的 MySQL 执行程序。为了方便使用，可以将此路径添加到系统的 PATH 环境变量之中，操作步骤：【此电脑】➔【属性】➔【高级系统设置】➔【高级】➔【环境变量】➔【系统变量】➔【新建 PATH 系统变量】➔设置变量值为 c:\tools\mysql8\bin，如图 6-8 所示。

图 6-8　为系统添加环境变量

　　（3）数据目录：在进行 MySQL 配置时需要提供一个数据目录来保存所有的数据和日志文件，本小节数据目录的路径为 E:\mysql-dc，同时在该目录下创建 data 与 logs 两个目录。

　　（4）编辑配置文件：在 mysql8 目录下创建 my.ini 文件，此文件将作为 MySQL 的核心配置文件，用于进行数据库环境的设置以及 MySQL 相关目录的定义，如图 6-9 所示。

图 6-9　my.ini 配置文件

范例：定义 my.ini 配置文件

```
[mysqld]
# 设置3306端口
port=3306
# 设置MySQL的安装目录
basedir=C:\tools\mysql8
# 设置MySQL数据库的数据的存放目录
datadir=E:\mysql-dc\data
# mysql.sock存储目录
socket=E:\mysql-dc\data\mysql.sock
# 允许最大连接数
max_connections=10000
# 允许连接失败的次数。这是为了防止有人从该主机试图攻击数据库系统
max_connect_errors=10
# 服务端使用的字符集默认为UTF-8
character-set-server=UTF8MB4
# 创建新表时将使用的默认存储引擎
default-storage-engine=INNODB
# 默认使用mysql_native_password插件认证
default_authentication_plugin=mysql_native_password
```

```
[mysql]
# 设置MySQL客户端默认认字符集
default-character-set=UTF8MB4
# mysql.sock存储目录
socket=E:\mysql-dc\data\mysql.sock
[client]
# 设置MySQL客户端连接服务端时默认使用的端口
port=3306
default-character-set=utf8
[mysqld_safe]
log-error=E:\mysql-dc\logs\mysql.log
pid-file=E:\mysql-dc\logs\mysql.pid
# mysql.sock存储目录
socket=E:\mysql-dc\data\mysql.sock
```

（5）数据库初始化：在 MySQL 中提供 mysqld 的初始化命令，开发者只要配置好 my.ini 文件就可以直接使用此命令进行数据库的初始化。在数据库初始化的时候会生成一个临时密码，该密码为超级管理员密码，一定要记住！

```
mysqld --initialize --console
```

初始化密码：

```
[Note] [MY-010454] [Server] A temporary password is generated for root@localhost: 5w;drsLf_qx;
```

（6）服务安装：为了方便使用 MySQL，将 MySQL 服务安装到系统服务之中（使用管理员方式运行 cmd 命令）。

```
mysqld install
```

程序执行结果：

```
Service successfully installed.
```

如果以后系统中不再需要使用 MySQL 数据库的服务，也可以用 mysqld remove 命令卸载此服务。

（7）服务控制：命令执行完毕会自动在系统服务中进行 MySQL 服务的注册，如图 6-10 所示，这样就可以直接由 Windows 系统进行 MySQL 服务器的启动与停止等。

图 6-10　Windows 服务管理

 提示：命令启动。

如果现在不想通过 Windows 服务管理界面进行 SQL 的控制，则可以执行如下两个命令。

启动 MySQL 服务：

```
net start mysql
```

关闭 MySQL 服务：

```
net stop mysql
```

这两个命令的执行效果和直接在界面中操作的效果是完全相同的。

（8）MySQL 登录：MySQL 服务启动之后就可以使用 MySQL 内置的命令进行登录。

命令格式：

```
mysql -u用户名 -p密码
```

执行命令：

```
mysql -uroot -p
```

在 MySQL 安装完成之后会有一个默认的用户 root（拥有 MySQL 的最高控制权限），此用户的默认登录密码为先前进行 MySQL 安装时生成的临时密码 **5w;drsLf_qx;**，登录成功之后的界面如图 6-11 所示。

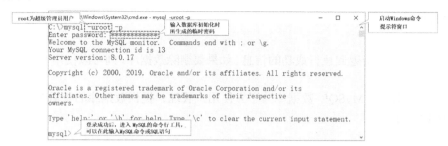

图 6-11　MySQL 命令行工具界面

（9）修改密码：虽然此时已经登录成功，但是所使用的是默认临时生成的 MySQL 密码，这样对后面的数据库管理是非常不利的，可以通过命令手动设置新的密码为 mysqladmin。

```
alter user 'root'@'localhost' IDENTIFIED WITH mysql_native_password BY 'mysqladmin';
```

程序执行结果：

```
Query OK, 0 rows affected (0.08 sec)
```

（10）远程登录配置：此时的 MySQL 数据库所提供的 root 用户只允许被本机用户访问，但是在实际项目中经常需要单独搭建 MySQL 数据库服务器，而后程序通过远程连接进行访问，所以还需要开启远程访问支持。

进入数据库：

```
use mysql
```

设置远程访问：

```
update user set user.Host='%'where user.User='root';
```

配置生效：

```
flush privileges;
```

经过一系列的配置步骤之后，MySQL 数据库配置完成，开发者可以直接使用命令行工具进行各种操作。如果需要，也可以使用一些 MySQL 第三方客户端程序进行数据库操作。

6.1.3　MySQL 操作命令

MySQL 操作命令

视频名称　0604_【掌握】MySQL 操作命令
视频简介　对 MySQL 数据库需采用命令行的模式进行操作。本视频为读者讲解 MySQL 的常用命令，并介绍如何利用 SQL 语句实现数据表的创建、更新与查询操作。

用户登录成功后就可以直接使用 MySQL 数据库相关操作命令进行数据库的管理与相关信息的获取，也可以直接使用 SQL 语句进行数据表的创建、查询、更新等操作。下面通过具体的范例来对这些命令进行说明。

💡 **提示：关于命令的编写。**

为了更加便于读者理解 MySQL 或 SQL 相关命令，本小节中的命令语句将采用大小写混合的模式进行定义（MySQL 命令不区分大小写），所有固定的语法部分将使用大写字母表示，而所有可以由用户随意定义的部分将使用小写字母表示。

（1）SQL 命令：在 MySQL 数据库中用户可以根据需要创建属于自己的数据库。下面将创建一个 yootk 数据库。

```
CREATE DATABASE yootk CHARACTER SET UTF8 ;
```

程序执行结果：

```
Query OK, 1 row affected
```

数据库成功创建后会返回执行成功的信息。如果要删除数据库，则可以使用 DROP DATABASE yootk ;命令。

（2）MySQL 命令：MySQL 数据库为了方便用户管理，提供数据库的查看命令，可以列出已有的全部数据库名称。

```
SHOW DATABASES ;
```

程序执行结果：

（3）MySQL 命令：在 MySQL 中如果想使用某一个数据库，则必须通过 USE 命令来进行切换。下面将通过此命令将当前默认使用的数据库切换为 yootk。

```
USE yootk ;
```

程序执行结果：

```
Database changed
```

（4）MySQL 命令：数据库中数据表是非常重要的组成单元，MySQL 数据库针对数据的存储提供不同的数据引擎，常用的数据引擎有 4 种。

- **MyISAM**：该类数据引擎不支持事务控制，但是访问的速度非常快。这类数据引擎只适合执行 SELECT、INSERT 之类的数据操作，不适合进行并发事务的修改控制（UPDATE、DELETE 等）。
- **INNODB**：支持事务控制（事务回滚与事务提交），但是相较 MyISAM 引擎，数据的写入性能会比较差，同时会占用更多的磁盘空间以保留数据和索引内容。
- **MEMORY**：所有的数据都直接在内存之中进行处理，访问速度非常快，但是一旦服务关闭，数据会丢失。
- **Archive**：支持高并发的数据插入操作，主要用于日志数据记录。

用户可以直接在 my.ini 配置文件里面设置默认的数据引擎，通过 **default-storage-engine=INNODB** 进行配置项修改即可。如果想知道当前默认的数据引擎是哪一种，可以采用如下命令进行查看。

```
SHOW ENGINES ;
```

程序执行结果：

```
| Engine             | Support | Comment                                                        | Transactions | XA   | Savepoints |
| MEMORY             | YES     | Hash based, stored in memory, useful for temporary tables      | NO           | NO   | NO         |
| MRG_MYISAM         | YES     | Collection of identical MyISAM tables                          | NO           | NO   | NO         |
| CSV                | YES     | CSV storage engine                                            | NO           | NO   | NO         |
| FEDERATED          | NO      | Federated MySQL storage engine                                | NULL         | NULL | NULL       |
| PERFORMANCE_SCHEMA | YES     | Performance Schema                                            |              |      |            |
| MyISAM             | YES     | MyISAM storage engine            my.ini配置文件中的定义: default-storage-engine=INNODB
| InnoDB             | DEFAULT | Supports transactions, row-level locking, and foreign keys     | YES          | YES  | YES        |
| BLACKHOLE          | YES     | /dev/null storage engine (anything you write to it disappears) | NO           | NO   | NO         |
| ARCHIVE            | YES     | Archive storage engine                                        | NO           | NO   | NO         |
9 rows in set
```

（5）SQL 命令：一个数据库内部可以创建多张数据表，数据表的创建属于 DDL（Data Description

Language，数据描述语言）语法的定义范畴。下面将在 yootk 数据库里面创建一张 user 数据表，用于保存用户信息，数据表结构如表 6-2 所示。

表 6-2 用户（user）表结构

序号	字段名称	类型	描述
01	uid	大整型	用户编号，自动增长，主键
02	name	字符串	用户的真实姓名，不能为空
03	age	整型	用户年龄，不能为空
04	birthday	日期	用户生日
05	note	文本	用户备注

在进行数据表创建时一般都会为数据表设置一个主键字段（PRIMARY KEY），该字段所描述的数据列的内容不能够重复而且必须设置。为方便起见，本小节将使用 AUTO_INCREMENT 实现一个自动增长的主键，所以用户表中 uid 的数据类型使用了 BIGINT。

```
-- 【注释】判断user表是否存在，如果存在则进行删除
DROP TABLE IF EXISTS user ;
-- 【注释】创建user表，同时为每一个列设置说明信息
CREATE TABLE user(
    uid         BIGINT          AUTO_INCREMENT      COMMENT '主键列（自动增长）',
    name        VARCHAR(30)                         COMMENT '用户姓名' ,
    age         INT                                 COMMENT '用户年龄' ,
    birthday    DATE                                COMMENT '用户生日' ,
    salary      FLOAT                               COMMENT '用户月薪' ,
    note        TEXT                                COMMENT '用户说明' ,
    CONSTRAINT pk_uid PRIMARY KEY(uid)
) engine=INNODB ;
```

（6）MySQL 命令：数据表创建完成之后，用户可以直接使用 MySQL 数据库提供的如下命令查看当前数据库中已经存在的用户表名称。

```
SHOW TABLES ;
```

程序执行结果：

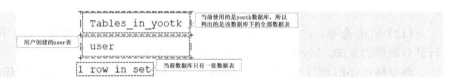

（7）MySQL 命令：除了可以获取表名称的信息之外，也可以通过 DESC 命令查看指定数据表的结构。

```
DESC user ;
```

程序执行结果：

```
+----------+-------------+------+-----+---------+----------------+
| Field    | Type        | Null | Key | Default | Extra          |
+----------+-------------+------+-----+---------+----------------+
| uid      | bigint(20)  | NO   | PRI | NULL    | auto_increment |
| name     | varchar(30) | YES  |     | NULL    |                |
| age      | int(11)     | YES  |     | NULL    |                |
| birthday | date        | YES  |     | NULL    |                |
| salary   | float       | YES  |     | NULL    |                |
| note     | text        | YES  |     | NULL    |                |
+----------+-------------+------+-----+---------+----------------+
6 rows in set
```

（8）SQL 命令：对数据库添加数据。

命令格式：INSERT INTO 表名称[(字段 1,字段 2,字段 3,…,字段 n)] VALUES (值 1,值 2,值 3,…值 n)。

```
INSERT INTO user (name, age, birthday, salary, note) VALUES ('李兴华', 18, '2000-08-13', 8000.0,
'www.yootk.com') ;
INSERT INTO user (name, age, birthday, salary, note) VALUES ('沐言优拓', 18, '2000-09-15', 9000.0,
'www.yootk.com') ;
```

程序执行结果：

```
Query OK, 1 row affected（执行两次会出现两次返回信息）
```

本程序在进行数据添加时，由于 uid 字段采用了主键自动生成的方式，因此不需要用户进行设置。

（9）SQL 命令：数据增加后，可以直接对数据表进行查询操作。

命令格式：SELECT *| 列名称 [别名]，列名称 [别名]，… FROM 表名称 [别名] [WHERE 数据筛选条件];。

```
SELECT * FROM user ;
```

程序执行结果：

（10）SQL 命令：对数据表中的数据除了可以进行全部查询之外，也可以设置一些过滤条件，例如，查询姓名中带有"沐言"，同时年龄为 18 岁的用户信息。

```
SELECT * FROM user WHERE name LIKE '%沐言%' AND age=18 ;
```

程序执行结果：

（11）SQL 命令：在使用自动增长列进行主键生成时，也可以利用 MySQL 提供的函数获取当前最后一次增长的列的 uid。

```
SELECT LAST_INSERT_ID() ;
```

程序执行结果：

```
2
```

（12）SQL 命令：在数据表数据较多时，为了便于用户进行数据浏览，可以采用分页的方式进行部分数据的查询。MySQL 提供 LIMIT 的分页处理支持。

命令格式：SELECT *| 列名称 [别名]，… FROM 表名称 [别名] [WHERE 条件] LIMIT 开始行，长度;。

```
SELECT * FROM user LIMIT 0, 1 ;
```

程序执行结果：

（13）SQL 命令：数据库中提供 COUNT() 函数，可以实现表中所有数据行的统计。

```
SELECT COUNT(*) FROM user ;
```

程序执行结果：

```
2
```

（14）SQL 命令：数据表中的数据信息也可以修改，修改一般针对某几个列的内容，通过 WHERE 设置修改条件，不设置则意味着要进行全表的内容变更。

命令格式：UPDATE 表名称 SET 字段 1=值 1,. …字段 n=值 1 [WHERE 更新条件];。

```
UPDATE user SET age=20, salary=65391.23 WHERE uid=1 ;
```

程序执行结果：

```
Query OK, 1 row affected
Rows matched: 1  Changed: 1  Warnings: 0（返回更新的数据行数）
```

本程序针对 uid 为 1 的用户更新了 age 和 salary 字段的内容。

（15）SQL 命令：当数据表中的某些数据不再需要时可以进行删除，在删除时一般都会设置删除条件，如果不设置则会删除数据表中的全部数据记录。

命令格式：DELETE FROM 表名称 [WHERE 删除条件];。

```
DELETE FROM user WHERE uid IN (1, 2) ;
```

程序执行结果：

```
Query OK, 2 rows affected（返回更新的数据行数）
```

本程序删除了 user 表中用户编号为 1 和 2 的用户信息，在数据成功删除后会返回所影响的数据行数。也就是说，增加、修改、删除这样的数据更新操作在每一次执行完毕后都会返回影响的数据行数，而查询操作只会返回符合条件的数据。

（16）MySQL 命令：数据库使用完毕后，可以直接使用 quit 命令退出命令行环境。

6.1.4 MySQL 前端工具

视频名称	0605_【掌握】MySQL 前端工具
视频简介	IntelliJ IDEA 作为流行的 Java 开发工具，为了便于开发也提供数据库操作客户端。本视频通过具体的操作步骤为读者演示如何在 IntelliJ IDEA 工具中进行 MySQL 连接配置以及命令的执行。

MySQL 前端工具

MySQL 提供的仅仅是一个数据库的服务组件，除了命令行工具之外并没有可视化的工具，这样在实际使用时就需要开发者通过第三方的工具进行处理。而 IntelliJ IDEA 工具设计较为完善，直接提供了各类数据库的客户端支持。如果要配置与 MySQL 的连接，直接使用 IntelliJ IDEA 主界面右侧工具条的【Database】工具即可，如图 6-12 所示。

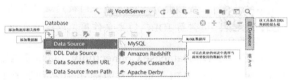

图 6-12　创建 MySQL 数据源

在进行 MySQL 数据库连接时，需要由开发者输入 MySQL 连接的地址、端口、用户名和密码等信息。由于 IntelliJ IDEA 通过 Java 提供的 JDBC 连接 MySQL 数据库，因此还需要下载相关的数据库驱动程序。IntelliJ IDEA 直接提供驱动程序的下载支持，下载后即可实现正确的 MySQL 数据库配置，如图 6-13 所示。

图 6-13　IntelliJ IDEA 配置 MySQL 连接

MySQL 连接配置完成后，可以直接打开配置的数据源，在指定的位置输入要执行的 SQL 语句，就可以直接返回相应的数据库处理结果，如图 6-14 所示。

图 6-14　IntelliJ IDEA 操作 MySQL 数据库

6.2　JDBC

视频名称　0606_【掌握】JDBC 简介

视频简介　Java 是一门被广泛使用的编程语言，其自身支持数据库开发操作。本视频主要讲解 JDBC 的主要作用，以及开发中几种不同的数据库连接模式。

JDBC 简介

JDBC（Java Database Connectivity，Java 数据库互连）提供了一种与平台无关的用于执行 SQL 语句的标准 Java API，可以方便地实现多种关系数据库的统一操作。它由一组用 Java 语言编写的类和接口组成。数据库如果要使用 Java 开发，就必须实现这些接口的标准，如图 6-15 所示，这样才可以将数据库整合到 Java 应用之中。

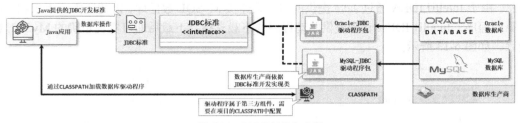

图 6-15　JDBC 标准与实现

JDBC 本身提供的是一套数据库操作标准，而这些标准又需要各个数据库厂商实现，所以针对每一个数据库厂商都会提供一个 JDBC 的驱动程序。目前比较常见的 JDBC 驱动程序可分为以下 4 类。

1.【Java 原生实现】JDBC-ODBC 桥接模式

通过 JDBC-ODBC 驱动程序模式来实现数据库的连接，此时的数据库要先连接到微软公司的 ODBC（Open Database Connectivity，开放式数据库互连）组件，随后利用 Java 调用 ODBC 实现，再由 ODBC 调用具体的数据操作，操作流程如图 6-16 所示。由于此类连接与开发模式存在严重的性能问题，所以在正规的项目开发中不会采用此种开发模式。

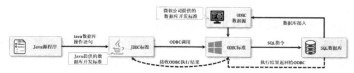

图 6-16　JDBC-ODBC 操作流程

2.【第三方实现】JDBC 本地连接

JDBC 本身就是一个数据库的开发标准，同时各个数据库生产商也会提供各自的数据库驱动以便于进行数据库开发处理，这样就可以通过 Java 直接操作数据库，如图 6-17 所示。由于中间没有任何转换操作，所以该模式的性能是最好的。

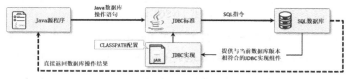

图 6-17　JDBC 本地连接

3.【第三方实现】JDBC 网络连接

为每一个项目提供专属的数据库服务器，在进行程序开发时可以通过网络地址实现远程数据库的访问控制，如图 6-18 所示。这种分布式的开发模式由于维护方便、扩展度较高，在实际开发中使用较多。

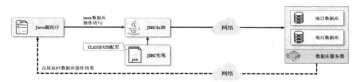

图 6-18　JDBC 网络连接

4. 本地协议纯 JDBC 驱动程序

这种类型的驱动程序将 JDBC 调用直接转换为数据库管理系统所使用的网络协议。这将允许从客户机上直接调用数据库管理系统服务器，是 Intranet 访问的一个很实用的解决方法。

6.2.1　JDBC 连接 MySQL 数据库

JDBC 连接
MySQL 数据库

视频名称　0607_【掌握】JDBC 连接 MySQL 数据库
视频简介　JDBC 是 Java 提供的一个数据库操作标准，基于此标准可以方便地实现各类数据库的连接与操作管理。本视频主要讲解如何利用 JDBC 进行数据库连接。

为便于理解，本小节将基于 MySQL 数据库介绍如何实现 JDBC 的相关连接管理。在具体的应用实现之前需要将 MySQL 数据库驱动程序包配置到项目的 CLASSPATH 之中，如图 6-19 所示。

图 6-19　为 Java 项目配置 MySQL 驱动程序包

💡 提示：通过 Maven 仓库获取 MySQL 驱动程序包。

本书给出的源代码中已经提供了 MySQL 驱动程序包，如果用户安装了最新的 MySQL 数据库，可以登录 MVN 仓库搜索并下载最新的 MySQL 驱动程序包，如图 6-20 所示。

图 6-20　下载 MySQL 驱动程序包

另外需要提醒读者的是，如果开发者没有使用 IntelliJ IDEA 或 Eclipse 之类的开发工具进行程序开发，则也可以将驱动程序包配置到本地的 CLASSPATH 环境属性之中。

驱动程序包配置完成后，就可以正式进行 JDBC 程序的编写了。在编写过程中首先需要解决的问题就是数据库的连接管理，而这一功能的实现需要 java.sql.DriverManager 驱动管理类和 java.sql.Connection 接口的支持，具体的实现操作如图 6-21 所示。

💡 提示：java.sql 模块。

JDBC 接口标准并没有定义在 java.base 模块之中，而是定义在 java.sql 模块中。该模块提供 java.sql、javax.sql 开发包。本书重点围绕 java.sql 开发包进行 JDBC 应用的讲解，而本系列后续的《Java Web 开发实战（视频讲解版）》将会为读者讲解 javax.sql 开发包的相关操作。

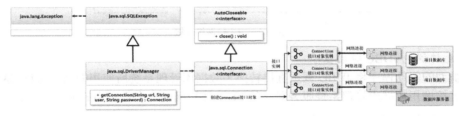

图 6-21　数据库连接

通过图 6-21 所示的结构可以发现，JDBC 利用 Connection 接口对象实例来维护数据库的连接，如果有多个数据库连接则需要提供多个 Connection 接口对象实例。而创建 Connection 接口对象实例则需要通过 DriverManager.getConnection()方法来实现，实现时需要如下 3 个核心处理参数。

- 数据库连接地址：不同的数据库有不同的数据库连接地址，JDBC 依靠地址来区分不同的数据库，例如，MySQL 连接地址为 jdbc:mysql://主机名称:3306/数据库名称。
- 数据库用户名：root。
- 数据库用户密码：mysqladmin。

范例：连接 MySQL 数据库

```java
package com.yootk;
import java.sql.*;
public class YootkDemo {
    public static final String DRIVER = "com.mysql.cj.jdbc.Driver";        // 数据库驱动程序
    public static final String URL = "jdbc:mysql://localhost:3306/yootk";  // 连接地址
    public static final String USER = "root";                              // 用户名
    public static final String PASSWORD = "mysqladmin";                    // 密码
    public static void main(String[] args) throws Exception {
        Class.forName(DRIVER);                                             // 加载驱动程序
        Connection conn = DriverManager.getConnection(URL, USER, PASSWORD); // 数据库连接
```

```
        System.out.println(conn);                          // 输出连接对象
        conn.close();                                       // 释放数据库连接
    }
}
```

程序执行结果:

```
com.mysql.cj.jdbc.ConnectionImpl@6c80d78a
```

由于 MySQL 数据库驱动程序由第三方应用提供,因此除了要进行驱动程序.jar 文件配置之外,还需要在代码中利用 Class.forName()方法加载驱动程序类,这样才可以在当前应用中使用此驱动程序。在进行数据库连接时可通过 DriverManager 提供的方法并根据提供的连接信息获取 Connection 接口对象实例。

6.2.2 JDBC 分析

JDBC 分析

视频名称　0608_【掌握】JDBC 分析

视频简介　JDBC 是一套标准技术服务实现模型,在技术服务架构设计过程之中采用完善的解耦设计思想,以实现不同数据库的连接管理。本视频为读者从架构上分析 JDBC 连接操作的处理结构,帮助读者进一步掌握工厂设计模式在项目开发中的使用方法。

先前的程序已经成功地使用java.sql.DriverManager类实现了java.sql.Connection 接口对象实例。在整个处理结构之中,DriverManager 就相当于一个 JDBC 的工厂类,而后该工厂类会根据当前项目中所配置的数据库驱动程序实现不同数据库驱动程序的加载,如图 6-22 所示。

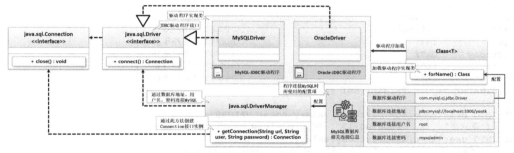

图 6-22　JDBC 驱动程序管理

通过图 6-22 所示的结构可以发现,JDBC 提供了一个 java.sql.Driver 接口,而该接口就是驱动程序的标准接口,所有数据库生产商基于此接口开发具体的实现子类,例如,MySQL 驱动程序实现类的名称为 com.mysql.cj.jdbc.Driver。这样在使用之前就需要通过 Class.forName()方法将驱动程序加载到运行的容器之中。

由于最终的项目有可能会连接不同的 SQL 数据库,因此具体的数据库连接操作由 DriverManager 工厂类来完成。该类所提供的 getConnection()方法会根据数据库的连接地址以及认证信息(用户名和密码)与数据库服务器建立网络连接,随后将此网络连接以 Connection 接口对象实例的形式保存在应用程序之中。

6.3　Statement 数据操作接口

Statement 接口简介

视频名称　0609_【掌握】Statement 接口简介

视频简介　获取数据库连接是为了取得数据库的操作能力,而操作需要通过 Statement 接口实现。本视频主要讲解 Statement 接口的实例化操作,以及该接口的主要方法。

当应用程序已经可以和要操作的目标数据库建立关联时，就可以基于该连接来创建数据库的操作对象。JDBC 使用 java.sql.Statement 接口来表示数据库的操作接口对象实例，继承结构如图 6-23 所示。每一个 Statement 接口对象都可以实现若干条 SQL 语句的操作。

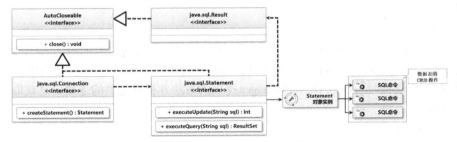

图 6-23　Statement 接口继承结构

通过图 6-23 可以发现，Connection 接口提供一个 createStatement()方法，利用该方法可以在指定的连接下创建 Statement 接口实例，从而最终实现数据表的 CRUD（"Create"增加、"Retrieve"检索、"Update"更新、"Delete"删除）操作。本节使用的数据库创建脚本如下。

范例：数据库创建脚本

```sql
DROP DATABASE IF EXISTS yootk ;
CREATE DATABASE yootk CHARACTER SET UTF8 ;
USE yootk ;
CREATE TABLE user(
    uid           BIGINT              AUTO_INCREMENT       COMMENT '主键列（自动增长）',
    name          VARCHAR(30)                              COMMENT '用户姓名',
    age           INT                                      COMMENT '用户年龄',
    birthday      DATE                                     COMMENT '用户生日',
    salary        FLOAT                                    COMMENT '用户月薪',
    note          TEXT                                     COMMENT '用户说明',
    CONSTRAINT pk_uid PRIMARY KEY (uid)
) engine=INNODB ;
INSERT INTO user(name,age,birthday,salary,note) VALUES
        ('李兴华', 18, '2008-08-13', 8000.0, 'www.yootk.com') ;
INSERT INTO user(name,age,birthday,salary,note) VALUES
        ('沐言优拓', 18, '2009-09-15', 9000.0, 'www.yootk.com') ;
INSERT INTO user(name,age,birthday,salary,note) VALUES
        ('李沐言', 18, '2009-09-15', 78000.0, 'book.yootk.com') ;
COMMIT ;
```

6.3.1　Statement 数据更新

视频名称　0610_【掌握】Statement 实现数据更新操作

视频简介　Statement 基于标准的 SQL 更新语句实现数据更新操作。本视频主要讲解如何通过 Statement 接口实现数据更新操作。

Statement 实现
数据更新操作

SQL 提供的数据表更新操作中有数据增加（INSERT）、数据修改（UPDATE）、数据删除（DELETE）3 种处理语句，程序获取到 Statement 接口之后直接执行完整的 SQL 语句即可。

范例：增加用户表数据

```java
package com.yootk;
import java.sql.*;
public class YootkDemo {
    public static final String DRIVER = "com.mysql.cj.jdbc.Driver"; // 数据库驱动程序
    public static final String URL = "jdbc:mysql://localhost:3306/yootk"; // 连接地址
    public static final String USER = "root";                      // 用户名
    public static final String PASSWORD = "mysqladmin";            // 密码
```

```java
public static void main(String[] args) throws Exception {
    Class.forName(DRIVER);                                       // 加载驱动程序
    Connection conn = DriverManager.getConnection(URL, USER, PASSWORD); // 获取数据库连接
    Statement stmt = conn.createStatement();                     // 创建数据库操作对象
    // 在程序中编写的SQL语句如果要追加换行，最佳做法是在每行前后多追加一个空格
    String sql = " INSERT INTO user(name,age,birthday,salary,note) VALUES "
        + " ('小李老师', 18, '2008-08-13', 3000.0, 'www.yootk.com') ";
    // 所有的数据更新处理都会有一个影响的数据行数信息提示，而此时的方法返回值就是影响的数据行数
    int count = stmt.executeUpdate(sql);                         // 执行SQL并返回更新行数
    System.out.println("【数据更新操作】影响的数据行数：" + count);
    // 连接关闭后所有创建的Statement实例也会自动关闭
    conn.close();                                                // 释放数据库连接
}
```

程序执行结果：

【数据更新操作】影响的数据行数：1

本程序创建了 Statement 接口对象实例，随后利用 executeUpdate()方法执行了一条完整的 SQL 语句（该语句可以直接在数据库中使用），在每次更新执行完成后都会返回该条 SQL 语句影响的数据行数。由于本程序只添加了一条数据，所以返回的更新行数为 1。

范例：修改用户表数据

```
// 整个代码的执行结构与数据增加部分的类似，唯一的区别在于SQL语句变为了UPDATE更新语句
String sql = "UPDATE user SET name='李兴华编程训练营', age=1 WHERE uid=3";   // 更新SQL
```

程序执行结果：

【数据更新操作】影响的数据行数：1

因为 Statement 接口提供的 executeUpdate()方法只机械性地将 SQL 语句发送到数据库并执行，所以此时程序并不需要进行大面积的修改，更换一条 SQL 语句即可。程序执行完成后的数据表内容如图 6-24 所示。

```
mysql> SELECT * FROM user;
+-----+----------------+-----+------------+--------+----------------+
| uid | name           | age | birthday   | salary | note           |
+-----+----------------+-----+------------+--------+----------------+
|   1 | 李兴华         |  18 | 2008-08-13 |   8000 | www.yootk.com  |
|   2 | 沐言优拓       |  18 | 2009-09-15 |   9000 | www.yootk.com  |
|   3 | 李兴华编程训练营 |  1 | 2009-09-15 |  78000 | book.yootk.com |
|   4 | 小李老师       |  18 | 2008-08-13 |   3000 | www.yootk.com  |
+-----+----------------+-----+------------+--------+----------------+
4 rows in set (0.06 sec)
```
此时指定了更新数据的 uid，所以只更新了一条数据

图 6-24　更新完成后的用户表数据

范例：删除用户数据

```
//整个代码的执行结构与数据增加部分的类似，唯一的区别在于SQL语句变为了DELETE删除语句
String sql = "DELETE FROM user WHERE name LIKE '%李兴华%'";             // 删除SQL
```

程序执行结果：

【数据更新操作】影响的数据行数：2

本程序通过 LIKE 子句实现了姓名字段的匹配，由于当前数据表中有两条数据匹配，所以最终得到的数据更新行数为 2。

6.3.2　Statement 数据查询

Statement 实现
数据查询操作

视频名称　0611_【掌握】Statement 实现数据查询操作

视频简介　数据查询会将全部内容返回内存，因此 Java 提供了 ResultSet 标准操作接口。本视频主要讲解如何利用 Statement 接口实现数据的查询操作。

数据库操作中最为重要的就是数据表的查询操作,而查询操作也是数据库开发过程中最为烦琐的部分。每当用户发出一条查询指令,数据库都会将与之匹配的查询结果返回给用户,由用户进行处理。而在程序中使用 JDBC 进行查询处理时,需要通过 Statement 接口提供的 executeQuery()方法发出 SQL 查询命令,随后程序会自动将数据库中的查询结果保存在 ResultSet(结果集)之中,并返回给 Java 应用程序,执行流程如图 6-25 所示。

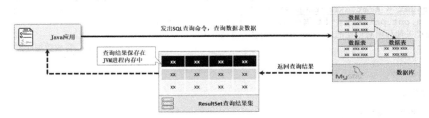

图 6-25　数据库查询执行流程

> 💡 提示:注意结果集大小。
>
> 在使用 JDBC 查询数据库后,所有的数据信息都会保存在内存里,如果此时查询的结果数量过大,可能会导致 JVM 内存空间被占满,从而影响到整体的程序运行,甚至导致程序崩溃。

ResultSet 是一种逻辑上的结果集,是 JDBC 为了便于数据存储而进行的一种行列数据结构的封装。该接口可以实现所有数据表查询结果的保存,开发者通过迭代即可取出 ResultSet 中的每一行数据内容,而具体列的内容可以根据字段名称或序号来获取。其处理结构如图 6-26 所示。

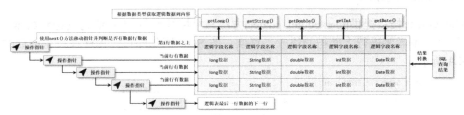

图 6-26　ResultSet 处理结构

范例:数据查询

```java
package com.yootk;
import java.sql.*;
public class YootkDemo {
    public static final String DRIVER = "com.mysql.cj.jdbc.Driver";      // 数据库驱动程序
    public static final String URL = "jdbc:mysql://localhost:3306/yootk";  // 连接地址
    public static final String USER = "root";                            // 用户名
    public static final String PASSWORD = "mysqladmin";                  // 密码
    public static void main(String[] args) throws Exception {
        Class.forName(DRIVER);                                           // 加载驱动程序
        Connection conn = DriverManager.getConnection(URL, USER, PASSWORD); // 获取数据库连接
        Statement stmt = conn.createStatement();                         // 创建数据库的操作对象
        // 编写SQL语句时,必须明确写出查询列的名称,不可以使用"*"简化,会违反开发标准原则
        String sql = "SELECT uid,name,age,birthday,salary,note FROM user"; // 查询SQL
        ResultSet rs = stmt.executeQuery(sql);                           // 数据库查询
        while (rs.next()) {                                              // 结果集迭代
            long uid = rs.getLong("uid");                               // 根据字段名称查询数据
            String name = rs.getString("name");                        // 根据字段名称查询数据
            int age = rs.getInt("age");                                // 根据字段名称查询数据
            Date birthday = rs.getDate("birthday");                    // 根据字段名称查询数据
            double salary = rs.getDouble("salary");                    // 根据字段名称查询数据
            String note = rs.getString("note");
            System.out.printf("编号: %s、姓名: %s、年龄: %d、生日: %s、工资: %f、介绍: %s\n",
                uid, name, age, birthday, salary, note);               // 格式化输出
```

```
    }
        conn.close();                                                  // 释放数据库连接
    }
}
```

程序执行结果：

编号：2、姓名：沐言优拓、年龄：18、生日：2009-09-15、工资：9000.000000、介绍：www.yootk.com
编号：4、姓名：小李老师、年龄：18、生日：2008-08-13、工资：3000.000000、介绍：www.yootk.com

本程序定义了一个 SQL 查询指令，而后通过 Statement 接口提供的 executeQuery()方法向数据库发出了查询指令，并通过 ResultSet 封装了查询结果集。这样就可以通过 ResultSet 接口提供的方法进行数据迭代处理，并根据查询列的名称和类型获取所需的数据内容。

> 💡 **提示：可以根据列索引获取数据。**
>
> 在使用 JDBC 进行数据库查询时，一般都需要明确指明查询字段，这样在使用 RestSet 接口获取列数据时，就可以基于 SQL 列字段定义的顺序来实现。
>
> **范例：根据字段序号获取数据（代码片段）**
>
> ```
> while (rs.next()) {                                    // 结果集迭代
>     long uid = rs.getLong(1);                          // 根据字段序号查询数据
>     String name = rs.getString(2);                     // 根据字段序号查询数据
>     int age = rs.getInt(3);                            // 根据字段序号查询数据
>     Date birthday = rs.getDate(4);                     // 根据字段序号查询数据
>     double salary = rs.getDouble(5);                   // 根据字段序号查询数据
>     String note = rs.getString(6);
>     System.out.printf("编号：%s、姓名：%s、年龄：%d、生日：%s、工资：%f、介绍：%s\n",
>             uid, name, age, birthday, salary, note);    // 格式化输出
> }
> ```
>
> 此时可以得到与上一个范例相同的结果，同时需要注意的是，ResultSet 获取的列的序号从 1 开始累加。

6.4 PreparedStatement 数据操作接口

Statement
问题引出

视频名称　0612_【掌握】Statement 问题引出
视频简介　Statement 提供了 SQL 语句的直接执行功能，但是由于其只支持 SQL 语句，所以开发中会存在安全隐患。本视频主要讲解 Statement 接口在实际开发中存在的问题。

java.sql.Statement 是 JDBC 提供的标准 SQL 执行接口，开发者需要在此接口之中编写完整的 SQL 语句，这样 SQL 语句才可以正确执行。而在实际的项目开发中，某些执行程序所需的 SQL 数据可能需要由用户自行输入，此时就需要基于标准的 SQL 语法进行 SQL 语句的拼凑，对一些 SQL 语句的常量和变量进行连接处理，随后通过数据库执行拼凑后的 SQL 语句，执行流程如图 6-27 所示。这样一来就有可能因为某些不该出现的字符而导致 SQL 语句执行出现异常。

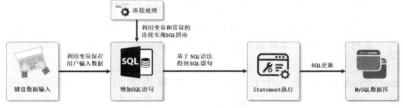

图 6-27　SQL 语句拼凑执行流程

范例：Statement 使用缺陷

```java
package com.yootk;
import java.sql.*;
public class YootkDemo {
    public static final String DRIVER = "com.mysql.cj.jdbc.Driver";        // 数据库驱动程序
    public static final String URL = "jdbc:mysql://localhost:3306/yootk";  // 连接地址
    public static final String USER = "root";                              // 用户名
    public static final String PASSWORD = "mysqladmin";                    // 密码
    public static void main(String[] args) throws Exception {
        String name = "Mr'Lee";                                            // 问题1：内容包含单引号
        int age = 16;                                                      // 年龄
        String birthday = "2009-08-13";                                    // 问题2：日期使用字符串描述
        double salary = 6900.0;                                            // 工资
        String note = "www.yootk.com";                                     // 简介
        Class.forName(DRIVER);                                             // 加载驱动程序
        Connection conn = DriverManager.getConnection(URL, USER, PASSWORD); // 获取数据库连接
        Statement stmt = conn.createStatement();                          // 创建数据库的操作对象
        String sql = "INSERT INTO user(name,age,birthday,salary,note) VALUES " +
            " ('" + name + "', " + age + ", '"
            + birthday + "', " + salary + ", '" + note + "')";             // 问题2：拼凑逻辑烦琐
        System.out.println("【SQL拼凑结果】" + sql);
        int count = stmt.executeUpdate(sql);                              // 更新SQL语句
        System.out.println("【数据更新行数】" + count);
        conn.close();                                                      // 释放数据库连接
    }
}
```

程序执行结果：

```
【SQL拼凑结果】INSERT INTO user(name,age,birthday,salary,note) VALUES
            ('Mr'Lee', 16, '2009-08-13', 6900.0, 'www.yootk.com')
Exception in thread "main" java.sql.SQLSyntaxErrorException: You have an error in your SQL
syntax; check the manual that corresponds to your MySQL server version for the right syntax
to use near 'Lee'', 16, '2009-08-13', 6900.0, 'www.yootk.com')' at line 1
```

本程序由于要添加的数据需要通过用户输入（通过变量模拟用户输入）来接收，因此在使用 Statement 接口处理时必须将这些数据与 SQL 标记整合在一起，实现一条完整的 SQL 语句拼凑。但由于某些数据中存在一些敏感的字符，最终导致 SQL 拼凑出现问题并引发异常。

> (!) **注意：不要使用 Statement 开发。**
> Statement 接口所执行的 SQL 语句必须是一条语法结构完整的语句，因此当某些数据需动态设置时就要基于 SQL 拼凑的形式进行定义，而这样的做法会使得程序阅读困难，同时也存在实现逻辑上的争议（如日期应该是 java.util.Date 而不应该是 String）。所以在实际的开发中为了程序的健壮性和安全性，都不推荐使用 java.sql.Satement，而是推荐使用 java.sql.PreparedStatement 子接口实现 SQL 操作。

6.4.1　PreparedStatement 接口简介

PreparedStatement
接口简介

视频名称　0613_【掌握】PreparedStatement 接口简介

视频简介　PreparedStatement 接口主要用于解决 Statement 接口中 SQL 语句直接定义带来的安全隐患。本视频为读者详细讲解 PreparedStatement 接口的定义结构以及操作。

java.sql.PreparedStatement 是一个在实际开发中最为常用的数据库操作接口，该接口是 Statement 的子接口，在执行过程中基于 SQL 预处理的形式来进行操作。以数据增加为例，可以得到图 6-28 所示的处理结构。

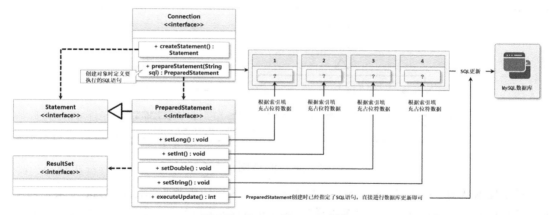

图 6-28　PreparedStatement 操作

PreparedStatement 接口对象需要通过 Connection 接口对象实例进行创建，在创建时需要明确定义要执行的 SQL 语句，并使用 "?" 进行占位符定义。也就是说，此时的 SQL 语句还不是一条完整的 SQL 语句，需要根据索引进行占位符数据的填充，随后就可以将此语句发送到数据库中执行。PreparedStatement 接口的常用方法如表 6-3 所示。

表 6-3　PreparedStatement 接口的常用方法

序号	方法名称	类型	描述
01	public void setInt(int parameterIndex, int x) throws SQLException	普通	在指定占位符索引上设置数据
02	public void setLong(int parameterIndex, long x) throws SQLException	普通	在指定占位符索引上设置数据
03	public void setDouble(int parameterIndex, double x) throws SQLException	普通	在指定占位符索引上设置数据
04	public void setDate(int parameterIndex, date x) throws SQLException	普通	在指定占位符索引上设置数据
05	public void setTime(int parameterIndex, time x) throws SQLException	普通	在指定占位符索引上设置数据
06	public void setTimestamp(int parameterIndex, Timestamp x) throws SQLException	普通	在指定占位符索引上设置数据
07	public void setObject(int parameterIndex, Object x) throws SQLException	普通	在指定占位符索引上设置数据
08	public void setNull(int parameterIndex, int sqlType) throws SQLException	普通	在指定占位符索引上设置 null
09	public int executeUpdate() throws SQLException	普通	执行更新操作，返回数据行数
10	public ResultSet executeQuery() throws SQLException	普通	执行数据查询操作

6.4.2　PreparedStatement 数据更新

PreparedStatement
实现数据更新

视频名称　0614_【掌握】PreparedStatement 实现数据更新

视频简介　PreparedStatement 在实际开发中需要使用占位符的形式进行数据的配置。本视频详细地讲解占位符的作用以及数据的具体设置操作。

PreparedStatement 实现数据更新时，都需要有一条要执行的 SQL 语句，同时通过占位符 "?" 设置要增加字段的内容，这样就可以通过 setXxx()方法并结合占位符的索引实现数据的定义。下面通过具体的操作介绍如何实现。

> 💡 提示：注意区分 Date 类型。
>
> 　在使用 PreparedStatement 接口操作时，对于其提供的 setDate()、setTime()、setTimestamp() 这几个与日期时间有关的处理方法，需要注意的是，接收的参数类型是由 java.sql 包提供的，如图 6-29 所示。

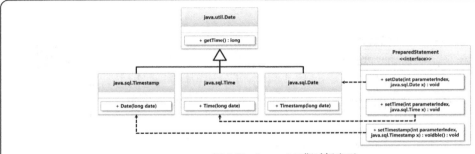

图 6-29 java.sql 日期时间类型

通过继承结构可以发现，java.sql 包提供的 3 个日期时间类都是 java.util.Date 子类，因此需要进行数据类型的转换操作。此时可以通过 java.util.Date 类中的 getTime()方法将当前日期时间对象转为 long 数据，而后通过 java.sql 提供的日期时间类的构造方法进行对象实例化。

范例：PreparedStatement 数据增加

```java
package com.yootk;
import java.sql.*;
public class YootkDemo {
    public static final String DRIVER = "com.mysql.cj.jdbc.Driver";      // 数据库驱动程序
    public static final String URL = "jdbc:mysql://localhost:3306/yootk";  // 连接地址
    public static final String USER = "root";                            // 用户名
    public static final String PASSWORD = "mysqladmin";                  // 密码
    public static void main(String[] args) throws Exception {
        String name = "Mr'Lee";                                          // 姓名
        int age = 16;                                                    // 年龄
        java.util.Date birthday = new java.util.Date();                  // 生日
        double salary = 6900.0;                                          // 工资
        String note = "www.yootk.com";                                   // 简介
        Class.forName(DRIVER);                                           // 加载驱动程序
        Connection conn = DriverManager.getConnection(URL, USER, PASSWORD); // 获取数据库连接
        String sql = "INSERT INTO user(name,age,birthday,salary,note) VALUES (?, ?, ?, ?, ?)";
        PreparedStatement preparedStatement = conn.prepareStatement(sql); // 创建接口实例
        preparedStatement.setString(1, name);                            // 设置占位符数据
        preparedStatement.setInt(2, age);                                // 设置占位符数据
        preparedStatement.setDate(3,
                new java.sql.Date(birthday.getTime()));                  // 设置占位符数据
        preparedStatement.setDouble(4, salary);                          // 设置占位符数据
        preparedStatement.setString(5, note);                            // 设置占位符数据
        int count = preparedStatement.executeUpdate();                   // 执行SQL操作
        System.out.println("【数据更新行数】" + count);
        conn.close();                                                    // 释放数据库连接
    }
}
```

程序执行结果：

【数据更新行数】1

本程序通过 PreparedStatement 接口操作对先前的 Statement 接口操作进行了修改。通过最终的执行结果可以发现，使用 PreparedStatement 可以方便地实现各类数据的存储，这样的做法不仅方便而且安全性较高，是开发中的首选。

6.4.3 PreparedStatement 数据查询

PreparedStatement
实现数据查询

视频名称　0615_【掌握】PreparedStatement 实现数据查询
视频简介　项目开发中 PreparedStatement 是主要的数据库操作对象，而在数据库操作中查询是最为复杂的部分。本视频主要讲解如何利用 PreparedStatement 实现数据查询操作。

在数据查询时也可以使用 PreparedStatement 进行占位符的配置。例如，考虑到数据加载占用内存空间过大的问题，可以通过分页的 SQL 实现查询，而此时分页的相关数据就可以通过占位符的形式来进行设置，代码实现如下。

范例：执行分页模糊查询

```
package com.yootk;
import java.sql.*;
public class YootkDemo {
    public static final String DRIVER = "com.mysql.cj.jdbc.Driver";            // 数据库驱动程序
    public static final String URL = "jdbc:mysql://localhost:3306/yootk";      // 连接地址
    public static final String USER = "root";                                  // 用户名
    public static final String PASSWORD = "mysqladmin";                        // 密码
    public static void main(String[] args) throws Exception {
        long currentPage = 1;                                                  // 当前所在页
        int lineSize = 2;                                                      // 每页获取的数据行
        String column = "name";                                               // 查询列名称
        String keyword = "李";                                                 // 模糊关键字
        Class.forName(DRIVER);                                                // 加载驱动程序
        Connection conn = DriverManager.getConnection(URL, USER, PASSWORD);   // 获取数据库连接
        String sql = "SELECT uid,name,age,birthday,salary,note FROM user WHERE " +
                column + " LIKE ? LIMIT ?, ?";
        PreparedStatement preparedStatement = conn.prepareStatement(sql);     // 创建接口实例
        preparedStatement.setObject(1, "%" + keyword + "%");                  // 设置模糊查询关键字
        preparedStatement.setObject(2, (currentPage - 1) * lineSize);         // 开始记录行索引
        preparedStatement.setObject(3, lineSize);                             // 获取数据长度
        ResultSet rs = preparedStatement.executeQuery();                      // 执行数据查询
        while (rs.next()) {                                                   // 集合迭代
            System.out.printf("uid = %s、name = %s、age = %s、salary = %s、note = %s\n",
                    rs.getObject(1), rs.getObject(2), rs.getObject(3), rs.getObject(4),
                    rs.getObject(5), rs.getObject(6));
        }
        conn.close();                                                        // 释放数据库连接
    }
}
```

程序执行结果：

```
uid = 4、name = 小李老师、age = 18、salary = 2008-08-13、note = 3000.0
```

本程序所定义的 SQL 语句包含模糊查询和数据分页处理，因为模糊查询中的列名称不能以占位符的形式出现，所以直接进行了 SQL 语句的拼凑处理，而相关的执行数据都采用占位符的形式实现了填充。

> 💡 提示：占位符可以根据需要使用。
>
> 如果要查询的数据表的容量很小，那么可以直接使用查询全部数据的操作。
>
> 范例：查询表全部数据
>
> ```
> String sql = "SELECT uid,name,age,birthday,salary,note FROM user";
> PreparedStatement preparedStatement = conn.prepareStatement(sql);
> ResultSet rs = preparedStatement.executeQuery();
> ```
>
> 本程序在编写 SQL 语句时并没有定义任何占位符，所以在使用 PreparedStatement 查询之前并不需要通过 setXxx()进行占位符的设置。

6.5 数据批处理

数据批处理

视频名称　0616_【掌握】数据批处理

视频简介　SQL 的执行虽然简单，但是在频繁修改时有可能带来性能问题，为此 JDBC 提供了批处理操作。本视频主要讲解 Statement 与 PreparedStatement 批处理的功能实现。

对于数据库的使用者来讲，数据库更新处理操作仅仅是向数据库发出一条更新的 SQL 指令，然而所有指令的执行都必然需要通过 CPU 进行处理，在写入时也必然要用到系统的 I/O 资源，如图 6-30 所示。

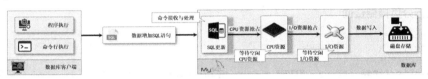

图 6-30　SQL 命令执行

每一次数据更新都需要进行 CPU、I/O 等资源的抢占，而在进行数据写入时，本质上也会有写入的延迟。所以客户端发出的 SQL 更新命令都会产生延迟，而如果此时的客户端需要一次性地向数据库写入 1000 条数据，并采用与先前相同的处理模式，最终一定就是重复地进行资源的抢占，造成较为严重的性能问题。为了满足此类项目的需求，JDBC 提供了 SQL 批量执行机制。

数据库批量操作指的是程序在一次运行多条 SQL 语句时，可以先将要执行的 SQL 语句保存在一个缓冲区之中，随后将缓冲区中保存的全部 SQL 语句发送到 MySQL 数据库之中，这样在 MySQL 操作时只需要抢占一次各种资源，即可实现所有更新操作的写入，如图 6-31 所示。这样就能获得良好的处理性能。

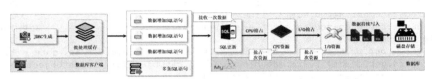

图 6-31　数据批量处理

范例：批量数据增加

```java
package com.yootk;
import java.sql.*;
import java.util.Arrays;
public class YootkDemo {
    public static final String DRIVER = "com.mysql.cj.jdbc.Driver";        // 数据库驱动程序
    public static final String URL = "jdbc:mysql://localhost:3306/yootk";  // 连接地址
    public static final String USER = "root";                             // 用户名
    public static final String PASSWORD = "mysqladmin";                    // 密码
    public static void main(String[] args) throws Exception {
        Class.forName(DRIVER);                                             // 加载驱动程序
        Connection conn = DriverManager.getConnection(URL, USER, PASSWORD); // 获取数据库连接
        Statement statement = conn.createStatement();
        statement.addBatch("INSERT INTO user (name) VALUES ('李兴华 - A')"); // 追加批处理
        statement.addBatch("INSERT INTO user (name) VALUES ('李兴华 - B')"); // 追加批处理
        statement.addBatch("INSERT INTO user (name) VALUES ('李兴华 - C')"); // 追加批处理
        statement.addBatch("INSERT INTO user (name) VALUES ('李兴华 - D')"); // 追加批处理
        statement.addBatch("INSERT INTO user (name) VALUES ('李兴华 - E')"); // 追加批处理
        int result[] = statement.executeBatch();                          // 执行批处理
        System.out.println("【批处理的执行结果】" + Arrays.toString(result));
        conn.close();                                                     // 释放数据库连接
    }
}
```

程序执行结果：

【批处理的执行结果】[1, 1, 1, 1, 1]

本程序为了简化批处理操作，直接使用了 Statement 接口实现数据库数据增加操作，每次增加时都使用 addBatch()方法将要执行的 SQL 保存在批处理缓存之中，随后通过 executeBatch()方法一

次性将全部 SQL 缓存写入数据库。每条语句的更新行数都通过数组的形式返回。

> 💡 提示：PreparedStatement 实现批处理。
>
> 以上代码使用了 Statement 实现更新的批处理操作，如果要将其修改为 PreparedStatement 实现，则核心代码定义如下。
>
> 范例：PreparedStatement 实现批处理（代码片段）
>
> ```
> String sql = "INSERT INTO user (name) VALUES (?)";
> PreparedStatement preparedStatement = conn.prepareStatement(sql);
> for (int x = 0; x < 10; x++) {
>     preparedStatement.setObject(1, "李兴华 - " + x);         // 设置数据
>     preparedStatement.addBatch();                          // 追加批处理
> }
> int result[] = preparedStatement.executeBatch();           // 执行批处理
> System.out.println("【批处理的执行结果】" + Arrays.toString(result));
> ```
>
> 本程序使用 PreparedStatement 进行了批处理操作，但是使用了同一种类型的 SQL 命令。可以发现每一次设置内容后，程序依然通过 addBatch()方法将要更新的语句保存在缓冲区之中，随后通过 executeBatch()方法一次性执行。

6.6 事 务 控 制

视频名称　0617_【掌握】事务控制

视频简介　SQL 数据库中最为重要的组成就是事务支持。本视频主要讲解事务的 ACID 原则，同时结合批处理的问题讲解 JDBC 中事务的控制操作方法。

事务控制

关系数据库最大的操作特点在于其支持事务，而通过事务数据可以有效地保证数据操作的完整性，即：在同一事务下的所有更新操作指令要么一起成功，要么一起失败。

> 💡 提示：银行转账与事务理解。
>
> 银行转账是生活中较为常见的，假设用户 A 要跨行转账给用户 B 10000 元，一般会采用如下操作流程（本节只考虑同一银行、同一数据库下的转账场景）。
> - 第一步：从 A 用户的账户上减去转账的 10000 元的金额。
> - 第二步：在 B 用户的账户上增加 10000 元的金额。
> - 第三步：A 用户支付转账手续费 50 元。
>
> 以上的 3 步是一个整体性的操作，如果中间有任何一步出现了问题，那么整体的操作将无法完成，只有在 3 步全部正确后才可以实现最终的账户更新。

关系数据库的事务一般具有 4 个核心特征，分别是原子性（Atomicity）、一致性（Consistency）、隔离性或独立性（Isolation）、持久性（Durabilily），这 4 个特征被称为事务的 ACID 原则，具体的原则描述如下。

- **原子性**：原子性操作是事务最小的单元，是不可再分割的单元，相当于一个个小的数据库操作，这些操作必须同时完成，如果有一个失败了，则一切操作将全部失败。如图 6-32 所示，A 转账和 B 收账是两个不可再分的操作，但是如果 A 的转账失败，则 B 的收账也肯定无法成功。
- **一致性**：在数据库操作的前后系统是完全一致的，保证数据的有效性。如果事务正常操作则系统会维持有效性；如果事务出现了错误，则回到原始状态，也要维持其有效性，这样保证事务开始时和结束时系统处于一致状态。如图 6-32 所示，如果 A 和 B 的转账成功，

则保持其一致性；如果 A 和 B 的转账失败，则保持操作之前的一致性，即 A 的钱不会减少，B 的钱不会增加。

- **隔离性**：多个事务可以同时进行，并且彼此之间无法访问，只有当事务完成最终操作时，才可以看见结果（所有的结果保存在数据库之中）。
- **持久性**：当一个系统崩溃时，一个事务依然可以坚持提交；在一个事务完成后，操作的结果保存在磁盘中，永远不会被回滚。如图 6-32 所示，所有的资金数都保存在磁盘中，所以，即使系统发生了错误，用户的资金也不会减少。

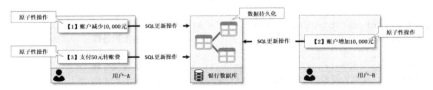

图 6-32 银行转账业务处理

在 JDBC 的处理机制中，用户只要执行了任意的一条 SQL 操作，该操作则会立即同步到数据库之中。而这种自动的机制是无法实现事务控制的，必须通过 java.sql.Connection 接口提供的方法来手动实现事务控制，这些方法如表 6-4 所示。

表 6-4 JDBC 事务控制方法

序号	方法名称	类型	描述
01	public void setAutoCommit(boolean autoCommit) throws SQLException	普通	配置是否自动提交事务，如果为 true 表示自动提交，如果为 false 表示手动提交
02	public void commit() throws SQLException	普通	手动提交事务
03	public void rollback() throws SQLException	普通	事务回滚

范例：JDBC 事务控制

```java
package com.yootk;
import java.sql.*;
import java.util.Arrays;
public class YootkDemo {
    public static final String DRIVER = "com.mysql.cj.jdbc.Driver";     // 数据库驱动程序
    public static final String URL = "jdbc:mysql://localhost:3306/yootk";  // 连接地址
    public static final String USER = "root";                          // 用户名
    public static final String PASSWORD = "mysqladmin";                // 密码
    public static void main(String[] args) throws Exception {
        Class.forName(DRIVER);                                         // 加载驱动程序
        Connection conn = DriverManager.getConnection(URL, USER, PASSWORD);  // 获取数据库连接
        conn.setAutoCommit(false);                                     // 取消自动提交
        Statement statement = conn.createStatement();                  // Statement接口实例
        try {
            statement.addBatch("INSERT INTO user (name) VALUES ('李兴华 - A')");  // 追加批处理
            statement.addBatch("INSERT INTO user (name) VALUES ('李兴华 - B')");  // 追加批处理
            // 假设这5条的数据增加描述的是一个完整的事务，现在有一条语句执行出现了错误
            statement.addBatch("INSERT INTO user (name) VALUES ('李兴华 - 'C')");  // 追加批处理
            statement.addBatch("INSERT INTO user (name) VALUES ('李兴华 - D')");  // 追加批处理
            statement.addBatch("INSERT INTO user (name) VALUES ('李兴华 - E')");  // 追加批处理
            int result[] = statement.executeBatch();                   // 执行批处理
            System.out.println("【批处理的执行结果】" + Arrays.toString(result));
            conn.commit();                                             // 没有异常则进行事务更新提交
        } catch (Exception e) {
            e.printStackTrace();                                       // 输出异常
            conn.rollback();                                           // 回滚事务
        }
        conn.close();                                                  // 释放数据库连接
```

```
    }
}
```

程序执行结果：

```
java.sql.BatchUpdateException: You have an error in your SQL syntax; check the manual that cor
responds to your MySQL server version for the right syntax to use near 'C')' at line 1
```

本程序在执行具体的 SQL 操作之前先取消了操作的自动事务提交处理，这样就需要开发者根据最终语句的执行情况利用 commit() 手动提交，或者在出现异常后通过 rollback() 回滚处理。由于本程序执行的批处理操作中存在错误的 SQL 语句，所以最终不会有任何数据保存在数据库之中，即符合 ACID 原则中的一致性原则。

> 💡 **提示：数据库事务的概念在开发中很重要。**
>
> 通过以上代码演示，读者应已经掌握 JDBC 中的事务控制方法。在后续的技术学习之中，我们还会在《Spring 开发实战（视频讲解版）》中为读者讲解 Spring 事务控制改进，在《Spring Boot 开发实战（视频讲解版）》中讲解单一应用下的多数据库实例事务控制，在《Spring Cloud 开发实战（视频讲解版）》中讲解多应用微服务下的事务控制。事务是一个庞大的话题。
>
> 虽然关系数据库事务的 ACID 原则可以有效地保证数据更新的可靠性，但其也会带来执行性能较差的问题，所以也会应用大量的 NoSQL 数据库，本系列其他图书将对此进行讲解。

6.7　JDBC 元数据

视频名称　0618_【掌握】JDBC 元数据

视频简介　在 JDBC 开发中，除了常规的程序处理之外，还存在大量的元数据信息，利用这些元数据可以动态地获取数据库名称、版本号或查询结果的原始数据列的信息。

JDBC 元数据

在进行 JDBC 操作时，由于需要与第三方应用组件（数据库）进行连接，因此除了核心功能实现之外，还涉及一些元数据（MetaData）内容。所谓的元数据指的就是与核心功能有关的附加数据，例如，在数据库连接时可以获取数据库的相关信息，而在获取结果集时也可以得到一些与查询结果有关的元数据。为了便于开发者进行元数据操作，JDBC 提供了 DatabaseMetaData 与 ResultSetMetaData 两个主要操作接口，这些接口的关联结构如图 6-33 所示。

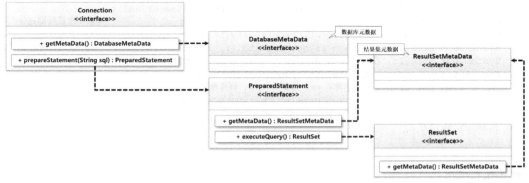

图 6-33　JDBC 元数据操作接口关联结构

范例：获取数据库元数据信息

```java
package com.yootk;
import java.sql.*;
public class YootkDemo {
```

```
    public static final String DRIVER = "com.mysql.cj.jdbc.Driver";          // 数据库驱动程序
    public static final String URL = "jdbc:mysql://localhost:3306/yootk";    // 连接地址
    public static final String USER = "root";                                // 用户名
    public static final String PASSWORD = "mysqladmin";                      // 密码
    public static void main(String[] args) throws Exception {
        Class.forName(DRIVER);                                               // 加载驱动程序
        Connection conn = DriverManager.getConnection(URL, USER, PASSWORD);  // 获取数据库连接
        DatabaseMetaData metaData = conn.getMetaData();                      // 获取元数据
        System.out.println("【数据库主版本号】" + metaData.getDatabaseMajorVersion());
        System.out.println("【数据库子版本号】" + metaData.getDatabaseMinorVersion());
        System.out.println("【数据库产品名称】" + metaData.getDatabaseProductName());
        conn.close();                                                        // 释放数据库连接
    }
}
```

程序执行结果：

```
【数据库主版本号】8（数据库生产商提供的元数据信息）
【数据库子版本号】0（数据库生产商提供的元数据信息）
【数据库产品名称】MySQL（数据库生产商提供的元数据信息）
【catalog】mysql
【表名称】user
【主键字段】Host
```

本程序根据当前连接的数据库获取了与之相关的元数据内容。通过执行结果可以发现，通过DatabaseMetaData 接口实例可以获取到数据库名称、版本等信息，而这些信息都是由数据库生产商提供的。

范例：获取结果集元数据

```
package com.yootk;
import java.sql.*;
public class YootkDemo {
    public static final String DRIVER = "com.mysql.cj.jdbc.Driver";          // 数据库驱动程序
    public static final String URL = "jdbc:mysql://localhost:3306/yootk";    // 连接地址
    public static final String USER = "root";                                // 用户名
    public static final String PASSWORD = "mysqladmin";                      // 密码
    public static void main(String[] args) throws Exception {
        Class.forName(DRIVER);                                               // 加载驱动程序
        Connection conn = DriverManager.getConnection(URL, USER, PASSWORD);  // 获取数据库连接
        String sql = "SELECT uid,name,age,birthday,salary,note FROM user WHERE uid=?";
        PreparedStatement preparedStatement = conn.prepareStatement(sql);
        preparedStatement.setObject(1, 5);                                   // 设置查询占位
        ResultSet rs = preparedStatement.executeQuery();                     // 查询
        ResultSetMetaData metaData = rs.getMetaData();                       // 获取查询结果集元数据
        System.out.println("获取返回数据的列数: " + metaData.getColumnCount());
        for (int x = 1; x < metaData.getColumnCount(); x++) {
            System.out.printf("列名称: %s、列类型: %s、列常量值: %s\n", metaData.getColumnName(x),
                metaData.getColumnTypeName(x), metaData.getColumnType(x));
        }
        conn.close();                                                        // 释放数据库连接
    }
}
```

程序执行结果：

```
获取返回数据的列数: 6
列名称: uid、列类型: BIGINT、列常量值: -5
列名称: name、列类型: VARCHAR、列常量值: 12
列名称: age、列类型: INT、列常量值: 4
列名称: birthday、列类型: DATE、列常量值: 91
列名称: salary、列类型: FLOAT、列常量值: 7
```

本程序展示了查询结果集的元数据获取，通过这时返回的数据可以发现，其中有用户查询的列名称，而这些列名称会根据查询表的不同而返回不同的内容。

> 💡 **提示：结果集元数据与反射处理。**
>
> 现在假设数据库中的每一张表都使用一个简单 Java 类来映射，这样简单 Java 类中的属性就是表中的字段。而基于 ResultSetMetaData 可以动态获取查询列的名称，这样与反射机制相结合，就可以实现简单 Java 类属性的自动赋值处理。这类操作是在 ORMapping 开发之中最为常见的形式，有兴趣的读者可以根据本书第 4 章所讲解的反射对象操作自行实现，为后续学习打下重要基础。

6.8 本 章 概 览

1．JDBC 是 Java 技术提供的一项数据库操作服务，本身是一个开发标准，需要由不同的数据库生产商实现该标准。

2．JDBC 在与数据库整合开发前一般都需要进行数据库驱动程序的配置。

3．DriverManager.getConnction()方法可以获取 Connection 接口实例，每一个 Connection 接口实例都对应一个数据库 SESSION（数据库中的连接使用 SESSION 来表示）。

4．Connection 可以通过 createStatement()方法创建多个 Statement 接口实例，每一个 Statement 接口对象都可以同时实现多种 SQL 语句的执行，但是其在开发时需要接收完整的 SQL 语句，所以存在安全隐患，不建议使用。

5．Connection 通过 preparedStatement()方法创建 PreparedStatement 接口实例，在创建该接口实例时需要明确地设置要执行的 SQL 语句，并使用"?"进行占位符的配置，随后填充占位符的数据即可实现 SQL 操作。

6．在 JDBC 中所有的数据查询结果都使用 ResultSet 进行接收，开发者迭代此结果集即可根据类型获取数据。

7．为了提高数据的更新处理效率，在开发中可以通过批处理的方式一次性向数据库发出多条 SQL 命令。

8．为了保证 SQL 数据库的数据操作完整性，需要进行事务控制，JDBC 中的事务控制的方法定义在 Connection 接口中。

9．JDBC 除了可以实现数据的核心处理之外，还可以通过元数据获取一些与数据库或结果集有关的信息项，以方便开发者更加灵活地编写代码。

6.9 实 战 自 测

1．假设有两张数据表，如图 6-34 所示。现在要求通过面向对象的设计方式实现数据的添加，即可以同时创建多个部门，每个部门保存多个雇员信息，随后将这些信息全部保存在数据库之中（注：暂不考虑数据已经存在的设计）。

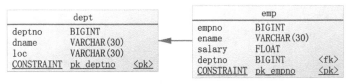

图 6-34　数据表

数据批量存储

视频名称　0619_【掌握】数据批量存储

视频简介　批处理是项目开发设计中的一项重要技术手段，利用批处理的概念模型，可以极大地提升多条更新语句的执行处理速度，也可以减少 I/O 占用。本视频通过两张一对多的关联结构数据表讲解批处理在简单 Java 类中的应用。

2．现在假设有图 6-35 所示的数据表，要求通过代码实现数据表的 CRUD 操作。

```
DROP DATABASE yootk ;
CREATE DATABASE yootk CHARACTER SET UTF8 ;
USE yootk ;
CREATE TABLE user (
    uid     VARCHAR(50) ,
    name    VARCHAR(30) ,
    note    TEXT,
    CONSTRAINT pk_uid PRIMARY KEY (uid)
) engine=INNODB ;
```

user		
uid	VARCHAR(50)	<pk>
name	VARCHAR(30)	
note	TEXT	

图 6-35　数据表

数据表的 CRUD
操作

视频名称　0620_【掌握】数据表的 CRUD 操作

视频简介　商业项目开发过程之中，往往会基于数据库实现数据存储，这样就需要围绕着数据库展开 CRUD 操作。本视频通过早先的 Java 数据库开发设计模型讲解一种基于接口和抽象方法标准的数据操作的结构。

3．定义一任意的简单 Java 类，并可以基于此简单 Java 类的结构生成数据库创建脚本。

动态 DDL 操作

视频名称　0621_【掌握】动态 DDL 操作

视频简介　在简单 Java 类编写过程中经常需要根据数据表的结构来定义简单 Java 类，但是在一些灵活的设计中，开发者也可以根据简单 Java 类实现数据表的动态创建。本视频基于 Annotation 注解和反射机制介绍如何实现表的创建解析操作。

第 7 章

J.U.C 并发编程

本章学习目标

1. 了解传统多线程开发所带来的问题，并深刻理解 J.U.C 开发包设计的意义；
2. 掌握 TimeUnit 时间单元类的使用方法，并可以基于此类实现时间更准确的休眠处理；
3. 掌握 ThreadFactory 接口设计的意义，并可以结合线程池使用 ThreadFactory 操作接口；
4. 掌握 ThreadLocalRandom 随机数生成类的使用方法，并可以基于其操作类实现多线程的随机数处理；
5. 掌握原子操作类的使用方法，并可以使用原子类型实现线程安全的数据操作；
6. 掌握 J.U.C 中线程锁的设计原理，并可以结合其实现类进行线程同步处理；
7. 掌握并发集合设计的意义，并理解传统集合的同步异常抛出机制；
8. 掌握阻塞队列的使用方法，并可以使用阻塞队列实现线程顺序队列的处理；
9. 掌握线程池的设计与具体使用，同时可以理解线程池中的 4 种拒绝策略；
10. 掌握分支调度的处理机制，并可以基于 ForkJoin 模型实现分支调度操作；
11. 掌握 Phaser 类的使用方法，并可以使用其实现 CountDownLatch 与 CyclicBarrier 功能；
12. 掌握 Stream 操作机制与响应式数据流编程模型。

多线程开发是 Java 最重要的一项支持，也是高性能 Java 编程的重要组成结构。为了更好地解决传统线程模型所带来的性能问题和处理不当造成的死锁问题，JDK 1.5 及其之后的版本提供了 J.U.C 开发包。本章将为读者全面地讲解 J.U.C 的设计意义与核心操作类的使用。

7.1 J.U.C 简介

J.U.C 简介

视频名称	0701_【理解】J.U.C 简介
视频简介	Java 作为一门多线程的编程语言，除了其自身的多线程处理机制之外，还在 JDK 1.5 后提供了 J.U.C 开发支持包。本视频为读者讲解 J.U.C 的产生背景，同时详细地介绍 J.U.C 开发包中的核心类的作用。

在 Java 应用编程开发中，利用多线程技术可以有效地提升单位时间内的服务处理性能，同时也可以很好地发挥出服务器硬件的处理性能。传统的多线程开发在进行同步处理时需要使用 Object 类中的 wait()、notify() 等方法，同时还需要结合 synchronized、volatile 等关键字，所以极易因线程同步操作处理不当而出现线程死锁问题。而一旦出现了死锁问题，在进行排查时就需要耗费大量的精力进行错误定位与 bug 的修复，在修复的过程中还有可能牵扯到原始实现方案的变更，为多线程的开发带来了一定的难度，如图 7-1 所示。

为了简化多线程的开发，JDK 1.5 及其之后的版本提供了一个 J.U.C（java.util.concurrent 包名称缩写）并发编程开发包，相关的结构如图 7-2 所示。利用此包中的并发编程模型可以有效地减少竞争条件（Race Condition）和死锁问题，使开发者可以更加容易地实现多线程应用的编写。

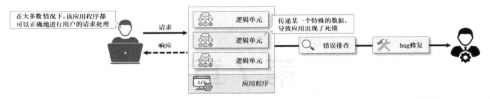

图 7-1　多线程错误排查与修复

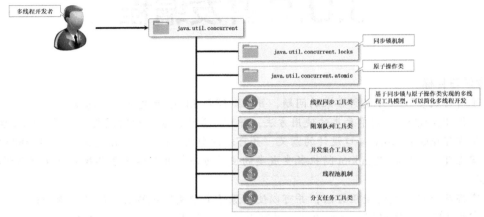

图 7-2　J.U.C 包结构

> 💡 提示：Callable 在 JDK 1.5 及其之后的版本中提供。
>
> 　　本书第 1 章已经分析了 Java 原生多线程的处理支持，在讲解时重点分析过 Runnable 实现机制。实际上 Runnable 处理线程数据返回是非常困难的，所以 JDK 1.5 及其之后的版本为了解决该问题，在 J.U.C 开发机制中提供了 Callable 接口，可以将之与 Future 结合实现异步数据返回。

7.2　TimeUnit 时间单元

TimeUnit
时间单元

视频名称　0702_【掌握】TimeUnit 时间单元

视频简介　在进行线程处理操作时，时间是最为重要的结构组成单元，所以为了简化时间计算的处理操作，Java 提供了 TimeUnit 时间单元类。本视频为读者讲解 TimeUnit 工具类的作用并对其内部的支持方法进行展示。

　　TimeUnit 是一个描述时间单元的枚举类，利用该枚举类提供的对象可以方便地实现指定时间单元的转换、休眠等操作。该类定义的常用结构如表 7-1 所示。

表 7-1　TimeUnit 常用结构

序号	对象与方法	类型	描述
01	public static final TimeUnit DAYS	对象	描述时间单元：天
02	public static final TimeUnit HOURS	对象	描述时间单元：时
03	public static final TimeUnit MINUTES	对象	描述时间单元：分
04	public static final TimeUnit SECONDS	对象	描述时间单元：秒
05	public static final TimeUnit MILLISECONDS	对象	描述时间单元：毫秒
06	public static final TimeUnit MICROSECONDS	对象	描述时间单元：微秒
07	public static final TimeUnit NANOSECONDS	对象	描述时间单元：纳秒

序号	对象与方法	类型	描述
08	public long convert(long sourceDuration, TimeUnit sourceUnit)	方法	时间单元转换
09	public long convert(Duration duration)	方法	时间单元转换
10	public void sleep(long timeout) throws InterruptedException	方法	线程休眠

通过表 7-1 可以发现 TimeUnit 类中定义了若干个枚举项，每个枚举项都可以存储不同的时间单元，这些时间单元之间也可以通过 convert()方法进行转换处理。

范例：时间单元转换

```
package com.yootk;
import java.util.concurrent.TimeUnit;
public class YootkDemo {
    public static void main(String[] args) throws Exception {
        long hour = 1;                                                    // 1h
        long second = TimeUnit.SECONDS.convert(hour, TimeUnit.HOURS);     // 时间单元由时变为秒
        System.out.println(second);                                       // 输出时间单元为秒的数据
    }
}
```

程序执行结果：

```
3600
```

本程序通过 TimeUnit.SECONDS 获取了一个单位为秒的时间单元，随后利用 convert()方法将 1h 转换为 3600s，而按照同样的方式可以进行任意时间单元的数据转换处理。

JDK 1.8 及其之后的版本为了更加方便地描述时间单元的处理操作，提供了一个 java.time.Duration 操作类，该类可以方便地实现时间单元数据的计算处理。在 TimeUnit 类中也可以利用 convert()方法将 Duration 对象实例转为 TimeUnit 的指定时间单元数据。

范例：Duration 转 TimeUnit

```
package com.yootk;
import java.util.concurrent.TimeUnit;
public class YootkDemo {
    public static void main(String[] args) throws Exception {
        java.time.Duration duration = java.time.Duration.ofHours(1).plusHours(1);    // 2h
        // 此时根据Duration设置的时间单元数据进行转换，转换后的单位是TimeUnit.SECONDS
        long second = TimeUnit.SECONDS.convert(duration);                // 时间单元由时转秒
        System.out.println(second);                                      // 输出单位为秒的数据
    }
}
```

程序执行结果：

```
7200
```

本程序首先通过 Duration.ofHours()方法创建了一个单位为小时的时间单元,随后利用 plusHours() 方法实现了数据的加法计算。由于 TimeUnit 类提供了 convert()方法，因此可以将最终获得的数据转为单位为秒的数据。

> 💡 **提示：计算若干天之后的日期。**
>
> 使用 TimeUnit 类提供的时间单元类并结合基本的计算方式，可以方便地实现若干天之后的日期计算处理：当前的日期时间戳加上指定天数的毫秒数。
>
> 范例：计算若干天之后的日期（代码片段）
>
> ```
> long current = System.currentTimeMillis(); // 获取当前的时间
> // 利用当前的时间戳（单位为毫秒） + 18天的毫秒数
> long after = current + TimeUnit.MILLISECONDS.convert(18, TimeUnit.DAYS);
> ```

```
// 将long数据转为Date数据并利用SimpleDateFormat进行格式化显示
System.out.println(new SimpleDateFormat("yyyy-MM-dd").format(new Date(after)));
```

程序执行结果：

```
2022-09-19
```

　　本程序通过毫秒数累加的方式实现了具体的日期计算，随后利用 Date 和 SimpleDateFormat 两个类将计算后得到的毫秒数转为了日期时间字符串。

　　在多线程的处理中，可以通过 Thread.sleep()方法实现线程的休眠处理，但是在进行休眠操作时，sleep()方法的休眠单位只能是毫秒。所以为了更加方便地进行休眠时间的配置，TimeUnit 类也提供了 sleep()方法，并且可以结合当前的时间单元的定义方便地实现休眠时间的控制，避免了将操作时间单位转为毫秒的处理过程。

　　范例：使用 TimeUnit 实现线程休眠

```
package com.yootk;
import java.util.concurrent.TimeUnit;
public class YootkDemo {
    public static void main(String[] args) throws Exception {
        new Thread(() -> {
            for (int x = 0; x < 10; x++) {
                try {
                    TimeUnit.SECONDS.sleep(1);                  // 休眠1s
                } catch (InterruptedException e) {}
                System.out.println("【x = " + x + "】沐言科技：www.yootk.com");
            }
        }).start();                                             // 线程启动
    }
}
```

　　本程序直接通过 TimeUnit.SECONDS 定义了当前的操作单位为秒，这样在执行 sleep()方法时，所设置的内容就是秒数，本次设置为 1 表示每次执行休眠 1s。

7.3　ThreadFactory

视频名称　0703_【掌握】ThreadFactory

视频简介　多线程的实现结构中需要进行有效的线程名称管理，同时要有良好的线程创建机制。J.U.C 提供了 ThreadFactory 线程工厂类，本视频为读者讲解该类的具体应用。

ThreadFactory

　　传统的多线程创建过程中，开发者需要通过 Runnable 或 Callable 接口的子类来创建线程主体，而后利用 Thread 类包装线程主题，再进行多线程的执行。但是考虑到代码设计结构的问题，一般建议通过工厂类进行线程的创建，所以 J.U.C 开发包提供了一个 ThreadFactory 工厂接口，利用该接口的子类就可以创建一个线程工厂类，如图 7-3 所示。

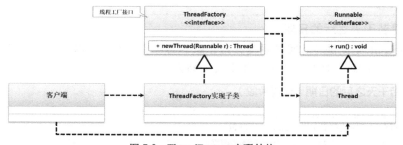

图 7-3　ThreadFactory 实现结构

范例：线程工厂类

```java
package com.yootk;
import java.util.concurrent.ThreadFactory;
class YootkThreadFactory implements ThreadFactory {                  // 定义线程工厂实现类
    private static final ThreadFactory INSTANCE = new YootkThreadFactory();
    private static final String TITLE = "yootk-";                    // 定义线程标记名称
    private static int count = 0;                                    // 线程个数统计
    private YootkThreadFactory() {}                                  // 构造方法私有化
    public static ThreadFactory getInstance() {                      // 获取本类实例
        return INSTANCE;
    }
    @Override
    public Thread newThread(Runnable run) {
        return new Thread(run, TITLE + count++);                     // 获取线程实例
    }
}
public class YootkDemo {
    public static void main(String[] args) throws Exception {
        Thread thread = YootkThreadFactory.getInstance().newThread(() -> { // 获取线程对象
            System.out.println("多线程执行，" + Thread.currentThread().getName());
        });
        thread.start();                                             // 线程启动
    }
}
```

程序执行结果：

多线程执行，yootk-0

本程序通过 ThreadFactory 接口自定义了线程工厂类，这样就可以根据传入的 Runnable 或 Callable 接口对象实例创建 Thread 实例。如果需要也可以在线程工厂类的内部对当前创建的线程进行配置。

7.4 原子操作类

原子操作类简介

视频名称 0704_【理解】原子操作类简介

视频简介 原子操作类提供了线程安全的处理支持。本视频通过传统的线程开发机制，讲解原子操作类的产生意义，并介绍 atomic 子包的类组成结构。

在传统的多线程开发过程之中，如果若干个线程要进行同一数据的处理操作，则一定要进行有效的同步处理，这样才可能得到正确的执行结果。以图 7-4 所示的多线程存款操作为例，如果没有进行有效的同步处理，就有可能出现存款错误的问题。

图 7-4 多线程存款同步问题

范例：多线程数据同步

```java
package com.yootk;
import java.util.concurrent.TimeUnit;
```

```java
public class YootkDemo {
    public static int money = 0;                            // 存款总额
    public static void main(String[] args) throws Exception {
        int[] data = new int[] { 100, 200, 300 };           // 待存款金额
        for (int x = 0; x < data.length; x++) {             // 循环创建子线程
            final int temp = x;                             // 内部类访问
            new Thread(() -> {
                try {
                    TimeUnit.MILLISECONDS.sleep(100);       // 模拟存款延迟
                } catch (InterruptedException e) {}
                money += data[temp];                        // 金额累加
            }).start();                                     // 线程启动
        }
        TimeUnit.SECONDS.sleep(1);                          // 等待子线程处理完成
        System.out.println("【计算完成】最终存款总额：" + money);
    }
}
```

程序执行结果：

【计算完成】最终存款总额：200

　　由于多线程的执行状态是不确定的，所以以上代码有时可能执行正确，而有时执行就会出现错误。以上随机抽取了一个执行结果，可以发现最终的存款总额是 200，所以一定出现了数据同步的问题。以往如果要解决此类数据同步问题，就必须创建一个专属的操作类，而后基于同步方法或代码块进行操作，这样的实现需要大量编码。为了解决这样的数据同步处理问题，J.U.C 提供了原子操作类。为便于读者理解，下面将通过 AtomicInteger 类对当前代码进行改造。

　　范例：使用原子类解决数据同步问题

```java
package com.yootk;
import java.util.concurrent.TimeUnit;
import java.util.concurrent.atomic.AtomicInteger;
public class YootkDemo {
    public static AtomicInteger money = new AtomicInteger();  // 存款总额
    public static void main(String[] args) throws Exception {
        int[] data = new int[] { 100, 200, 300 };           // 待存款金额
        for (int x = 0; x < data.length; x++) {             // 循环创建子线程
            final int temp = x;                             // 内部类访问
            new Thread(() -> {
                try {
                    TimeUnit.MILLISECONDS.sleep(100);       // 模拟存款延迟
                } catch (InterruptedException e) {}
                money.addAndGet(data[temp]);                // 金额累加
            }).start();                                     // 线程启动
        }
        TimeUnit.SECONDS.sleep(1);                          // 等待子线程处理完成
        System.out.println("【计算完成】最终存款总额：" + money);
    }
}
```

程序执行结果：

【计算完成】最终存款总额：600

　　本程序将 int 类型数据直接更换为了 AtomicInteger（原子整型）数据，这样在进行多线程处理操作时，可以通过该类自动实现数据的同步。

　　由于实际的项目开发会牵扯到多种数据类型的使用，所以 java.util.concurrent.atomic 包提供了多种原子性的操作类支持，这些操作类可以分为如下 4 种类型。

- 基础类型：AtomicInteger、AtomicLong、AtomicBoolean。

- 数组类型：AtomicIntegerArray、AtomicLongArray、AtomicReferenceArray。
- 引用类型：AtomicReference、AtomicStampedReference、AtomicMarkableReference。
- 对象的属性修改类型：AtomicIntegerFieldUpdater、AtomicLongFieldUpdater、AtomicReferenceFieldUpdater。

 提问：为什么金额使用整型？

在以上的案例分析中，对金额的描述使用了整型数据，但是实际的生活中金额是包含小数点的，为什么不使用浮点型呢？

回答：避免浮点计算带来的安全漏洞。

在现在已知的所有电商系统中，金额都采用了整型数据，最主要的原因在于，如果使用了浮点型，则有可能因浮点精度问题产生系统漏洞。除了会出现计算准确性的问题，一些黑客还可以根据浮点型的漏洞不断地向自己的账户中每次追加"0.1"的金额，从而损害电商平台的利益。

7.4.1 基础类型原子操作类

基础类型原子
操作类

视频名称　0705_【理解】基础类型原子操作类

视频简介　Java 提供了基本的数据类型支持，而传统的基础数据类型是没有线程同步支持的，为此 J.U.C 开发包提供了基础类型的原子操作类。本视频为读者讲解基础类型原子操作类的使用，并对其源代码进行分析。

java.util.concurrent.atomic 原子工具包中，基本类型的原子操作类一共有 3 个，分别是 AtomicInteger、AtomicLong、AtomicBoolean，继承结构如图 7-5 所示。

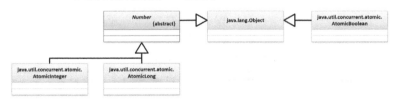

图 7-5　基础类型原子操作类继承结构

这 3 个原子操作类的使用和实现方式相同，为了便于理解，本小节将通过 AtomicLong 原子类的操作进行讲解。该类的常用方法如表 7-2 所示。

表 7-2　AtomicLong 类的常用方法

序号	方法	类型	描述
01	public AtomicLong(long initialValue)	构造	设置初始化操作的数据内容
02	public final long get()	普通	获取包装数据内容
03	public final void set(long newValue)	普通	设置新数据内容
04	public final void lazySet(long newValue)	普通	等待当前操作线程执行完毕再设置新内容
05	public final boolean compareAndSet(long expectedValue, long newValue)	普通	如果当前值等于 expectedValue 则进行设置，并返回 true，如果不等于则不修改并返回 false
06	public final long getAndIncrement()	普通	获取原始数据并执行数据自增
07	public final long getAndDecrement()	普通	获取原始数据并执行数据自减
08	public final long incrementAndGet()	普通	获取自增后的数据
09	public final long decrementAndGet()	普通	获取自减后的数据

范例：AtomicLong 数据操作

```java
package com.yootk;
import java.util.concurrent.TimeUnit;
import java.util.concurrent.atomic.AtomicLong;
public class YootkDemo {
    public static void main(String[] args) throws Exception {
        AtomicLong num = new AtomicLong(0);                // 实例化原子操作类
        for (int x = 0; x < 3; x++) {                      // 循环3次创建3个线程
            new Thread(() -> {
                num.addAndGet(100);                        // 增加数据并取得
            }).start();                                    // 线程启动
        }
        TimeUnit.SECONDS.sleep(1);                         // 等待子线程处理完成
        System.out.println("【计算完成】最终计算结果为: " + num);
    }
}
```

程序执行结果：

【计算完成】最终计算结果为：300

　　本程序启动了 3 个子线程，而后这 3 个子线程针对同一个 AtomicLong 对象的数据进行操作，利用 addAndGet()方法实现数据的累加操作。由于原子操作类自带同步机制，所以即便有多个线程参与执行，也可以得到正确的结果。

　　AtomicLong 类还提供一个 compareAndSet()方法，该方法的主要作用是进行数据内容的修改。但是在修改之前需要判断当前所保存的数据是否和指定的内容相同，如果相同则允许修改，如果不同则不允许修改，操作形式如图 7-6 所示。

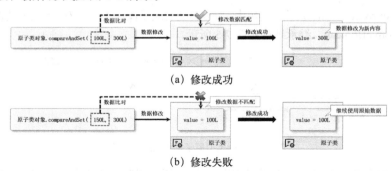

(a) 修改成功

(b) 修改失败

图 7-6　compareAndSet()方法修改原子类对象数据

范例：使用 compareAndSet()修改数据

```java
package com.yootk;
import java.util.concurrent.atomic.AtomicLong;
public class YootkDemo {
    public static void main(String[] args) throws Exception {
        AtomicLong num = new AtomicLong(100L);                  // 实例化原子操作类
        System.out.println("【原子数据修改】数据修改结果: " +
                num.compareAndSet(100L, 300L));                 // 内容相同，返回true
        System.out.println("【原子数据获取】新的数据内容: " + num.get());  // 内容为300
    }
}
```

程序执行结果：

【原子数据修改】数据修改结果：true
【原子数据获取】新的数据内容：300

　　本程序通过原子操作类提供的 compareAndSet()方法修改了原子对象中保存的数据内容，在修改之前会对当前的数据内容进行判断，如果内容相同则进行替换，如果不同则继续保存已有的数据内容。对 compareAndSet()方法的具体实现可以参考图 7-7 所示的源代码分析。

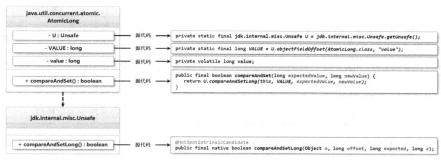

图 7-7 compareAndSet()方法源代码分析

通过图 7-7 所示的结构可以发现,AtomicLong 类是通过 Unsafe 类提供的 compareAndSetLong()
方法实现最终处理的。而该方法上使用了一个@HotSpotIntrinsicCandidate 注解,该注解是从 JDK 9
开始提供的,是一套 Java 虚拟机的高效实现,在程序运行时会自动将 JDK 的源代码替换为 CPU
指令,从而获得更高的处理性能。

> 💡 **提示:高性能 CAS 处理机制。**
>
> compareAndSet()数据修改操作方法在 J.U.C 中被称为 CAS 机制。CAS(Compare And Swap,
> 比较并交换)是一条 CPU 并发原语,它的功能是判断内存某个位置的值是否为预期值,如果是
> 则将其更改为新的值,否则不进行修改,这个过程属于原子性操作。
>
> 在多线程进行数据修改时,为了保证数据修改的正确性,常规的做法就是使用 synchronized
> 同步锁,但是这种锁属于"悲观锁"(Pessimistic Lock),每一个线程都需要在操作之前锁定当前
> 的内存区域,而后才可以进行处理,这样一来在高并发环境下就会严重影响程序的处理性能。
>
> 而 CAS 采用的是一种"乐观锁"(Optimistic Lock)机制,其最大的操作特点是不进行强制
> 性的同步处理,而是为保证数据修改的正确性添加了一些比较数据(例如,compareAndSet()在
> 修改之前需要进行数据的比较),采用的是一种冲突重试的处理机制,这样可以有效地避免线程
> 阻塞问题。在并发竞争不是很激烈的情况下,CAS 可以获得较好的处理性能。而 JDK 9 及其之
> 后的版本为了进一步提升 CAS 的操作性能,又追加了硬件处理指令集的支持,可以充分地发挥
> 服务器硬件配置的优势,得到更好的处理性能。

7.4.2 数组原子操作类

视频名称 0706_【掌握】数组原子操作类

视频简介 数组作为基础的集合操作,在实际并发环境中也需要同步处理。为此 J.U.C 提
供了数组相关的原子操作类。本视频为读者讲解该类的使用。

数组是 Java 提供的原生数据类型。在多线程并发处理操作中,为了保证数组元素内容的正确性,
J.U.C 也提供了 3 个操作数组的原子类:AtomicIntegerArray、AtomicLongArray、AtomicReferenceArray
(对象数组)。这 3 个原子类的操作形式类似,所以本小节将通过 AtomicReferenceArray 类进行讲解。
该类的常用方法如表 7-3 所示。

表 7-3 AtomicReferenceArray 类的常用方法

序号	方法名称	类型	描述
01	public AtomicReferenceArray(int length)	普通	定义初始化数组长度
02	public AtomicReferenceArray(E[] array)	普通	定义初始化数组数据

续表

序号	方法名称	类型	描述
03	public final int length()	普通	获取保存数组长度
04	public final E get(int i)	普通	获取指定索引数据
05	public final void set(int i, E newValue)	普通	修改指定索引数据内容
06	public final boolean compareAndSet(int i, E expectedValue, E newValue)	普通	判断并修改指定索引数据
07	public final E getAndSet(int i, E newValue)	普通	获取并修改指定索引数据

范例：AtomicReferenceArray 对象数组操作

```java
package com.yootk;
import java.util.concurrent.atomic.AtomicReferenceArray;
public class YootkDemo {
    public static void main(String[] args) throws Exception {
        String datas[] = new String[] { "www.yootk.com", "edu.yootk.com",
                "muyan.yootk.com" };                    // 字符串数组
        AtomicReferenceArray<String> array = new AtomicReferenceArray<String>(datas);
        System.out.println("【原子数据修改】数据修改结果: " +
                array.compareAndSet(2, "muyan.yootk.com", "book.yootk.com"));
        System.out.print("【原子数据获取】数组内容: ");
        for (int x = 0; x < array.length(); x++) {       // 循环处理
            System.out.print(array.get(x) + "、");        // 获取指定索引数据
        }
    }
}
```

程序执行结果：

```
【原子数据修改】数据修改结果: true
【原子数据获取】数组内容: www.yootk.com、edu.yootk.com、book.yootk.com、
```

本程序直接将一个对象数组保存在 AtomicReferenceArray 实例化对象之中，随后通过该类提供的 compareAndSet() 方法修改了指定索引位置的数据内容。通过最终的执行结果可以清楚地发现数据已修改成功。

对于程序开发人员来讲，在多线程下进行数组操作时，掌握 AtomicReferenceArray 相关的原子类实现即可，但是这个类的操作实现本质上是依靠 java.lang.invoke 开发包中的 VarHandle 类完成的，如图 7-8 所示。该类主要用于动态操作数组元素或对象的成员属性。VarHandle 类提供了一系列标准内存屏障操作，用于更细粒度的控制指令排序，在安全性、可用性方面都优于已有的程序类库，同时可以和任何类型的变量进行关联操作。

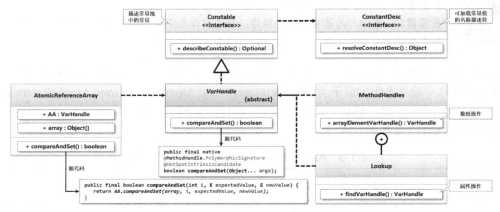

图 7-8　AtomicReferenceArray 与 VarHandle

范例：使用 VarHandle 实现数组操作

```java
package com.yootk;
import java.lang.invoke.*;
import java.util.Arrays;
public class YootkDemo {
    public static void main(String[] args) throws Exception {
        String datas[] = new String[] { "www.yootk.com", "edu.yootk.com",
                    "muyan.yootk.com" };                    // 字符串数组
        VarHandle arrayHandle = MethodHandles.arrayElementVarHandle(String[].class); // 数组句柄
        // 修改数组指定索引数据，方法调用时需要接收返回值，否则会出现NoSuchMethodError错误
        boolean result = arrayHandle.compareAndSet(datas, 2,
                    "muyan.yootk.com", "book.yootk.com");    // 数据修改
        System.out.println(Arrays.toString(datas));          // 数组输出
    }
}
```

程序执行结果：

```
[www.yootk.com, edu.yootk.com, book.yootk.com]
```

本程序直接通过 MethodHandles.arrayElementVarHandle()方法创建了一个数组数据操作的句柄，这样就可以直接基于本地硬件指令集来实现数组数据的 CAS 操作，从而得到良好的处理性能。而除了数组之外，也可以使用 VarHandle 操作对象中的成员属性数据。

范例：使用 VarHandle 操作对象成员属性（注：书名仅为示例）

```java
package com.yootk;
import java.lang.invoke.*;
class Book {
    String title;                                           // 此处无法使用private封装
}
public class YootkDemo {
    public static void main(String[] args) throws Exception {
        // 获取指定类中指定名称的属性内容，同时要设置属性所使用的数据类型
        VarHandle fieldHandle = MethodHandles.lookup().findVarHandle(
            Book.class, "title", String.class);
        Object obj = Book.class.getDeclaredConstructor().newInstance();   // 对象实例化
        fieldHandle.set(obj, "Java进阶开发实战");                         // 设置对象属性
        System.out.println("【获取对象属性】title = " + fieldHandle.get(obj)); // 获取对象属性
    }
}
```

程序执行结果：

```
【获取对象属性】title = Java进阶开发实战
```

本程序通过 MethodHandles.lookup().findVarHandle()方法获取了 Book 类中 title 属性的内容，随后通过该类提供的 set()方法实现了属性内容的设置，并通过 get()方法实现了属性内容的获取。通过以上两个范例可以发现 VarHandle 类的作用，而通过观察源代码也可以发现该类中的方法都提供 @HotSpotIntrinsicCandidate 注解的支持，所以其操作性能更高。

7.4.3 引用类型原子操作类

引用类型原子操作类

视频名称　0707_【掌握】引用类型原子操作类

视频简介　引用是 Java 实际开发中应用最多的操作形式。为了提供安全可靠的多线程原子性操作，Java 提供了引用类型原子操作类。本视频通过实例讲解此类的使用。

引用是 Java 项目开发中最为重要的技术组成，而对于引用类型 Java 也提供 3 种原子操作类：AtomicReference（引用类型原子类）、AtomicStampedReference（带有引用版本号的原子类）、AtomicMarkableReference（标记节点原子类）。其中 AtomicReference 可以直接实现引用类型的原子性操作，其常用方法如表 7-4 所示。

表 7-4　AtomicReference 类的常用方法

序号	方法名称	类型	描述
01	public AtomicReference(V initialValue)	构造	传入初始化引用对象
02	public final V get()	普通	获取保存对象
03	public final void set(V newValue)	普通	修改保存对象引用
04	public final boolean compareAndSet(V expectedValue, V newValue)	普通	比较并修改对象，比较成功则修改并返回 true，否则不修改并返回 false
05	public final V getAndSet(V newValue)	普通	获取并设置新的对象引用

范例：AtomicReference 操作引用数据（注：书名与价格仅为示例）

```java
package com.yootk;
import java.util.concurrent.atomic.AtomicReference;
class Book {
    private String title;                                          // 图书名称
    private double price;                                          // 图书价格
    public Book(String title, double price) {                     // 双参构造方法
        this.title = title;                                       // 属性赋值
        this.price = price;                                       // 属性赋值
    }
    @Override
    public String toString() {
        return "【图书】名称 = " + this.title + "、价格 = " + this.price;
    }
    // setter方法、getter方法、无参构造方法略
}
public class YootkDemo {
    public static void main(String[] args) throws Exception {
        Book book = new Book("Java进阶开发实战", 69.8);              // 实例化Book类对象
        AtomicReference<Book> ref = new AtomicReference<Book>(book); // 原子引用
        ref.compareAndSet(book, new Book("Spring开发实战", 67.8));   // CAS操作
        System.out.println(ref);                                   // 获取引用数据
    }
}
```

程序执行结果：

【图书】名称 = Spring开发实战、价格 = 67.8

本程序在 AtomicReference 对象中绑定了一个 Book 类的实例，而后利用该类提供的 CAS 操作实现了引用数据内容的替换处理。

> 提示：AtomicReference 不支持匿名对象。
>
> 在使用 AtomicReference 类对象操作的过程中，如果采用的是匿名对象，那么将无法实现替换。
>
> 范例：观察匿名对象替换（代码片段）
>
> ```java
> AtomicReference<Book> ref = new AtomicReference<Book>(
>         new Book("Java就业编程实战", 69.8));          // 原子引用
> ref.compareAndSet(new Book("Java进阶开发实战", 69.8),
>         new Book("Spring开发实战", 67.8));            // CAS操作
> System.out.println(ref);                              // 获取引用数据
> ```
>
> 程序执行结果：
>
> 【图书】名称 = Java进阶开发实战、价格 = 69.8
>
> 本程序通过匿名对象的方式进行 CAS 操作，而通过最终的执行结果可以发现并没有实现替换（即使覆写了 hashCode() 与 equals()，结果也是一样的）。该操作不支持匿名对象匹配。

AtomicReference 是一种直接的引用数据的处理操作，在进行 CAS 操作过程中进行对象的匹配即可。而除了这种简单的方式之外，还有一个 AtomicStampedReference 引用原子类，该类在操作时可以基于引用版本号的方式来进行处理，其常用方法如表 7-5 所示。

表 7-5 AtomicStampedReference 类的常用方法

序号	方法名称	类型	描述
01	public AtomicStampedReference(V initialRef, int initialStamp)	构造	初始化引用数据并设置初始化版本号
02	public V getReference()	普通	获取数据引用
03	public int getStamp()	普通	获取版本号
04	public boolean compareAndSet(V expectedReference, V newReference, int expectedStamp, int newStamp)	普通	依据版本号和内容进行比较，比较成功后进行内容与版本号替换，成功后返回 true
05	public void set(V newReference, int newStamp)	普通	无条件设置新内容与新版本号
06	public boolean attemptStamp(V expectedReference, int newStamp)	普通	无其他线程操作时进行内容与版本号设置

范例：通过 AtomicStampedReference 实现版本号替换（注：书名与价格仅为示例）

```java
package com.yootk;
import java.util.concurrent.atomic.AtomicStampedReference;
class Book {
    // Book类定义同前，代码略
}
public class YootkDemo {
    public static void main(String[] args) throws Exception {
        Book book = new Book("Java进阶开发实战", 69.8);          // 实例化Book类对象
        // 由于AtomicStampedReference需要提供版本号，所以在初始化时定义版本号为1
        AtomicStampedReference<Book> ref = new AtomicStampedReference<Book>(book, 1);
        // 在进行CAS操作时除了要设置替换内容之外，也需要设置正确的版本号，否则无法替换
        ref.compareAndSet(book, new Book("Spring开发实战", 67.8), 1, 2); // CAS操作
        System.out.println(ref.getReference());                 // 获取引用数据
        System.out.println("当前版本号: " + ref.getStamp());
    }
}
```

程序执行结果：

```
【图书】名称 = Spring开发实战、价格 = 67.8
当前版本号：2
```

本程序使用 AtomicStampedReference 原子类实现了引用数据的保存，而同时保存的还有版本号，这样在进行 CAS 操作时必须同时提供数据和正确的版本号才可以实现内容的替换。

使用 AtomicStampedReference 可以由开发者自行设置版本号，如果只需要一个表示 true 和 false 两个状态的标记，则也可以使用 AtomicMarkableReference 原子类来操作，该类的常用方法如表 7-6 所示。

表 7-6 AtomicMarkableReference 类的常用方法

序号	方法名称	类型	描述
01	public AtomicMarkableReference(V initialRef, boolean initialMark)	构造	设置初始化保存内容与初始化标记
02	public V getReference()	普通	获取保存数据
03	public boolean isMarked()	普通	标记判断
04	public boolean compareAndSet(V expectedReference, V newReference, boolean expectedMark, boolean newMark)	普通	根据原始内容与标记进行判断，如果判断成功则进行内容修改并设置新的标记
05	public void set(V newReference, boolean newMark)	普通	无条件修改数据与标记
06	public boolean attemptMark(V expectedReference, boolean newMark)	普通	无其他线程操作时修改数据与标记

范例：使用 AtomicMarkableReference 保存引用数据（注：书名与价格仅为示例）

```java
package com.yootk;
import java.util.concurrent.atomic.AtomicMarkableReference;
class Book {
```

```
    // Book类定义同前,代码略
}
public class YootkDemo {
    public static void main(String[] args) throws Exception {
        Book book = new Book("Java进阶开发实战", 69.8);         // 实例化Book类对象
        // 数据保存在标记节点原子操作类中,该类的标记只有true和false两个状态
        AtomicMarkableReference<Book> ref = new AtomicMarkableReference<Book>(book, true);
        ref.compareAndSet(book, new Book("Spring开发实战", 67.8), true, false); // CAS操作
        System.out.println(ref.getReference());              // 输出当前数据内容
    }
}
```

程序执行结果:

【图书】名称 = Spring开发实战、价格 = 67.8

本程序通过 AtomicMarkableReference 类的对象实现了引用数据的存储,同时设置了一个 true
标记,这样在进行数据替换时就需要传入原始数据以及标记内容,完全匹配后才可以实现内容与标
记的修改。

> 💡 **提示:标记节点原子操作类用于解决 ABA 问题。**
>
> 　　J.U.C 提供的 AtomicStampedReference 和 AtomicMarkableReference 两个类所需要解决的是多
> 线程访问下的数据操作 ABA 问题。所谓的 ABA 问题指的就是两个线程并发操作时,由更新不
> 同步所造成的更新错误,如图 7-9 所示。
>
>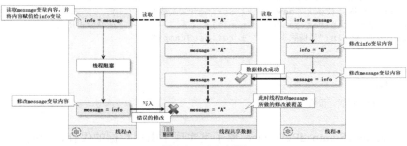
>
> 　　　　　　　　　　　　　　图 7-9　ABA 问题
>
> 　　对 ABA 问题最简单的理解就是,A 和 B 两位开发工程师同时打开一个程序文件,A 在打开
> 之后由于有其他的事情要忙,所以暂时没有做任何代码编写,而 B 却一直在进行代码编写;B
> 把代码写完并保存后关上计算机离开了,而 A 处理完其他事情后发现没什么可写的,于是直接
> 保存退出了,这样 B 的修改就消失了。
>
> 　　ABA 问题有可能造成 CAS 的数据更新错误,因为 CAS 是基于数据内容的判断来实现数据修
> 改的。为了解决这种问题,有人提出了版本号设计方案,这也就是 J.U.C 提供 AtomicStampedReference
> 和 AtomicMarkableReference 两个类的原因所在。

7.4.4　属性修改原子操作类

视频名称　0708_【掌握】属性原子操作类

视频简介　当多个线程占用同一个对象引用时,会牵扯到属性的修改问题。而为了简化多
线程下的属性修改处理机制,J.U.C 提供了属性修改原子操作类,利用一种专属修改器的
功能实现安全的修改操作。本视频通过具体的实例为读者演示该工具类的使用。

属性原子操作类

为了保证在并发编程访问下的类属性修改的正确性,J.U.C 提供 3 个属性修改原子操作类:
AtomicIntegerFieldUpdater、AtomicLongFieldUpdater、AtomicReferenceFieldUpdater。这几个类都可
以在多线程应用中实现属性的安全更新,下面以 AtomicLongFieldUpdater 为例对这一操作进行说

明。该类的常用方法如表 7-7 所示。

表 7-7　AtomicLongFieldUpdater 类的常用方法

序号	方法名称	类型	描述
01	public long addAndGet(T obj,　long delta)	构造	加法操作
02	public abstract boolean compareAndSet(T obj, long expect, long update)	普通	比较并修改数据
03	public long get(T obj)	普通	获取数据
04	public long getAndSet(T obj, long newValue)	普通	获取保存数据并设置新内容
05	public long decrementAndGet(T obj)	普通	属性自减并获取内容
06	public long incrementAndGet(T obj)	普通	属性自增并获取内容
07	public static <U> AtomicLongFieldUpdater<U> newUpdater(Class<U> tclass, String fieldName)	普通	根据虚拟机环境获取属性修改原子操作类实例

　　AtomicLongFieldUpdater 是一个抽象类，其定义了两个内部实现子类，分别是 CASUpdater 子类（CAS 更新处理）与 LockedUpdater 子类（同步锁定更新处理）。在使用该类前必须通过 newUpdater() 方法根据当前的虚拟机环境获取指定的对象实例，这一点可以通过图 7-10 所示的类继承结构观察到。

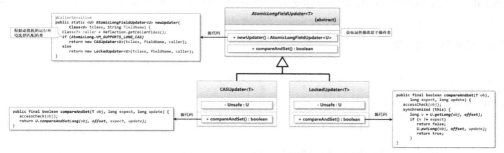

图 7-10　AtomicLongFieldUpdater 类继承结构与核心源代码

范例：使用属性修改原子操作类对象成员属性（注：书名与价格仅为示例）

```java
package com.yootk;
import java.util.concurrent.atomic.AtomicLongFieldUpdater;
class Book {
    // 必须使用volatile关键字定义，否则将出现IllegalArgumentException异常
    private volatile long id;                                // 图书ID
    private String title;                                    // 图书名称
    private double price;                                    // 图书价格
    public Book(long id, String title, double price) {       // 双参构造方法
        this.id = id;                                        // 属性赋值
        this.title = title;                                  // 属性赋值
        this.price = price;                                  // 属性赋值
    }
    public void setId(long id) {
        AtomicLongFieldUpdater<Book> atoLong = AtomicLongFieldUpdater
                        .newUpdater(Book.class, "id");       // 获取待更新属性
        atoLong.compareAndSet(this, this.id, id);            // CAS操作
    }
    @Override
    public String toString() {
        return "【图书】ID = " + this.id + "、名称 = " + this.title + "、价格 = " + this.price;
    }
    // setter方法、getter方法、无参构造方法略
}
public class YootkDemo {
    public static void main(String[] args) throws Exception {
        Book book = new Book(1002, "Java进阶开发实战", 69.8);  // 实例化Book类对象
        book.setId(6602);                                    // 修改id属性
```

```
        System.out.println(book);
    }
}
```

程序执行结果：

【图书】ID = 6602、名称 = Java进阶开发实战、价格 = 69.8

　　本程序在 Book 类中添加了一个 long 数据类型的 id 属性，随后在 setId()方法中通过 AtomicLongFieldUpdater 实现了该属性内容的修改。这样在多线程环境下就可以实现属性的安全更新。

7.4.5　并发计算

视频名称　　0709_【掌握】并发计算

视频简介　　多线程下的数学计算需要保证准确，所以 J.U.C 提供了并发计算的功能。本视频通过实例为读者讲解并发计算类的使用。

　　使用原子操作类可以保证多线程并发访问下的数据操作安全性，而为了进一步加强多线程下的计算操作，JDK 1.8 之后开始提供累加器（DoubleAccumulator、LongAccumulator）和加法器（DoubleAdder、LongAdder）的支持。但是原子性的累加器只适用于基础的数据统计，并不适用于其他细粒更度的操作。

范例：使用累加器计算

```
package com.yootk;
import java.util.concurrent.atomic.DoubleAccumulator;
public class YootkDemo {
    public static void main(String[] args) throws Exception {
        DoubleAccumulator da = new DoubleAccumulator((x, y) -> x + y, 1.1); // 累加器
        System.out.println("【累加器】原始存储内容: " + da.doubleValue());        // 原始内容
        da.accumulate(20);                                                   // 数据累加计算
        System.out.println("【累加器】累加计算结果: " + da.get());              // 获取数据
    }
}
```

程序执行结果：

【累加器】原始存储内容: 1.1
【累加器】累加计算结果: 21.1

　　本程序通过 DoubleAccumulator 类创建了一个累加器的计算表达式，并将当前默认内容设置为 1.1。这样每当用户使用 accumulate()方法时都将在已有数据的基础上实现累加操作。

范例：使用加法器计算

```
package com.yootk;
import java.util.concurrent.atomic.DoubleAdder;
public class YootkDemo {
    public static void main(String[] args) throws Exception {
        DoubleAdder da = new DoubleAdder();             // 定义加法器
        da.add(10);                                     // 数据执行加法
        da.add(20);                                     // 数据执行加法
        da.add(30);                                     // 数据执行加法
        System.out.println(da.sum());                   // 数据累加
    }
}
```

程序执行结果：

```
60.0
```

　　DoubleAdder 提供了一个数据累加的工具类，开发者通过 add()方法实现数据的添加即可在并发安全的访问下实现数据累加。

7.4.6 ThreadLocalRandom

ThreadLocal
Random

视频名称 0710_【理解】ThreadLocalRandom
视频简介 安全的多线程访问必然离不开有效的线程隔离。为便于多线程随机数的生成处理，J.U.C 提供了 ThreadLocalRandom 工具类。本视频将通过实例讲解该类的使用。

java.util.Random 可以实现随机数的生成处理，而其在随机数生成时所依靠的是一个 seed（种子）数。如果现在使用的是单线程开发，那么这样的设计没有任何问题。然而在多线程开发过程中，若干个不同的线程会使用同一个种子数来生成随机数，这样就会因若干个线程竞争同一种子数而造成性能下降，如图 7-11 所示。

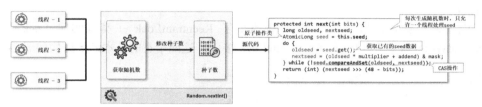

图 7-11 Random 与多线程

为了解决 Random 在多线程操作下的性能问题，J.U.C 提供了 ThreadLocalRandom 操作类（该类为 Random 子类）。利用该类可以为每一个线程保存不同的种子数，从而解决 Random 种子数更新所带来的性能问题。

范例：使用 ThreadLocalRandom 生成随机数

```
package com.yootk;
import java.util.concurrent.ThreadLocalRandom;
public class YootkDemo {
    public static void main(String[] args) throws Exception {
        for (int x = 0; x < 3; x++) {
            new Thread(() -> {
                System.out.println("【" + Thread.currentThread().getName() + "】生成随机数：" +
                        ThreadLocalRandom.current().nextInt(100));
            }).start();
        }
    }
}
```

程序执行结果（随机抽取）：

```
【Thread-0】生成随机数：6
【Thread-1】生成随机数：62
【Thread-2】生成随机数：11
```

本程序在每一个线程的内部通过 ThreadLocalRandom.current()获取 ThreadLocalRandom 对象实例，这样每次调用 nextInt()方法时，不同的线程会维护自己的 seed，提高了随机数的生成效率。

7.5 线 程 锁

线程锁

视频名称 0711_【掌握】线程锁
视频简介 线程锁是保证数据同步处理的重要技术手段，J.U.C 为了彻底解决死锁所带来的问题，专门提供了 locks 开发包。本视频会对这一开发包中的主要类和实现机制进行综合分析，并重点强调 AQS 的作用。

在多线程并发访问处理下，要保证操作资源的线程安全性，必须对资源的处理使用 synchronized 关键字进行标注，同时还需要通过线程等待与唤醒的机制来实现多个线程的协作处理。但是这样的实现机制过于烦琐，同时也会存在死锁问题的隐患。为了更好地解决线程同步处理的操作问题，J.U.C 提供了一个新的锁处理机制，为了实现这一机制还扩充了两个新的锁处理接口。

- **java.util.concurrent.locks.Lock 接口**：支持各种不同语义的锁规则，包括如下几类。

  公平机制：指不同线程获取锁的机会是公平的。

  非公平机制：指不同线程获取锁的机会是非公平的。

  可重入的锁：指同一个锁能够被一个线程多次获取，其最大作用是避免死锁。

- **java.util.concurrent.locks.ReadWriteLock 接口**：针对线程的读或写提供不同的锁处理机制，在数据读取时采用共享锁，在数据修改时使用独占锁，这样就可以保证数据访问的高性能。

对于以上两个锁处理接口，J.U.C 分别提供了 ReentrantLock 子类（实现 Lock 接口）与 ReentrantReadWriteLock 子类（实现 ReadWriteLock 接口），这两个类的基本继承结构如图 7-12 所示。

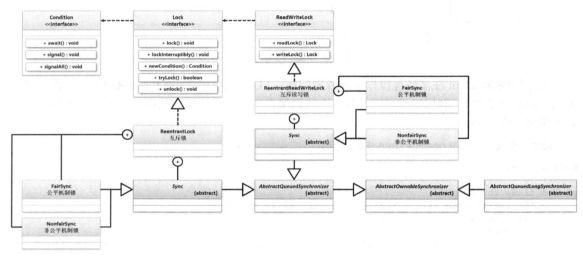

图 7-12　J.U.C 锁实现结构

通过图 7-12 所示的类定义结构，可以清楚地发现这两个子类的内部都有一个 Sync 的同步锁处理类，并且这个 Sync 类继承了 AbstractQueuedSynchronizer（缩写为 AQS）父类，该类的主要作用是保存所有等待获取锁的线程队列。而锁又分为两种类型。

- 公平锁（FairSync 子类）：通过 CLH 等待线程按照先来先得的规则公平地获取锁。
- 非公平锁（NonfairSync 子类）：当线程要获取锁时，它会无视 CLH 等待队列而直接获取锁。

> 💡 **提示：CLH 队列。**
>
> CLH（Craig, Landin and Hagersten）锁是一种基于链表的可扩展、高性能、公平的自旋锁，申请线程只在本地变量上自旋。它不断轮询前驱的状态，如果发现前驱释放了锁，就结束自旋。在 J.U.C 中利用 CLH 队列机制可以有效地避免线程死锁问题。

AbstractQueuedSynchronizer 实现了一个 FIFO 的线程等待队列，而后其会根据不同的应用场景来实现具体的独占锁模式（多线程更新数据时需要单个线程运行）或者共享锁模式（多线程读取数据时读线程不需要同步，和写线程做同步处理即可），如图 7-13 所示。为了便于这两种锁机制的处理，AbstractQueuedSynchronizer 也提供了相应的锁获取与锁释放的处理方法，这些方法都要根据实际环境由不同的子类来实现。

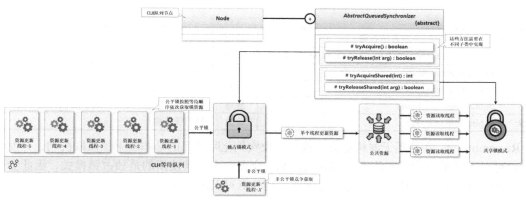

图 7-13 AQS 锁机制

7.5.1 ReentrantLock

视频名称 0712_【掌握】ReentrantLock

视频简介 互斥锁是 J.U.C 锁机制中的基本组成单元。本视频为读者讲解互斥锁的基本关联结构，并结合多线程售票程序讲解互斥锁的具体应用。

java.util.concurrent.locks.ReentrantLock 是 Lock 接口的直接子类。提供了一种互斥锁（或称"独占锁""排他锁"）的处理机制，这样可以保证在多线程并发访问时只能有一个线程实现资源的处理操作，如图 7-14 所示。在该线程进行操作的过程中，其他线程将进行等待与重新获取互斥锁资源的状态。

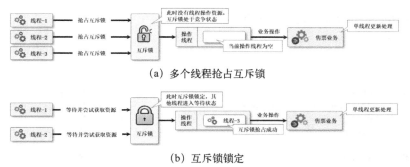

（a）多个线程抢占互斥锁

（b）互斥锁锁定

图 7-14 ReentrantLock 互斥锁操作机制

使用 ReentrantLock 的优点是可以避免传统的线程唤醒机制的烦琐处理，开发者通过 lock()方法即可实现资源锁定。而在资源锁定过程中其他未竞争到资源的线程自动进入等待状态，等到当前的线程调用 unlock()方法后让出当前的互斥锁资源，并根据默认的竞争策略（公平机制与非公平机制）唤醒其他等待线程。所以 ReentrantLock 是一个可重用锁。这就意味着该锁可以被线程重复获取。该类的常用方法如表 7-8 所示。

表 7-8 ReentrantLock 类的常用方法

序号	方法名称	类型	描述
01	public ReentrantLock()	构造	采用非公平机制
02	public ReentrantLock(boolean fair)	构造	fair 为 true 则为公平锁，fair 为 false 则为非公平锁
03	public void lock()	普通	获取锁
04	public boolean tryLock()	普通	如果没有其他线程获取锁，则获取锁并返回 true

续表

序号	方法名称	类型	描述
05	public boolean tryLock(long timeout, TimeUnit unit)	普通	尝试在给定时间内获取
06	public boolean isLocked()	普通	判断当前是否已经锁定
07	public Condition newCondition()	普通	获取 Condition 接口实例
08	public boolean isFair()	普通	如果是公平锁则返回 true，否则返回 false
09	public void unlock()	普通	释放锁资源

ReentrantLock 在使用无参构造方法进行对象实例化时采用的是非公平锁获取机制，开发者若需要也可以通过单参构造方法进行锁获取机制的变更。由于其使用的是独占锁模式，因此会使用 AQS 类所提供的相关方法进行资源锁定操作，这一点可以通过 ReentrantLock 类的源代码观察到，如图 7-15 所示。

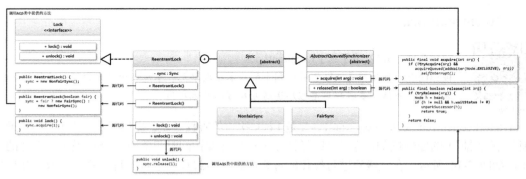

图 7-15　ReentrantLock 类的部分源代码

范例：使用 ReentrantLock 实现多线程售票

```java
package com.yootk;
import java.util.concurrent.TimeUnit;
import java.util.concurrent.locks.*;
class Ticket {
    private int count = 3;                                  // 售卖总票数
    private Lock lock = new ReentrantLock();                // 互斥锁
    public void sale() {                                    // 售票业务
        this.lock.lock();                                   // 资源锁定
        try {
            if (this.count > 0) {                           // 有剩余票数
                TimeUnit.SECONDS.sleep(1);                  // 模拟操作延迟
                System.out.println("【" + Thread.currentThread().getName() +
                        "】卖票，剩余票数: " + this.count--);
            } else {
                System.err.println("【" + Thread.currentThread().getName() +
                        "】票已卖完了，明天再来! ");
            }
        } catch (Exception e) {
        } finally {
            this.lock.unlock();                             // 解除锁定
        }
    }
}
public class YootkDemo {
    public static void main(String[] args) throws Exception {
        Ticket ticet = new Ticket();                        // 对象实例化
        for (int x = 0; x < 5; x++) {                       // 创建售卖线程
            new Thread(() -> {
                ticet.sale();                               // 售票处理
            }, "售票员 - " + x).start();
```

```
        }
    }
}
```

程序执行结果：

【售票员 - 1】卖票，剩余票数：3
【售票员 - 2】卖票，剩余票数：2
【售票员 - 3】卖票，剩余票数：1
【售票员 - 4】票已卖完了，明天再来！
【售票员 - 0】票已卖完了，明天再来！

本程序实现了一个多线程的售票处理机制，为了避免多线程下的数据计算错误，直接使用 ReentrantLock 互斥锁保证每一次只会有一个线程进行售票操作，而整体的代码也不再需要开发者使用 synchronized 关键字进行同步处理。这样不仅提升了方法的处理性能，也保证了数据操作的正确性。

7.5.2　ReentrantReadWriteLock

视频名称　　0713_【掌握】ReentrantReadWriteLock

视频简介　　ReentrantReadWriteLock 提供了一个读写处理的同步处理类，可以避免互斥锁带来的性能问题。本视频通过实例为读者讲解读写锁的使用。

互斥锁每一次只允许有一个线程参与具体的业务处理逻辑，即在某些读写操作的业务处理中，每次只能够有一个线程实现读或写的操作，如图 7-16 所示。互斥锁的目的是保证线程资源操作的有效性，而在读取时是不需要考虑资源修改问题的，所以使用互斥锁会导致读取线程的性能下降。为了解决这种数据读写涉及的问题，J.U.C 提供了一个互斥读写锁，如图 7-17 所示。互斥读写锁在线程写数据时只允许有一个处理线程，而数据读取采用了共享锁的设计模式，允许多个读线程并行处理。

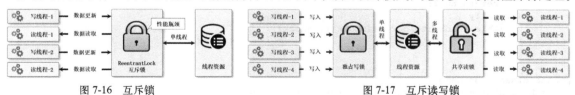

图 7-16　互斥锁　　　　　　　　　　　　　　图 7-17　互斥读写锁

ReentrantReadWriteLock 是 J.U.C 提供的互斥读写锁的实现类，该类实现了 ReadWriteLock 接口，这样就可以利用 readLock()方法创建一个读锁，利用 writeLock()方法创建一个写锁。在这一操作过程中读锁和写锁互斥，写锁和写锁互斥，以保证写入的时候不允许进行数据的读取；但是读取的时候不会产生互斥操作，这样既保证了数据读取的性能，又保证了数据更新的安全。ReentrantReadWriteLock 类的继承结构如图 7-18 所示。

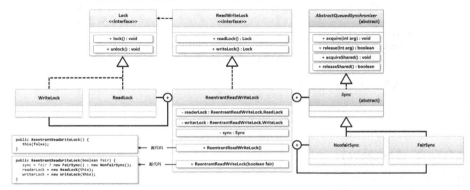

图 7-18　ReentrantReadWriteLock 类的继承结构

范例：使用 ReentrantReadWriteLock 实现多线程银行账户操作

```java
package com.yootk;
import java.util.concurrent.TimeUnit;
import java.util.concurrent.locks.ReentrantReadWriteLock;
class Account {                                                        // 账户信息类
    private String name;                                              // 账户名称
    private int asset;                                                // 账户资金
    private ReentrantReadWriteLock readWriteLock = new ReentrantReadWriteLock(); // 互斥读写锁
    public Account(String name, int asset) {                          // 构造方法
        this.name = name;                                             // 属性赋值
        this.asset = asset;                                           // 属性赋值
    }
    public void save(int asset) {                                     // 写锁操作方法
        this.readWriteLock.writeLock().lock();                        // 独占写锁
        try {
            this.asset += asset;                                      // 账户资金累加
            TimeUnit.SECONDS.sleep(1);                                // 模拟延迟
            System.out.println("【" + Thread.currentThread().getName() +
                "】修改银行资产，当前的资产为：" + (this.asset / 100.0));
        } catch (Exception e) {
        } finally {
            this.readWriteLock.writeLock().unlock();                  // 释放写锁
        }
    }
    public String toString() {                                        // 读锁操作方法
        this.readWriteLock.readLock().lock();                         // 共享读锁
        try {
            TimeUnit.MILLISECONDS.sleep(100);                         // 模拟延迟
            return "【" + Thread.currentThread().getName() + "】账户名称：" + this.name +
                "、账户余额：" + (this.asset / 100.0);
        } catch (Exception e) {
            return null;
        } finally {
            this.readWriteLock.readLock().unlock();                   // 释放读锁
        }
    }
}
public class YootkDemo {
    public static void main(String[] args) throws Exception {
        Account account = new Account("李兴华", 0);                   // 创建账户
        int money[] = new int[] { 110, 230, 10_000 };                // 存款金额（单位为分）
        for (int x = 0; x < 10; x++) {                               // 循环创建线程
            if (x % 2 == 0) {                                        // 启动存储线程
                new Thread(() -> {
                    for (int y = 0; y < money.length; y++) {
                        account.save(money[y]);                     // 存款操作
                    }
                }, "存款者 - " + x).start();                          // 线程启动
            } else {                                                 // 启动查询线程
                new Thread(() -> {
                    while (true) {                                    // 持续查询
                        System.out.println(account);                 // 查询操作
                    }
                }, "查询者 - " + x).start();                          // 线程启动
            }
        }
    }
}
```

程序执行结果（随机抽取）：

```
【存款者 - 0】修改银行资产，当前的资产为：1.1
【存款者 - 0】修改银行资产，当前的资产为：3.4
【存款者 - 0】修改银行资产，当前的资产为：103.4
```

【存款者 - 4】修改银行资产，当前的资产为：104.5
【存款者 - 4】修改银行资产，当前的资产为：106.8
【存款者 - 4】修改银行资产，当前的资产为：206.8
【存款者 - 2】修改银行资产，当前的资产为：207.9
【存款者 - 2】修改银行资产，当前的资产为：210.2
【存款者 - 2】修改银行资产，当前的资产为：310.2
〖查询者 - 3〗账户名称：李兴华、账户余额：310.2
【存款者 - 6】修改银行资产，当前的资产为：311.3
【存款者 - 6】修改银行资产，当前的资产为：313.6
【存款者 - 6】修改银行资产，当前的资产为：413.6
〖查询者 - 7〗账户名称：李兴华、账户余额：413.6
〖查询者 - 9〗账户名称：李兴华、账户余额：413.6
〖查询者 - 5〗账户名称：李兴华、账户余额：413.6
【存款者 - 8】修改银行资产，当前的资产为：414.7
【存款者 - 8】修改银行资产，当前的资产为：417.0
〖查询者 - 1〗账户名称：李兴华、账户余额：417.0
〖查询者 - 5〗账户名称：李兴华、账户余额：417.0
〖查询者 - 3〗账户名称：李兴华、账户余额：417.0
〖查询者 - 7〗账户名称：李兴华、账户余额：417.0
〖查询者 - 9〗账户名称：李兴华、账户余额：417.0
【存款者 - 8】修改银行资产，当前的资产为：517.0
〖查询者 - 7〗账户名称：李兴华、账户余额：517.0

　　为了便于数据的准确存储，本程序直接使用的货币单位为"分"，所有的存款金额通过整型变量进行存储。通过执行结果可以发现读锁和写锁互斥，在写入时无法进行数据的获取，而在释放写锁之后，若干个读锁线程可以同时进行数据读取，操作的形式如图 7-19 所示。

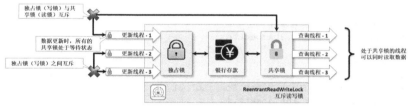

图 7-19　互斥读写锁账户操作

7.5.3　StampedLock

视频名称　0714_【掌握】StampedLock
视频简介　为进一步提高锁的处理性能，J.U.C 提供了 StampedLock，它除了可以实现读写支持之外，也提供更高效的乐观锁机制。本视频通过具体的实例进行该工具类的使用讲解。

　　使用互斥读写锁进行多线程访问控制时，独占锁与共享锁之间有互斥的关系，在读、写线程个数均衡的环境下，使用互斥读写锁进行操作没有任何问题。但是如果读取线程很多，而写入线程很少，则可能会出现写入线程饥饿（Starvation）的问题，即写入线程有可能长时间无法竞争到独占锁，而一直处于等待状态，如图 7-20 所示。

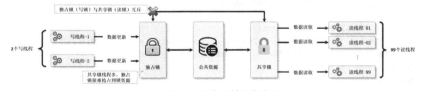

图 7-20　互斥读写锁均衡问题

　　为了解决这种并发负载不均衡的问题，JDK 1.8 又提供了一个 StampedLock 锁控制类。该类支持 3 种锁的处理模式，分别为写锁、悲观锁、乐观锁。每一个完整的 StampedLock 是由版本和模式两个部分所组成的，在获取相关锁时会返回一个数字标记戳，用于控制锁的状态，并利用该标记戳实现解锁的处理。StampedLock 类的常用方法如表 7-9 所示。

表 7-9 StampedLock 类的常用方法

序号	方法名称	类型	描述
01	public long readLock()	普通	获取读锁
02	public long tryReadLock()	普通	非强制获取读锁
03	public long tryOptimisticRead()	普通	获取乐观读锁
04	public long tryConvertToOptimisticRead(long stamp)	普通	转为乐观读锁
05	public long tryConvertToReadLock(long stamp)	普通	转为读锁
06	public long writeLock()	普通	获取写锁
07	public long tryWriteLock()	普通	非强制获取写锁
08	public long tryConvertToWriteLock(long stamp)	普通	转换为写锁
09	public void unlock(long stamp)	普通	释放锁
10	public void unlockRead(long stamp)	普通	释放读锁
11	public void unlockWrite(long stamp)	普通	释放写锁
12	public boolean validate(long stamp)	普通	验证状态是否合法

范例：StampedLock 实现悲观锁

```java
package com.yootk;
import java.util.concurrent.TimeUnit;
import java.util.concurrent.locks.StampedLock;
class Account {                                              // 账户信息类
    private String name;                                    // 账户名称
    private int asset;                                      // 账户资金
    private StampedLock stampedLock = new StampedLock();     // 无障碍锁
    public Account(String name, int asset) {                // 构造方法
        this.name = name;                                   // 属性赋值
        this.asset = asset;                                 // 属性赋值
    }
    public void save(int asset) {                           // 写锁操作方法
        long stamp = this.stampedLock.writeLock();          // 获取写锁的标记戳
        try {
            this.asset += asset;                            // 账户资金累加
            TimeUnit.SECONDS.sleep(1);                      // 模拟延迟
            System.out.println("【" + Thread.currentThread().getName() +
                "】修改银行资产，当前的资产为：" + (this.asset / 100.0));
        } catch (Exception e) {
        } finally {
            this.stampedLock.unlockWrite(stamp);            // 释放写锁
        }
    }
    public String toString() {                              // 读锁操作方法
        long stamp = this.stampedLock.readLock();           // 获取读锁标记戳
        try {
            TimeUnit.MILLISECONDS.sleep(100);               // 模拟延迟
            return "【" + Thread.currentThread().getName() + "】账户名称：" +
                this.name + "、账户余额：" + (this.asset / 100.0);
        } catch (Exception e) {
            return null;
        } finally {
            this.stampedLock.unlockRead(stamp);             // 释放读锁
        }
    }
}
```

```
public class YootkDemo {
    public static void main(String[] args) throws Exception {
        Account account = new Account("李兴华", 0);                    // 创建账户
        int money[] = new int[] { 110, 230, 10_000 };                  // 存款金额（单位为分）
        for (int x = 0; x < 10; x++) {                                 // 设置一个循环
            if (x % 2 == 0) {                                          // 启动存储线程
                new Thread(() -> {
                    for (int y = 0; y < money.length; y++) {
                        account.save(money[y]);                       // 存款操作
                    }
                }, "存款者 - " + x).start();                          // 线程启动
            } else {
                new Thread(() -> {
                    while (true) {
                        System.out.println(account);                 // 查询操作
                    }
                }, "查询者 - " + x).start();                          // 线程启动
            }
        }
    }
}
```

程序执行结果（随机抽取）：

```
【存款者 - 0】修改银行资产，当前的资产为: 1.1
【存款者 - 0】修改银行资产，当前的资产为: 3.4
【存款者 - 0】修改银行资产，当前的资产为: 103.4
【查询者 - 3】账户名称：李兴华、账户余额: 103.4
【查询者 - 7】账户名称：李兴华、账户余额: 103.4
【存款者 - 4】修改银行资产，当前的资产为: 104.5
【存款者 - 4】修改银行资产，当前的资产为: 106.8
【存款者 - 4】修改银行资产，当前的资产为: 206.8
【存款者 - 8】修改银行资产，当前的资产为: 207.9
【存款者 - 8】修改银行资产，当前的资产为: 210.2
【存款者 - 8】修改银行资产，当前的资产为: 310.2
【查询者 - 9】账户名称：李兴华、账户余额: 310.2
【查询者 - 5】账户名称：李兴华、账户余额: 310.2
【存款者 - 6】修改银行资产，当前的资产为: 311.3
【存款者 - 6】修改银行资产，当前的资产为: 313.6
【存款者 - 6】修改银行资产，当前的资产为: 413.6
【查询者 - 1】账户名称：李兴华、账户余额: 413.6
【存款者 - 2】修改银行资产，当前的资产为: 414.7
【存款者 - 2】修改银行资产，当前的资产为: 417.0
【存款者 - 2】修改银行资产，当前的资产为: 517.0
【查询者 - 7】账户名称：李兴华、账户余额: 517.0
【查询者 - 3】账户名称：李兴华、账户余额: 517.0
```

本程序实现了一个存款与查询的处理操作，在先前互斥读写锁的基础上进行了修改，基于 StampedLock 的写锁与悲观读锁实现了处理。即 StampedLock 类可以实现互斥读写锁的功能，但是 StampedLock 类除了悲观锁之外还提供乐观读锁，这才是 StampedLock 类的特点所在。

所谓的乐观读模式，指的是在当前应用中读线程数量多于写线程数量的情况下，可以乐观地认为，数据写入与读取同时发生的概率很小，所以不需要使用悲观读锁完全锁定。在读取时如果发现有写入的执行变更，可以及时采取相应的措施（如重新读取变更后的数据或者抛出一个读取异常）。这样就可以避免悲观读锁的独占操作所带来的性能问题，从而提升整个应用的吞吐量。

范例：StampedLock 实现乐观锁

```
package com.yootk;
import java.util.concurrent.TimeUnit;
import java.util.concurrent.locks.StampedLock;
class Account {                                                       // 账户信息类
    private String name;                                             // 账户名称
```

```java
    private int asset;                                                  // 账户资金
    private StampedLock stampedLock = new StampedLock();                // 无障碍锁
    public Account(String name, int asset) {                            // 构造方法
        this.name = name;                                               // 属性赋值
        this.asset = asset;                                             // 属性赋值
    }
    public void save(int asset) {                                       // 写锁操作方法
        long stamp = this.stampedLock.writeLock();                     // 获取写锁标记戳
        boolean flag = true;                                           // 强制转换处理标记
        try { // 将当前的读锁标记戳转换为写锁标记戳，如果转换失败则标记戳的内容为0
            long writeStamp = this.stampedLock.tryConvertToWriteLock(stamp);
            while (flag) {                                              // 转换尝试
                if (writeStamp != 0) {                                  // 锁标记戳转换成功
                    stamp = writeStamp;                                 // 标记戳替换
                    this.asset += asset;                               // 修改内容
                    TimeUnit.SECONDS.sleep(2);                        // 休眠1s，模拟延迟
                    System.out.println("【" + Thread.currentThread().getName() +
                            "】修改银行资产，当前的资产为：" + (this.asset / 100.0));
                    flag = false;
                } else {                                               // 转换失败
                    this.stampedLock.unlockRead(stamp);               // 释放读锁标记戳
                    writeStamp = this.stampedLock.writeLock();        // 获取写锁标记戳
                    stamp = writeStamp;                               // 保存标记戳
                }
            }
        } catch (Exception e) {
        } finally {
            this.stampedLock.unlockWrite(stamp);                      // 释放写锁
        }
    }
    public String toString() {                                          // 读锁操作方法
        // 返回一个有效的乐观读锁标记戳，如果独占写锁已锁定，则返回的标记戳为0
        long stamp = this.stampedLock.tryOptimisticRead();            // 获取读锁标记戳
        try {
            int current = this.asset;                                  // 在输出之前获取原始内容
            TimeUnit.MILLISECONDS.sleep(500);                        // 休眠1s，模拟延迟
            if (!this.stampedLock.validate(stamp)) {                 // 标记戳不正确
                stamp = this.stampedLock.readLock();                 // 获取读锁标记戳
                try {
                    current = this.asset;                             // 存款金额有可能发生改变
                } finally {
                    this.stampedLock.unlockRead(stamp);              // 释放读锁
                }
            }
            return "【" + Thread.currentThread().getName() + "】账户名称：" +
                this.name + "、账户余额：" + (current / 100.0);
        } catch (Exception e) {
            return null;
        }
    }
}
public class YootkDemo {
    public static void main(String[] args) throws Exception {
        Account account = new Account("李兴华", 0);                      // 创建账户
        int money[] = new int[] { 110, 230, 10_000 };                 // 存款金额（单位为分）
        for (int x = 0; x < 10; x++) {                                 // 设置一个循环
            if (x % 2 == 0) {                                          // 启动存储线程
                new Thread(() -> {
                    for (int y = 0; y < money.length; y++) {
                        account.save(money[y]);                       // 存款操作
                    }
                }, "存款者 - " + x).start();                            // 线程启动
            } else {
```

```
new Thread(() -> {
    while (true) {
        System.out.println(account);              // 查询操作
    }
}, "查询者 - " + x).start();                         // 线程启动
            }
        }
    }
}
```

程序执行结果（随机抽取）：

```
【存款者 - 0】修改银行资产，当前的资产为：1.1
【存款者 - 0】修改银行资产，当前的资产为：3.4
【存款者 - 0】修改银行资产，当前的资产为：103.4
【存款者 - 4】修改银行资产，当前的资产为：104.5
【存款者 - 4】修改银行资产，当前的资产为：106.8
【存款者 - 4】修改银行资产，当前的资产为：206.8
【存款者 - 2】修改银行资产，当前的资产为：207.9
【存款者 - 2】修改银行资产，当前的资产为：210.2
【存款者 - 2】修改银行资产，当前的资产为：310.2
【存款者 - 6】修改银行资产，当前的资产为：311.3
【存款者 - 6】修改银行资产，当前的资产为：313.6
【存款者 - 6】修改银行资产，当前的资产为：413.6
【存款者 - 8】修改银行资产，当前的资产为：414.7
【存款者 - 8】修改银行资产，当前的资产为：417.0
【存款者 - 8】修改银行资产，当前的资产为：517.0
『查询者 - 9』账户名称：李兴华、账户余额：517.0
『查询者 - 3』账户名称：李兴华、账户余额：517.0
```

本程序在每次进行读取操作时，使用 stampedLock.tryOptimisticRead()方法获取乐观锁，而一旦出现写入处理，就可以在读取操作中通过 this.stampedLock.validate(stamp)进行判断，随后让出线程资源，交由写线程处理。这样就避免了写线程的饥饿问题。

7.5.4 Condition

Condition

视频名称　0715_【掌握】Condition

视频简介　Condition 可以实现自定义锁的创建管理，同时也提供等待与唤醒机制。本视频通过一个多线程的读写操作实例，分析 Condition 类的作用。

java.util.concurrent.locks.Condition 接口是一个直观的锁控制接口，其主要的操作形式就是模仿 java.lang.Object 类中提供的线程等待（wait()方法）与线程唤醒（notify()方法、notifyAll()方法）操作。为便于理解，表 7-10 列出了两者的对比。

表 7-10　Object 类与 Condition 接口方法对比

序号	操作方法	Object 类方法	Condition 接口方法
01	线程等待	public void wait() throws InterrupedException	public void await() throws InterruptedException
02	线程等待	public final void wait(long timeoutMillis) throws InterruptedException	public boolean await(long time, TimeUnit unit) throws InterruptedException
03	线程等待	public final void wait(long timeoutMillis, int nanos) throws InterruptedException	
04	唤醒单个线程	public void notify()	public void signal()
05	唤醒全部线程	public void notifyAll()	public void signalAll()

为了便于使用者获取 Condition 接口对象实例，Lock 接口提供了一个 newCondition()处理方法，该方法会返回一个 AbstractQueuedSynchronizer.ConditionObject 子类对象实例，Condition 接口的继

承结构如图 7-21 所示。具体的 Condition 对象实例的创建是由 Sync 内部类的 newCondition()方法完成的，该方法会返回一个 ConditionObject 对象实例。ConditionObject 子类内部依然使用节点队列的形式实现所有等待线程的保存，即在进行线程唤醒或等待时都基于 CLH 队列的形式处理。

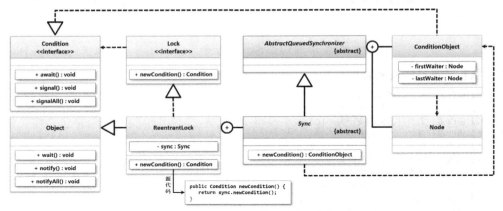

图 7-21　Condition 接口的继承结构

范例：使用 Condition 实现等待与唤醒操作

```java
package com.yootk;
import java.util.concurrent.TimeUnit;
import java.util.concurrent.locks.*;
public class YootkDemo {
    public static String msg = null;                              // 保存公共数据
    public static void main(String[] args) throws Exception {
        Lock lock = new ReentrantLock();                          // 实例化Lock接口对象
        Condition condition = lock.newCondition();                // 创建新的锁控制
        lock.lock();                                              // 锁定主线程
        try {
            new Thread(() -> {                                    // 启动一个子线程
                lock.lock();                                      // 同步锁
                try {
                    System.out.println("【" + Thread.currentThread().getName() +
                        "】准备进行数据的处理操作。");              // 提示信息
                    TimeUnit.SECONDS.sleep(2);                     // 让子线程先运行2s
                    msg = "www.yootk.com";                         // 数据处理
                    condition.signal();                            // 【恢复】唤醒等待的主线程
                } catch (Exception e) {
                } finally {
                    lock.unlock();                                 // 解除锁定
                }
            }, "子线程").start();                                   // 子线程启动
            condition.await();                                     // 【挂起】主线程等待
            System.out.println("【主线程】得到最终的处理结果：" + msg);
        } finally {
            lock.unlock();                                         // 释放外部锁
        }
    }
}
```

程序执行结果：

【子线程】准备进行数据的处理操作。
【主线程】得到最终的处理结果：www.yootk.com

本程序实现了一个主线程与子线程之间的顺序定义，主线程创建子线程后通过 Condition 接口的 await()方法进入阻塞状态，而后等到子线程执行 signal()方法后才解除阻塞，这样就可以获得子线程处理完成的数据结果。

7.5.5 LockSupport

LockSupport

视频名称	0716_【掌握】LockSupport
视频简介	LockSupport 提供了一种类似于原生的多线程同步与唤醒操作机制，可以方便地实现线程操作的融合。本视频通过具体的操作实例讲解 LockSupport 类方法的使用。

在 JDK 1.0 中，java.lang.Thread 类提供了一些较为方便的线程控制方法，如线程挂起（suspend() 方法）、线程回复执行（resume()方法）、线程终止（stop()方法）等。虽然这些方法使用起来较为简单，但是因为其本身会造成线程的死锁问题，所以在 JDK 1.2 及其之后的版本中这些方法都不再推荐使用。

但是这些方法具有很强的直观性，同时对线程的控制操作又非常简单，所以 J.U.C 就依据这些方法的功能提供了一个 java.util.concurrent.locks.LockSupport 工具类。该类的常用方法如表 7-11 所示。

表 7-11 LockSupport 类的常用方法

序号	方法名称	类型	描述
01	public static void park()	普通	暂停当前对象的执行
02	public static void park(Object blocker)	普通	设置阻塞对象
03	public static void parkUntil(Object blocker, long deadline)	普通	设置阻塞的时间
04	public static void unpark(Thread thread)	普通	恢复运行

LockSupport 又被称为阻塞原语，其最重要的特点是它并不是依靠 Java 代码实现的，而是通过 Unsafe 类转为硬件指令实现的，如图 7-22 所示。所以其在线程调度处理中性能较好。

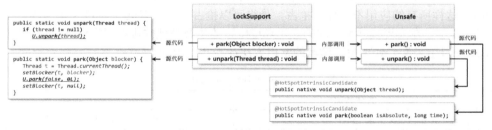

图 7-22 LockSupport 源代码分析

范例：LockSupport 等待与唤醒处理

```java
package com.yootk;
import java.util.concurrent.TimeUnit;
import java.util.concurrent.locks.LockSupport;
public class YootkDemo {
    public static String msg = null;                          // 保存公共数据
    public static void main(String[] args) throws Exception {
        Thread mainThread = Thread.currentThread();           // 获得主线程
        new Thread(() -> {                                    // 启动一个子线程
            try {
                System.out.println("【" + Thread.currentThread().getName() +
                        "】准备进行数据的处理操作。");
                TimeUnit.SECONDS.sleep(2);                    // 让子线程先运行2s
                msg = "www.yootk.com";                        // 对于数据的处理
            } catch (Exception e) {
            } finally {
                LockSupport.unpark(mainThread);               // 解锁主线程
            }
        }, "子线程").start();                                  // 子线程启动
        LockSupport.park(mainThread);                         // 主线程暂停执行
        System.out.println("【主线程】得到最终的处理结果：" + msg);
```

```
    }
}
```

程序执行结果：

【子线程】准备进行数据的处理操作。
【主线程】得到最终的处理结果：www.yootk.com

本程序基于 LockSupport 类提供的方法实现了主线程与子线程之间的等待通信处理，在主线程中利用 park()方法阻塞主线程运行，而在子线程处理完成后使用 unpark()方法解除主线程的阻塞，这样在主线程中就可以获得子线程的处理结果。

7.6　线程锁工具类

以上分析已经为读者详细地讲解了 J.U.C 中的 atomic 原子工具包以及 locks 锁机制实现包，这些包所提供的都是 J.U.C 的核心组成结构。而在实际的开发中，可以对这些结构做进一步的封装处理，这样就可形成一个个具体的工具类。本节将为读者讲解这些线程锁工具类的使用。

7.6.1　Semaphore

视频名称　0717_【掌握】Semaphore

视频简介　在系统应用资源不足时，可以依据信号量来实现资源的有效分配，避免过多线程抢占导致性能瓶颈。本视频讲解信号量设计的目的与具体应用。

在大部分的应用环境下，很多资源实际上都是有限提供的。例如，服务器提供了 4 核 8 线程的 CPU 资源，这样所有的应用不管如何抢占，最终可以抢占的也只有这固定的 8 个线程，这就属于一种有限的资源。在大规模并发访问的应用环境中，为了合理地安排有限资源的调度，J.U.C 提供了 Semaphore（信号量）处理类。该类的常用方法如表 7-12 所示。

表 7-12　Semaphore 类的常用方法

序号	方法名称	类型	描述
01	public Semaphore(int permits)	构造	设置可用的资源数量，采用非公平机制
02	public Semaphore(int permits, boolean fair)	普通	设置可用的资源数量，采用公平机制
03	public void acquire() throws InterruptedException	普通	获取资源
04	public void release()	普通	释放一个资源
05	public int availablePermits()	普通	获取当前可用的资源量

Semaphore 实现了线程调度的处理支持，开发者在使用前需要配置预计的信号量大小，这样当有多个请求进入时会自动根据当前的空余信号量进行调用。如果发现此时已经没有可用的信号量，则线程进入阻塞状态并等待空闲的信号量出现。实际上这一调用处理非常类似于去银行办理业务，假设银行开辟了 3 个营业窗口，但是突然来了 100 位等待办理业务的用户，这 100 位用户就要排队，依次在这 3 个业务窗口进行业务办理，如图 7-23 所示。

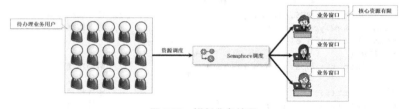

图 7-23　银行业务处理

提示：数据库连接资源与信号量。

在使用 JDBC 进行应用程序开发过程中，最为重要的就是 Connection 连接对象。但是一个数据库所支持的并行连接数量是有限的，此时就可以通过 Semaphore 来实现有限资源的调度，而这一操作机制体现的就是数据库连接池的核心思想。关于数据库连接池的实现在本系列的《Java Web 开发实战（视频讲解版）》等图书中有不同的实现讲解，需要的读者可以自行翻阅。

范例：信号量调度

```java
package com.yootk;
import java.util.concurrent.*;
public class YootkDemo {
    public static void main(String[] args) throws Exception {
        Semaphore semaphore = new Semaphore(2);              // 资源量为2
        for (int x = 0; x < 5; x++) {                        // 5个线程
            new Thread(() -> {
                try {
                    semaphore.acquire();                     // 获取资源，如果没有则阻塞线程
                    if (semaphore.availablePermits() >= 0) { // 是否有可用资源
                        System.out.println("【业务处理 - 开始】当前的业务办理人员为：" +
                                Thread.currentThread().getName());
                        TimeUnit.SECONDS.sleep(2);           // 模拟业务办理延迟
                        System.err.println("【业务办理 - 结束】当前的业务办理人员为：" +
                                Thread.currentThread().getName());
                        semaphore.release();                 // 释放资源
                    }
                } catch (Exception e) {}
            }, "用户 - " + x).start();                        // 线程启动
        }
    }
}
```

程序执行结果：

```
【业务办理 - 开始】当前的业务办理人员为：用户 - 1
【业务办理 - 开始】当前的业务办理人员为：用户 - 2
【业务办理 - 结束】当前的业务办理人员为：用户 - 2
【业务办理 - 开始】当前的业务办理人员为：用户 - 0
【业务办理 - 开始】当前的业务办理人员为：用户 - 4
【业务办理 - 结束】当前的业务办理人员为：用户 - 1
【业务办理 - 结束】当前的业务办理人员为：用户 - 0
【业务办理 - 开始】当前的业务办理人员为：用户 - 3
【业务办理 - 结束】当前的业务办理人员为：用户 - 4
【业务办理 - 结束】当前的业务办理人员为：用户 - 3
```

本程序创建了 5 个线程，而后这 5 个线程分别抢占有限的 2 个资源。这样每当线程执行到 semaphore.acquire()方法时，如果有空闲资源则允许线程通过，如果没有空闲资源则线程进入阻塞状态并重新进行资源抢占。

7.6.2 CountDownLatch

 视频名称 0718_【掌握】CountDownLatch

视频简介 CountDownLatch 是在多线程协作等待中最为常用的一个程序类。本视频将为读者讲解该类的主要特点，并通过具体的实例进行开发演示。

线程同步处理过程中经常会出现某一个线程等待其他若干个子线程执行完毕的情况。现在假设通过主线程创建了 3 个子线程，同时主线程一定要等待这 3 个子线程执行完成才可以继续执行，这样就可以在主线程中设置一个为 3 的计数值（对应 3 个子线程的数量），每一个子线程在执行完毕后进行计数值减 1 的处理，减到 0 则解除主线程的等待状态，如图 7-24 所示。

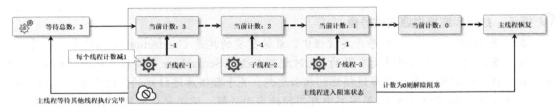

图 7-24 计数阻塞处理

为了实现这一计数的线程等待唤醒机制，J.U.C 提供了一个 CountDownLatch 工具类。该类在使用时需要设置一个具体的计数值，随后就可以通过 await()方法等待其计数内容为 0，而具体的计数减少操作可以由子线程完成。该类的常用方法如表 7-13 所示。

表 7-13 CountDownLatch 类的常用方法

序号	方法名称	类型	描述
01	public CountDownLatch(int count)	普通	定义等待子线程总数
02	public void await() throws InterruptedException	普通	主线程阻塞，等待子线程执行
03	public void countDown()	普通	子线程执行完后减少等待数量
04	public long getCount()	普通	获取当前等待数量

范例：使用 CountDownLatch 计数统计

```
package com.yootk;
import java.util.concurrent.CountDownLatch;
public class YootkDemo {
    public static void main(String[] args) throws Exception {
        CountDownLatch latch = new CountDownLatch(2);        // 要接两位客人
        for (int x = 0; x < 2; x++) {                        // 循环启动线程
            new Thread(() -> {
                System.out.println("【" + Thread.currentThread().getName() + "】达到并已上车。");
                latch.countDown();                           // 等待数量减1
            }, "客人 - " + x).start();                       // 启动子线程
        }
        latch.await();                                       // 线程阻塞
        System.out.println("【主线程】人齐了，开车走人。");   // 主线程恢复执行
    }
}
```

程序执行结果：

```
【客人 - 0】达到并已上车。
【客人 - 1】达到并已上车。
【主线程】人齐了，开车走人。
```

本程序通过 CountDownLatch 设置了一个值为 2 的等待数量，在数量达到 0 之前，会持续使await()处理的线程处于阻塞状态。每个子线程进行等待数量减 1 的处理操作，以最终实现主线程的阻塞解除处理。

7.6.3 CyclicBarrier

视频名称　0719_【掌握】CyclicBarrier

视频简介　栅栏是一种多线程的等待机制，基于栅栏可以有效地实现协同线程同步处理。本视频为读者分析 CyclicBarrier 类的使用特点，并通过具体的实例展示其具体应用。

CyclicBarrier 可以保证多个线程在达到某一个公共屏障点（Common Barrier Point）的时候才执行，如果没有达到此屏障点，那么线程将持续等待，如图 7-25 所示。

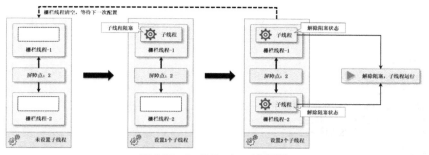

图 7-25　CyclicBarrier 工作原理

　　CyclicBarrier 可以保证若干个线程并行执行，还可以利用方法更新屏障点的状态，进行更加方便的控制。CyclicBarrier 类的常用方法如表 7-14 所示。

表 7-14　CyclicBarrier 类的常用方法

序号	方法名称	类型	描述
01	public CyclicBarrier(int parties)	普通	设置屏障点数量
02	public CyclicBarrier(int parties, Runnable barrierAction)	普通	设置屏障点数量,并设置达到屏障点后要执行的子线程
03	public int await() throws InterruptedException, BrokenBarrierException	普通	等待子线程数量达到屏障点
04	public int await(long timeout, TimeUnit unit)　throws InterruptedException, BrokenBarrierException, TimeoutException	普通	等待子线程数量达到屏障点,并设置等待超时时间
05	public int getNumberWaiting()	普通	获取等待子线程数量
06	public void reset()	普通	重置屏障点数量
07	public boolean isBroken()	普通	查询是否为中断状态
08	public int getParties()	普通	获取屏障点数量

　　范例：使用 CyclicBarrier 设置线程栅栏

```
package com.yootk;
import java.util.concurrent.*;
public class YootkDemo {
    public static void main(String[] args) throws Exception {
        CyclicBarrier cyclicBarrier = new CyclicBarrier(2, () -> {
            System.out.println("【业务处理】等到有两个子线程, 启动业务处理操作。");
        });                                              // 定义栅栏, 并设置处理回调
        for (int x = 1; x <= 5; x++) {                   // 循环创建线程
            final int temp = x;
            if (x == 3) {                                // 第3个线程
                try {
                    TimeUnit.SECONDS.sleep(2);           // 延迟处理
                } catch (InterruptedException e) {}
            }
            new Thread(() -> {
                System.out.println("【" + Thread.currentThread().getName() + "】进入等待状态。");
                try {
                    if (temp == 3) {                     // 第3个线程
                        System.out.println("〖" + Thread.currentThread().getName() +
                                "〗重置处理。");
                        cyclicBarrier.reset();           //重置
                    } else {
                        cyclicBarrier.await();           // 等待
                    }
                } catch (Exception e) {}
                System.err.println("【" + Thread.currentThread().getName() +
                        "】结束等待状态, 开始执行操作。");
            }, "执行者-" + x).start();                     // 线程启动
```

263

```
                }
            }
        }
```

程序执行结果：

【执行者-1】进入等待状态。
【执行者-2】进入等待状态。
【业务处理】等到有两个子线程，启动业务处理操作。
【执行者-1】结束等待状态，开始执行操作。
【执行者-2】结束等待状态，开始执行操作。
【执行者-3】进入等待状态。
〖执行者-3〗重置处理。
【执行者-3】结束等待状态，开始执行操作。
【执行者-4】进入等待状态。
【执行者-5】进入等待状态。
【业务处理】等到有两个子线程，启动业务处理操作。
【执行者-5】结束等待状态，开始执行操作。
【执行者-4】结束等待状态，开始执行操作。

　　本程序创建了 5 个子线程，但是因为栅栏设置的屏障点数量为 2，所以每当栅栏中保存了 2 个子线程时，才会进行相应的业务处理，而在进行栅栏操作过程中也可以根据需要进行屏障点数量的重置处理。

7.6.4　Exchanger

视频名称　0720_【掌握】Exchanger
视频简介　传统的生产者与消费者模型提供了中间数据保存处理逻辑，J.U.C 提供了 Exchanger 的交换空间。本视频通过具体的应用环境讲解该类的实际应用。

　　生产者与消费者的通信模型是多线程设计与开发的经典应用案例，其中为了实现生产者与消费者操作的同步处理，需要在交换空间内进行一系列的同步、等待与唤醒操作。为了更加便于这种交换空间的设计，J.U.C 提供了一个 Exchanger 类，利用该类的 exchange()方法可以自动实现不同线程操作的数据同步处理，如图 7-26 所示。

图 7-26　Exchanger 操作结构

　　Exchanger 是一个实现若干线程彼此协作的数据存储类，主要应用于生产者与消费者开发模型。为了降低 Exchanger 的使用难度，生产者与消费者都可以直接利用 exchange()方法实现数据存放与数据获取。在使用过程中如果消费者线程先执行了 exchange()，但生产者没有生产，则程序会自动进入阻塞状态，等待生产者生产完数据再解除阻塞状态。而生产者线程生产数据时，如果发现 Exchanger 中保存的数据未被消费，则程序也会进入阻塞状态，直到该数据被消费者线程消费后再解除阻塞状态。

　　范例：Exchanger 实现生产者与消费者

```
package com.yootk;
import java.util.concurrent.*;
public class YootkDemo {
    public static void main(String[] args) throws Exception {
        int repeat = 2;                                         // 生产以及消费的次数
        Exchanger<String> exc = new Exchanger<>();              // 定义一个交换空间
        new Thread(() -> {
            for (int y = 0; y < repeat; y++) {                  // 循环生产数据
                String info = null;                             // 保存要生产的数据
```

```
if (y % 2 == 0) {
    info = "李兴华高薪就业编程训练营: edu.yootk.com";        // 生产数据
} else {
    info = "沐言科技: www.yootk.com";                      // 生产数据
}
try {
    TimeUnit.SECONDS.sleep(1);
    exc.exchange(info);                                   // 数据存储
    System.out.println("【" + Thread.currentThread().getName() + "】" + info);
} catch (InterruptedException e) {}
}, "信息生产者").start();                                    // 线程启动
new Thread(() -> {
    for (int y = 0; y < repeat; y++) {                    // 循环获取数据
        try {
            TimeUnit.SECONDS.sleep(1);
            String info = exc.exchange(null);             // 数据获取
            System.out.println("【" + Thread.currentThread().getName() + "】" + info);
        } catch (InterruptedException e) {}
    }
}, "信息消费者").start(); // 线程启动
}
```

程序执行结果：

```
〖信息消费者〗李兴华高薪就业编程训练营: edu.yootk.com
【信息生产者】李兴华高薪就业编程训练营: edu.yootk.com
【信息生产者】沐言科技: www.yootk.com
〖信息消费者〗沐言科技: www.yootk.com
```

本程序实现了一个与前面程序功能相近的生产者与消费者应用。在引入 Exchanger 工具类之后，开发者只需关心核心数据的保存与获取，而 exchange()操作方法会自动利用 LockSupport 类来实现线程的等待与唤醒处理。

7.6.5 CompletableFuture

CompletableFuture

视频名称	0721_【掌握】CompletableFuture
视频简介	CompletableFuture 提供了多线程统一的协调形式，可以基于 Future 异步多线程的实现机制实现统一调度触发。本视频将通过多线程协调的案例对这一类功能进行讲解。

JDK 1.5 提供的 Future 可以实现异步计算操作，虽然 Future 的相关方法提供了异步任务的执行能力，但是对线程执行结果的获取只能采用阻塞或轮询的方式。阻塞的方式与多线程异步处理的初衷产生了分歧，轮询的方式又会造成 CPU 资源的浪费，同时也无法及时地得到结果。为了解决这些设计问题，JDK 8 开始提供 Future 的扩展实现类 CompletableFuture，可以帮助开发者简化异步编程，同时又可以结合函数式编程模式利用回调的方式进行异步处理计算操作。该类的继承结构如图 7-27 所示。

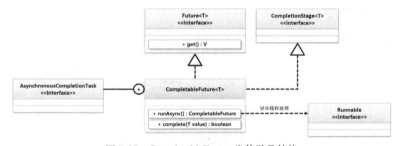

图 7-27 CompletableFuture 类的继承结构

　　CompletableFuture 实现了 Future 接口，这样所有的异步线程通过 get()方法即可进入阻塞状态，随后等待由 CompletableFuture 发出的操作命令以解除阻塞并继续执行。CompletableFuture 类的常用方法如表 7-15 所示。

表 7-15　CompletableFuture 类的常用方法

序号	方法名称	类型	描述
01	public CompletableFuture()	构造	构造一个回调命令
02	public boolean complete(T value)	普通	回调命令发送，阻塞状态变为执行状态
03	public T get() throws InterruptedException, ExecutionException	普通	进行操作命令的接收

范例：使用 CompletableFuture 同步线程操作

```java
package com.yootk;
import java.util.concurrent.*;
public class YootkDemo {
    public static void main(String[] args) throws Exception {
        CompletableFuture<String> future = new CompletableFuture<String>(); // 线程回调
        for (int x = 0; x < 2; x++) {                                        // 循环创建线程
            new Thread(() -> {
                System.out.println("【START】" + Thread.currentThread().getName() +
                        "，炮兵就绪，等待开炮命令！");
                try {
                    System.out.println("【END】" + Thread.currentThread().getName() +
                            "，解除阻塞，收到命令数据：" + future.get());      // 获取命令信息
                } catch (Exception e) {}
            }, "炮兵 - " + x).start();                                        // 线程启动
        }
        TimeUnit.SECONDS.sleep(2);                                           // 等待命令时间
        future.complete("开炮");                                             // 命令发出
    }
}
```

程序执行结果：

```
【START】炮兵 - 1，炮兵就绪，等待开炮命令！
【START】炮兵 - 0，炮兵就绪，等待开炮命令！
【END】炮兵 - 1，解除阻塞，收到命令数据：开炮
【END】炮兵 - 0，解除阻塞，收到命令数据：开炮
```

　　本程序中每一个线程都通过 CompletableFuture 类提供的 get()方法进入阻塞状态，在主线程中延迟 2s 后，通过 complete()向各个等待的子线程发出解除阻塞的命令，这样所有的子线程将恢复执行。

　　除了可以通过 complete()方法解除所有线程的阻塞状态之外，在 CompletableFuture 中也可以通过 runAsync()方法定义一个异步任务的处理线程（通过 Runnable 接口实现），并在该线程执行完成后解除所有子线程的阻塞状态，如图 7-28 所示。

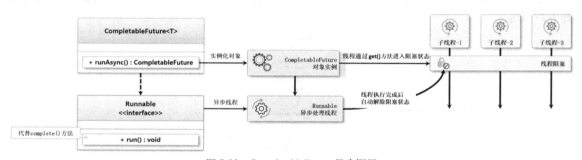

图 7-28　CompletableFuture 异步调用

范例：异步线程处理

```java
package com.yootk;
import java.util.concurrent.*;
public class YootkDemo {
    public static void main(String[] args) throws Exception {
        CompletableFuture<Void> future = CompletableFuture.runAsync(() -> {
            System.out.println("【异步线程】突然接到了将军的紧急联系电话");
            try {
                TimeUnit.SECONDS.sleep(2);                      // 延迟模拟
            } catch (InterruptedException e) {}
            System.out.println("【异步线程】接收新的作战任务，更改炮兵的作战目标。");
        });
        for (int x = 0; x < 2; x++) {                           // 循环创建子线程
            new Thread(() -> {
                System.out.println("【" + Thread.currentThread().getName() + "】炮兵准备就绪。");
                try {
                    future.get();                               // 进入阻塞状态
                    System.err.println("【" + Thread.currentThread().getName() +
                            "】收到开火命令，万炮齐鸣~");
                } catch (Exception e) {}
            }, "炮兵 - " + x).start();                           // 启动子线程
        }
        System.out.println("【主线程】所有的炮兵线程进入了就绪状态，等待后续命令发送。");
    }
}
```

程序执行结果：

【主线程】所有的炮兵线程进入了就绪状态，等待后续命令发送。
【炮兵 - 0】炮兵准备就绪。
【炮兵 - 1】炮兵准备就绪。
【异步线程】突然接到了将军的紧急联系电话
【异步线程】接收新的作战任务，更改炮兵的作战目标。
【炮兵 - 1】收到开火命令，万炮齐鸣~
【炮兵 - 0】收到开火命令，万炮齐鸣~

本程序通过 runAsync() 方法创建了 CompletableFuture 对象实例，并设置了一个异步线程处理类，这样所有通过 get() 方法进入阻塞状态的子线程就必须等待异步线程处理完毕才会解除阻塞状态。

7.7 并 发 集 合

并发集合

视频名称　0722_【掌握】并发集合

视频简介　集合是 Java 开发中的重要组成部分，而集合的开发一定会牵扯到多线程的操作逻辑。本视频为读者讲解并发集合的作用，并对并发集合进行宏观的使用介绍。

　　集合是数据结构的封装实现，是在项目设计与开发过程之中最为重要的操作结构，利用集合可以方便地实现多数据的存储操作。然而 Java 所提供的大部分类集并不是线程安全的，也就是说在多线程并发操作类集时有可能会产生同步问题，从而导致代码出现错误。

范例：观察 ArrayList 集合的线程安全性

```java
package com.yootk;
import java.util.*;
public class YootkDemo {
    public static void main(String[] args) throws Exception {
        List<String> all = new ArrayList<String>();             // List集合
        for (int num = 0; num < 10; num++) {                     // 循环定义线程
            new Thread(() -> {
                for (int x = 0; x < 10; x++) {                   // 循环存储数据
```

```
                       all.add("【" + Thread.currentThread().getName() +
                            "】www.yootk.com");                    // 数据保存
                   System.out.println(all);                       // 集合输出
               }
           }, "集合操作线程 - " + num).start();                       // 启动子线程
       }
   }
}
```

程序执行结果：

```
Exception in thread "集合操作线程 - 2" java.util.ConcurrentModificationException
（其他相关输出信息略）
```

本程序创建了 10 个线程，而后每个线程又循环了 10 次，向同一个集合中添加并输出数据。由于同步设计的问题，在最终执行时出现了 ConcurrentModificationException 异常（并行修改异常）。造成此异常的关键原因在于 ArrayList 内部提供了一个 modCount 计数变量，每次数据增加时该计数变量都会进行累加。在最终获取时，如果发现计数出现了问题，则表示当前集合存在并发处理错误。源代码分析如图 7-29 所示。

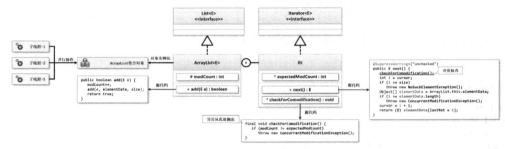

图 7-29　ArrayList 并发处理

为了解决集合操作中存在的并发处理问题，JDK 1.2 提供了 Collections 工具类，并在该类中提供了大量的同步集合处理方法，可以将非线程安全的集合转为线程安全的集合。这些方法如表 7-16 所示。

表 7-16　Collections 提供的同步集合处理方法

序号	方法名称	类型	描述
01	public static <T> Collection<T> synchronizedCollection(Collection<T> c)	普通	将 Collection 集合转为同步集合
02	public static <T> List<T> synchronizedList(List<T> list)	普通	将 List 集合转为同步集合
03	public static <K,V> Map<K,V> synchronizedMap(Map<K,V> m)	普通	将 Map 集合转为同步集合
04	public static <K,V> NavigableMap<K,V> synchronizedNavigableMap(NavigableMap<K,V> m)	普通	将 NavigableMap 集合转为同步集合
05	public static <T> NavigableSet<T> synchronizedNavigableSet(NavigableSet<T> s)	普通	将 NavigableSet 集合转为同步集合
06	public static <T> Set<T> synchronizedSet(Set<T> s)	普通	将 Set 集合转为同步集合
07	public static <K,V> SortedMap<K,V> synchronizedSortedMap(SortedMap<K,V> m)	普通	将 SortedMap 集合转为同步集合
08	public static <T> SortedSet<T> synchronizedSortedSet(SortedSet<T> s)	普通	将 SortedSet 集合转为同步集合

范例：使用同步集合处理

```
package com.yootk;
import java.util.*;
public class YootkDemo {
    public static void main(String[] args) throws Exception {
        List<String> all = new ArrayList<String>();                // List集合
        List<String> safeList = Collections.synchronizedList(all);  // 同步集合
```

```
    for (int num = 0; num < 10; num++) {                    // 循环定义线程
        new Thread(() -> {
            for (int x = 0; x < 10; x++) {                  // 循环存储数据
                safeList.add("【" + Thread.currentThread().getName() +
                        "】www.yootk.com");                   // 数据保存
                System.out.println(safeList);                // 集合输出
            }
        }, "集合操作线程 - " + num).start();                   // 启动子线程
    }
}
```

程序执行结果：

【转换集合】类型：java.util.Collections$SynchronizedRandomAccessList

本程序通过 Collections.synchronizedList(all)方法将 ArrayList 集合转为了同步的 List 集合，这样在进行多线程并发处理时，就可以避免产生 ConcurrentModificationException 异常。但是此时所获取到的并不是一个 ArrayList 子类，而是一个 SynchronizedList 子类，继承结构如图 7-30 所示。该子类所提供的方法采用了 synchronized 关键字进行定义，从而避免了属性操作不同步的问题。

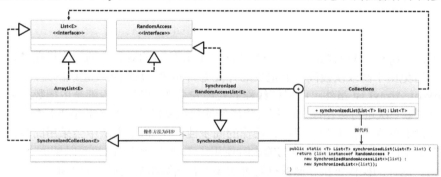

图 7-30　SynchronizedList 子类继承结构

虽然 Java 追加了 Collections 工具类以实现集合的同步处理操作，但是其对整个集合进行同步锁处理，所以并发处理性能不高。为了更好地支持高并发任务处理，J.U.C 提供了支持高并发的集合类，同时为了保证集合操作的一致性，这些高并发的集合类依然实现了集合标准接口，如 List、Set、Map、Queue 等。

7.7.1　并发单值集合类

视频名称　0723_【掌握】并发单值集合类

视频简介　单值集合是项目开发中常用的集合，J.U.C 提供了 CopyOnWriteArrayList、CopyOnWriteArraySet 集合类。本视频通过实例分析并发单值集合类的使用特点，并通过源代码结构进行实现分析。

单值集合一般分为 List 与 Set 两种类型，J.U.C 开发包提供了 CopyOnWriteArrayList 与 CopyOnWriteArraySet 两个实现子类，这两个子类的继承结构如图 7-31 所示。

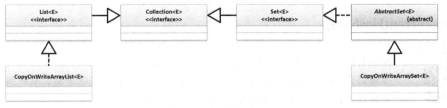

图 7-31　两个子类的继承结构

在集合的操作过程中，所有的子类都需要转型为父接口的操作实例，所以从操作的代码形式上来讲单值集合与先前的普通集合并没有任何区别。下面以 CopyOnWriteArrayList 子类为例，观察其在多线程并行访问下的操作。

范例：CopyOnWriteArrayList 并发操作

```java
package com.yootk;
import java.util.List;
import java.util.concurrent.CopyOnWriteArrayList;
public class YootkDemo {
    public static void main(String[] args) throws Exception {
        List<String> all = new CopyOnWriteArrayList<String>();    // List集合
        for (int num = 0; num < 10; num++) {                      // 循环定义线程
            new Thread(() -> {
                for (int x = 0; x < 10; x++) {                    // 循环存储数据
                    all.add("【" + Thread.currentThread().getName() +
                        "】www.yootk.com");
                    System.out.println(all);                      // 集合输出
                }
            }, "集合操作线程 - " + num).start();                     // 启动子线程
        }
    }
}
```

本程序通过 CopyOnWriteArrayList 子类获取了 List 接口的对象实例，这样在进行多线程并发操作时，就可避免由于修改次数同步而造成的并发更新异常，从而实现正确的处理。

CopyOnWriteArrayList 虽然可以保证线程的处理安全性，但是其内部是依据数组复制的处理形式完成的，即在每一次进行数据添加时都会将原始的数组复制为一个新数组进行修改，随后将新数组的引用交给原有的数组。而为了保证该操作的同步性，在 add() 方法中会采用同步锁的方式进行处理，如图 7-32 所示。由于数据修改与输出时使用了不同的数组，因此可以解决 ArrayList 集合同步的设计问题。这样的操作每次存储数据时都需要进行新数组的复制，必然带来大量的内存垃圾，所以并不适用于高并发更新应用场景，但是在数据量不大的情况下可以保证较高的数据读取性能。

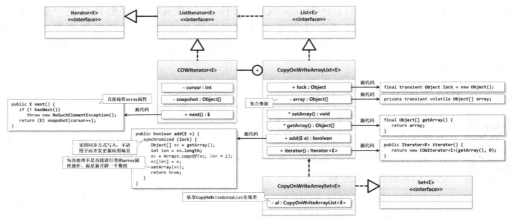

图 7-32 CopyOnWriteArrayList 实现源代码

7.7.2 ConcurrentHashMap

ConcurrentHashMap

视频名称　0724_【掌握】ConcurrentHashMap

视频简介　ConcurrentHashMap 是 Map 接口中最重要的实现子类。本视频主要讲解该类的作用，并进行其实现原理分析与应用场景分析。

Map 可以实现二元偶对象的存储，而在实际的开发中 Map 集合最重要的应用就是根据 KEY 获取对应的 VALUE，即查询操作要比写入操作使用得更多。考虑到性能问题，较为常用的是 HashMap 子类，但是在多线程并发环境下，HashMap 无法实现安全的线程操作，并且会出现 ConcurrentModificationException 异常。

为了进一步提高 Map 集合在并发环境下的操作性能，J.U.C 提供了 ConcurrentHashMap 子类，该类的继承结构如图 7-33 所示。该类的实现模式与 HashMap 的相同，存储的形式采用了"数组 + 链表（红黑树）"的结构。该类在进行数据写入时采用 CAS 与 synchronized 的方式实现了并发安全性，而在数据读取时，则会根据哈希码获取哈希桶并结合链表或红黑树的方式实现。

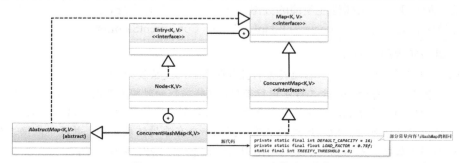

图 7-33 ConcurrentHashMap 类的继承结构

> 💡 提示：JDK 1.7 及以前版本的 ConcurrentHashMap 实现。
>
> 在 JDK 1.7 及以前的版本中 ConcurrentHashMap 依靠分段的方式实现了数据的更新同步，即它将哈希表分成许多片段（Segment，该类是 ReentrantLock 的子类）。每一个片段中除了保存哈希数据之外还有一个可重用的"互斥锁"。以片段的形式实现多线程的操作，即在同一个片段内多个线程访问是互斥的，而不同片段的访问采用的是异步处理方式。这样使得 ConcurrentHashMap 在保证性能的前提下又可以实现数据的正确修改。
>
> 但是这种处理方式的数据查询性能较低，所以 JDK 1.8 及其之后的版本采用了与 HashMap 相同的存储结构，并且抛弃了分段的概念，这样就提高了程序操作的处理性能。

范例：并发访问 ConcurrentHashMap 集合

```java
package com.yootk;
import java.util.Map;
import java.util.concurrent.ConcurrentHashMap;
public class YootkDemo {
    public static void main(String[] args) throws Exception {
        Map<String, String> map = new ConcurrentHashMap<String, String>(); // Map集合
        for (int num = 0; num < 10; num++) {                     // 循环定义线程
            new Thread(() -> {
                for (int x = 0; x < 10; x++) {                   // 循环存储数据
                    map.put("【" + Thread.currentThread().getName() +
                        "】x = " + x, "www.yootk.com");          // 集合数据存储
                    System.out.println(map);                     // 集合输出
                }
            }, "Map集合操作线程 - " + num).start();               // 启动子线程
        }
    }
}
```

程序执行结果：

```
{【Map集合操作线程 - 3】x = 0=www.yootk.com, 【Map集合操作线程 - 2】x = 0=www.yootk.com}
{【Map集合操作线程 - 3】x = 0=www.yootk.com, …}
{【Map集合操作线程 - 3】x = 0=www.yootk.com, …}
（后续代码结果为Map集合输出，考虑到重复问题，代码略）
```

本程序通过 ConcurrentHashMap 子类实例化了 Map 接口对象，而通过最终的执行结果可以发现，此时的 Map 集合可以实现多个线程的并发读写支持。

7.7.3　跳表集合

视频名称	0725_【掌握】跳表集合
视频简介	跳表是对链表的一种改进。本视频为读者分析跳表集合的作用，并基于 Java 提供的 ConcurrentSkipListMap、ConcurrentSkipListSet 类讲解跳表的实现。

跳表是一种与平衡二叉树性能类似的数据结构，其主要在有序链表上使用。J.U.C 提供的集合中有两个支持跳表的集合类：ConcurrentSkipListMap、ConcurrentSkipListSet。

> 💡 **提示：跳表实现原理简介。**
>
> 数组是一种常见的线性结构，在进行索引查询时其时间复杂度为 $O(1)$，但是在进行数据内容查询时，就必须基于有序存储并结合二分法进行查找，这样操作的时间复杂度为 $O(\log_2 n)$。但是在很多情况下数组有固定的长度限制，所以开发中会通过链表来解决。如果想进一步提升链表的查询性能，就必须采用跳表结构来处理。跳表结构的本质是提供一个有序的链表集合，并从中依据二分法的原理抽取出一些样本数据，而后在样本数据的范围内进行查询，如图 7-34 所示。
>
>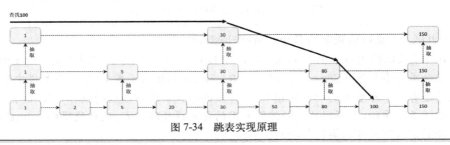
>
> 图 7-34　跳表实现原理

范例：使用 ConcurrentSkipListMap 实现跳表集合

```java
package com.yootk;
import java.util.Map;
import java.util.concurrent.*;
public class YootkDemo {
    public static void main(String[] args) throws Exception {
        Map<String, String> map = new ConcurrentSkipListMap<String, String>(); // Map集合
        for (int num = 0; num < 10; num++) {                        // 循环定义线程
            new Thread(() -> {
                for (int x = 0; x < 10; x++) {                      // 循环存储数据
                    map.put("【" + Thread.currentThread().getName() +
                        "】x = " + x, "www.yootk.com");
                }
            }, "Map集合操作线程 - " + num).start();                  // 启动子线程
        }
        TimeUnit.SECONDS.sleep(5);                                  // 等待子线程执行完毕
        System.out.println("【跳表查询】" + map.get("【Map集合操作线程 - 0】x = 6"));
    }
}
```

程序执行结果：

【跳表查询】www.yootk.com

本程序通过 ConcurrentSkipListMap 实现了跳表集合，其中集合的 KEY 使用了 String 类型（该类实现了 Comparable 接口），而后所有的数据会在比较大小后保存到合适的节点之中。ConcurrentSkipListMap 类的继承结构如图 7-35 所示。

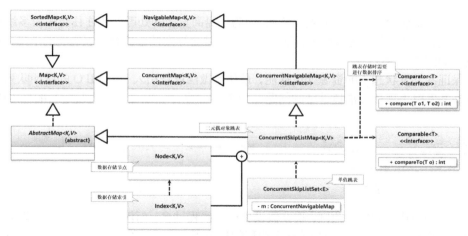

图 7-35 ConcurrentSkipListMap 类的继承结构

通过图 7-35 所示的结构可以清楚地发现，在进行排序操作时，可以通过 Comparable 或 Comparator 两个接口来进行大小关系的判断，而 J.U.C 所提供的 ConcurrentSkipListSet 跳表集合类 也是基于 ConcurrentSkipListMap 类实现的。

范例：使用 ConcurrentSkipListSet 实现跳表集合

```java
package com.yootk;
import java.util.Set;
import java.util.concurrent.*;
public class YootkDemo {
    public static void main(String[] args) throws Exception {
        Set<String> set = new ConcurrentSkipListSet<String>();      // Set集合
        for (int num = 0; num < 10; num++) {                        // 循环定义线程
            new Thread(() -> {
                for (int x = 0; x < 10; x++) {                      // 循环存储数据
                    set.add("【" + Thread.currentThread().getName() +
                        "】x = " + x + "、value = www.yootk.com");    // 数据存储
                }
            }, "Set集合操作线程 - " + num).start();                    // 启动子线程
        }
        TimeUnit.SECONDS.sleep(5);                                  // 等待子线程执行完毕
        System.out.println("【跳表查询】" + set.contains(
            "【Set集合操作线程 - 0】x = 6、value = www.yootk.com"));
    }
}
```

程序执行结果：

【跳表查询】true

本程序实现了单值数据的存储，而所有保存的数据都自动存储在了 ConcurrentSkipListMap 集 合的 KEY 中，这样在通过 contains() 查找时就可以实现快速定位，以提高查询处理性能。

7.8 阻 塞 队 列

阻塞队列

视频名称　0726_【掌握】阻塞队列

视频简介　队列实现了顺序式的数据处理缓冲，而为了进一步实现多线程下的队列管理，J.U.C 提供了阻塞队列的支持。本视频为读者分析 BlockingQueue 接口的作用，并介绍与之相关的实现子类。

　　每一个项目都包含一些核心的处理资源,而为了提高资源的处理性能往往会采用多线程的方式进行处理。但是如果无节制地持续进行线程的创建,就会导致核心资源处理性能的下降,甚至导致系统崩溃, 如图 7-36 所示。

　　为了保证高并发状态下的资源处理性能,最佳的做法就是引入一个 FIFO 的缓冲队列,这样就可以减少高并发时出现资源消耗过度的问题, 如图 7-37 所示, 从而保证系统运行的稳定性。

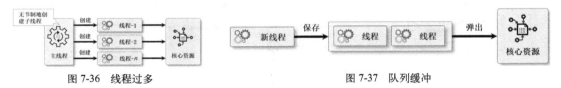

图 7-36　线程过多　　　　　　　　　　图 7-37　队列缓冲

　　以生产者和消费者的操作为例,现在假设生产者线程过多,而消费者线程较少,就会出现生产者线程大量停滞的问题。而在未增加消费者线程的环境下,可以通过一个队列进行生产数据的存储,但是这时的消费者线程就需要不断地进行队列的轮询,以便及时地获取数据,如图 7-38 所示。

图 7-38　消费者线程轮询

　　Java 类集框架提供了 Queue 队列操作接口和 LinkedList 实现子类,但是传统队列需要开发者不断地轮询才可以实现数据的及时获取,在队列没有数据或者队列数据已经满员的情况下还需要进行同步等待与唤醒处理,实现的难度较高。所以 J.U.C 为了便于多线程应用,提供了两个新的阻塞队列接口, 即 BlockingQueue (单端阻塞队列)、BlockingDeque (双端阻塞队列), 继承结构如图 7-39 所示。

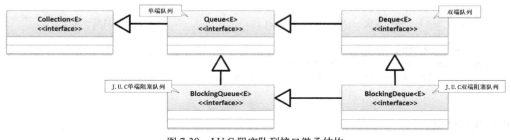

图 7-39　J.U.C 阻塞队列接口继承结构

7.8.1　BlockingQueue

视频名称　0727_【掌握】BlockingQueue

视频简介　BlockingQueue 提供了自动数据弹出的支持。本视频通过 BlockingQueue 的基本子类讲解阻塞队列的使用特点。

　　BlockingQueue 是单端阻塞队列,所有的数据将按照 FIFO 算法进行保存与获取,BlockingQueue 提供如下几个子类:ArrayBlockingQueue (数组阻塞队列)、LinkedBlockingQueue (链表阻塞队列)、PriorityBlockingQueue (优先级阻塞队列)、SynchronousQueue (同步阻塞队列)。这些类的继承结构如图 7-40 所示。

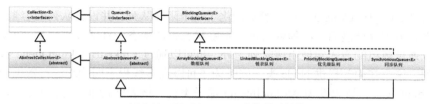

图 7-40　BlockingQueue 类的继承结构

ArrayBlockingQueue 是基于数组实现的阻塞队列，在该类中主要通过 Condition 来实现空队列与满队列的同步处理。如果发现队列已空，在获取数据时线程就会进入阻塞状态；反之，如果队列数据已满，在保存数据时线程也会进入阻塞状态。图 7-41 列出了 ArrayBlockingQueue 子类的核心结构与实现源代码。

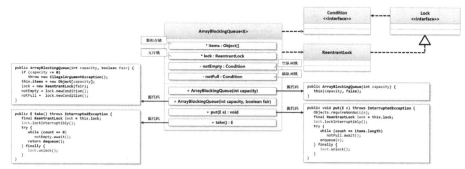

图 7-41　ArrayBlockingQueue 子类的核心结构与实现源代码

范例：使用 ArrayBlockingQueue 实现生产者与消费者模型

```java
package com.yootk;
import java.util.concurrent.*;
public class YootkDemo {
    public static void main(String[] args) throws Exception {
        BlockingQueue<String> queue = new ArrayBlockingQueue<String>(5);   // 队列容量为5
        for (int x = 0; x < 10; x++) {                                     // 10个生产者
            final int temp = x;                                           // 内部类调用
            new Thread(() -> {
                for (int y = 0; y < 100; y++) {
                    try {
                        TimeUnit.SECONDS.sleep(2);                        // 操作延迟
                        String msg = "{ID = MUYAN - " + temp + " - " + y + "}沐言科技：www.yootk.com";
                        queue.put(msg);                                  // 队列保存数据
                        System.out.println("【" + Thread.currentThread().getName() +
                                "】" + msg);                             // 提示信息
                    } catch (Exception e) {}
                }
            }, "YOOTK生产者-" + x).start();                              // 启动线程
        }
        for (int x = 0; x < 2; x++) {                                     // 2个消费者
            new Thread(() -> {
                while (true) {                                            // 不断消费
                    try {
                        TimeUnit.SECONDS.sleep(1);                        // 延迟操作
                        System.err.println("【" + Thread.currentThread().getName() +
                                "】" + queue.take());                    // 消费数据
                    } catch (InterruptedException e) {}
                }
            }, "YOOTK消费者-" + x).start();                              // 启动线程
        }
    }
}
```

本程序通过 ArrayBlockingQueue 子类实例化了一个阻塞队列，并设置队列的容量为 5 个数据。这样在生产者将数据存储满后，线程就会进入阻塞状态，该状态一直延续到消费者取走数据。

除了可以通过数组的方式实现阻塞队列之外，也可以通过 LinkedBlockingQueue 基于链表形式实现阻塞队列。该类在内部提供 Node 类，同时为了可以在多线程下明确地进行数据个数的统计，提供了一个 count 属性，该属性为 AtomicInteger 原子类型。链表结构进行存储时会基于一个 count 统计变量判断当前队列中的数据存储状态，如果统计变量为零或统计变量超过了预计的容量，则线程需要进行等待。LinkedBlockingQueue 类的源代码结构如图 7-42 所示。

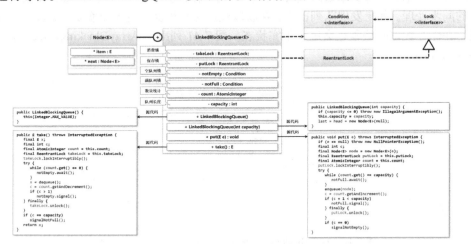

图 7-42　LinkedBlockingQueue 类的源代码结构

范例：使用 LinkedBlockingQueue 实现生产者与消费者模型

```java
package com.yootk;
import java.util.concurrent.*;
public class YootkDemo {
    public static void main(String[] args) throws Exception {
        BlockingQueue<String> queue = new LinkedBlockingQueue<String>(5); // 链表队列
        // 后续代码实现同前，不再重复列出
    }
}
```

本程序通过 LinkedBlockingQueue 子类实例化了 BlockingQueue 接口，在对象实例化时使用了有参构造方法，并且传入了链表的最大长度为 5（默认为 Integer.MAX_VALUE 个数据），这样通过链表实现生产者存储时最多只会存储 5 个数据。

使用 ArrayBlockingQueue 或 LinkedBlockingQueue 子类实现的阻塞队列，都是基于数据保存顺序存储的。BlockingQueue 接口还考虑到了数据排序的需要，即可以通过比较器的形式实现队列数据的排列，并根据排序的结果实现优先级调用。而这就可以通过 PriorityBlockingQueue 子类实现操作，该类的继承结构如图 7-43 所示。

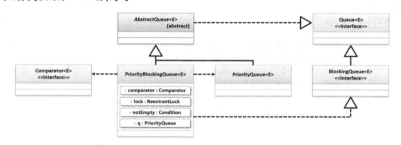

图 7-43　PriorityBlockingQueue 类的继承结构

范例：使用 PriorityBlockingQueue 实现生产者与消费者

```
package com.yootk;
import java.util.concurrent.*;
public class YootkDemo {
    public static void main(String[] args) throws Exception {
        BlockingQueue<String> queue = new PriorityBlockingQueue<String>(5); // 优先级阻塞队列
        // 后续代码实现同前，不再重复列出
    }
}
```

以上阻塞队列都可以实现多个数据的存储，但是在很多情况下可能只需要存储一个数据，此时就可以通过同步阻塞队列 SynchronousQueue 完成。同步阻塞队列操作没有容量的概念，因为它只允许保存一个信息。

范例：使用 SynchronousQueue 实现生产者与消费者

```
package com.yootk;
import java.util.concurrent.*;
public class YootkDemo {
    public static void main(String[] args) throws Exception {
        BlockingQueue<String> queue = new SynchronousQueue<String>(); // 同步阻塞队列
        // 后续代码实现同前，不再重复列出
    }
}
```

本程序实现了一个存储单个数据的操作队列，这样每当生产者生产一个数据，消费者就取走一个数据。虽然其操作的形式与 Exchanger 的类似，但是其内部是依靠一个 Transferer 抽象类完成的。该类提供队列存储实现子类与栈存储实现子类，并且数据的存储与获取都是通过一个 transfer()方法来完成的。SynchronousQueue 类的实现结构如图 7-44 所示。

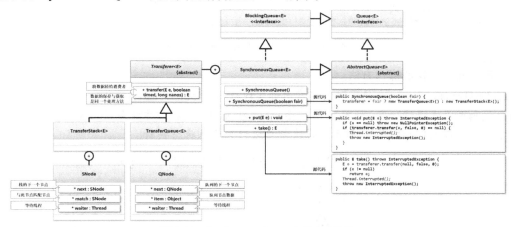

图 7-44　SynchronousQueue 类的实现结构

7.8.2　TransferQueue

视频名称　0728_【掌握】TransferQueue

视频简介　阻塞队列虽然提供了较为方便的数据存储功能，但是传统的阻塞队列中存在大量独占锁的处理，这可能导致并发性能的下降。JDK 1.7 开始提供 TransferQueue 接口，本视频将对此接口的功能进行讲解，同时分析其实现原理。

BlockingQueue 提供了队列的存储功能，LinkedBlockingQueue 会通过链表的形式保存数据，但是在进行处理时需要使用大量的锁机制，所以可能会存在性能问题。而使用 SynchronousQueue 虽然不需要锁机制，但是无法实现更多数据的存储。在这样的背景下，从 JDK 1.7 开始 J.U.C 提供了 TransferQueue 接口，该接口是 BlockingQueue 的子接口，并且提供了表 7-17 所示的方法。

表 7-17　TransferQueue 接口的方法

序号	方法名称	类型	描述
01	public boolean tryTransfer(E e)	普通	将元素立即转移给正在等待的消费者，如果存在消费者则返回 true，否则返回 false 并进入等待状态
02	public void transfer(E e) throws InterruptedException	普通	将元素转移给消费者，如果没有消费者则等待
03	public boolean tryTransfer(E e, long timeout, TimeUnit unit) throws InterruptedException	普通	将元素转移给消费者，如果没有消费者则等待指定的超时时间
04	public boolean hasWaitingConsumer()	普通	是否有消费者在等待，如果有则返回 true
05	public int getWaitingConsumerCount()	普通	获取正在等待的消费者的数量

　　TransferQueue 接口提供了一个重要的 transfer()方法，该方法可以直接实现生产者线程与消费者线程之间的转换，提供更高效的数据处理。同时 J.U.C 又提供了一个 LinkedTransferQueue 实现子类，该类基于链表的方式实现，同时基于 CAS 操作形式实现了无阻塞的数据处理，可以将其理解为阻塞队列中的"LinkedBlockingQueue 多数据存储 ＋ SynchronousQueue 无锁转换"。其内部维护了一个完整的数据链表，每当用户进行数据生产（put()操作）或数据消费（take()操作）时都会进行头节点的判断。如果发现当前的队列中存在消费者线程，则将数据交给消费者线程取走；如果没有，则将其保存在链表的尾部。这样可以实现更高效的处理，如图 7-45 所示。特别是在消费者数量较多时，利用这样的机制可以提高消费处理的性能，即消费者的消费能力决定了生产者的生产性能。

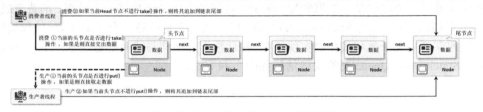

图 7-45　LinkedTransferQueue 工作原理

　　💡 提示：xfer()为核心操作方法。

　　LinkedTransferQueue 在使用时需要在内部实现数据的 put()、take()操作，开发者打开该类实现的源代码可以发现这一点，如图 7-46 所示。这些相关的队列操作方法都是由 xfer()方法实现的，而该方法的实现原理如图 7-45 所示，每次都要进行头节点状态判断。

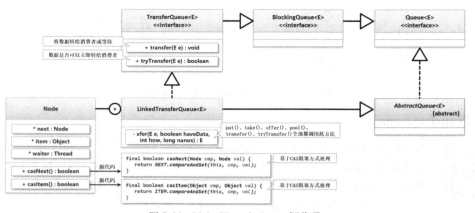

图 7-46　LinkedTransferQueue 源代码

　　另外，LinkedTransferQueue 提供一个内部的 Node 类，该类的实现类似于 SynchronousQueue 类中 QNode 或 SNode 的实现，除了保存数据之外，还会保存等待线程，同时所有的方法都是基于 CAS 的调用方式实现的。

范例：使用 TransferQueue 实现生产者与消费者模型

```java
package com.yootk;
import java.util.concurrent.*;
public class YootkDemo {
    public static void main(String[] args) throws Exception {
        TransferQueue<String> queue = new LinkedTransferQueue<String>(); // 链表队列
        // 后续代码实现同前，不再重复列出
    }
}
```

本程序仍基于先前阻塞队列提供的生产者与消费者模型，只是使用的队列变更为了 TransferQueue。这样在进行消费处理时，除了可以通过链表实现多个生产数据的存储之外，也可以获得较高的消费处理性能。

7.8.3 BlockingDeque

视频名称　0729_【掌握】BlockingDeque

视频简介　*队列分为单端队列与双端队列，为此阻塞队列中也提供了 BlockingDeque 接口。本视频通过生产者与消费者模型讲解双端阻塞队列的结构应用。*

BlockingQueue 提供了 FIFO 的单端阻塞队列，又扩充了 BlockingDeque 子接口，该接口可以实现 FIFO、FILO 双端阻塞队列的处理操作。J.U.C 提供了一个 LinkedBlockingDeque 实现子类，继承结构如图 7-47 所示。该类通过 ReentrantLock 互斥锁的形式实现同步管理。

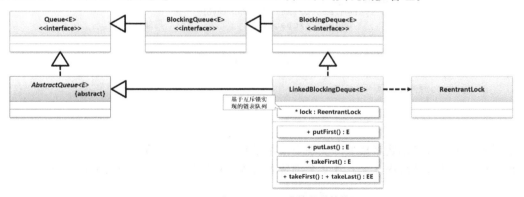

图 7-47　BlockingDeque 类的继承结构

范例：使用 LinkedBlockingDeque 实现双端阻塞队列操作

```java
package com.yootk;
import java.util.concurrent.*;
public class YootkDemo {
    public static void main(String[] args) throws Exception {
        BlockingDeque<String> queue = new LinkedBlockingDeque<String>(5); // 双端阻塞队列
        for (int x = 0; x < 10; x++) {                      // 创建生产者线程
            final int temp = x;                             // 内部类调用
            if (x % 2 == 0) {
                new Thread(() -> {                          // 头部操作线程
                    for (int y = 0; y < 100; y++) {
                        try {
                            TimeUnit.SECONDS.sleep(2);      // 操作延迟
                            String msg = "{ID = MUYAN - " + temp + " - " + y
                                    + "}沐言科技：www.yootk.com";
                            queue.putFirst(msg);            // 头部保存
                            System.out.println("【" + Thread.currentThread().getName() +
                                    "】" + msg);             // 提示信息
```

279

```
            } catch (Exception e) {}
          }
        }, "FIRST生产者-" + x).start();                  // 启动线程
    } else {
        new Thread(() -> {                              // 尾部操作线程
          for (int y = 0; y < 100; y++) {
            try {
                TimeUnit.SECONDS.sleep(2);              // 操作延迟
                String msg = "{ID = MUYAN - " + temp + " - " + y +
                   "}沐言科技：www.yootk.com";
                queue.putLast(msg);                     // 尾部保存
                System.out.println("【" + Thread.currentThread().getName() +
                   "】" + msg);                          // 提示信息
            } catch (Exception e) {}
          }
        }, "LAST生产者-" + x).start();                   // 启动线程
    }
  }
  for (int x = 0; x < 2; x++) {                          // 创建消费线程
    new Thread(() -> {
      int count = 0;
      while (true) {                                     // 不断消费
        try {
            TimeUnit.SECONDS.sleep(2);                   // 延迟操作
            if (count % 2 == 0) {
                System.err.println("【FIRST取出】" +
                   queue.takeFirst());                   // 头部取出
            } else {
                System.err.println("【LAST取出】" +
                   queue.takeLast());                    // 尾部取出
            }
            count++;
        } catch (InterruptedException e) {}
      }
    }, "YOOTK消费者-" + x).start();                       // 启动线程
  }
}
```

本程序在生产者与消费者模型的实现上采用了双端阻塞队列，随后分别启动了 10 个生产者线程（头部和尾部各添加线程 5 个）和 2 个消费者线程。程序的操作模型如图 7-48 所示。

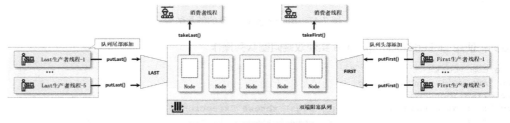

图 7-48　双端阻塞队列操作

7.9　延　迟　队　列

视频名称　0730_【掌握】延迟队列

视频简介　延迟队列是阻塞队列的扩展实现，通过延迟队列可以实现缓存数据的自动弹出处理。本视频为读者讲解延迟队列的操作特点，并通过源代码对其实现进行分析。

延迟队列

使用阻塞队列可以帮助用户实现多线程的等待与唤醒操作,但是这些操作的实现需要开发者手动调用 put()或 take()方法来完成。为了进一步方便操作,J.U.C 提供了延迟队列。该队列最大的特点是可以设置一个弹出的时间,超时后数据才可以弹出队列,如图 7-49 所示。

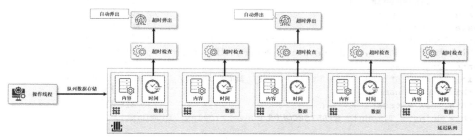

图 7-49　延迟队列

为便于延迟队列的实现,J.U.C 提供了一个 DelayQueue 实现类,该类为 BlockingQueue 接口子类。在该队列中保存的具体数据内容必须为 Delayed 接口实例。该类的继承结构如图 7-50 所示。

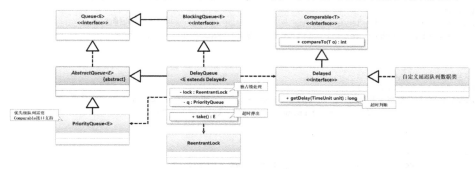

图 7-50　DelayQueue 类的继承结构

通过图 7-50 可以发现,延迟队列本质上是对 PriorityQueue 优先级队列的包装,而在优先级队列之中是通过 Comparable 接口实现数据排序处理的,所以 Delayed 才被设计为 Comparable 接口子类,同时提供了一个 getDelay()方法用于进行超时计算。

7.9.1　延迟队列基本操作

延迟队列
基本操作

视频名称　0731_【掌握】延迟队列基本操作

视频简介　为便于读者理解延迟队列,本视频将通过基础代码的形式实现延迟队列的代码模型,以及数据弹出的处理操作。

延迟队列的实现需要通过 Delayed 接口定义具体的队列数据,为了便于读者理解,本小节将直接创建一个 Employee 雇员处理类,同时在延迟队列保存时设置每个雇员完成工作所需要的时间(以及对应的时间单元),如图 7-51 所示。这样在进行队列数据获取时,程序会自动进行延迟时间的判断,以达到弹出的目的。

图 7-51　延迟队列应用

范例：实现延迟队列自动弹出

```java
package com.yootk;
import java.util.concurrent.*;
class Employee implements Delayed {                              // 延迟队列数据
    private String name;                                        // 雇员姓名
    private String task;                                        // 雇员任务
    private long start = System.currentTimeMillis();            // 任务开始时间
    // 每个人对时间的控制不同，使用TimeUnit进行时间单元配置，不管什么单元最终都以毫秒为单位
    private long delay;                                         // 从进入到离开的延迟时间
    public Employee(String name, String task, long delay, TimeUnit timeUnit) {
        this.name = name;                                       // 属性设置
        this.task = task;                                       // 属性设置
        this.delay = TimeUnit.MILLISECONDS.convert(delay, timeUnit); // 以毫秒为单位进行存储
    }
    @Override
    public long getDelay(TimeUnit unit) {                       //时间计算
        return unit.convert((this.start + this.delay) - System.currentTimeMillis(),
                TimeUnit.MILLISECONDS);
    }
    @Override
    public int compareTo(Delayed o) {                           // 队列排序
        return (int) (this.getDelay(TimeUnit.MILLISECONDS) - o.getDelay(TimeUnit.MILLISECONDS)
);
    }
    @Override
    public String toString() {
        return "【任务完成】雇员“" + this.name + "”，完成了“" + this.task +
            "”工作，一共花费了“" + this.delay + "”毫秒的时间！";
    }
}
public class YootkDemo {
    public static void main(String[] args) throws Exception {
        BlockingQueue<Employee> queue = new DelayQueue<>(); // 创建延迟队列
        queue.put(new Employee("李兴华", "图书编写创作", 5, TimeUnit.SECONDS)); // 任务配置
        queue.put(new Employee("王沐晴", "视频后期剪辑", 2, TimeUnit.SECONDS)); // 任务配置
        queue.put(new Employee("李沐言", "少儿编程设计", 6, TimeUnit.SECONDS)); // 任务配置
        while (!queue.isEmpty()) {                             // 队列有内容
            Employee emp = queue.take();                      // 获取弹出数据
            System.out.println(emp);                          // 数据内容
            TimeUnit.SECONDS.sleep(1);                        // 延迟操作
        }
    }
}
```

程序执行结果：

【任务完成】雇员“王沐晴”，完成了“视频后期剪辑”工作，一共花费了“2000”毫秒的时间！
【任务完成】雇员“李兴华”，完成了“图书编写创作”工作，一共花费了“5000”毫秒的时间！
【任务完成】雇员“李沐言”，完成了“少儿编程设计”工作，一共花费了“6000”毫秒的时间！

　　本程序实现了延迟队列的基础操作。由于延迟队列保存的类型为自定义的 Employee 类对象，因此该类必须实现 Delayed 接口，并利用 getDelay()方法判断当前的数据是否失效，如果失效则可以通过 take()方法获取弹出数据。

7.9.2　数据缓存

数据缓存

视频名称　0732_【掌握】数据缓存
视频简介　缓存是应用项目开发中的重要组成技术，利用缓存可以极大地提高应用程序的吞吐量，使其更加适合于高并发操作。本视频将利用延迟队列自动弹出的特点并结合后台线程管理，介绍如何开发一个动态数据缓存处理类。

　　程序的执行离不开操作系统的支持，而所有的程序在运算前一定要进行 CPU 资源的抢占。为了便于 CPU 运算时的数据读取，在运算前需要将所有的数据由存储介质（如磁盘、网络）加载到内存之中，如图 7-52 所示。此时 I/O 的性能就决定了整个应用程序的处理性能。

图 7-52　操作系统执行流程

　　要想提高程序的并发处理能力，最佳做法就是减少操作系统中的 I/O 操作，而将所需要的核心数据保存在内存之中，即部分数据缓存。但是这样一来也会出现一个新的问题：内存保存的数据可能会溢出。所以应该定期清理缓存，可以基于延迟队列的操作实现，如图 7-53 所示。

图 7-53　数据缓存操作

范例：通过延迟队列实现数据缓存

```java
package com.yootk;
import java.util.Map;
import java.util.concurrent.*;
class Cache<K, V> {                                              // 数据缓存处理类
    private static final TimeUnit TIME = TimeUnit.SECONDS;       // 时间工具类
    private static final long DELAY_SECONDS = 2;                 // 缓存时间
    private Map<K, V> cacheObjects = new ConcurrentHashMap<K, V>();   // 设置缓存集合
    private BlockingQueue<DelayedItem<Pair>> queue = new DelayQueue<DelayedItem<Pair>>();
    public Cache() {                                             // 启动守护线程
        Thread thread = new Thread(() -> {
            while (true) {
                try {
                    DelayedItem<Pair> item = Cache.this.queue.take();   // 数据消费
                    if (item != null) {                         // 有数据要删除
                        Pair pair = item.getItem();             // 获取内容
                        Cache.this.cacheObjects.remove(pair.key, pair.value);   // 删除数据
                    }
                } catch (InterruptedException e) {}
            }
        });
        thread.setDaemon(true);                                 // 设置后台线程
        thread.start();                                         // 线程启动
    }
    public void put(K key, V value) throws Exception {          // 保存数据
        V oldValue = this.cacheObjects.put(key, value);        // 数据保存
        if (oldValue != null) {                                 // 重复保存
            this.queue.remove(oldValue);                        // 删除已有数据
        }
        this.queue.put(new DelayedItem<Pair>(new Pair(key, value),
            DELAY_SECONDS, TIME));                              // 重新保存
    }
    public V get(K key) {                                       // 获取缓存数据
        return this.cacheObjects.get(key);                     // Map查询
    }
    private class Pair {                                        // 封装保存数据
        private K key;                                          // 数据KEY
        private V value;                                        // 数据VALUE
```

```java
        public Pair(K key, V value) {
            this.key = key;
            this.value = value;
        }
    }
    private class DelayedItem<T> implements Delayed {      // 延迟队列数据
        private T item;                                     // 数据
        private long delay;                                 // 保存时间
        private long start;                                 // 当前时间
        public DelayedItem(T item, long delay, TimeUnit unit) {
            this.item = item;
            this.delay = TimeUnit.MILLISECONDS.convert(delay, unit);
            this.start = System.currentTimeMillis();
        }
        @Override
        public int compareTo(Delayed obj) {
            return (int) (this.getDelay(TimeUnit.MILLISECONDS) -
                    obj.getDelay(TimeUnit.MILLISECONDS));
        }
        @Override
        public long getDelay(TimeUnit unit) {               // 延时计算
            return unit.convert((this.start + this.delay) - System.currentTimeMillis(),
                    TimeUnit.MILLISECONDS);
        }
        public T getItem() {                                // 获取数据
            return this.item;
        }
    }
}
class News {                                                 // 新闻数据
    private long nid;
    private String title;
    public News(long nid, String title) {
        this.nid = nid;
        this.title = title;
    }
    public String toString() {
        return "【新闻数据】新闻编号: " + this.nid + "、新闻标题: " + this.title;
    }
}
public class YootkDemo {
    public static void main(String[] args) throws Exception {
        Cache<Long, News> cache = new Cache<Long, News>();  // 定义数据缓存处理类对象
        cache.put(1L, new News(1L, "沐言科技: www.yootk.com"));  // 向缓存中保存数据
        cache.put(2L, new News(2L, "李兴华高薪就业编程训练营: edu.yootk.com")); // 向缓存中保存数据
        System.out.println(cache.get(1L));                  // 通过缓存获取数据
        System.out.println(cache.get(2L));                  // 通过缓存获取数据
        TimeUnit.SECONDS.sleep(5);                          // 延迟获取
        System.out.println("------------------- 5秒之后再次读取数据 -------------------");
        System.out.println(cache.get(1L));                  // 通过缓存获取数据
    }
}
```

程序执行结果:

```
【新闻数据】新闻编号: 1、新闻标题: 沐言科技: www.yootk.com
【新闻数据】新闻编号: 2、新闻标题: 李兴华高薪就业编程训练营: edu.yootk.com
------------------- 5秒之后再次读取数据 -------------------
null
```

　　本程序实现了一个 Cache 数据缓存处理类的定义。为便于读者理解程序设计，本程序的缓存时间统一设置为 2s，而具体的缓存数据则由 Cache 类对象实例化时进行配置。本程序使用了一个新闻数据对象进行存储，可以根据新闻编号查询具体的新闻内容，而如果缓存失效，再次获取数据时将返回 null。本程序中类的结构定义如图 7-54 所示。

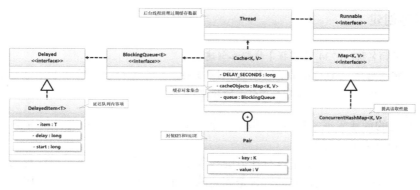

图 7-54 数据缓存处理类

7.10 线 程 池

线程池简介

视频名称 0733_【掌握】线程池简介
视频简介 线程池是现代高并发系统之中最重要的实现技术。本视频为读者详细地分析传统多线程实现机制中的各类问题，并介绍 4 种不同的线程池的技术特点。

多线程是 Java 语言中的核心部分，Java 提供了合理的多线程应用开发模型，开发者可以很方便地通过主线程创建自己所需要的子线程。每一个子线程都需要等待操作系统的执行调度，如图 7-55 所示。如果一个应用中的子线程数量过多，那么结果就是调度时间加长，线程竞争激烈，最终导致整个系统的性能严重下降。

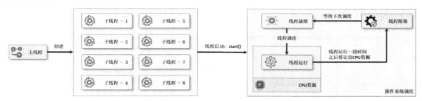

图 7-55 子线程调度

为了解决应用中子线程过多所造成的资源损耗问题，JDK 1.5 及其之后的版本提供了线程池的概念，即在系统内部会根据需要创建若干个核心线程，而后每一个要操作的任务子线程去竞争这若干个核心线程。当核心线程已经被占满时，将通过阻塞队列来保存等待执行的子线程，如图 7-56 所示。这样就可以保证系统内部不会无序地进行子线程的创建，从而提高应用程序的处理性能。

图 7-56 线程池处理架构

💡 **提示：任务线程与核心线程。**

J.U.C 将线程分为两类：核心线程、任务线程。其中核心线程是整个系统应用中可以存在的线程总量（一般为 CPU 内核数×2），而任务线程在抢占核心线程之后才可以进行处理，所以一个核心线程往往会处理不同的任务线程。

7.10.1　线程池创建

线程池创建

视频名称　0734_【掌握】线程池创建

视频简介　J.U.C 提供了线程池的创建支持。本视频讲解如何使用 Executors 类创建不同类型的线程池，以及线程处理任务的分配。

为便于线程池的创建管理，J.U.C 提供了一个 Executors 工具类，开发者利用表 7-18 所示的方法可方便地创建如下 4 类线程池。

- 无大小限制的线程池：如果执行任务的线程不足，那么将一直进行新线程的创建。
- 固定大小的线程池：线程池的容量是固定的，如果达到了指定的容量上限，则任务线程将进入阻塞队列之中保存，有了空余的核心线程后才会进行具体的执行调度。
- 单线程池：不管有多少个用户线程，该线程池里面只提供一个可用线程。
- 定时调度线程池：实现线程定时任务的处理执行。

表 7-18　线程池创建方法

序号	方法名称	类型	描述
01	public static ExecutorService newCachedThreadPool()	普通	创建无大小限制的线程池
02	public static ExecutorService newFixedThreadPool(int nThreads)	普通	创建固定大小的线程池
03	public static ScheduledExecutorService newSingleThreadScheduledExecutor()	普通	创建单线程池
04	public static ScheduledExecutorService newScheduledThreadPool(int corePoolSize)	普通	创建定时调度线程池

通过 Executors 类所提供的方法可以分别创建 ExecutorService 接口实例和 ScheduledExecutorService 接口实例，而后可以利用接口实例所提供的方法和 Runnable 或 Callable 实现线程任务的封装。所有线程任务的返回结果可以通过 Future 或其子接口（Scheduled Future）异步返回。Executors 与相关接口之间的类关联结构如图 7-57 所示。

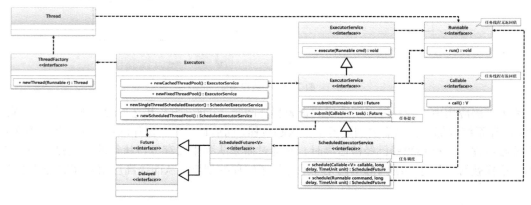

图 7-57　线程池创建

范例：创建缓存线程池

```java
package com.yootk;
import java.util.concurrent.*;
public class YootkDemo {
    public static void main(String[] args) throws Exception {
        ExecutorService service = Executors.newCachedThreadPool();  // 创建一个无大小限制的线程池
        for (int x = 0; x < 5; x++) {                               // 执行5个任务
            service.submit(() -> {                                  // 执行线程任务
                System.out.println("【" + Thread.currentThread().getName() +
                    "】沐言科技：www.yootk.com");                      // 线程处理
            }); // 不再使用Thread启动多线程，全部交由线程池来负责启动
        }
```

```
    }
}
```

程序执行结果：

```
【pool-1-thread-2】沐言科技：www.yootk.com
【pool-1-thread-3】沐言科技：www.yootk.com
【pool-1-thread-4】沐言科技：www.yootk.com
【pool-1-thread-5】沐言科技：www.yootk.com
【pool-1-thread-1】沐言科技：www.yootk.com
```

本程序实现了一个无大小限制的线程池的创建，这样在每次执行时，如果发现线程数量不足以应对当前的任务，则会无限制地进行核心线程的创建。而通过当前的执行结果也可以发现，此时的线程数量一共是 5，而随着任务线程的增加，核心线程的数量可能会持续增加。

范例：创建固定大小线程池

```
package com.yootk;
import java.util.concurrent.*;
public class YootkDemo {
    public static void main(String[] args) throws Exception {
        ExecutorService service = Executors.newFixedThreadPool(2);     // 2个核心线程
        // 循环创建任务线程的代码同前，略
    }
}
```

程序执行结果：

```
【pool-1-thread-1】沐言科技：www.yootk.com
【pool-1-thread-1】沐言科技：www.yootk.com
【pool-1-thread-1】沐言科技：www.yootk.com
【pool-1-thread-1】沐言科技：www.yootk.com
【pool-1-thread-2】沐言科技：www.yootk.com
```

本程序通过 newFixedThreadPool()方法创建了一个大小为 2 的核心线程池，这样所有的子任务执行时只会进行这 2 个核心线程的抢占。这种形式的线程池由于可以有效地实现线程数量的控制，所以在实际的开发之中使用最为广泛。

范例：创建单线程池

```
package com.yootk;
import java.util.concurrent.*;
public class YootkDemo {
    public static void main(String[] args) throws Exception {
        ExecutorService service = Executors.newSingleThreadExecutor(); // 单线程池
        // 循环创建任务线程的代码同前，略
    }
}
```

程序执行结果：

```
【pool-1-thread-1】沐言科技：www.yootk.com
【pool-1-thread-1】沐言科技：www.yootk.com
【pool-1-thread-1】沐言科技：www.yootk.com
【pool-1-thread-1】沐言科技：www.yootk.com
【pool-1-thread-1】沐言科技：www.yootk.com
```

本程序通过 newSingleThreadExecutor()方法创建了单线程池，这样在线程池中只存在一个核心线程，所有的任务都只会抢占这一个线程进行任务的执行。

> 💡 **提示：单线程池的作用。**
>
> 在某些核心业务操作中，考虑到业务处理的完善性，往往只允许有一个线程执行，如果维护不当，那么有可能会导致线程出错而终止执行。而有了单线程池，这一问题就可以很好地解决。线程池的内部会自行进行该核心线程的状态维护，一旦发现错误，则会立即进行线程的恢复，从而保证应用处理的稳定性。

以上 3 种形式的线程池在创建之后全部返回了 ExecutorService 接口实例，而后利用 submit()方法执行 Runnable 或 Callable 所定义的核心任务。而在线程池中也可以通过 ScheduledExecutorService 接口实现定时任务的执行。

范例：定时调度线程池

```java
package com.yootk;
import java.util.concurrent.*;
public class YootkDemo {
    public static void main(String[] args) throws Exception {
        ScheduledExecutorService service = Executors.newScheduledThreadPool(2); // 定时调度线程池
        for (int x = 0; x < 5; x++) {                          // 执行5个任务
            service.scheduleAtFixedRate(() -> {
                System.out.println("【" + Thread.currentThread().getName() + "】www.yootk.com");
            }, 3, 2, TimeUnit.SECONDS);                        // 3s后执行，每2s执行一次
        }
    }
}
```

本程序创建了一个包含 2 个核心线程的定时调度线程池，随后利用 scheduleAtFixedRate() 方法向该线程池中设置了 5 个线程任务。这些线程任务将在 3s 后开始执行，并保持每 2s 执行一次。

提问：如何处理 Callable 任务？

以上代码执行的任务都是通过 Runnable 接口实现的，但是 JDK 1.5 及其之后的版本提供了 Callable 接口，可以在任务执行完成后提供任务处理的返回值。那么该如何在线程池的调用中整合 Callable？

回答：通过 invokeAll()方法统一接收任务返回值。

ExecutorService 接口中定义了一个 invokeAll()异步结果返回方法，该方法可以通过 List 集合的形式，实现线程池中所有 Callable 接口任务返回结果的接收。

范例：接收线程池返回结果

```java
package com.yootk;
import java.util.*;
import java.util.concurrent.*;
public class YootkDemo {
    public static void main(String[] args) throws Exception {
        ExecutorService service = Executors
                .newFixedThreadPool(2);                        //线程池的大小为2
        Set<Callable<String>> allThreads = new HashSet<>() ;
        for (int x = 0 ; x < 5 ; x ++) {                       // 循环设置任务
            int temp = x ;                                     // 内部类使用
            allThreads.add(()->{                               // 保存任务线程
                return "【"+Thread.currentThread().getName()+
                    "】YOOTK任务处理结果: num = " + temp ;
            }) ;                                               // 创建线程集合
        }
        List<Future<String>> results = service
                .invokeAll(allThreads) ;                       // 执行所有任务
        for (Future<String> future : results) {               // 结果集合
            System.out.println(future.get());                 // 获取异步结果
        }
    }
}
```

程序执行结果:

```
【pool-1-thread-1】YOOTK任务处理结果: num = 0
【pool-1-thread-2】YOOTK任务处理结果: num = 4
【pool-1-thread-1】YOOTK任务处理结果: num = 1
【pool-1-thread-1】YOOTK任务处理结果: num = 2
【pool-1-thread-1】YOOTK任务处理结果: num = 3
```

　　本程序通过一个 Set 集合保存了全部要执行的任务线程, 而后将此集合传递到了 ExecutorService 接口的 invokeAll()方法之中执行。同时该方法会返回所有任务的结果。

7.10.2　CompletionService

视频名称　0735_【掌握】CompletionService

视频简介　线程执行时往往会携带返回数据, 对这些数据需要进行异步接收处理。本视频通过具体的实例讲解了 CompletionService 接口与线程返回值的接收处理。

　　在线程池的开发处理中, 如果使用了 Callable 接口, 则需要进行异步任务结果的接收。为了便于异步数据的返回, J.U.C 提供了一个 CompletionService 操作接口, 该接口可以将所有异步任务的执行结果保存到阻塞队列之中, 再利用阻塞队列实现结果的获取, 如图 7-58 所示。

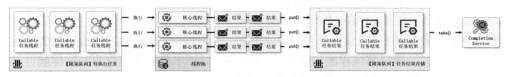

图 7-58　CompletionService 操作

　　可以发现, CompletionService 接口可将 Executor（线程池）和 BlockingQueue（阻塞队列）整合在一起, 利用阻塞队列实现所有异步任务结果的保存, 而后开发者通过 CompletionService 接口提供的方法即可实现异步任务结果的取出。CompletionService 类的继承结构如图 7-59 所示。

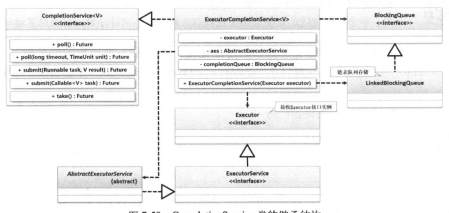

图 7-59　CompletionService 类的继承结构

范例: 异步任务调度

```java
package com.yootk;
import java.util.concurrent.*;
class TaskItem implements Callable<String> {              // 线程任务
    @Override
    public String call() throws Exception {               // 任务处理
        long start = System.currentTimeMillis();          // 开始时间戳
```

```
                TimeUnit.SECONDS.sleep(1);                           // 耗时模拟
                long end = System.currentTimeMillis();               // 结束时间戳
                return "【" + Thread.currentThread().getName() +
                        "】YOOTK任务执行完毕，任务所耗费的时间为：" + (end - start);
        }
    }
    public class YootkDemo {
        public static void main(String[] args) throws Exception {
            ExecutorService exec = Executors.newFixedThreadPool(2);  //线程池的大小为2
            CompletionService<String> service = new ExecutorCompletionService<>(exec);
            for (int x = 0; x < 5; x++) {                            // 循环任务设置
                service.submit(new TaskItem());                      // 线程任务
            }
            for (int x = 0; x < 10; x++) {                           // 获取结果
                System.err.println(service.take().get());            // 获取任务结果
            }
            exec.shutdown();                                         // 关闭线程池
        }
    }
```

程序执行结果：

```
【pool-1-thread-1】YOOTK任务执行完毕，任务所耗费的时间为：1000
【pool-1-thread-2】YOOTK任务执行完毕，任务所耗费的时间为：1001
【pool-1-thread-2】YOOTK任务执行完毕，任务所耗费的时间为：1007
【pool-1-thread-1】YOOTK任务执行完毕，任务所耗费的时间为：1013
【pool-1-thread-2】YOOTK任务执行完毕，任务所耗费的时间为：1001
```

　　本程序通过线程池执行了 Callable 异步任务线程。因为每一个线程执行完成后都需要返回一个异步任务的执行结果，所以将线程池包装在 CompletionService 接口实例之中，这样就可以将结果保存在阻塞队列，并通过阻塞队列获取任务执行结果。

7.10.3　ThreadPoolExecutor

视频名称	0736_【掌握】ThreadPoolExecutor
视频简介	ThreadPoolExecutor 是线程池实现的关键类。本视频为读者讲解该类的使用，并介绍如何通过该类直接实现线程池的创建，同时分析 4 种拒绝策略的使用环境。

　　线程池创建需要通过 Executors 类提供的方法完成，但是每一个线程池的创建过程中都存在 ThreadPoolExecutor 类的使用。下面以 Executors.newFixedThreadPool()方法为例，观察其源代码定义。

　　范例：newFixedThreadPool()方法源代码

```
public static ExecutorService newFixedThreadPool(int nThreads) {
    return new ThreadPoolExecutor(nThreads, nThreads, 0L, TimeUnit.MILLISECONDS,
            new LinkedBlockingQueue<Runnable>());
}
```

　　可以发现，在使用 newFixedThreadPool()方法创建线程池时，其内部是通过 ThreadPoolExecutor 类的构造方法实现的。而要想理解构造方法的具体参数，还需要打开 ThreadPoolExecturor 类的构造方法进行观察。

　　范例：ThreadPoolExecturor 构造方法

```
public ThreadPoolExecutor(int corePoolSize,                     // 核心线程数量
        int maximumPoolSize,                                    // 线程池的最大数量
        long keepAliveTime,                                     // 线程存活时间
        TimeUnit unit,                                          // 存活时间单元
        BlockingQueue<Runnable> workQueue,                      // 阻塞队列
```

```
        ThreadFactory threadFactory,                        // 线程工厂
        RejectedExecutionHandler handler) {                 // 拒绝策略
    // 构造方法的具体定义以及属性赋值部分略
}
```

通过 ThreadPoolExecutor 类的构造方法可以发现，每一个线程池在创建时都需要设置核心线程的数量、每个线程的存活时间与时间单元、阻塞队列、线程工厂以及拒绝策略，这样就可以得到图 7-60 所示的类关联结构。

> 💡 **提示：定时调度线程池使用的是 ScheduledThreadPoolExecutor。**
>
> J.U.C 对定时调度线程池采用的是 ScheduledThreadPoolExecutor 构造方法。该类为 ThreadPoolExecutor 子类，其具体构造方法定义如下。
>
> **范例：ScheduledThreadPoolExecutor 构造方法**
> ```
> public ScheduledThreadPoolExecutor(int corePoolSize,
>         ThreadFactory threadFactory,
>         RejectedExecutionHandler handler) {
>     super(corePoolSize, Integer.MAX_VALUE, DEFAULT_KEEPALIVE_MILLIS,
>         MILLISECONDS, new DelayedWorkQueue(), threadFactory, handler);
> }
> ```
>
> 可以发现 ScheduledThreadPoolExecutor 构造方法内部也调用了 ThreadPoolExecutor 类的构造方法，所以本小节研究的重点就在于 ThreadPoolExecutor 类的使用。

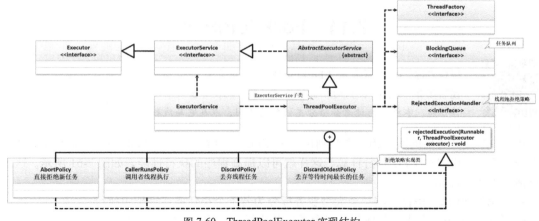

图 7-60 ThreadPoolExecutor 实现结构

在创建 ThreadPoolExecutor 类对象实例时，需要通过 RejectedExecutionHandler 接口配置拒绝策略，而所谓的拒绝策略指的就是在线程池和任务队列被占满时对新任务的处理形式。ThreadPoolExecutor 中有 4 个内置的拒绝策略。

- ThreadPoolExecutor.AbortPolicy（默认）：当线程任务添加到线程池之中被拒绝时，会抛出一个导致执行中断的异常，这个异常为 RejectedExecutionException。
- ThreadPoolExecutor.CallerRunsPolicy：当任务被拒绝时会使用调用者的线程进行任务处理。
- ThreadPoolExecutor.DiscardPolicy：当线程任务被拒绝时，直接丢弃此任务。
- ThreadPoolExecutor.DiscardOldestPolicy：当线程任务被拒绝时，线程池会自动放弃等待队列之中等待时间最长的任务，并将被拒绝的任务添加到阻塞队列里面。

范例：使用 CallerRunsPolicy 拒绝策略

```
package com.yootk;
import java.util.concurrent.*;
```

```java
public class YootkDemo {
    public static void main(String[] args) throws Exception {
        BlockingQueue<Runnable> queue = new ArrayBlockingQueue<>(1);  // 设置阻塞队列
        // 手动创建线程池，该线程池的大小为2，如果线程池已满则使用当前线程处理新的任务
        ThreadPoolExecutor executor = new ThreadPoolExecutor(2, 2, 1, TimeUnit.SECONDS, queue,
                Executors.defaultThreadFactory(), new ThreadPoolExecutor.CallerRunsPolicy());
        for (int x = 0; x < 5; x++) {
            executor.submit(() -> {
                try {
                    System.out.println("【" + Thread.currentThread().getName() +
                        "】处理YOOTK任务");
                    TimeUnit.SECONDS.sleep(3);                       // 增加任务执行时间
                } catch (InterruptedException e) {}
            });
        }
        executor.shutdown();                                        // 关闭线程池
    }
}
```

程序执行结果：

【pool-1-thread-1】处理YOOTK任务
【main】处理YOOTK任务（拒绝策略生效，由当前线程处理任务）

　　本程序使用 ThreadPoolExecutor 类实现了线程池的创建，同时采用了一个阻塞队列保存所有待执行的任务。由于所设置的拒绝策略为 CallerRunsPolicy，因此当线程池和阻塞队列已满时，新的任务将交由当前的线程处理。

7.11　ForkJoinPool

视频名称　0737_【理解】ForkJoinPool

视频简介　J.U.C 提供的分支任务可以有效地发挥出硬件设备的特点，提高业务处理的操作性能。本视频为读者分析分支任务的作用，以及它与线程池之间的关联。

　　JDK 1.7 及其之后的版本为了充分利用多核 CPU 的性能优势，可以对一个复杂的业务计算进行拆分，将之交由多个 CPU 并行计算，这样就可以提高程序的执行性能，如图 7-61 所示。这一功能包括以下两个操作。

- **分解（Fork）操作**：将一个大型业务拆分为若干个小任务在框架中执行。
- **合并（Join）操作**：总任务在多个子任务执行完毕后进行结果合并。

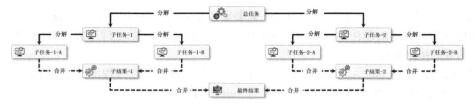

图 7-61　分解操作和合并操作

　　JDK 1.7 为了进一步提高并行计算的处理能力，开始提供 ForkJoinPool 的任务框架，并在已有的线程池概念的基础上进行了扩展。考虑到服务的处理性能，JDK 1.7 之后还引入了工作窃取（Work Stealing）机制，这样可以在进行线程分配的同时自动分配与之数量相等的任务队列，所有新加入的任务会被平均地分配到对应的任务队列之中，不同的线程处理各自的任务队列。当某一个线程的任务队列已经提前完成时，它会从其他线程的队列尾部"窃取"未执行完的任务，如图 7-62 所示。这样在任务量较大时，可以更好地发挥多核主机的处理性能。

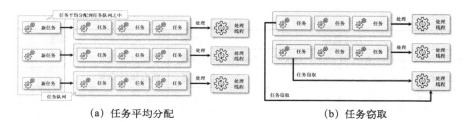

（a）任务平均分配　　　　　　　　　　（b）任务窃取

图 7-62　任务平均分配与任务窃取

为了实现分支任务线程池的功能，J.U.C 提供了一个 ForkJoinPool 工具类，该类为 ExecutorService 类的子类。ForkJoinPool 类自动提供一个 WorkQueue 内部类以实现所有工作队列的维护，如图 7-63 所 示 。 在 分 支 任 务 处 理 中 会 存 在 多 个 工 作 线 程 ， 而 每 一 个 工 作 线 程 都 由 ForkJoinPool.ForkJoinWorkerThreadFactory 接 口 进 行 规 范 化 管 理 （ForkJoinPool 内 部 提 供 了 DefaultForkJoinWorkerThreadFactory 内部实现子类），程序可以通过该接口所提供的 newThread()方法 创建 ForkJoinWorkerThread 工作线程对象，同时在每一个工作线程对象中都会保存一个 WorkQueue 对象引用，即不同的工作线程维护各自的任务队列。

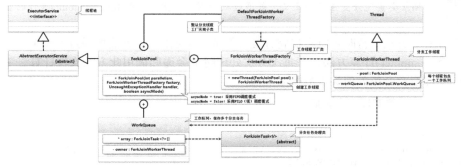

图 7-63　ForkJoinPool 实现结构

在分支任务处理时，所有的分支任务通过 ForkJoinTask 进行配置。J.U.C 中主要有三种任务类型，即 RecursiveTask（有返回值任务）、RecursiveAction（无返回值任务）、CountedCompleter（数量计算有关的任务，在子任务停顿或阻塞的情况下使用），继承结构如图 7-64 所示。

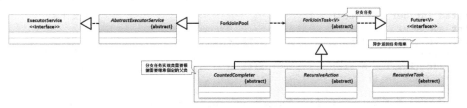

图 7-64　ForkJoinTask 类的继承结构

清楚了整个分支任务的实现类的继承结构之后，最为重要的就是了解分支任务的相关操作。在 J.U.C 中这些操作全部由 ForkJoinPool 类提供，常用方法如表 7-19 所示。

表 7-19　ForkJoinTask 类的常用方法

序号	方法名称	类型	描述
01	public final ForkJoinTask<V> fork()	普通	建立分支任务
02	public final V join()	普通	获取分支结果
03	public final boolean isCompletedNormally()	普通	任务是否执行完毕
04	public boolean isTerminated()	普通	判断工作队列中是否有待执行任务未执行完

序号	方法名称	类型	描述
05	public static void invokeAll(ForkJoinTask<?>... tasks)	普通	启动分支任务
06	public final Throwable getException()	普通	获取执行异常
07	public boolean awaitTermination(long timeout, TimeUnit unit)	普通	判断线程池的线程是否在约定时间内执行完
08	public int getCorePoolSize()	普通	获取线程池的核心线程数
09	public long getQueuedTaskCount()	普通	返回所有任务队列的任务数量
10	public int getQueuedSubmissionCount()	普通	返回所有队列待执行的任务数
11	public int getRunningThreadCount()	普通	返回正在执行的任务数量

7.11.1　RecursiveTask 分支任务

RecursiveTask
分支任务

视频名称　0738_【理解】RecursiveTask 分支任务

视频简介　分支任务处理的核心在于分支任务的配置。本视频介绍如何通过 RecursiveTask 抽象类实现分支任务的定义，并通过数字累加的操作讲解 fork() 与 join() 操作的整合。

　　每一个分支任务在执行时可以直接将分支计算的结果返回，这就需要通过 RecursiveTask 实现。该类提供一个 compute() 计算方法，在每次分支处理时都会递归调用此方法实现计算。下面将基于分支计算的处理形式介绍如何实现数据累加操作。

　　范例：使用分支计算实现数据累加

```java
package com.yootk;
import java.util.concurrent.*;
class SumTask extends RecursiveTask<Integer> {                          // 有返回结果
    private static final int THRESHOLD = 25;                           // 分支阈值
    private int start;                                                  // 累加开始值
    private int end;                                                    // 累加结束值
    public SumTask(int start, int end) {                               // 构造方法
        this.start = start;                                            // 属性赋值
        this.end = end;                                                // 属性赋值
    }
    @Override
    protected Integer compute() {                                       // 分支计算
        int sum = 0;
        boolean isFork = (end - start) <= THRESHOLD;                   // 分支判断
        if (isFork) {                                                   // 不需要开启新分支
            for (int i = start; i <= end; i++) {                       // 循环处理
                sum += i;                                             // 数据累加
            }
            System.out.println("【" + Thread.currentThread().getName() + "】start = " +
                this.start + "、end = " + this.end + "、sum = " + sum);  // 输出分支信息
        } else {
            int middle = (start + end) / 2;                           // 计算中间值
            SumTask leftTask = new SumTask(this.start, middle);        // 配置分支计算数据
            SumTask rightTask = new SumTask(middle + 1, this.end);     // 配置分支计算数据
            leftTask.fork();                                          // 开启左分支计算
            rightTask.fork();                                         // 开启右分支计算
            sum = leftTask.join() + rightTask.join();                // 分支结果合并
        }
        return sum;                                                   // 返回计算结果
    }
}
public class YootkDemo {
    public static void main(String[] args) throws Exception {
        SumTask task = new SumTask(0, 100);                           // 创建分支任务
```

```
        ForkJoinPool pool = new ForkJoinPool();                          // 分支任务池
        Future<Integer> future = pool.submit(task);                      // 提交分支任务
        System.out.println("计算结果: " + future.get());                  // 获取任务执行结果
    }
}
```

程序执行结果：

```
【ForkJoinPool-1-worker-9】start = 26、end = 50、sum = 950
【ForkJoinPool-1-worker-7】start = 76、end = 100、sum = 2200
【ForkJoinPool-1-worker-5】start = 51、end = 75、sum = 1575
【ForkJoinPool-1-worker-3】start = 0、end = 25、sum = 325
计算结果: 5050
```

本程序为了便于读者观察分支计算的操作，对每次分支计算操作的状态进行了输出（如果调整 THRESHOLD 常量的内容也可以得到不同的分支信息）。通过执行结果可以发现，所有的分支处理操作都需要调用 compute()方法进行分支计算（此时实现了方法递归调用），程序在每次执行该方法时都会判断当前是否需要开启分支，如果需要则创建新的 SumTask 类的对象实例，并传入不同的计算数据。开启分支可以通过 fork()方法完成，随后通过 join()方法实现所有分支计算结果的获取。本程序一共创建了 6 个分支，具体的分支信息如图 7-65 所示。可以发现其中有 4 个分支由于不满足分支阈值判断条件而进行了计算，而其他分支将通过 join()方法等待计算结果返回并进行结果处理。

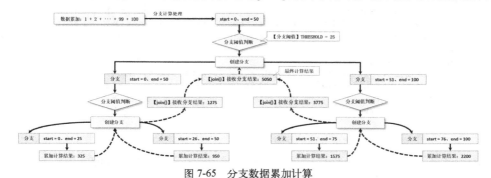

图 7-65　分支数据累加计算

7.11.2 RecursiveAction 分支任务

RecursiveAction
分支任务

视频名称　0739_【理解】RecursiveAction 分支任务

视频简介　ForkJoinTask 还提供 RecursiveAction 操作类，该类实现了无返回值的数据计算处理。本视频为读者讲解 RecursiveAction 的使用以及累加代码的改进。

使用 RecursiveTask 实现的分支任务，可以在每次执行完成后直接返回计算结果，所以开发者使用 join()方法等待该结果返回即可。而除了此种任务定义方式，J.U.C 还提供了 RecursiveAction 分支任务，该类型任务没有返回值，所以需要通过额外的结构保存计算结果。而考虑到分支处理操作的同步性，可以创建一个专属的数据存储类，并基于互斥锁实现数据的同步累加，设计结构如图 7-66 所示。

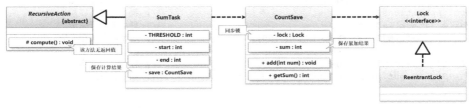

图 7-66　RecursiveAction 实现累加任务

范例：使用 RecursiveAction 实现分支任务

```java
package com.yootk;
import java.util.concurrent.*;
import java.util.concurrent.locks.*;
class SumTask extends RecursiveAction {                          // 累加任务
    private static final int THRESHOLD = 25;                     // 分支阈值
    private int start;                                          // 累加开始值
    private int end;                                            // 累加结束值
    private CountSave save;                                     // 保存计算结果
    public SumTask(CountSave save, int start, int end) {
        this.start = start;                                    // 属性赋值
        this.end = end;                                        // 属性赋值
        this.save = save;                                      // 数据结果保存
    }
    @Override
    protected void compute() {
        int sum = 0;
        boolean isFork = (end - start) <= THRESHOLD;           // 分支判断
        if (isFork) {                                          // 不需要开启新分支
            for (int i = start; i <= end; i++) {               // 循环处理
                sum += i;                                      // 数据累加
            }
            this.save.add(sum);                                // 保存分支计算结果
            System.out.println("【" + Thread.currentThread().getName() + "】start = " +
                this.start + "、end = " + this.end + "、sum = " + sum);  // 输出分支信息
        } else {
            int middle = (start + end) / 2;                    // 计算中间值
            SumTask leftTask = new SumTask(this.save, this.start, middle);    // 配置分支
            SumTask rightTask = new SumTask(this.save, middle + 1, this.end); // 配置分支
            leftTask.fork();                                   // 开启分支
            rightTask.fork();                                  // 开启分支
        }
    }
}
class CountSave {                                              // 保存计算结果
    private Lock lock = new ReentrantLock();                   // 互斥锁
    private int sum = 0;                                       // 累加计算结果
    public void add(int num) {                                // 累加操作
        this.lock.lock();                                     // 线程锁定
        try {
            this.sum += num;                                  // 累加处理
        } finally {
            this.lock.unlock();                               // 线程解锁
        }
    }
    public int getSum() {                                     // 获取计算结果
        return sum;
    }
}
public class YootkDemo {
    public static void main(String[] args) throws Exception {
        CountSave save = new CountSave();                     // 保存计算结果
        SumTask task = new SumTask(save, 0, 100);             // 分支任务
        ForkJoinPool pool = new ForkJoinPool();               // 定义分支任务池
        pool.submit(task);                                    // 提交任务
        while (!task.isDone()) {                              // 任务未执行完毕
            TimeUnit.MILLISECONDS.sleep(100);                // 等待任务执行完毕
        }
        if (task.isCompletedNormally()) {                    // 任务执行完毕
            System.out.println("计算结果：" + save.getSum()); // 获取计算结果
        }
    }
}
```

程序执行结果：

```
【ForkJoinPool-1-worker-9】start = 0、end = 25、sum = 325
【ForkJoinPool-1-worker-3】start = 76、end = 100、sum = 2200
【ForkJoinPool-1-worker-7】start = 51、end = 75、sum = 1575
【ForkJoinPool-1-worker-5】start = 26、end = 50、sum = 950
计算结果：5050
```

本程序利用 RecursiveAction 类实现了分支任务的定义，这样在 compute() 方法中将无法直接返回计算结果，而是需要通过一个 CountSave 类实例进行分支结果的保存。而在获取分支任务结果时，也需要通过 isDone() 方法判断任务的执行状态，只有在分支任务执行完毕后才可以获取最终的计算结果。

7.11.3 CountedCompleter 分支任务

CountedCompleter
分支任务

视频名称 0740_【理解】CountedCompleter 分支任务
视频简介 CountedCompleter 是一个扩展的分支任务结构，利用其可以实现挂起分支的方便操作。本视频通过数据累加的实例，演示该分支类的使用。

为了更好地解决分支任务阻塞问题，JDK 8 之后对 ForkJoinTask 扩充了一个新的 CountedCompleter 抽象子类，该类的基本实现与前面的任务结构相同，唯一的区别在于在该类中可以挂起指定数量的任务，在结束时也可以基于挂起任务的数量来实现任务完成状态的判断。

范例：使用 CountedCompleter 实现分支任务

```java
package com.yootk;
import java.util.concurrent.*;
import java.util.concurrent.atomic.AtomicInteger;
class SumTask extends CountedCompleter<AtomicInteger> {            // 有返回结果
    private static final int THRESHOLD = 25;                       // 分支阈值
    private int start;                                             // 累加开始值
    private int end;                                               // 累加结束值
    private AtomicInteger result;
    public SumTask(AtomicInteger result, int start, int end) {    // 构造方法
        this.start = start;                                       // 属性赋值
        this.end = end;                                           // 属性赋值
        this.result = result;                                     // 数据结果保存
    }
    @Override
    public void compute() {
        int sum = 0;
        boolean isFork = (end - start) <= THRESHOLD;              // 分支判断
        if (isFork) {                                             // 不开启新的分支
            for (int i = start; i <= end; i++) {                 // 循环处理
                sum += i;                                         // 数据累加计算
            }
            this.result.addAndGet(sum);                          // 保存累加结果
            super.tryComplete();                                 // onCompletion()钩子方法触发
        } else {                                                 // 分支开启
            int middle = (start + end) / 2;                      // 计算中间值
            SumTask left = new SumTask(this.result, this.start, middle);   // 分支任务
            SumTask right = new SumTask(this.result, middle + 1, this.end); // 分支任务
            left.fork();                                         // 任务执行
            right.fork();                                        // 任务执行
        }
    }
    @Override
    public void onCompletion(CountedCompleter<?> caller) {       // 回调处理
        System.out.println("【" + Thread.currentThread().getName() + "】start = " +
```

```
            this.start + "、end = " + this.end);              // 输出分支信息
        }
    }
}
public class YootkDemo {
    public static void main(String[] args) throws Exception {
        AtomicInteger result = new AtomicInteger(0);            // 保存计算结果
        SumTask task = new SumTask(result, 0, 100);             // 分支任务
        task.addToPendingCount(1);                             // 设置挂起任务的数量
        ForkJoinPool pool = new ForkJoinPool();                 // 定义分支任务池
        pool.submit(task);                                     // 提交任务
        while (task.getPendingCount() != 0) {                  // 任务未执行完毕
            TimeUnit.MILLISECONDS.sleep(100);                  // 等待任务执行完毕
            if (result.get() != 0) {                           // 获取计算结果
                System.out.println("计算结果: " + result.get()); // 获取计算结果
                break;
            }
        }
    }
}
```

程序执行结果:

```
【ForkJoinPool-1-worker-5】start = 26、end = 50
【ForkJoinPool-1-worker-3】start = 76、end = 100
【ForkJoinPool-1-worker-7】start = 51、end = 75
【ForkJoinPool-1-worker-9】start = 0、end = 25
计算结果: 5050
```

本程序在主方法上挂起了一个分支任务,而后在 compute()方法中根据阈值来实现分支任务的判断处理,并且在每个分支任务的计算完成后利用 tryComplete()方法实现了钩子方法的调用。这样程序会自动在任务完成时调用该任务类中的 onCompletion()方法,并在该方法中实现任务完成后的相关操作。

7.11.4 ForkJoinPool.ManagedBlocker

视频名称 0741_【理解】ForkJoinPool.ManagedBlocker
视频简介 分支处理中为解决阻塞带来的核心资源耗尽的问题提供了阻塞管理器。本视频为读者分析阻塞管理器的作用,并依据 ManagedBlocker 内部接口讲解线程池补偿操作的实现。

使用分支业务可以充分地发挥出计算机的硬件处理性能,然而在进行分支处理时,所处理的业务有可能会造成阻塞。假设现在只设置 2 个核心线程,但是产生了 6 个分支,如图 7-67 所示。这样一来只能有 2 个线程任务执行,而其他任务则必须等待工作线程资源,从而导致严重的性能问题。

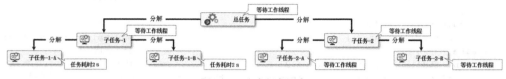

图 7-67 分支任务阻塞

为了解决这种情况下的分支性能问题,ForkJoinPool 提供了 ManagedBlocker 阻塞管理器接口。开发者可以利用此接口明确地告知 ForkJoinPool 可能产生阻塞的操作。而后程序会依据 ManagedBlocker 接口所提供的方法来判断当前线程池的运行情况,如果发现线程池资源已经耗尽,但是还有未执行的任务,就会自动地在线程池中进行核心线程的补偿,从而实现分支任务的快速处理。设计结构如图 7-68 所示。

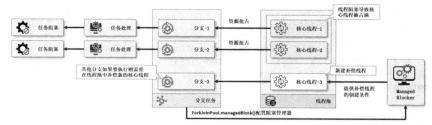

图 7-68 线程池资源补偿

范例：分支任务阻塞管理

```java
package com.yootk;
import java.util.concurrent.*;
import java.util.concurrent.locks.*;
class SumTask extends RecursiveTask<Integer> {           // 有返回结果
    private static final int THRESHOLD = 25;             // 分支阈值
    private int start;                                    // 累加开始值
    private int end;                                      // 累加结束值
    private Lock lock = new ReentrantLock();              // 独占锁
    public SumTask(int start, int end) {                 // 构造方法
        this.start = start;                               // 属性赋值
        this.end = end;                                   // 属性赋值
    }
    @Override
    protected Integer compute() {                        // 分支计算
        boolean isFork = (end - start) <= THRESHOLD;     // 分支判断
        if (isFork) {                                     // 不需要开启新分支
            SumHandleManagedBlocker blocker = new SumHandleManagedBlocker(
                    this.lock, this.start, this.end);
            try {
                ForkJoinPool.managedBlock(blocker);       // 阻塞管理器
            } catch (InterruptedException e) {}
            return blocker.result;
        } else {
            int middle = (start + end) / 2;               // 计算中间值
            SumTask leftTask = new SumTask(this.start, middle);    // 配置分支计算数据
            SumTask rightTask = new SumTask(middle + 1, this.end); // 配置分支计算数据
            leftTask.fork();                              // 开启左分支计算
            rightTask.fork();                             // 开启右分支计算
            return leftTask.join() + rightTask.join();    // 分支结果合并
        }
    }
    static class SumHandleManagedBlocker implements ForkJoinPool.ManagedBlocker {
        private Integer result;                           // 结果保存
        private int start;                                // 累加开始值
        private int end;                                  // 累加结束值
        private Lock lock;                                // 独占锁
        public SumHandleManagedBlocker(Lock lock, int start, int end) {
            this.start = start;                           // 属性赋值
            this.end = end;                               // 属性赋值
            this.lock = lock;                             // 属性赋值
        }
        @Override
        public boolean block() throws InterruptedException {
            int sum = 0;
            this.lock.lock();                             // 同步锁
            try {
                for (int i = start; i <= end; i++) {      // 循环处理
                    TimeUnit.MILLISECONDS.sleep(100);     // 每次休眠10ms
                    sum += i;                             // 数据累加
                }
            } finally {
```

```
            this.result = sum;                                          // 保存计算结果
            this.lock.unlock();                                         // 解除同步锁
        }
        System.out.println("【" + Thread.currentThread().getName() +
            "】处理数据累加业务, start = " + this.start + "、end = "
                + this.end + "、sum = " + sum);                          // 输出分支信息
        return result != null;                                         // 返回true则继续保持阻塞状态
    }
    @Override
    public boolean isReleasable() {                                    // 返回false则创建补偿线程
        return this.result != null;                                    // 阻塞解除判断
    }
}
}
public class YootkDemo {
    public static void main(String[] args) throws Exception {
        SumTask task = new SumTask(0, 100);                            // 创建分支任务
        ForkJoinPool pool = new ForkJoinPool(2);                       // 分支任务池
        Future<Integer> future = pool.submit(task);                    // 提交分支任务
        System.out.println("计算结果: " + future.get());              // 获取任务执行结果
    }
}
```

程序执行结果:

```
【ForkJoinPool-1-worker-1】准备进行数据计算处理, 当前数据状态: start = 0、end = 25
【ForkJoinPool-1-worker-3】准备进行数据计算处理, 当前数据状态: start = 26、end = 50
【ForkJoinPool-1-worker-2】准备进行数据计算处理, 当前数据状态: start = 51、end = 75
【ForkJoinPool-1-worker-4】准备进行数据计算处理, 当前数据状态: start = 76、end = 100
【业务阻塞线程】处理数据累加业务, start = 51、end = 75、sum = 1575
【业务阻塞线程】处理数据累加业务, start = 26、end = 50、sum = 950
【业务阻塞线程】处理数据累加业务, start = 0、end = 25、sum = 325
【业务阻塞线程】处理数据累加业务, start = 76、end = 100、sum = 2200
计算结果: 5050
```

　　本程序仅开辟了大小为 2 的分支线程池, 但是由于在任务执行过程中存在阻塞处理, 因此会根据自定义的 ManagedBlocker 对象实例判断是否要创建新的补偿线程, 如果需要则创建新的核心线程, 并将其分配给其他任务使用。

7.11.5　Phaser

视频名称　0742_【理解】Phaser

视频简介　J.U.C 中 Phaser 是一个功能强大的处理类, 可以实现 CountDownLatch、CyclicBarrier 以及分支处理的功能。本视频通过一系列实例讲解 Phaser 的使用以及实现架构。

　　Phaser 是 JDK 1.7 及其之后的版本引入的一个同步处理工具类, 主要用于分阶段的任务处理, 可以理解为 CountDownLatch 与 CyclicBarrier 的集合, 同时支持良好的分层计算(分支计算处理)。

　　Phaser 是根据阶段(Phase)的概念来进行处理的, 所有的阶段在指定的参与者线程到达之后才可以进行阶段的进阶处理。现在假定定义了两个参与者线程, 如图 7-69 所示, 则其进阶处理是在两个参与者线程全部到达之后进行的。

图 7-69　Phaser 处理阶段

范例：多线程任务同步

```
package com.yootk;
import java.util.concurrent.*;
public class YootkDemo {
    public static void main(String[] args) throws Exception {
        Phaser phaser = new Phaser(2);                              // 定义2个任务
        System.out.println("Phaser阶段1: " + phaser.getPhase());    // 初始阶段为0
        for (int x = 0; x < 2; x++) {                               // 创建两个参与者线程
            new Thread(() -> {
                System.out.println("【" + Thread.currentThread().getName() +
                        "】我已就位，等待下一步的执行命令");
                phaser.arriveAndAwaitAdvance();                     // 等待其他参与者线程到达
                System.out.println("【" + Thread.currentThread().getName() +
                        "】人员齐备，执行新任务");
            }, "士兵 - " + x).start();                              // 子线程启动
        }
        TimeUnit.SECONDS.sleep(1);                                 // 等待子线程处理
        System.out.println("Phaser阶段2: " + phaser.getPhase());   // 阶段已增长
    }
}
```

程序执行结果：

```
Phaser阶段1: 0
【士兵 - 0】我已就位，等待下一步的执行命令
【士兵 - 1】我已就位，等待下一步的执行命令
【士兵 - 1】人员齐备，执行新任务
【士兵 - 0】人员齐备，执行新任务
Phaser阶段2: 1
```

本程序实现了与 CyclicBarrier 类似的功能，在进行 Phaser 对象实例化时设置了 2 个参与者线程，在进行子线程处理时会通过 arriveAndAwaitAdvance()方法实现参与者线程等待，在第 2 个参与者线程达到后才会触发子线程的后续操作，同时 Phaser 的操作阶段会自动加 1。

> 💡 **提示：阶段数值应循环处理。**
>
> 程序在每次阶段数值增长时都进行了"+1"的处理，但是当阶段数值增长到 Integer.MAX_VALUE 时则会重新归 0，并继续进行阶段数值的自增处理。

基于阶段的概念 Phaser 还可以实现与 CountDownLatch 类似的功能，例如，在 CountDownLatch 中是通过 countDown()方法实现等待线程数量减少的，而在 Phaser 中则可以通过 arrive()表示参与者线程到达，而当参与者线程达到指定的数量时就可以解除线程的阻塞，进行后续的业务处理。

范例：Phaser 代替 CountDownLatch

```
package com.yootk;
import java.util.concurrent.*;
public class YootkDemo {
    public static void main(String[] args) throws Exception {
        Phaser phaser = new Phaser(2);                             // 等价: new CountDownLatch(2)
        for (int x = 0; x < 2; x++) {                              // 循环启动线程
            new Thread(() -> {
                System.out.println("【" + Thread.currentThread().getName() + "】到达并已上车。");
                phaser.arrive();                                   // 等价: countDown()
            }, "客人 - " + x).start();                             // 启动子线程
        }
        phaser.awaitAdvance(phaser.getPhase());                    // 等价: await()
        System.out.println("【主线程】人齐了，开车走人。");         // 主线程恢复执行
    }
}
```

程序执行结果：

```
【客人 - 0】到达并已上车。
【客人 - 1】到达并已上车。
【主线程】人齐了，开车走人。
```

本程序实现了一个"倒计数"同步的处理操作，在最终执行时每一个子线程通过 arrive() 标记到达，在参与者线程达到既定的数量之后则会解除主线程的同步，并继续执行主线程的后续业务功能。

每一个 Phaser 对象中都会存在进阶的处理操作，而为了便于进阶控制，Phaser 类提供了一个 onAdvance() 回调处理方法。每次进阶时该方法都会被调用，利用该方法可以方便地进行任务执行轮数的控制。

范例：Phaser 控制任务执行轮数

```java
package com.yootk;
import java.util.concurrent.*;
public class YootkDemo {
    public static void main(String[] args) throws Exception {
        int repeat = 2;                                        // 重复周期
        Phaser phaser = new Phaser() {
            protected boolean onAdvance(int phase, int registeredParties) { // 进阶处理
                System.out.println("【onAdvance()处理】进阶处理操作。phase = " + phase +
                    "、registeredParties = " + registeredParties);
                return phase + 1 >= repeat || registeredParties == 0;  // 终止控制
            };
        };
        for (int x = 0; x <= 2; x++) {                         // 循环创建线程
            phaser.register();                                 // 注册参与者线程
            new Thread(() -> {
                while (!phaser.isTerminated()) {               // 操作未终止
                    phaser.arriveAndAwaitAdvance();            // 等待其他参与者线程到达
                    try {
                        TimeUnit.SECONDS.sleep(1);             // 模拟业务处理延迟
                    } catch (InterruptedException e) {}
                    System.out.println("【" + Thread.currentThread().getName() +
                        "】YOOTK业务处理。");                    // 信息输出
                }
            }, "子线程 - " + x).start();                        // 启动子线程
        }
    }
}
```

程序执行结果：

```
【onAdvance()处理】进阶处理操作。phase = 0、registeredParties = 3
【子线程 - 2】YOOTK业务处理。
【子线程 - 1】YOOTK业务处理。
【子线程 - 0】YOOTK业务处理。
【onAdvance()处理】进阶处理操作。phase = 1、registeredParties = 3
【子线程 - 1】YOOTK业务处理。
【子线程 - 0】YOOTK业务处理。
【子线程 - 2】YOOTK业务处理。
```

本程序设定当前 Phaser 的执行轮数为 2，这样就可以在 onAdvance() 方法之中对当前的线程执行进行终止的判断操作。通过最终的执行结果可以发现，当 phase（阶段）达到 1 时（已经执行了 2 轮）会触发操作终止的逻辑。

在一个 Phaser 对象之中可以同时实现多个任务的处理，但是随着任务的增加，使用单个 Phaser 的处理性能必然会严重下滑，所以在 Phaser 内部也可以实现分层操作，如图 7-70 所示。可以将一个 Phaser 对象实例分裂为若干个子 Phaser 对象实例，形成树状的处理逻辑，而后不同的子 Phaser 对象实例共同参与任务的处理，从而提高任务处理的性能。

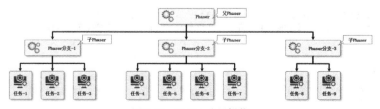

图 7-70　Phaser 分层操作

范例：设置任务层级

```java
package com.yootk;
import java.util.concurrent.*;
class Tasker implements Runnable {
    private final Phaser phaser;                                          // 保存当前的Phaser对象
    public Tasker(Phaser phaser) {
        this.phaser = phaser;                                            // 属性赋值
        this.phaser.register();                                          // 注册参与者线程
    }
    @Override
    public void run() {
        while (!phaser.isTerminated()) {                                 // 未终止则持续执行
            this.phaser.arriveAndAwaitAdvance();                         // 等待其他参与者线程
            System.out.println("【" + Thread.currentThread().getName() + "】YOOTK业务处理。");
        }
    }
}
public class YootkDemo {
    private static final int THRESHOLD = 2;                              // 每个Phaser对应的任务数
    public static void main(String[] args) throws Exception {
        int repeat = 2;                                                 // 重复周期
        Phaser phaser = new Phaser() {
            protected boolean onAdvance(int phase, int registeredParties) { // 进阶处理
                System.out.println("【onAdvance()处理】进阶处理操作。phase = " + phase +
                    "、registeredParties = " + registeredParties);
                return phase + 1 >= repeat || registeredParties == 0;   // 终止控制
            };
        };
        Tasker[] taskers = new Tasker[5];                               // 子线程数组
        build(taskers, 0, taskers.length, phaser);                     // 配置Phaser层级
        for (int i = 0; i < taskers.length; i++) {                     // 执行任务
            new Thread(taskers[i], "子线程 - " + i).start();             // 线程启动
        }
    }
    private static void build(Tasker[] taskers, int low,
            int high, Phaser parent) {                                  // 构建Phaser层级
        if (high - low > THRESHOLD) {                                   // 超过阈值
            for (int x = low; x < high; x += THRESHOLD) {              // 部分数组循环
                int limit = Math.min(x + THRESHOLD, high);            // 获取最小值
                build(taskers, x, limit, new Phaser(parent));         // 设置层级关系
            }
        } else {                                                       // 任务配置
            for (int x = low; x < high; ++x) {                         // 循环创建任务
                taskers[x] = new Tasker(parent);                       // 实例化任务对象
            }
        }
    }
}
```

程序执行结果：

```
【onAdvance()处理】进阶处理操作。phase = 0、registeredParties = 3
【子线程 - 4】YOOTK业务处理。
【子线程 - 1】YOOTK业务处理。
【子线程 - 2】YOOTK业务处理。
【子线程 - 0】YOOTK业务处理。
【子线程 - 3】YOOTK业务处理。
【onAdvance()处理】进阶处理操作。phase = 1、registeredParties = 3
【子线程 - 3】YOOTK业务处理。
【子线程 - 0】YOOTK业务处理。
【子线程 - 2】YOOTK业务处理。
【子线程 - 1】YOOTK业务处理。
【子线程 - 4】YOOTK业务处理。
```

本程序为了便于父、子 Phaser 对象实例之间的配置，定义了一个 Tasker 处理类，在该类对象实例化时会自动传递父 Phaser 对象实例。为了层级构建方便，程序使用了 build()方法并根据阈值

对 Phaser 进行拆分。这样所有的处理任务就会以 Phaser 分层的形式执行，提高整体的处理性能。

7.12 响应式数据流

RaactiveStream 简介

视频名称 0743_【理解】ReactiveStream 简介

视频简介 响应式编程是最近几年的程序发展主流，在响应式编程下，为了保证数据流的稳定传输，出现了响应式数据流的概念。本视频通过宏观的方式为读者讲解响应式编程的发展过程和主要概念，并对 JDK 9 及其之后的版本提供的响应式数据流开发类进行介绍。

随着互联网技术的不断发展，用户需要更快的响应处理速度与稳定可靠的运行环境，要求即使在出现错误之后也可以优雅地面对失败，同时要求构建的系统具有灵活、松散耦合以及可伸缩的特点。在这样的背景下，响应式编程（Reactive Programming）开始大量地应用于项目开发。在响应式编程之中主要实现了一种基于数据流（Data Stream）和变化传递（Propagation of Change）的声明式（Declarative）编程范式。

在响应式编程中需要基于响应式数据流（Reactive Streams，异步非阻塞式数据流）实现数据的传输，该数据流的模型要求提供一个发布者（Publisher）和一个订阅者（Subscriber），而发布者与订阅者之间可以实现数据流的直接传输，也可以通过转换处理器（Processor）实现两者之间数据流的处理，模型如图 7-71 所示。在整个模型中，Processor 既可作为订阅者也可以作为发布者。

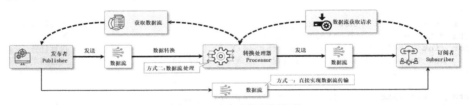

图 7-71 响应式数据流模型

> 💡 **提示：响应式编程中的变化传递。**
>
> 在传统的命令式编程的开发模型中，如果要实现两个变量内容的计算，常用的命令格式为 sum = a + b，这样就会根据变量 a 和变量 b 的内容一次性得到 sum 的结果，如图 7-72 所示，而在计算完成后变量 a 的内容再修改也不会影响到已有的 sum 计算结果。而在响应式编程环境下，即便已经得到了 sum 的计算结果，变量 a 发生改变，也会影响到 sum 的内容，如图 7-73 所示，这一点就称为变化传递。
>
>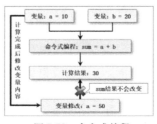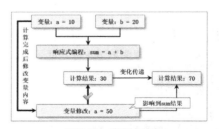
>
> 图 7-72 命令式编程　　　　　　　　　　图 7-73 响应式编程

Java 在发展的早期提供了一种观察者设计模式，并且在 java.util 包中提供了两个与之匹配的实现结构：java.util.Observer（观察者）、java.util.Observable（被观察者）。其中，被观察者的所有变化都可以被观察者检测到，而这一操作可以理解为 Java 响应式编程的原型。需要注意的是，在 JDK 9 及其之后的版本中，该实现类已经被标记为 Deprecated，不再推荐使用。

JDK 9 及其之后的版本为了便于响应式数据流的开发，在 J.U.C 中扩充了一个 Flow 工具类。该类利用了一系列的内部接口用于实现订阅者、发布者的相关操作，这些内部接口的继承结构如图 7-74 所示。

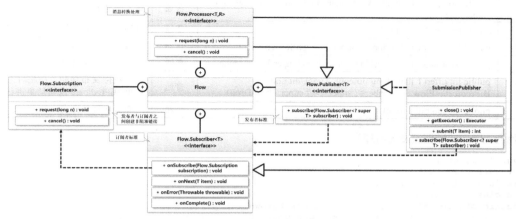

图 7-74　Flow 内部接口的继承结构

> 💡 **提示：Stream 属于同步处理数据流。**
>
> JDK 8 及其之后的版本为了配合 Lambda 表达式的应用，提出了 Stream 数据流的处理支持，开发者可以基于函数式编程的模型实现数据的复杂操作。这样不仅简化了编程模型，也可以带来较好的处理性能。虽然 Stream 提供了非常丰富的数据流的处理操作，但是这些数据流都是基于同步方式处理的，并不适用于响应式编程的开发。

7.12.1　SubmissionPublisher

SubmissionPublisher

视频名称	0744_【理解】SubmissionPublisher
视频简介	J.U.C 内置了发布者的实现子类。本视频将为读者分析 SubmissionPublisher 子类的继承特点，并通过具体的案例讲解该类中相关操作方法的使用。

在响应式数据流的开发中最为重要的就是数据的发布者，Flow.Publisher 只定义了发布者的核心操作方法，而具体的数据发布处理操作都是由 SubmissionPublisher 类实现的。该类的继承结构如图 7-75 所示。

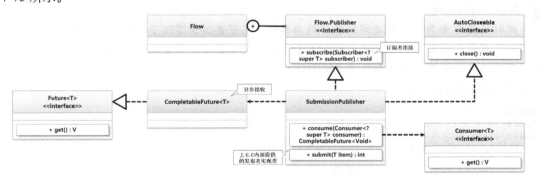

图 7-75　SubmissionPublisher 的继承结构

每一个响应式数据流发布者的内部都会维护一个缓冲区，通过该缓冲区可以实现数据流的传输，而具体的发送处理操作则是由 SubmissionPublisher 子类实现的。该类的常用方法如表 7-20 所示。

表 7-20　SubmissionPublisher 的常用方法

序号	方法名称	类型	描述
01	public void close()	普通	关闭发布者通道
02	public CompletableFuture<Void> consume(Consumer<? super T> consumer)	普通	定义发布者的处理函数
03	public int getMaxBufferCapacity()	普通	返回每个发布者的最大缓存空间
04	public List<Flow.Subscriber<? super T>> getSubscribers()	普通	获取全部订阅者实例
05	public boolean isSubscribed(Flow.Subscriber<? super T> subscriber)	普通	判断当前订阅者是否为已订阅状态
06	public int offer(T item, long timeout, TimeUnit unit, BiPredicate<Flow.Subscriber<? super T>,? super T> onDrop)	普通	实现数据发布功能，在超时之后会根据 BiPredicate 返回结果进行重试
07	public int submit(T item)	普通	发布者实现数据发布

范例：响应式数据流发布者操作

```java
package com.yootk;
import java.util.List;
import java.util.concurrent.*;
public class YootkDemo {
    public static void main(String[] args) throws Exception {
        List<String> datas = List.of("www.yootk.com", "edu.yootk.com");
        CompletableFuture<Void> task = null;                      // 异步任务
        SubmissionPublisher<String> publish = new SubmissionPublisher<>(); // 发布者
        task = publish.consume(System.out::println);              // 异步消费处理
        datas.forEach((tmp) -> {                                  // 数据迭代处理
            publish.submit(tmp);                                  // 数据发布
            try {
                TimeUnit.SECONDS.sleep(1);                        // 延迟处理
            } catch (InterruptedException e) {}
        });
        publish.close();                                          // 关闭发布者
        if (task != null) {                                       // 异步任务启用
            task.get();                                           // 延迟处理
        }
    }
}
```

程序执行结果：

```
www.yootk.com
edu.yootk.com
```

本程序实现了一个基础的发布者的操作，而订阅者是通过一个 Consumer 函数式接口实现的（本程序主要实现了数据的输出）。在进行发布时需要明确地设置发布数据的类型，随后通过 submit() 方法即可将数据发送给订阅者。

💡 提示：背压策略。

　　此时的发布者与订阅者之间的操作较为单一，发布者仅仅实现了一些字符串数据的发送，而订阅者只实现了内容的输出，但是需要注意的是在发布者与订阅者之间存在一个缓存空间。这个缓存空间的大小是有限的（默认为 256Byte）。

　　范例：订阅者缓存大小

```java
package com.yootk;
import java.util.concurrent.SubmissionPublisher;
public class YootkDemo {
    public static void main(String[] args) throws Exception {
        SubmissionPublisher<String> publish = new SubmissionPublisher<>();
        System.out.println("订阅者缓存大小: " + publish.getMaxBufferCapacity());
    }
}
```

　　程序执行结果：

```
订阅者缓存大小：256B
```

　　如果此时发布者发送数据流的速度远远高于订阅者接收数据流的速度,则订阅者的缓存空间很快会被占满,那么理论上就应该设计一个无界限的缓冲区供订阅者使用,否则就会出现由于数据无法处理而将其丢弃的问题。而另外一种解决方案称为"背压"(Back Pressure)策略。在该策略中订阅者会主动告知发布者减慢数据发送,以备发布者准备好足够大的缓存空间继续进行元素的处理。遗憾的是 J.U.C 提供的 Flow 暂不支持此策略的实现,需要开发者自行实现或使用相关开发框架,如 RxJava。

7.12.2　构建响应式数据流编程模型

响应式数据流
编程模型

　　视频名称　0745_【理解】响应式数据流编程模型
　　视频简介　响应式数据流的模型在 JDK 9 及其之后的版本中有了新的实现。本视频将基于一个基础的发布者与订阅者结构介绍如何实现自定义类对象数据的发送与接收处理。

　　在响应式数据流的开发模型之中,订阅者与发布者之间可以直接进行数据通信。为便于读者理解,本小节将依据图 7-76 所示的结构,介绍如何实现 Book 自定义类对象数据的发送以及接收处理。由于此部分的代码开发较为烦琐,因此将采用分步的形式为读者进行讲解。

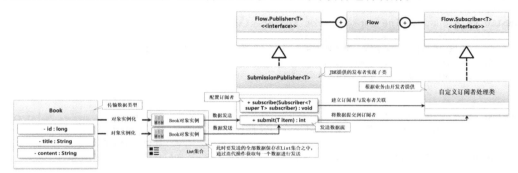

图 7-76　基于发布者与订阅者的响应式通信模型

　　(1)数据流可以传输任意的数据内容,所以本小节将创建一个 Book 自定义类。考虑到后续使用的方便,可以在此类中构建一个内部类用于返回 List 集合。

```java
class Book {
    private long id;
    private String title;
    private String content;
    // setter方法、getter方法、无参构造方法、toString()等略
    public Book(long id, String title, String content) {
        this.id = id;
        this.title = title;
        this.content = content;
    }
    static class BookDataCreator {
        public static List<Book> getBooks() {                                // 集合创建器
            List<Book> bookList = new ArrayList<>();                          // 数据集合
            bookList.add(new Book(1, "Java面向对象编程", "yootk.com"));        // 数据增加
            bookList.add(new Book(2, "Java就业编程实战", "yootk.com"));        // 数据增加
            bookList.add(new Book(3, "Java Web就业编程实战", "yootk.com"));    // 数据增加
            bookList.add(new Book(4, "Spring Boot就业编程实战", "yootk.com")); // 数据增加
            bookList.add(new Book(5, "Spring Cloud就业编程实战", "yootk.com"));// 数据增加
            bookList.add(new Book(6, "Redis就业编程实战", "yootk.com"));       // 数据增加
            bookList.add(new Book(7, "Spring就业编程实战", "yootk.com"));      // 数据增加
            return bookList;                                                  // 集合返回
```

```
        }
    }
}
```

（2）创建 BookSubscriber 图书订阅者实现类，该类需要实现 Subscriber 父接口并覆写相应的抽象方法，实现结构如图 7-77 所示。在该类中最重要的一点就是通过 Subscription 实现异步非阻塞的数据获取操作。

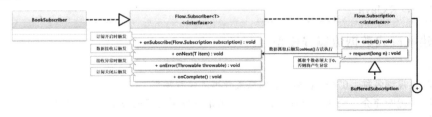

图 7-77　图书订阅者实现类

范例：数据流订阅者

```java
class BookSubscriber implements Subscriber<Book> {
    private Subscription subscription;                              // 订阅者处理
    private int counter = 0;                                         // 已处理数据量
    @Override
    public void onSubscribe(Subscription subscription) {           // 订阅开启
        this.subscription = subscription;
        // 获取指定数量的发布者数据，数量即调用onNext()方法的次数，如果设置的内容小于等于0则触发onError()操作
        this.subscription.request(1);                              // 从发布者中获取1个数据
        System.out.println("数据订阅者开启。");
    }
    @Override
    public void onNext(Book item) {                                 // 数据获取
        System.out.println("〖" + Thread.currentThread().getName() + "〗" + item);
        this.counter++;                                            // 处理个数增加
        this.subscription.request(1);                              // 从发布者中获取1个数据
    }
    @Override
    public void onError(Throwable throwable) {                      // 错误处理
        System.out.println("订阅者程序出现错误：" + throwable.getMessage());
    }
    @Override
    public void onComplete() {                                      // 完成处理
        System.out.println("订阅者数据处理完成。");
    }
    public int getCounter() {                                        // 返回操作数量
        return this.counter;
    }
}
```

本程序依据 Flow.Subscriber 内部接口实现了图书订阅者实现类的开发，在订阅者中需要通过 Flow.Subscription 接口所提供的 request()实现数据的抓取，抓取到数据后调用 onNext()方法进行数据的处理。

💡 提示：订阅者的 request()操作。

Flow.Subscription 接口提供的 request()方法的主要目的是抓取发布者发送来的数据，而具体抓取的数据个数由使用者进行配置，例如，设置的参数为 5，表示一次最多可以抓取 5 个数据，如果数据不足 5 个也不会等待，会直接触发 onNext()方法。在这些抓取到的数据全部处理完成后，需要继续调用 request()方法抓取数据，而后重复触发 onNext()进行处理。

（3）此时的程序已经准备好了所需要的数据集合，并实现了订阅者的开发，随后就可以利用 SubmissionPublisher 子类获取发布者对象实例，并利用 submit()方法实现数据流的提交，这样所有的数据就会被订阅者接收到。在发布者调用 close()方法关闭后，订阅者也会调用 onClose()方法进行关闭的相关处理。

```java
package com.yootk;
import java.util.*;
import java.util.concurrent.Flow.*;
import java.util.concurrent.*;
// Book类、BookSubscriber类的相关代码略
public class YootkDemo {
    public static void main(String[] args) throws Exception {
        SubmissionPublisher<Book> publisher = new SubmissionPublisher<>();   // 创建发布者
        BookSubscriber sub = new BookSubscriber();                          // 订阅者
        publisher.subscribe(sub);                                           // 配置关联
        List<Book> books = Book.BookDataCreator.getBooks();                 // 获取Book集合
        books.stream().forEach(book -> publisher.submit(book));             // 数据迭代
        while (books.size() != sub.getCounter()) {                          // 结束判断
            TimeUnit.SECONDS.sleep(1);                                      // 主线程等待
        }
        publisher.close();                                                 // 发布者关闭
    }
}
```

程序执行结果：

```
数据订阅者开启。
【ForkJoinPool.commonPool-worker-3】id = 1、title = Java面向对象编程、content = yootk.com
【ForkJoinPool.commonPool-worker-3】id = 2、title = Java就业编程实战、content = yootk.com
【ForkJoinPool.commonPool-worker-3】id = 3、title = Java Web就业编程实战、content = yootk.com
【ForkJoinPool.commonPool-worker-3】id = 4、title = Spring Boot就业编程实战、content = yootk.com
【ForkJoinPool.commonPool-worker-3】id = 5、title = Spring Cloud就业编程实战、content = yootk.com
【ForkJoinPool.commonPool-worker-3】id = 6、title = Redis就业编程实战、content = yootk.com
【ForkJoinPool.commonPool-worker-3】id = 7、title = Spring就业编程实战、content = yootk.com
订阅者数据处理完成。
```

7.12.3 Flow.Processor

Flow.Processor

视频名称	0746_【理解】Flow.Processor

视频简介　Processor 实现了响应式数据流的转换处理操作功能。本视频为读者分析 Processor 操作类的作用，并通过实例讲解其具体的应用。

除了使用发布者与订阅者的直连模式之外，还可以在两者之间引入一个 Processor 转换处理器。利用转换处理器可以接收发布者发送的数据，随后对该数据进行转换处理后再发送给订阅者。即转换处理器同时实现了发布者与订阅者的操作，具体的转换形式如图 7-78 所示。

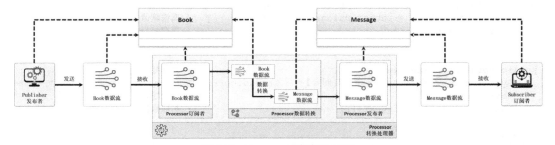

图 7-78　Processor 数据转换处理

现在假设发布者发布的数据类型为 Book 类的对象实例，但是订阅者在接收时需要接收的是一个 Message 类的对象实例。因为此时发布者与订阅者使用的数据类型不一致，所以是无法直接通信

的,这样就需要在中间追加一个 Processor 转换处理器。在该转换处理器中,可以实现发布者的 Book 数据流接收(实现订阅者功能),随后按照既定的方式将接收到的数据转为 Message 数据流,再将转换后的数据发送给订阅者(实现发布者功能)。

Flow.Processor 接口并没有定义任何抽象方法,该接口同时继承了 Flow.Publisher 与 Flow.Subscriber 两个父接口,所以该接口同时拥有发布者与订阅者的方法。而为了简化发布者的定义,可以创建一个 MessageProcessor 类,该类除了实现 Processor 父接口之外,还可以继承 SubmissionPublisher 父类(Publisher 接口子类),这样就可以直接利用已有类的方法实现发布者的功能。本小节的程序开发的类结构如图 7-79 所示,具体的开发步骤如下。

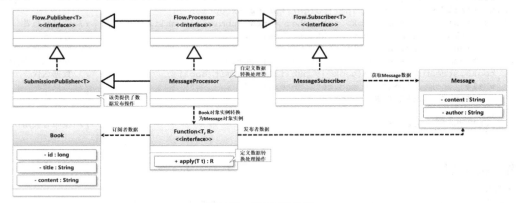

图 7-79 数据转换处理

(1)订阅者需要接收的是 Message 对象实例,所以需要定义一个 Message 类。

```java
// Book类的定义与上一小节的相同,不再重复列出
class Message {                                              // 目标类型
    private String content;
    private String author;
    // setter方法、getter方法、无参构造方法、toString()等略
    public Message(String content, String author) {
        this.content = content;
        this.author = author;
    }
}
```

(2)定义消息订阅者实现类,该类主要处理 Message 对象内容。

```java
class MessageSubscriber implements Subscriber<Message> {      // 消息订阅者
    private Subscription subscription;                        // 订阅者处理
    private int counter = 0;                                  // 已处理数据量
    @Override
    public void onSubscribe(Subscription subscription) {      // 订阅者开启
        this.subscription = subscription;                    // 属性赋值
        this.subscription.request(1);                        // 抓取数据
    }
    @Override
    public void onNext(Message item) {                        // 数据处理
        System.out.println("【Message订阅者】" + Thread.currentThread().getName() + ": " + item);
        this.counter++;                                      // 计数增长
        this.subscription.request(1);                        // 抓取数据
    }
    @Override
    public void onError(Throwable throwable) {               // 错误处理
        System.out.println("消息订阅者程序出现错误: " + throwable.getMessage());
    }
    @Override
    public void onComplete() {                                // 完成处理
```

```
            System.out.println("消息订阅者数据处理完成。");
        }
        public int getCounter() {                            // 返回个数
            return this.counter;
        }
    }
}
```

（3）创建 Processor 接口实现类，接收 Book 类数据，并将其转换为 Message 数据发送给订阅者。

```
// Processor<T,R>同时实现了Subscriber<T>与Publisher<R>父接口
class MessageProcessor extends SubmissionPublisher<Message>
        implements Processor<Book, Message> {              // 数据转换处理器
    private Subscription subscription;                     // 订阅者处理
    private Function<Book, Message> function;              // 转换处理接口
    public MessageProcessor(Function<Book, Message> function) {
        this.function = function;
    }
    @Override
    public void onSubscribe(Subscription subscription) {   // 订阅开启
        this.subscription = subscription;
        subscription.request(1);                           // 抓取数据
    }
    @Override
    public void onNext(Book item) {                        // 数据处理
        super.submit(this.function.apply(item));           // 数据转换后发出
        this.subscription.request(1);                      // 抓取数据
    }
    @Override
    public void onError(Throwable throwable) {             // 错误处理
        throwable.printStackTrace();
    }
    @Override
    public void onComplete() {}                            // 操作完成
}
```

（4）修改程序主类，完成发布者、订阅者、转换处理器三者关系的配置。

```
package com.yootk;
import java.util.*;
import java.util.concurrent.Flow.*;
import java.util.concurrent.*;
import java.util.function.Function;
public class YootkDemo {
    public static void main(String[] args) throws Exception {
        SubmissionPublisher<Book> publisher = new SubmissionPublisher<>(); // 创建发布者
        MessageProcessor processor = new MessageProcessor(item -> {
            return new Message(item.toString(), "李兴华");                  // Book转为Message
        });                                                                // 创建转换处理器
        MessageSubscriber sub = new MessageSubscriber();                   // 订阅者
        publisher.subscribe(processor);                                    // 配置订阅者
        processor.subscribe(sub);                                          // 配置发布者
        List<Book> books = Book.BookDataCreator.getBooks();                // 获取Book集合
        books.stream().forEach(book -> publisher.submit(book));            // 数据迭代
        while (books.size() != sub.getCounter()) {                         // 结束判断
            TimeUnit.SECONDS.sleep(1);                                     // 主线程等待
        }
        publisher.close();                                                 // 发布者关闭
    }
}
```

程序执行结果：

```
【Message订阅者】ForkJoinPool.commonPool-worker-5: author = 李兴华、content = id = 1...
【Message订阅者】ForkJoinPool.commonPool-worker-5: author = 李兴华、content = id = 2...
【Message订阅者】ForkJoinPool.commonPool-worker-5: author = 李兴华、content = id = 3...
```

【Message订阅者】ForkJoinPool.commonPool-worker-5: author = 李兴华、content = id = 4...
【Message订阅者】ForkJoinPool.commonPool-worker-5: author = 李兴华、content = id = 5...
【Message订阅者】ForkJoinPool.commonPool-worker-5: author = 李兴华、content = id = 6...
【Message订阅者】ForkJoinPool.commonPool-worker-5: author = 李兴华、content = id = 7...

此程序在实例化 MessageProcessor 对象时，设置了转换操作的 Function 接口实例，随后配置了发布者与转换处理器、转换处理器与订阅者之间的关系，程序启动后发布者所发布的 Book 对象实例就会转为 Message 对象实例。

7.13　本 章 概 览

1．为了解决传统多线程应用过程中出现的死锁问题，JDK 5 及其之后的版本正式提供了 J.U.C 多线程开发框架，利用该框架开发者可以编写出高性能且稳定的多线程应用。

2．为了便于多线程处理中的时间规范化管理，Java 提供了 TimeUnit 枚举类，该类可以实现不同时间单元的定义，也可以利用这些单元进行时间数据的转换处理。

3．ThreadFactory 提供了 Thread 对象的实例化管理，在线程池的对象创建与管理中经常使用。

4．为简化单一数据的同步操作，J.U.C 提供了原子操作类的支持，根据其功能可以分为基础类型原子操作类、数组类型原子操作类、引用类型原子操作类。原子操作类还支持并发计算。

5．为了提高多线程下的随机数生成处理性能，J.U.C 提供了 ThreadLocalRandom 实现类，利用该类可以让每个线程保存各自的种子数，以避免 Random 造成的性能问题。

6．锁是线程同步管理的重要逻辑单元，J.U.C 提供了 locks 子表实现锁的高效处理，分别定义了 Lock 接口和 ReadWriteLock 接口。

7．ReentrantLock 是 Lock 接口实现子类，提供了独占锁的操作实现，即在某个时间范围内只允许单个线程操作。

8．ReentrantReadWriteLock 实现了读写锁的处理，该类的实现可以避免大规模数据读写所带来的读线程阻塞问题。

9．为了防止读线程过多所带来的写线程饥饿问题，J.U.C 提供了 StampedLock 同步类，只要存在数据写入操作，读线程就会自动让出资源。

10．Condition 用于锁的精确控制，可以在一个锁的基础上拆分出若干个不同的子锁。

11．LockSupport 提供了与 Java 原始线程类似的阻塞与唤醒操作机制。

12．Semaphore 提供了线程信号量的支持，可以实现线程调用限流的控制，从而保护有限的核心资源。

13．CountDownLatch 提供了倒计数同步处理支持，在计数归 0 前持续保持阻塞状态。

14．CyclicBarrier 会设置一个线程屏障点，只有达到该屏障点的线程才允许执行。

15．Exchanger 是一个公共的线程交换空间，可以有效地改善生产者与消费者模型中的数据等待与唤醒操作。

16．CompletableFuture 提供了一个线程异步处理的操作接口，可以通过其实现回调信息的处理。

17．为了可以在多线程下实现安全的类集操作，J.U.C 提供了新的并发集合，包括单值集合、ConcurrentHashMap 集合以及跳表集合。

18．ConcurrentHashMap 提供了安全的数据更新和高性能的数据读取操作，在 JDK 1.8 之前的版本中基于 Segament 实现分区管理，而在 JDK1.8 及其之后的版本中可以直接基于哈希桶的方式实现数据的安全更新处理。

19．跳表是一种类似于红黑树的数据结构，是基于排序链表的存储实现的高性能查找数据结构。

20．队列可以实现有效的数据缓冲操作结构，但是传统的队列需要开发者不断地轮询处理，为了进一步简化多线程下的队列操作，J.U.C 提供了阻塞队列的支持，并且提供了单端阻塞队列

（BlockingQueue）与双端阻塞队列（BlockingDeque）。

21．延迟队列可以通过计时的形式实现数据的自动弹出处理，基于延迟队列自动弹出的设计结构可以实现数据缓存的操作模型。

22．为了保证系统中线程数量的可控性，J.U.C 提供了线程池的支持。线程池可以通过 ExecutorService 工具类进行创建，可以创建无大小限制线程池、固定大小线程池、单线程池和定时调度线程池。

23．CompletionService 可以实现 Callable 线程的异步返回值的接收。

24．线程池的内部的创建都是基于 ThreadPoolExecutor 类实现的，创建时需要传递阻塞队列、线程工厂实例以及拒绝策略。

25．线程池的拒绝策略一共有 4 种，分别为 AbortPolicy、CallerRunsPolicy、DiscardPolicy、DiscardOldestPolicy。

26．ForkJoinPool 是一种并行线程处理的开发框架，能够充分发挥系统硬件的特点，得到较好的程序处理性能。

27．ForkJoinPool 需要通过分支任务进行配置，在 J.U.C 中分支任务一共提供 3 种类型的实现方案：RecursiveTask、RecursiveAction、CountedCompleter。

28．ForkJoinPool 是线程池的子类。为了防止线程阻塞带来问题，应该通过 ManagedBlocker 实现阻塞管理，当出现阻塞时可以自动创建补偿线程，以保证整体应用的处理性能。

29．Phaser 是一个新的多线程工具类，其可以实现 CountDownLatch、CyclicBarrier 的功能，是具有综合性的线程操作类。

30．响应式编程是未来程序发展的主流方向，J.U.C 为支持响应式数据流的开发提供了 Flow 工具类，并将所有响应式数据流的相关设计结构以内部接口的形式进行定义。

31．响应式数据流可代替已有的观察者设计模式，其处理核心在于发布者与订阅者之间的数据流操作，也可以追加 Processor 实现数据转换处理。

第 8 章

深入 Java 虚拟机

本章学习目标

1. 掌握 Java 虚拟机的内存体系结构，以及每部分组成结构的作用；
2. 掌握 Java 对象的访问模式，并理解 JIT 的主要作用；
3. 掌握 Java 堆内存的组成结构，并理解每个子内存区域的作用；
4. 掌握串行垃圾收集器、并行垃圾收集器、CMS 垃圾收集器、G1 垃圾收集器、ZGC 垃圾收集器等的作用以及配置；
5. 掌握 JDK 提供的 JVM 监控工具的使用方法；
6. 掌握 Java 中 4 种引用类型的作用以及具体操作的实现方法。

Java 中的所有应用程序都运行在 Java 虚拟机之中，每当使用 Java 命令执行一个应用类时都会自动启动 JVM 进程，而在这些应用背后的是 Java 虚拟机的组成结构、GC 算法等概念。本章将为读者深入分析 Java 虚拟机的相关概念以及性能调优参数的作用。

> 💡 **提示：本章将基于 JDK 17 进行讲解。**
>
> 每一代的 JDK 开发版本在更新时，除了会带来许多新的语法结构之外，还会带来新的 GC 算法以及相关的默认应用策略。所以要想更好地学习 Java 虚拟机，本书建议使用当前最新版本的 JDK。在本章编写时，最新的 JDK 版本为 JDK 17，该版本的类型为 LTS（Long Term Support，长期支持版本）。

8.1 JVM 内存模型

JVM 内存模型

视频名称　0801_【掌握】JVM 内存模型

视频简介　Java 程序的执行需要通过 JVM 进程进行处理，并且需要结构合理的内存空间。掌握内存结构的划分才可以编写更佳的程序。本视频为读者讲解 JVM 内存体系以及组成。

Java 是一门面向虚拟机编程的程序设计语言，开发者所编写的所有代码本质上都属于虚拟机代码。这样在每次执行 Java 程序时就必须启动 Java 虚拟机的进程来进行相关代码的解析执行，而一个常见的 Java 程序的执行流程如图 8-1 所示，具体的执行步骤如下。

（1）按照既定的业务功能使用 Java 语法编写一个 .java 源程序文件，而后使用 JDK 提供的编译器（javac.exe 命令）将 .java 源程序文件编译为 JVM 可以使用的 .class 字节码文件。该字节码文件为虚拟机可以使用的程序文件。

（2）当进行 Java 程序类解析（使用 java.exe 启动 JVM 进程）时，JVM 会通过类加载器（可以使用系统默认的类加载器，也可以采用自定义类加载器）加载各个类的字节码文件，随后会将操作继续交由 JVM 执行引擎处理。

（3）Java 项目在运行过程之中经常需要调用本地操作系统提供的方法库（使用 native 关键字定义），这样就可以通过本地方法接口实现本地方法库的调用。

（4）在整个程序执行过程之中，JVM 会使用一段空间来存储程序执行期间所需要用到的数据和相关信息，而这段空间就被称为运行时数据区，即 JVM 内存空间。

图 8-1　Java 程序与 Java 虚拟机

Java 程序中的内存管理实际上指的就是对运行时数据区这段空间的管理操作，所有对象的创建、操作数据的存储都在此内存空间中完成。而为了对该内存空间做进一步的管理，可对其进行更加详细的划分，得到各个子内存区域，这些区域的结构如图 8-2 所示。

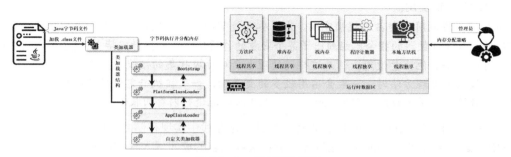

图 8-2　Java 运行时数据区

> 💡 **提示：不同厂商的实现标准不同。**
>
> 　JVM 规范虽然规定了程序执行期间运行时数据区应包含的几个核心部分，但其并没有对具体的实现做出标准规定，所以不同的虚拟机厂商也会有不同的实现。

在图 8-2 所示的结构之中，JVM 会对加载的字节码文件中的程序代码进行解析，而后根据代码的定义将所需要的数据保存在各自不同的内存子区域之中，这些子区域的具体作用如下。

1. 程序计数器

程序计数器在编译时会为每一个字节码文件中的程序代码分配一个程序位置，用于标注下一个要执行的指令的位置。程序计数器（Program Counter Register）可以简单理解为行号的指示器，Java 解释器在执行字节码文件的时候，会依据行号的顺序一直向下执行。

每一个线程都有一个独立的程序计数器，只记录该线程执行顺序，所以它属于线程私有区域，并且该区域所占用的内存空间极其小（小到几乎可以忽略）。

2. 栈内存

栈内存（Stack）又被称为 Java 虚拟机栈（Java Virtual Machine Stack），每个线程都有私有的栈内存空间。线程对象每调用一个方法都会自动产生一个栈帧，这些栈帧被保存在该栈之中，并遵循"后进先出"的栈数据结构的设计原则实现数据的存储，如图 8-3 所示。方法调用时会按照图 8-4 所示的方式进行入栈操作，而方法执行完成后会按照 8-5 所示的方式进行出栈操作。

栈帧（Stack Frame）是用于支持虚拟机进行方法调用和方法执行的数据结构，每一个线程都会提供各自的栈帧集合，栈帧中保存了一个方法从调用开始到执行完毕的过程，每一个栈帧由以下 5 个部分组成。

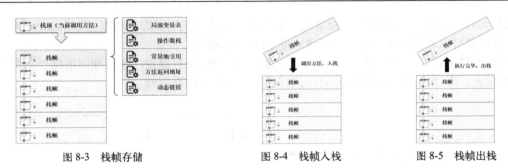

图 8-3 栈帧存储　　　　图 8-4 栈帧入栈　　　　图 8-5 栈帧出栈

（1）局部变量表（Local Variables Table）：一组变量值的存储空间，用于存放方法参数和方法内部定义的所有局部变量，并且在其编译时就已经为其分配局部变量表的最大容量。局部变量表的容量以变量槽（Slot）为最小的存储单位，每个变量槽都可以存储 32 位长度的数据，如 int、byte、boolean 等类型的数据。而对于 64 位的数据，如 long 或 double 类型的数据，Java 虚拟机会将其写入两个连续的变量槽以实现数据存储。

> 💡 **提示：变量槽复用。**
>
> 所有的方法调用都会占用栈帧空间，为了尽可能节约栈帧空间，局部变量表中的变量槽是可以重用的。如果计数器的指令已经超出了某个变量的作用域（代码执行完毕），这个变量对应的变量槽就可以交给其他变量使用。但是这样的处理也会对垃圾收集的性能产生影响，例如，在执行某些较为烦琐的处理方法时，一般会占用较多的变量槽，如果在执行完成后没有对变量槽赋予新的内容或者清空变量槽数据，则垃圾收集器是无法及时地进行内存回收的。

（2）操作数栈（Operand Stack）：表达式的计算是在栈中实现存储的，所有方法的计算处理操作过程中，会有各种字节码的指令通过操作数栈实现内容的读写（入栈与出栈操作），以完成最终的计算处理操作。操作数栈和局部变量表类似，会在代码编译时分配所需局部变量表的最大容量。

> 💡 **提示：通过 javap 命令查看操作数栈。**
>
> 所有已经编译的.class 文件都可以利用 JDK 所提供的 javap 指令转为字节码文件，例如，要实现 3 个整型变量的数据累加，则转换的流程如图 8-6 所示。

图 8-6 操作数栈

通过该操作可以清楚地发现，字节码中会使用 bipush 指令将要操作的数据读入操作数栈进行处理，在读取时会通过 iload 指令实现操作数栈的出栈操作。

（3）常量池引用（Reference to Runtime Constant Pool）：在代码中使用 final 修饰的成员属性，会在程序编译时被载入常量池。常量池可以实现数据共享，这样可以避免频繁地创建和销毁对象而带来的性能影响。

> 💡 **提示：静态常量池与动态运行时常量池。**
>
> 　　在 Java 中的常量池分为两种：静态常量池和动态运行时常量池。其中静态常量池是在代码编译时确定的，包含字符串常量、类与方法的信息。而动态运行时常量池是在 Java 虚拟机完成类加载后和程序运行后得到常量的，这一点在 String 类的讲解中已经为读者完整地分析过了。

　　（4）方法返回地址（Return Address）：每一个方法执行完成后，都需要返回该方法的调用处，这样程序才可以继续执行。Java 中有"return 返回指令"和"异常中断"两种方式可以实现方法地址的返回。

　　（5）动态连接（Dynamic Linking）：每个栈帧都包含一个可以指向当前方法所在类的动态运行时常量池，这样在当前方法执行时如果要调用其他方法，就可以通过动态运行时常量池找到对应的符号引用，然后将符号引用转为直接应用，最后实现对应方法的调用。

　　每一个线程对象都具备自己的栈内存空间，其中可能产生两类错误：StatckOverFlowError（栈溢出）、OutOfMemoryError（内存溢出）。如果某一个线程调用某项操作时栈的深度大于虚拟机允许的最大深度，程序就会抛出 StatckOverFlowError 异常。但是大多数 Java 虚拟机都允许动态扩展虚拟机栈的大小（有少部分是固定长度的），所以线程可以一直申请更多的栈内存空间，而一旦出现内存不足，程序就会抛出 OutOfMemoryError 异常。

> 💡 **提示：参数传递与数据共享。**
>
> 　　在 JVM 中两个栈帧彼此是完全独立的，但是 JVM 会根据环境进行相应的优化，使两个独立的栈帧出现部分区域的重叠，这样就减少了参数传递过程中的复制操作，如图 8-7 所示。

图 8-7　不同栈帧之间的数据共享

3．本地方法栈

Java 程序在执行时需要调用本地操作系统所提供的 C 函数，这些操作并不受 JVM 的限制，而执行这些操作所需要的数据都被保存在本地方法栈（Native Method Stack）之中。

4．方法区

方法区（Method Area）是整个 JVM 中非常重要的一块内存区，此块区域是所有线程对象共享的区域。在方法区中保存了每一个类的信息（类名称、方法信息、成员信息、接口信息等）、静态变量、常量、常量池信息。一般而言在方法区中很少执行垃圾收集操作。

5．堆内存

堆内存（Heap）主要保存具体的数据信息，在 JVM 启动时自动创建。此内存空间为所有线程对象共享区域，但是在 Java 开发之中，开发人员可以不处理此空间的释放，它会由 Java 垃圾收集器自动进行释放，所以此空间为垃圾收集器的主要管理区域。

> 💡 **提示：堆内存是 JVM 优化的重点。**
>
> 　　在本章的 Java 虚拟机相关内容中，很大一部分是围绕着堆内存的划分以及 GC 算法的讲解。一个运行稳定的应用程序离不开合理的堆内存参数配置，同时该部分的相关问题也是面试中最为常见的问题。

6. 直接内存

直接内存（Direct Memory）并不会受 JVM 控制，它指的是在虚拟机之外的主机内存（例如，计算机有 8GB 内存，其中分了 2GB 内存给 JVM，所以直接内存就只有 6GB）。JDK 提供一种基于通道（Channel）和缓冲区（Buffer）的内存分配方式，会将本地方法库（C 语言实现）分配在直接内存，并通过存储在 JVM 堆内存中的 DirectByteBuffer（直接内存映射）来引用。由于直接内存会受本机系统内存的限制，所以也有可能出现 java.lang.OutOfMemoryError 异常。

> **提示：NIO 编程。**
>
> 从 JDK 1.4 开始，Java 为了提高 I/O 的处理性能提供了 java.nio 开发包。该开发包提供一系列非阻塞操作与高性能处理类库。考虑到知识的连续性，本系列的 Netty 相关图书将为读者完整地讲解 NIO 的相关技术，以及基于 NIO 开发的高性能 Netty 网络框架，有兴趣的读者可以继续深入学习。

8.2 Java 对象访问模式

Java 对象
访问模式

视频名称　0802_【掌握】Java 对象访问模式
视频简介　Java 基于引用传递的模式实现了内存操作的直接访问，而引用就会涉及对象的访问模式。本视频为读者分析句柄访问与指针访问操作的特点。

在 Java 程序开发中对象是基础的组成单元，所有对象数据全部保存在堆内存之中，在栈中会保存指定堆内存的起始地址，而所有的对象信息都会在栈内存的局部变量表中进行存储，对象类型的相关数据则会存储在方法区之中，如图 8-8 所示。

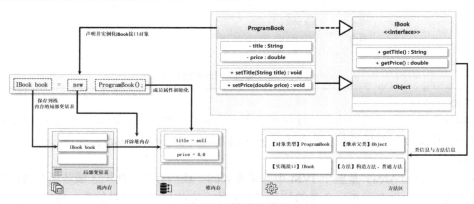

图 8-8　对象数据存储

引用类型在 Java 虚拟机规范之中只规定一个指向对象的引用，并没有规定使用哪种方式去定位，所以不同的虚拟机规范中对引用对象的访问方式可能有所不同。常见的访问方式分为两种。

- **句柄访问方式**：在堆内存空间中单独划分一块新的内存空间，作为句柄池的存储空间。每一个句柄池中可以保存多组句柄数据，每组句柄数据包含对象类型数据（该数据保存在方法区）的指针与对象实例数据的指针。在进行引用操作时，局部变量表会保存句柄池的内存引用地址，而后根据句柄池中的数据找到对象的类型与实例内容，如图 8-9 所示。
- **指针访问方式**：在 Java 堆内存之中直接保存对象的实例数据，在进行引用操作时，局部变量表会保存该实例数据的内存引用地址，而对象的相关类型数据可以直接通过方法区进行加载，如图 8-10 所示。

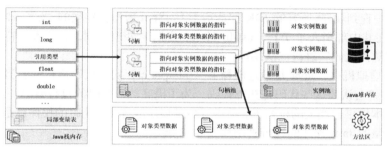

图 8-9 句柄访问方式

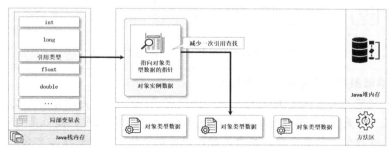

图 8-10 指针访问方式

以上的两种访问方式各有各的优势，使用句柄访问方式的最大优势在于，当进行对象回收时，只会修改句柄中的指针数据，而局部变量表中的引用地址不会发生任何改变，但是由于需要二次寻址所以性能较差。而使用指针访问方式速度较快，在 HotSpot 虚拟机标准中就是基于指针访问方式实现对象访问的。

> 💡 提示：Java 行业中的 3 款 Java 虚拟机。
>
> Java 虚拟机仅仅提供了虚拟机的运行规范，而在实际的开发中实现此规范的虚拟机产品有 3 类，分别是 Sun 公司使用的 HotSpot 虚拟机（Sun 公司同时推出了非商用的 OpenJDK）、BEA 公司的 JRockit 虚拟机以及 IBM 公司的 J9 虚拟机（一系列的别名为 IBM Technology for Java Virtual Machine、IBM JVM、IBM J9 VM、J9 JVM），这些虚拟机的发展关系如图 8-11 所示。
>
>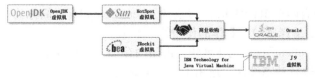
>
> 图 8-11 Java 虚拟机
>
> 而后 Oracle 公司先后收购了 SUN 公司与 BEA 公司，这样 Oracle 公司就相当于拥有了行业内的两个虚拟机实现版本。在未来的发展中 Oracle 公司会逐步将这两个虚拟机的产品融合为一个 HotSpot 标准，同时也会吸收 OpenJDK 上的实现优势，逐步完善 HotSpot 虚拟机标准。

8.3　JIT 编译器

视频名称　0803_【掌握】JIT 编译器
视频简介　JIT 是提升 HotSpot 虚拟机处理性能的重要技术。本视频为读者讲解 JIT 技术的相关概念，以及 JIT 模式的开启与关闭操作。

JIT 编译器

从 JDK 1.2 一直到现在，所有的 JDK 都是基于 HotSpot 虚拟机实现的。为了不断提升执行性能，HotSpot 虚拟机在其内部引入了 JIT（Just-In-Time，即时）处理机制，其最大的特点在于可以在程序运行期间对"热点代码"进行二次编译。

在 HotSpot 虚拟机中，Java 是通过解释器（Interpreter）实现代码运行的。当某些代码执行较为频繁时，JVM 就会认为这些代码是热点代码。为了提高热点代码的执行效率，JVM 会将这些热点代码编译为与本地平台相关的机器码，并进行各种层次的优化，此时的操作就是通过 JIT 编译器完成的。一个完整的 Java 程序的运行机制如图 8-12 所示。

图 8-12　Java 程序解释与 JIT 编译器二次编译

> 💡 **提示：JIT 编译器并非虚拟机的必需部分。**
>
> Java 虚拟机规范并没有规定 Java 虚拟机内必须有 JIT 编译器，更没有限定或指导 JIT 编译器应该如何去实现。但是，JIT 编译器编译性能的好坏、代码优化程度的高低是衡量一款商用虚拟机优秀与否的关键指标，它也是虚拟机中最能体现虚拟机技术水平的核心部分。

当程序需要迅速启动和执行时，解释器可以首先发挥作用，省去编译的时间，立即执行。在程序运行后，随着时间的推移，JIT 编译器逐渐发挥作用，把越来越多的代码编译成机器码之后，可以获取更高的执行效率。若程序运行环境中（如嵌入式系统中）内存资源限制较大，可以使用解释器执行来节约内存，否则可以使用编译器执行来提升效率。但是并非全部的代码都可以进行二次编译，如果在编译后出现了"罕见陷阱"，则可通过逆优化方案，退回到解释器执行，如图 8-13 所示。

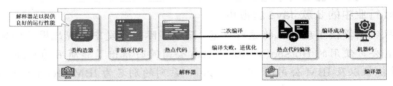

图 8-13　逆优化方案

HotSpot 虚拟机中有两个 JIT 编译器，分别为 Client Compiler（简称为"C1 编译器"）和 Server Compiler（简称为"C2 编译器"），具体的使用特点如下。

- 【C1 编译器】"-client"：启动速度快、占用内存小，执行效率低于"-server"的执行效率，默认状态下不进行动态编译，适用于单机桌面版程序。
- 【C2 编译器】"-server"：启动速度慢、占用内存大、执行效率高，适用于服务端，也是默认的编译器。

这两种编译器可以通过${JAVA_HOME}/lib/jvm.cfg 文件来进行配置，该文件的默认配置定义如下。

```
-server KNOWN        // 默认启用的编译器
-client IGNORE       // 忽略的编译器
```

由于现在的 Java 主要应用于网络服务器环境，因此在 JDK 之中默认配置"-server"编译器，此种编译器的执行效率最高，但是启动速度较慢。

> 💡 **提示：分层编译模型。**
>
> Java1 1.7 引入了分层编译（对应参数 -XX:+TieredCompilation），综合了 C1 编译器的启动性能优势和 C2 编译器的峰值性能优势。分层编译将 Java 虚拟机的执行状态分为 5 个层次，如图 8-14 所示。

图 8-14　分层编译模型

默认情况下用户使用 Java 命令解释一个程序类时所使用的是解释器与编译器的混合模式，开发者可以在程序运行时通过相关的参数实现不同模式的启动，具体操作如下。

范例：查看默认情况下的 Java 运行模式

```
java -version（或java -Xmixed -version）
```

程序执行结果：

```
java version "17" 2021-09-14 LTS
Java(TM) SE Runtime Environment (build 17+35-LTS-2724)
Java HotSpot(TM) 64-Bit Server VM (build 17+35-LTS-2724, mixed mode, sharing)
```

此时所使用的是混合模式（mixed mode），即由解释器运行程序，而后由编译器提升代码执行性能。当然，也可以通过-Xint 参数配置纯解释器模式，或者使用-Xcomp 参数配置纯编译器模式。

范例：启用纯解释器模式

```
java -Xint -version
```

程序执行结果：

```
java version "17" 2021-09-14 LTS
Java(TM) SE Runtime Environment (build 17+35-LTS-2724)
Java HotSpot(TM) 64-Bit Server VM (build 17+35-LTS-2724, interpreted mode, sharing)
```

范例：启用纯编译器模式

```
java -Xcomp -version
```

程序执行结果：

```
java version "17" 2021-09-14 LTS
Java(TM) SE Runtime Environment (build 17+35-LTS-2724)
Java HotSpot(TM) 64-Bit Server VM (build 17+35-LTS-2724, compiled mode, sharing)
```

8.4　JVM 堆内存结构

JVM 堆内存结构

视频名称　0804_【掌握】JVM 堆内存结构
视频简介　堆内存是 JVM 的核心，同时也是应用优化的主要部分。本视频为读者讲解堆内存结构的划分，并对不同的组成部分进行说明。

所有运行在 Java 虚拟机之中的数据都会保存在堆内存中，所以堆内存是 Java 运行时数据区内最大的存储空间。堆内存也属于多线程共享空间，所有线程执行时所需要的数据都保存在此处。堆内存是 JVM 在进程启动时分配的逻辑内存空间，为了更加便于堆内存空间的垃圾收集处理操作，进行了分代设计，如图 8-15 所示，每一个分代空间的具体作用如下。

- **新生代（Young Generation）**：用于保存所有新创建的对象，同时负责对象的老年代晋升。
- **老年代（Tenured Generation）**：又称为"旧生代"，专门保存那些会长期驻留的对象内容。如果用户创建了较大的对象，则该对象会直接存储进老年代（不再通过新生代晋升）。
- **元空间（Metaspace）**：代表直接物理内存（非 JVM 开辟空间）。

由于实际项目应用中一个 JVM 进程的存储对象数量不确定，因此在默认的分配策略下堆内存空间也使用了可伸缩的设计。当发现堆内存空间不足时，其会自动在内存伸缩区扩充已有堆内存的存储空间；而当发现当前系统中内存充足时，则会进行该内存空间的释放。

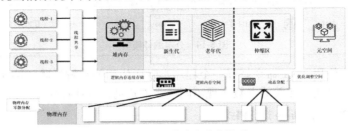

图 8-15　Java 堆内存分代模型

> 💡 **提示：思考内存碎片。**
>
> 　　JVM 所使用的堆内存空间因为引入了动态伸缩区，所以一定会产生大量的内存碎片。由于所使用的内存并不是一块连续的物理内存，因此其在进行伸缩处理以及对象存储时存在一定的性能缺陷。在进行 JVM 调优时，首先需要解决的就是物理内存的连续性问题。

范例：观察默认堆内存与伸缩区

```java
package com.yootk;
public class YootkDemo {
    public static void main(String[] args) {
        long max = Runtime.getRuntime().maxMemory();                    // 堆内存大小
        long total = Runtime.getRuntime().totalMemory();               // 已分配内存大小
        long free = max - total;                                        // 伸缩区大小
        System.out.println("【堆内存总大小】" + max + "（B），" +
                (max / 1024 / 1024) + "（MB）");                        // 内存空间计算
        System.out.println("【默认堆内存】" + total + "（B），" +
                (total / 1024 / 1024) + "（MB）");                      // 内存空间计算
        System.out.println("【堆内存伸缩区】" + free + "（B），" +
                (free / 1024 / 1024) + "（MB）");                       // 内存空间计算
    }
}
```

程序执行结果：

```
【堆内存总大小】1574961152（B），1502（MB）
【默认堆内存】98566144（B），94（MB）
【堆内存伸缩区】1476395008（B），1408（MB）
```

　　假设当前计算机所配置的物理内存空间为 6GB，那么此时最大的可用内存为当前物理内存的 "1/4"，而默认分配的堆内存为当前物理内存的 "1/16"。通过最终的执行结果可以清楚地发现，默认情况下，每一个 JVM 进程中伸缩区的内存占用比例非常高，这块内存空间是否会被分配，最终由保存的对象数量决定，而这些全部是由 JVM 动态判断处理的，如图 8-16 所示。

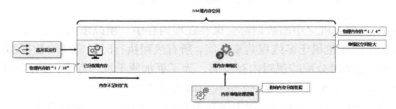

图 8-16　JVM 默认堆内存分配策略

　　堆内存缓冲区在进行操作时，会根据当前已分配堆内存的占用比例来实现堆内存的扩容，而这一操作需要用到扩容的触发机制，以及扩容的实现机制。但是在高并发的应用场景下，由于堆内存增长迅速，有可能出现由扩容不及时所带来的内存"假耗尽"问题，导致程序中出现 OOM 异常，最终导致 JVM 进程崩溃。那么此时最佳的做法就是避免执行这种动态内存伸缩逻辑的操作，一次性为项目分配足够多的内存空间，而这样的操作实现就需要利用 JVM 的相关运行参数来进行配置，如表 8-1 所示。

表 8-1　调整 JVM 启动参数

序号	参数	描述
01	-Xmx	最大分配内存，默认为物理内存的"1/4"，设置单位：KB、MB、GB
02	-Xms	设置初始分配大小，默认为物理内存的"1/64"，设置单位：KB、MB、GB

范例：Java 运行并调整 JVM 启动参数

程序执行命令：

```
java -Xmx5g -Xms5g com.yootk.YootkDemo
```

程序执行结果：

【堆内存总大小】5368709120（B），5120（MB）
【默认堆内存】5368709120（B），5120（MB）
【堆内存伸缩区】0（B），0（MB）

本程序直接通过 JVM 内存调整策略，将最大内存和初始化内存统一设置为 5GB，这样就取消了伸缩区，并且一次性分配了足够的堆内存空间，避免了因伸缩区变更而造成额外开销。

8.4.1　新生代内存管理

新生代内存管理

视频名称　0805_【掌握】新生代内存管理
视频简介　新生代实现了新对象的存储，同时又要实现分代晋级的功能。本视频为读者分析新生代堆内存的组成结构、工作原理以及相关的内存调整策略的使用。

每一个 Java 应用在启动过程中都会创造出大量的对象实例，所有新创建的对象实例都存储在新生代内存区，但是这些对象实例有可能会长期驻留，也有可能只会使用一次。为了便于不同使用周期的对象实例管理，JVM 也对新生代进行了分代设计，如图 8-17 所示，其一共分为 3 个子区域，每个子区域的作用如下。

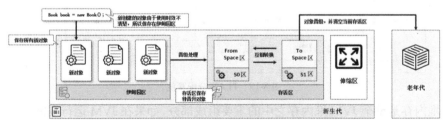

图 8-17　新生代划分

- **伊甸园区（Eden Area）**：所有新创建的对象都直接存储在该区域之中。
- **存活区（Survivor Area）**：主要保存从伊甸园区传过来的对象（此时伊甸园区已满），分为如下两个区域。

  存活 0 区（也被称为 S0 区，或称为 From Space 区）：负责对象晋升老年代的相关处理。
  存活 1 区（也被称为 S1 区，或称为 To Space 区）：负责对象晋升老年代的相关处理。

> 💡 **提示：两个存活区总有一个是空的。**
>
> 在新生代中的两个存活区并不是固定的。即当 S0 区负责对象晋升处理时，S1 区是空的；而当 S1 区负责对象晋升处理时，S0 区是空的。这两个内存区交替工作。

在默认内存分配策略下，伊甸园区和两个存活区的分配比例为"8：1：1"，即分配给伊甸园区的内存空间最大,而两个存活区的内存空间大小相同,这样可以极大地方便新对象的内存分配管理。新生代保存大量的新生对象,同时这些新生对象有可能只被短期使用,当发现新生代内存空间不足时,JVM 就会执行 MinorGC 操作来释放伊甸园区的内存空间,经过多次 MinorGC 操作还保存下来的对象就被放到存活区之中。

在实际的 JVM 运行过程中,由于伊甸园区总会保存大量的新生对象,所以 HotSpot 虚拟机提供了 BTP(Bump The Pointer,撞点)和 TLAB(Thread Local Allocation Buffers,本地线程分配区)两种内存分配技术。

1. BTP 内存分配

将伊甸园区想象为一个栈结构,如图 8-18 所示。每一次新保存的对象都放在伊甸园的栈顶,这样在每次创建新对象时检查最后保存的对象即可确定是否还有足够的内存空间。这种做法可以极大地提高内存分配的速度。由于 BTP 技术需要依据顺序进行内存分配,因此在高并发处理机制下就会出现内存阻塞的问题,从而导致内存分配失败。

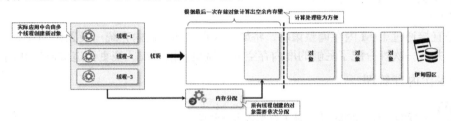

图 8-18　BTP 分配算法

2. TLAB 内存分配

虽然 BTP 算法可以提高内存分配速度,但是这种做法并不适用于多线程的高并发应用环境,所以又出现了 TLAB 分配算法。该算法将伊甸园区分为若干个子区域,每个子区域分别使用 BTP 技术进行对象保存与内存分配,如图 8-19 所示。这种算法虽然可以提高内存的分配效率,但是会产生内存碎片。

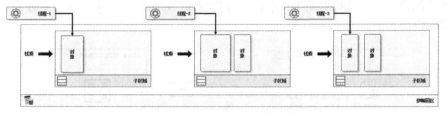

图 8-19　TLAB 分配算法

新生代堆内存是整个 JVM 堆内存之中的重要组成部分,如果在 JVM 运行期间为其分配的内存太小,则会导致该内存空间被迅速占满,从而出现频繁的 MinorGC 操作。而在某些“临时对象”执行了过多的 MinorGC 操作之后,JVM 会认为该对象需要被长期保存,最终导致某些“临时对象”被存活区直接晋升到老年代。这样不仅会失去 MinorGC 存在的意义,频繁的 MinorGC 也会导致 JVM 的处理性能下降,所以在项目运行过程中可以通过表 8-2 所示的参数进行新生代内存空间的调整。

表 8-2　新生代内存空间调整参数

序号	参数	描述
01	-Xmn	设置新生代堆内存大小,默认为当前物理内存的“1/64”
02	-Xss	设置每个线程栈的大小,默认为 1MB,减少此数值可以产生更多的线程,但不能无限制
03	-XX:NewSize	新生代初始内存大小,该值应小于“-Xms”配置值
04	-XX:MaxNewSize	新生代可被分配的最大内存,该值应小于“-Xmx”配置值
05	-XX:SurvivorRatio	设置伊甸园区与存活区大小比例,默认为“8:1:1”,不建议修改

范例：配置新生代内存策略

```
java -Xmx6g -Xms6g -Xmn2g -Xss256k -XX:SurvivorRatio=8 com.yootk.YootkDemo
```

本程序启动时配置了一系列的 JVM 参数，每一个配置参数的具体作用如下。

- **-Xmx6g**：JVM 堆内存分配 6GB。
- **-Xms6g**：初始化 JVM 内存大小为 6GB。
- **-Xmn2g**：新生代分配的内存大小为 2GB。
- **-XX:SurvivorRatio=8**：伊甸园区与存活区的比例为 "8：1：1"。

> 💡 提示：-XX:NewSize 与-XX:MaxNewSize 参数。
>
> 本程序设置新生代堆内存大小时使用的是-Xmn 配置参数，该参数是 JDK 1.4 及其之后的版本提供的，可以实现-XX:NewSize 与-XX:MaxNewSize 的简化配置，即-XX:newSize = -XX:MaxnewSize = -Xmn。

8.4.2 老年代内存管理

老年代内存管理

视频名称　0806_【掌握】老年代内存管理

视频简介　老年代提供了常驻对象的存储空间，也是整个 JVM 堆内存之中最大的一块内存空间。本视频为读者分析老年代的作用，以及相关配置参数的使用。

所有新创建的对象都保存在伊甸园区，但是当伊甸园区不够用时，会触发新生代中的 MinorGC 操作。当某一个对象经历过多次的 MinorGC 之后仍然存在，JVM 就会认为该对象是一个需要被长期使用的对象，会通过存活区将其晋级到老年代中进行存储，如图 8-20 所示。老年代的主要作用是保存常驻对象实例数据。

图 8-20　老年代存储

由于老年代保存的都是常驻对象，所以对老年代进行垃圾收集的可能性很低。JVM 中老年代的 GC 操作称为 "MajorGC"（或称为 "FullGC"）。一般只有在新生代已经被完全占满时才会进行 MajorGC 操作，所以 MajorGC 的执行次数很少。在 JVM 进程启动时，开发者可以通过表 8-3 所示的参数来实现老年代的相关配置。

表 8-3　老年代 JVM 配置参数

序号	参数	描述
01	-XX:+UseAdaptiveSizePolicy	是否采用动态控制策略，如果采用则会动态调整 Java 堆内存各个区域的大小以及进入老年代的 "年龄"（每进行一次 MinorGC 则对象增长 "一岁"）
02	-XX:PretenureSizeThreshold	设置直接进入老年代的对象大小
03	-XX:MaxTenuringThreshold	设置进入老年代的对象年龄

范例：设置老年代 JVM 参数

```
java -Xmx6g -Xms6g -Xmn2g -Xss256k -XX:PretenureSizeThreshold=10m -XX:MaxTenuringThreshold=10
   com.yootk.YootkDemo
```

本程序由于已经通过-Xmn 参数配置新生代内存大小为 2GB，将其与分配的最大内存相减可得

到老年代的内存大小（此处为 4GB，老年代与新生代的内存大小比例为"2∶1"），随后利用
-XX:PretenureSizeThreshold=10m 配置了可以直接晋升老年代的对象大小，并通过
-XX:MaxTenuringThreshold=10 参数配置了新生代晋级老年代的对象年龄。

8.4.3　元空间

视频名称	0807_【掌握】元空间
视频简介	元空间是 HotSpot 的最新支持，是一块直接物理内存。本视频为读者分析元空间的作用和组成形式，以及它与永久代的区别。

元空间

从 JDK 8 开始，HotSpot 虚拟机废除了 JDK 1.7 及以前版本一直提供的永久代（Permanent Generation）的内存结构，取而代之的是元空间。与先前的永久代相比，元空间是直接物理内存，即该内存空间不在 JVM 的内存之中，而在 JVM 之外的物理内存之中，因此不受 JVM 内存的限制，如图 8-21 所示。

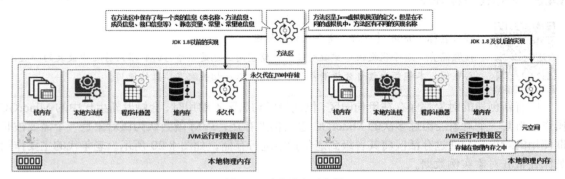

图 8-21　永久代与元空间

> 💡 **提示：取消的方法区和永久代设计。**
>
> JDK 8 以前的版本中是没有元空间的，与之相关的是一个被称为"永久代"的内存空间。很多人会将永久代称为方法区（保存类信息、常量、变量等内容），主要的原因在于方法区是一个虚拟机的公共实现规范，而 HotSpot 虚拟机中通过永久代实现了方法区，同时开发者可以通过-XX:MaxPermSize 参数来进行永久代内存大小的设置。
>
> 永久代是 HotSpot 虚拟机提供的实现方案。在 JDK 1.7 及以前版本中永久代与老年代捆绑在一起，不管哪一个内存空间被占满都会触发 MajorGC 操作。所以永久代的内存配置就会比较麻烦，如果设置得过大则会浪费内存空间，而如果设置得太小就会出现频繁执行 MajorGC 的问题。
>
> 从 JDK 1.7 开始，HotSpot 已经在尝试移除方法区，将原本的符号引用移至本地堆内存，将字面量和静态变量移至 Java 堆内存，但是依然保留了永久代的概念。JDK 8 才正式取消永久代。
>
> 另外，BEA 公司推出的 JRockit 虚拟机并没有提供永久代（Oracle 公司收购 BEA 公司获得了 JRockit 虚拟机），而 Oracle 公司要将 JRockit 与 HotSpot 融合，所以永久代的设计也必须取消。

由于元空间直接在本地内存之中，所以其不会受堆内存 GC 操作的影响。而为了便于元空间的内容管理，其内部又分为了两个子空间，即 Klass Metaspace（保存类结构信息）、NoKlass Metaspace（保存类内容信息），如图 8-22 所示。

在默认情况下元空间可以在本地内存中无限制地进行扩充，这样就解决了旧版本中永久代内存空间的设置问题。为了防止元空间的过度分配，可以使用表 8-4 所示的参数进行元空间配置。

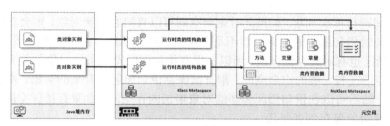

图 8-22　Java 元空间组成结构

表 8-4　元空间配置参数

序号	参数	描述
01	-XX:MetaspaceSize	设置元空间的初始大小，默认为 20.8MB 左右
02	-XX:MaxMetaspaceSize	设置元空间的最大容量，默认是没有限制的（受到本机物理内存限制）
03	-XX:MinMetaspaceFreeRatio	执行 MetaSpaceGC 之后，最小的剩余元空间百分比，默认为 40%
04	-XX:MaxMetaspaceFreeRatio	执行 MetaSpaceGC 之后，最大的剩余空间容量的百分比，默认为 70%

8.5　JVM 垃圾收集

Java 垃圾收集
流程

视频名称　0808_【掌握】Java 垃圾收集流程
视频简介　GC 是 Java 所提供的重要的内存回收技术，由于 Java 堆内存进行了分代设计，所以 GC 的处理模式也有所划分。本视频为读者讲解 Java 垃圾收集的处理流程。

　　Java GC 机制是 Java 提供给开发者的帮助技术。利用此项机制，开发者可以避免内存清理不当所造成的程序内存泄漏。而垃圾收集的核心原理也非常简单：对需要进行垃圾收集的内存进行标记，随后采用一些合理的回收策略，不定期实现垃圾空间的释放，并且此操作在整个 Java 的执行过程之中永不停息，保证 JVM 中有可用内存空间，以防止内存泄漏和溢出问题的产生。

　　由于 JVM 堆内存采用了分代管理模型，因此在进行 GC 操作时就可以避免全部堆内存回收处理，从而提高 GC 的处理性能。GC 在进行内存释放时提供了两种不同的机制，分别是新生代的 MinorGC 和老年代的 MajorGC，流程如图 8-23 所示。具体的操作步骤如下。

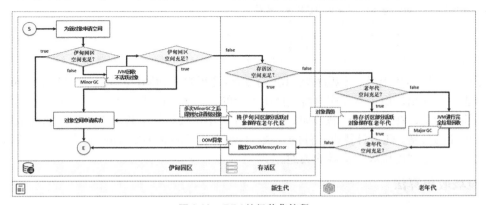

图 8-23　JVM 垃圾收集流程

　　（1）当使用关键字 new 创建了一个新对象时，JVM 会将新对象保存在伊甸园区，但是此时需要判断伊甸园区是否有空余空间，如果有则直接将新对象保存在伊甸园区之内，如果没有则会执行 Minor GC。

　　（2）JVM 在执行完 MinorGC 之后会清除不活跃的对象，从而释放伊甸园区的内存空间，随后会对伊甸园区空间进行再次判断。如果此时剩余空间可以直接容纳新对象，则会直接为新对象申请内存空间；如果此时伊甸园区的空间依然不足，则会将部分活跃对象保存在存活区。

（3）由于存活区也有对象存储在内，所以在保存伊甸园区发送来的对象前首先需要判断其空间是否充足。如果存活区有足够的空余空间，则直接保存伊甸园区晋升来的对象，那么此时伊甸园区将得到空间释放，随后可以在伊甸园区为新的对象申请内存空间；如果存活区空间不足，则需要将存活区的部分活跃对象保存到老年代。

（4）老年代如果有足够的内存空间，则会对存活区发送来的对象进行保存。如果此时老年代的内存空间也已经满了，则将执行 MajorGC（相当于使用 Runtime.getRuntime().gc()处理）以释放老年代中保存的不活跃对象。如果在释放后有足够的内存空间，则会将存活区发送来的对象保存在老年代，而存活区将保存伊甸园区发送来的对象，这样伊甸园区内就有足够的内存保存新的对象。

（5）如果此时老年代的内存也已经被占满，则会抛出 OutOfMemoryError（OOM）异常，程序将中断运行。

OOM 异常出现之前往往会进行一系列的 GC 操作，当整个 JVM 堆内存空间被全部占满，无法再分配新的内存空间给对象时该异常就会出现，而一旦出现此异常也就意味着整个程序彻底崩溃。下面通过一个简单的例子进行说明，为了便于观察 GC 过程，使用-Xlog:gc*参数显示全部 GC 日志信息。

范例：观察 OOM 错误

```
package com.yootk;
import java.util.*;
public class YootkDemo {
    public static String base = "yootk.com";               // 基础字符串
    public static void main(String[] args) {
        List<String> all = new ArrayList<>();              // 实例化集合对象
        for (int x = 0; x < Integer.MAX_VALUE; x++) {      // 循环处理
            String str = base + base;                       // 字符串连接
            base = str;                                      // 引用变更
            all.add(str.intern());                          // 强制入池
        }
    }
}
```

程序执行命令：

```
java -Xmx32m -Xms32m -Xmn8m -Xss256k -Xlog:gc* com.yootk.YootkDemo
```

程序执行结果：

```
[0.045s][info][gc] Using G1 （当前的默认垃圾收集器）
[0.050s][info][gc,init] Version: 17+35-LTS-2724 (release)
[0.050s][info][gc,init] CPUs: 4 total, 4 available
（中间还有一系列的JVM内存回收过程，后面会有详细解释）
Exception in thread "main" java.lang.OutOfMemoryError: Java heap space
```

为了更好地观察 GC 操作，本程序特意调低了 JVM 进程的可用内存空间，同时通过-Xlog:gc*进行了详细的日志信息输出。由于本程序会持续产生大量的字符串，因此最终会出现内存溢出错误。

需要注意的是，在进行 GC 操作时，应用程序会出现较短的中断，所以 GC 算法是影响 Java 程序运行性能的关键。随着计算机硬件的发展，Java 在也不断完善更多的 GC 算法，所以理解每种算法的实现原理是理解垃圾收集器的关键。

8.5.1　垃圾收集算法

垃圾收集算法

视频名称　0809_【了解】垃圾收集算法

视频简介　垃圾收集是Java进行内存管理的重要手段，垃圾收集都需要可靠的垃圾收集算法。本视频为读者讲解常见的垃圾收集算法。

所有的对象在存储前都需要进行堆内存的申请，但是一个应用的运行时间越长，可以分配的内存空间也就越少，这时就需要一个算法，可以及时地清理掉些不再使用的对象，以释放更多的可用内存空间。对无效对象的内存回收称为垃圾收集，为了实现垃圾收集就需要垃圾收集算法。常见的垃圾收集算法有引用计数法、标记清除法、标记压缩法、复制算法、分代算法等。

1. 引用计数法

引用计数法是一个历史悠久的算法，但是一直到今天还有很多编程语言在使用它。其主要的实现原理就是在每一个引用对象上追加一个引用计数器，当该对象被一个对象引用时计数 "+1"；当该对象引用失败时对象引用计数 "−1"；当引用计数为 0 时，则表示该对象没有引用了，允许进行回收，如图 8-24 所示。

图 8-24　引用计数法

引用计数法实现的引用计数只要为 0 就表示该对象允许回收，这样就可以实时地进行回收处理，而不用等待内存不足时再进行回收操作。但是在每一次对象引用时都需要进行计数器的更新，这会带来一定的性能开销（即便内存充足也需要进行引用计数处理），而其最大的一项缺点在于无法解决循环引用所带来的问题，如图 8-25 所示。

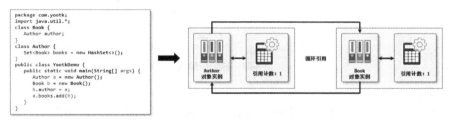

图 8-25　循环引用问题

2. 标记清除法

标记清除法将垃圾收集的处理分为标记和清除两个部分，首先从根对象找到所有的引用对象，并进行有效性标记，随后对所有未被标记的对象进行清理，如图 8-26 所示。

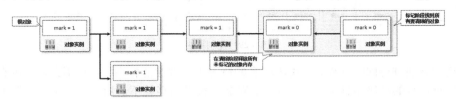

图 8-26　对象标记与清除

在对象标记的过程中程序会从根对象开始扫描所有的可达对象，如果发现有用的对象则将其标记为 1，如果发现无用的对象则将其标记为 0。如果此时内存空间耗尽了，则会暂停 JVM 运行并进行对象标记，标记完成后会再开启清除阶段，此时会将所有未标记的对象的内存空间释放，而后所有的可达对象的标记被清空。但是该操作会产生 STW 问题以及内存碎片问题，如图 8-27 所示。

图 8-27　标记清除法存在的问题

提示：STW 机制。

　　为了保证垃圾收集的可靠性，在垃圾收集前当前应用中的全部线程都会暂停，这一操作被称为 STW（Stop The World）。STW 机制存在如下特点。

- 所有 Java 代码停止执行，原生代码可以执行，但不能和 JVM 交互。
- 多半由 GC 引起。
- Dump（倾倒垃圾）诊断线程。
- 死锁检查。

　　使用标记清除法可以解决引用计数法造成的循环引用问题，但是由于标记和清除都需要遍历所有的对象，存在 JVM 执行暂停的问题，所以在并发访问较多的情况下会造成严重的性能问题，最重要的是在每次清除完成后会存在大量的内存碎片。

　　3. 标记压缩法

　　标记压缩法是在标记清除法的基础之上进行了内存碎片优化的算法。在内存清除完成之后，程序会将所有的存活对象保存在一端，并整理所有的回收内存，使其可以形成一个连续的内存空间，如图 8-28 所示。但是这样一来又增加了一步内存整理的操作，所以会对处理性能产生影响。

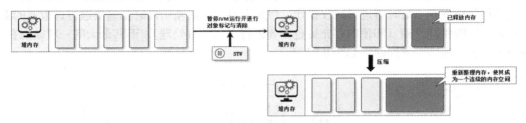

图 8-28　标记压缩法

　　4. 复制算法

　　复制算法的核心是将内存空间分为两部分，每次只使用其中的一部分，在进行垃圾收集时，将正在使用的对象复制到另一部分内存空间之中，而后将该对象的内存空间交换，如图 8-29 所示。

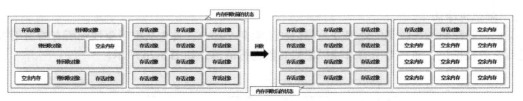

图 8-29　复制算法

　　使用复制算法进行回收处理，在垃圾较多的情况下处理性能较高，同时不会造成内存碎片；但是在垃圾相对较少的环境下性能不佳，例如，对老年代堆内存就不适用。所以该算法常用于新生代内存回收。

　　5. 分代算法

　　在实际使用中任何一种垃圾收集算法都有各自的设计缺陷，为了弥补这些设计缺陷，JVM 提出了堆内存的分代设计模型，即将新生代与老年代的回收算法分开运行。新生代由于会存储大量新生对象，所以更适合使用复制算法；而老年代由于回收的可能性不高，所以适合使用标记清除法或标记压缩法。

　　不同的 GC 算法需要搭配不同的垃圾收集器，JDK 的每一次版本更新都有可能带来新的垃圾收集器，截至当前的版本，JDK 所提供的垃圾收集器包括串行垃圾收集器、并行垃圾收集器、CMS 垃圾收集器、G1 垃圾收集器、ZGC 垃圾收集器。

8.5.2 串行垃圾收集器

串行垃圾收集器

视频名称　0810_【了解】串行垃圾收集器

视频简介　串行垃圾收集器是一种"古老"的垃圾收集器。本视频为读者讲解串行垃圾收集器与分代算法的整合，并介绍如何利用特定的 JVM 参数实现串行垃圾收集器的启用。

早期的 JDK 由于受限于硬件环境（包括 CPU、I/O 以及网络），不会存在所谓的高并发场景，每一个 JVM 进程所分配的内存资源也是非常有限的，在这样的背景下使用串行垃圾收集器即可实现高效的内存回收。

串行垃圾收集器在使用过程中，一旦发现堆内存不足，则会根据当前所处的内存环境启动相应的 GC 线程（新生代开启 MinorGC，老年代开启 MajorGC）。而在 GC 线程运行时，所有的用户线程必须暂停当前的任务，一直到 GC 线程执行完毕才会恢复其他线程的运行，操作形式如图 8-30 所示。

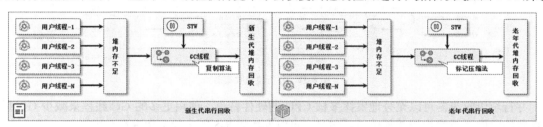

图 8-30　串行垃圾收集器

每一代的 JDK 都会设置一个默认的垃圾收集器（当前版本的默认收集器为 G1 垃圾收集器），如果想启用串行垃圾收集器，则可以在程序启动时，通过-XX:+UseSerialGC 参数进行配置。为便于观察，建议调小堆内存的空间。

范例：配置串行垃圾收集器

程序执行命令：

```
java -Xmx32m -Xms32m -Xmn8m -Xss256k -Xlog:gc* -XX:+UseSerialGC com.yootk.YootkDemo
```

程序执行结果：

```
[gc] Using Serial （使用串行垃圾收集器）
[gc,init] Heap Min Capacity: 32M （最小内存为32MB）
[gc,init] Heap Initial Capacity: 32M （初始化内存为32MB）
[gc,init] Heap Max Capacity: 32M （最大内存为32MB）
[gc,start  ] GC(0) Pause Young (Allocation Failure) （新生代分配失败，暂停分配）
[gc,heap   ] GC(0) DefNew(Default New Generation): 5676K(7424K)->767K(7424K) Eden: 5676K
(6656K)->0K(6656K) From: 0K(768K)->767K(768K) （定义新生代存储）
[gc,heap   ] GC(0) Tenured: 0K(24576K)->2192K(24576K) （定义老年代存储）
[gc,metaspace] GC(0) Metaspace: 166K(384K)->166K(384K) NonClass: 157K(256K)->157K(256K) Class:
8K(128K)->8K(128K) （定义元空间）
[gc,start  ] GC(6) Pause Full (Allocation Failure) （内存分配失败，完全暂停）
[gc,phases,start] GC(6) Phase 1: Mark live objects （标记存活对象）
[gc,phases ] GC(6) Phase 1: Mark live objects 1.018ms
[gc,phases,start] GC(6) Phase 2: Compute new object addresses （计算新的对象地址）
[gc,phases ] GC(6) Phase 2: Compute new object addresses 0.228ms
[gc,phases,start] GC(6) Phase 3: Adjust pointers （指针调整）
[gc,phases ] GC(6) Phase 3: Adjust pointers 0.446ms
[gc,phases,start] GC(6) Phase 4: Move objects （对象移动）
[gc,phases ] GC(6) Phase 4: Move objects 4.467ms
```

本程序依然会产生 OOM 异常，但是通过 GC 日志可以清楚地观察到每一步的处理操作。这里只截取了部分 GC 日志进行说明，而在整个 GC 日志中还会存在大量的信息，建议读者亲自运行观察。

8.5.3　并行垃圾收集器

并行垃圾收集器

视频名称　0811_【了解】并行垃圾收集器

视频简介　并行垃圾收集器可以有效地提高处理性能，也可以减少 STW 的暂停时间。本视频为读者分析并行垃圾收集器的主要特点以及使用配置。

由于大量的对象都保存在新生代，所以新生代之中必然会进行多次 MinorGC 处理操作。而使用串行垃圾收集器会出现应用停顿的问题，为了解决这一问题，JDK 在串行垃圾收集器的基础上提供了并行垃圾收集器，它可以提供更多的 GC 处理线程，以减少应用的暂停时间，如图 8-31 所示。

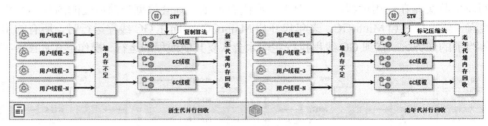

图 8-31　并行垃圾收集器

并行垃圾收集器可以充分地发挥多核 CPU 的硬件特点，使用更多的 GC 线程来减少 GC 暂停所耗费的时间。要想启用并行垃圾收集器，可以使用表 8-5 所示的参数进行配置。

表 8-5　并行垃圾收集器配置参数

序号	参数	描述
01	-XX:+UseParallelGC	启用并行垃圾收集器
02	-XX:MaxGCPauseMillis	GC 最大暂停时间（单位：毫秒）
03	-XX:ParallelGCThreads	并行回收的线程数量
04	-XX:+UseParallelOldGC	【JDK 14 启用】老年代并行回收

范例：启用并行垃圾收集器

程序执行命令：

```
java -Xmx32m -Xms32m -Xmn8m -Xss256k -Xlog:gc* -XX:+UseParallelGC com.yootk.YootkDemo
```

程序执行结果：

```
[gc] Using Parallel（启用并行垃圾收集器）
[gc,start    ] GC(0) Pause Young (Allocation Failure)
[gc,heap     ] GC(0) PSYoungGen（新生代并行GC处理）: 5663K(7168K)->1000K(7168K) Eden: 5663K
(6144K)->0K(6144K) From: 0K(1024K)->1000K(1024K)
[gc,heap     ] GC(0) ParOldGen（老年代并行GC处理）: 0K(24576K)->2023K(24576K)
[gc,metaspace] GC(0) Metaspace: 173K(384K)->173K(384K) NonClass: 164K(256K)->164K(256K) Class:
8K(128K)->8K(128K)
```

8.5.4　CMS 垃圾收集器

CMS 垃圾收集器

视频名称　0812_【了解】CMS 垃圾收集器

视频简介　CMS 垃圾收集器是早期 Java 应对大内存垃圾收集的最佳方案。本视频为读者分析 CMS 垃圾收集器的工作原理，并对 CMS 垃圾收集器的处理阶段进行说明。

CMS（Concurrent Mark Sweep）垃圾收集器是一款针对老年代堆内存实现的垃圾收集器，如图 8-32 所示。其基于并发 GC 运行模式，使用标记清除法实现。

> **注意：CMS 垃圾收集器已经被启用。**
>
> 在 G1 垃圾收集器出现以前，CMS 垃圾收集器是能够从容应对较大内存的最好用的垃圾收集器，而从 JDK 14 开始 CMS 垃圾收集器已经被废弃。实际上在 JDK 10 中就已经出现弃用的警告信息了，而在 JDK 9 以前的版本中可以通过-XX:+UseConcMarkSweepGC 参数进行启用配置。

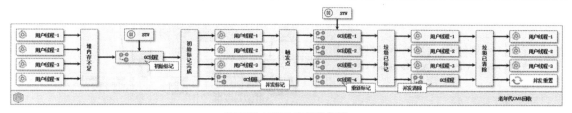

图 8-32　CMS 垃圾收集器

可以发现使用 CMS 垃圾收集器工作时，整个 GC 操作分为不同的处理阶段，有些阶段采用单线程处理，有些阶段采用多线程处理。整个操作过程中只会出现两次短暂的 STW 暂停，所以对应用程序的影响非常小。但是在并发标记与并发清除阶段 GC 线程会和用户线程抢夺资源，容易产生内存碎片。每一步操作的具体作用如下。

（1）初始标记（Initial Mark）：虚拟机暂停正在执行的任务（STW 阶段），由根对象扫描出所有的关联对象，并做出标记，此过程只会导致短暂的 JVM 应用暂停。

（2）并发标记（Concurrent Marking）：恢复所有暂停的线程对象，并对先前标记过的对象进行扫描，取得所有跟标记对象有关联的对象。

（3）并发预清理（Concurrent Precleaning）：查找所有在并发标记阶段新进入老年代的对象（一些对象可能从新生代晋升到老年代，或者有一些对象被分配到老年代），通过重新扫描，减少下一阶段的工作。

（4）重新标记（Remark）：此阶段会暂停虚拟机，对在并发标记阶段被改变引用或新创建的对象进行标记。

（5）并发清理（Concurrent Sweeping）：恢复所有暂停的应用线程，对所有未标记的垃圾对象进行清理，并尽量将已回收对象的空间重新拼凑为一个整体。在此阶段 GC 线程和用户线程并发执行。

（6）并发重置（Concurrent Reset）：重置 CMS 垃圾收集器的数据结构，等待下一次垃圾收集。

8.5.5　G1 垃圾收集器

视频名称　0813_【掌握】G1 垃圾收集器

视频简介　从 JDK 9 开始，G1 垃圾收集器成为默认的垃圾收集器。G1 垃圾收集器成功地代替了以往全部的垃圾收集器，可以较好地应对大内存的应用场景。本视频为读者讲解 G1 垃圾收集器的工作原理以及相关配置参数的使用。

随着服务器应用要求的日益增多，多核 CPU 和高内存的硬件配置已经成为主流。为了更好地提升 Java 垃圾收集性能，JDK 1.7 Update 4 开始正式提供 G1 垃圾收集器，目的是代替 CMS 垃圾收集器。

传统 Java 所提供的垃圾收集器（串行垃圾收集器、并行垃圾收集器、CMS 垃圾收集器）都是在堆内存分代的存储前提下设计并不断改善的。当使用内存较小时这些垃圾收集器没有任何问题，但是在内存较大时 GC 处理的时间就会增加，从而导致整个应用的暂停时间加长。所以 G1 垃圾收集器针对内存的划分进行了重新设计，将整个堆内存划分为 2048 个内存区（Region），每一个内存区的大小为 1MB~32MB，这样伊甸园区、存活区以及老年代就变为一系列不连续的内存区域，如图 8-33 所示，从而避免了全内存的 GC 处理操作。

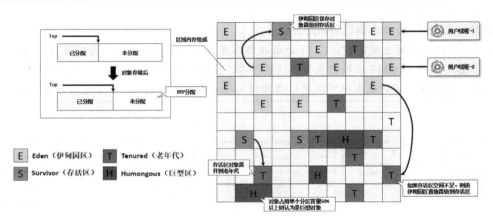

图 8-33　G1 垃圾收集器内存区域划分

G1 垃圾收集器内存划分最大的特点在于直接取消了堆内存中新生代与老年代的物理结构划分，而后将一块完整的物理内存拆分为若干个子区域。每一个子区域代表不同的存储分代，可能是伊甸园区、存活区、老年代、巨型区中的任意一种。这些区域成为一系列不连续的内存区域，从而避免了全内存的 GC 操作，也就提升了 JVM 进程中的 GC 处理性能。表 8-6 为读者列出了与 G1 垃圾收集器有关的 JVM 配置参数。

表 8-6　G1 垃圾收集器配置参数

序号	参数	描述
01	-XX:G1HeapRegionSize=n	设置 G1 垃圾收集器区域的大小，每个区域大小可选范围为 1MB～32MB。目标是根据最小的堆内存划分出约 2048 个区域
02	-XX:MaxGCPauseMillis=n	设置回收的最大时间
03	-XX:G1NewSizePercent=n	设置新生代最小使用的空间百分比，默认为 Java 堆内存的 5%
04	-XX:G1MaxNewSizePercent=n	设置新生代最大使用的空间百分比，默认为 Java 堆内存的 6%
05	-XX:ParallelGCThreads=n	设置 STW 工作线程数，与使用的 CPU 数量有关，最大值为 8。如果 CPU 数量超过 8 个，则最多可以设置为总 CPU 数量的 "5 / 8"
06	-XX:ConcGCThreads=n	设置并行标记线程数
07	-XX:InitiatingHeapOccupancyPercent=n	设置占用区域的百分比，超过此百分比将触发 GC 操作，默认为 45%
08	-XX:NewRatio=n	设置新生代与老年代的内存大小比率，默认为 2
09	-XX:SurvivorRatio=n	设置伊甸园区与存活区的内存大小比率，默认为 8
10	-XX:MaxTenuringThreshold=n	新生代保存到老年代的 "岁数"
11	-XX:G1ReservePercent=n	设置预留空间的空闲百分比，以降低目标空间的溢出风险，默认为 10%
12	-XX:+UseG1GC	启用 G1 垃圾收集器，在 JDK 9 及其之后的版本中默认启用 G1 垃圾收集器

新生代达到数据存储上限时需要对整个新生代进行回收与对象晋级处理，而不是分区处理。这样做的目的是保证新时代的分区策略与老年代的相同，便于用户调整分区大小。G1 垃圾收集器是一种带有压缩功能的收集器，在回收老年代分区时，会将存活对象从一个分区复制到另外一个可用分区，这个复制的过程就实现了局部的压缩。

为了进一步提高回收性能，G1 垃圾收集器会同时进行 N 个垃圾最多的区域的回收，同时 G1 垃圾收集器要维护一个区域链表（Collect Set，或称 "CSet"），该链表将保存回收后的区域，包含如下 3 种回收模式。

- **Young GC**：该模式下 CSet 只包含新生代区域。
- **Mixed GC**：该模式会选择所有新生代区域，并选择一部分老年代区域（老年代区域选择依据存活对象的计数进行，而 G1 垃圾收集器会选择存活对象最少的区域进行回收）。
- **Full GC**：如果对象内存分配速度过快，Mixed GC 来不及回收内存，导致老年代被填满，就会触发一次 FullGC。G1 垃圾收集器的 FullGC 算法就是单线程执行的老年代回收，会导致异常长时间的 STW，需要不断地调优，因此应尽可能地避免 FullGC。

> 💡 提示：G1 垃圾收集器采用软实时策略实现垃圾收集。
>
> 　　垃圾有两种处理形式，一种是实时垃圾收集，另一种是"软实时"垃圾收集。前者要求在指定的时间内完成垃圾收集，而后者会设置一个垃圾收集时间的限制，G1 垃圾收集器会努力在这个时限内完成垃圾收集，但是 G1 垃圾收集器并不担保每次都能在这个时限内完成垃圾收集。通过设定一个合理的目标，可以让大多数垃圾收集时间都在这个时限内。

在对对象进行标记与清除时，都需要从根对象开始扫描全部引用关系，这样就有可能出现全堆扫描的问题。所以 G1 垃圾收集器提供了一个卡表（Card Table），每一个区域被分成了固定大小的若干张卡（Card），每一张卡都使用一个字节来记录是否被修改过，而卡表就是这些字节记录的集合，如图 8-34 所示。

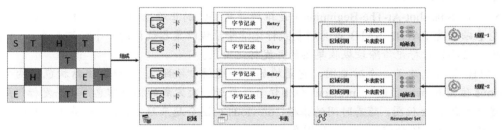

图 8-34　G1 中的卡表

Remember Set（或称"RSet"）主要记录非收集部分指向收集部分的指针集合（传统的垃圾收集中 RSet 的主要功能是进行分代记录）。G1 垃圾收集器中的每一个区域都会有一个 RSet，RSet 记录了其他区域中的对象引用关系，如图 8-35 所示。这样在回收一个区域时不需要进行全堆扫描，只需要检查它的 RSet 就可以找到其对应的外部引用。为避免多线程并发修改，G1 收集将 RSet 划分为多个哈希表，每个线程都在各自的哈希表中进行修改。

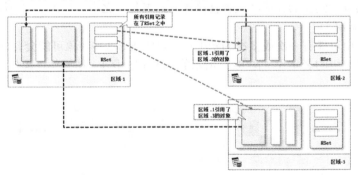

图 8-35　区域 RSet

> 💡 提示：写屏障与垃圾收集。
>
> 　　为了保证在进行垃圾收集的过程之中堆内存不发生变化，可采用写屏障的锁机制。当向堆内存写入数据时，如果发现正在进行收集处理，则需要将写入的操作暂停。
>
> 　　范例：触发写屏障操作

```
void setPersonName(Person person) {
    person.name = "写入新的内容";        // 需要修改堆内存数据引用，触发写屏障
    System.out.println(person.name);   // 读取没有写屏障
}
```

G1 垃圾收集器的写屏障使用一种两级的 log buffer 结构。

- **global set of filled buffer：**所有线程共享一个全局的、存放填满了的 log buffer 的集合。
- **thread log buffer：**每个线程自己的 log buffer。所有线程都会把写屏障的记录先放进自己的 log buffer，装满后就会把 log buffer 放到 global set of filled buffer 中，而后申请一个新的 log buffer。

传统的垃圾收集器是针对整块堆进行扫描回收的，但是进行全堆扫描势必会带来频繁的 STW。虽然 G1 垃圾收集器将内存分为若干个子区域，但是如果所有的子区域都进行全堆扫描，也会出现严重的性能问题。G1 垃圾收集器考虑到了这些问题，它认为已经被回收的空间可能短期内不会出现大的垃圾空间，所以采用增量的方式，对那些新增加的对象的区域实现回收，这样就避免了对全部区域的扫描操作，从而避免了长时间的 STW。

> 💡 **提示：SATB 技术。**
>
> SATB（Snapshot-At-The-Beginning）是维持并发 GC 的正确性的手段，G1 垃圾收集器的并发理论基础就是 SATB。SATB 是为增量式标记清除垃圾收集器设计的一个标记算法，SATB 的标记优化主要针对标记清除垃圾收集器的并发标记阶段。
>
> SATB 算法创建了一个对象图，它是堆的一个逻辑"快照"。标记数据结构包括两个位图（previous 位图和 next 位图）。previous 位图保存了最近一次完成的标记信息，在并发标记周期中会创建并更新 next 位图。随着时间的推移，previous 位图会越来越过时，最终在并发标记周期结束的时候，next 位图会将 previous 位图覆盖。

G1 垃圾收集器在垃圾收集时主要有 4 个操作步骤：新生代垃圾收集、并发标记周期、混合 GC 以及必要的 FullGC 处理操作，前 3 步的具体操作形式如下。

1. 新生代垃圾收集

当堆内存中分配的所有伊甸园区耗尽时会触发新生代 GC，以释放新生代的内存空间。在新生代垃圾收集过程中会出现极短的 STW，随后基于多线程方式进行回收，若某些对象回收后依然存活，则程序会将其复制到新的存活区或者直接晋升到老年代之中，如图 8-36 所示。

2. 并发标记周期

并发标记周期中可能有一次或多次的新生代垃圾收集，这些对象可能会晋升到老年代之中，同时会找出包含最多垃圾的老年代（图 8-37 所示的 X 标记分区）。该操作过程使用的是 SATB 算法，分为如下几个阶段。

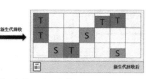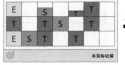

图 8-36　新生代垃圾收集　　　　　　　　图 8-37　并发标记周期

（1）初始标记阶段：通常初始标记会跟一次新生代 GC 一起进行，会产生 STW。

（2）根分区扫描阶段：扫描存活区（根分区），所有被存活区引用的对象都会被扫描并标记。该阶段不会产生 STW。

（3）并发标记阶段：采用多线程实现并发标记，并将标记的结果保存在全局列表之中。

（4）重新标记阶段：最后一个标记阶段，会产生 STW，处理剩下的 SATB 日志缓冲区和所有更新的引用，同时 G1 垃圾收集器会找出所有未被标记的存活对象。

（5）清理阶段：主要通过老年代回收，可回收的内存很小，同时还会进行空闲分区识别、RSet 梳理等操作。

3. 混合 GC

混合 GC 会执行多次，一直运行到（几乎）所有标记点老年代分区被回收，在这之后就会回到常规的新生代垃圾收集周期。当整个堆的使用率超过指定的百分比时，G1 垃圾收集器会启动新一轮的并发标记周期。在混合 GC 周期中，对于要回收的分区，程序会将该分区中存活的数据复制到另一个分区，从而减少内存碎片，如图 8-38 所示。

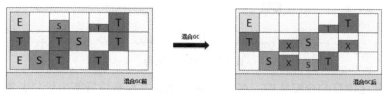

图 8-38 混合 GC

8.5.6 ZGC 垃圾收集器

ZGC 垃圾收集器

视频名称 0814_【理解】ZGC 垃圾收集器
视频简介 ZGC 垃圾收集器是迄今为止处理性能最高的 Java 垃圾收集器，也是 Java 未来的发展方向。本视频为读者讲解 ZGC 垃圾收集器的工作原理以及启用参数。

G1 垃圾收集器通过部分区域回收的处理形式，解决了传统垃圾收集器中的全堆扫描所带来的性能问题，极大地缩短了在堆内存较大情况下的暂停时间。但是随着硬件性能的发展，G1 垃圾收集器受到了极大的性能限制。

> 💡 提示：G1 垃圾收集器产生的历史背景。
>
> Java 10 经过几个版本的改进，调优已经接近极限。从时间上来看，HotSpot 最近一次发布新的垃圾收集器，是 2006 年发布 G1 垃圾收集器。当时，AWS 最大的实例只有 1 内核 CPU、1.7GB 内存。而如今 AWS 上已经可以买到 128 内核、3904GB 内存的服务器实例了。

ZGC（Z Garbage Collector）垃圾收集器是一款可伸缩（Scalable）、低延迟（Low Latency Garbage）、并发（Concurrent）的垃圾收集器，是由 Oracle 公司为 OpenJDK 开源的新垃圾收集器，可直接通过 -XX:+UseZGC 参数启动。它由佩·里登（Per Liden）编写。ZGC 垃圾收集器借鉴了 Azul 公司的 C4 垃圾收集器，专注于减少暂停时间并实现堆内存的压缩。ZGC 垃圾收集器旨在实现以下几个目标：

- 暂停时间不超过 10ms；
- 暂停时间不随堆内存大小或存活对象大小增大而增大；
- 可以处理从几百兆字节到几太字节大小的内存。

内存分配的性能决定了 JVM 的处理性能，所以 ZGC 垃圾收集器默认支持 NUMA 架构，如图 8-39 所示。在进行小页面的内存分配时，NUMA 会根据当前线程执行的 CPU 来选择最近的本地内存进行分配，在基础测试的环境下该操作可以提升性能约 40%，当本地内存不足时才会通过远程内存进行分配。面对中页面或大页面时 NUMA 并没有强调必须从本地内存进行分配，而是将具体的分配操作交由操作系统负责，由操作系统去寻找一块适合存放当前对象的内存空间进行存储。

> 💡 提示：服务器共享内存体系架构。
>
> 正规的项目运行过程中一般都会使用到商用服务器，这样不仅稳定而且可以获得较好的硬件性能。世界上有三大商用服务器内存并行架构，分别为 SMP（对称多处理架构）、NUMA（非统一内存访问架构）、MMP（大规模并行处理架构）。

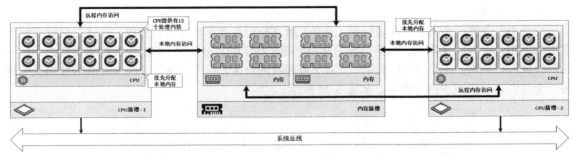

图 8-39　NUMA 架构

为了进一步简化内存的分配结构，ZGC 垃圾收集器并没有设置新生代与老年代的概念，而是以 Page 为单位进行对象的分配和回收处理。为便于对象存储，ZGC 垃圾收集器会根据不同的 Page 进行内存的分配和回收，如图 8-40 所示。

- 小页面（Small Page）存储：存放 256KB 以下的对象。
- 中页面（Medium Page）存储：存放 4MB 以下的对象。
- 大页面（Large Page）存储：存放 4MB 以上的对象。

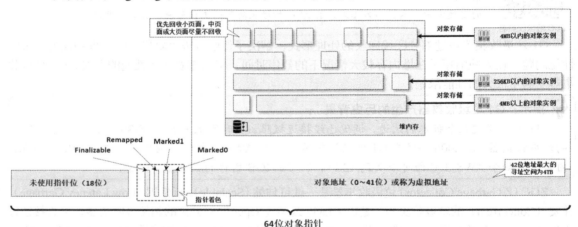

图 8-40　Page 内存管理

ZGC 垃圾收集器必须工作在 64 位的操作系统之中。其中 ZGC 垃圾收集器中的低 42 位（0 位 ～ 41 位）用于定义 JVM 允许使用的堆内存空间。而后的 4 位（42 位~45 位）用于进行元数据的描述，即指针着色（Color Pointer）。这 4 位并不用于地址寻址操作，而是用于视图区分（分别将 Remapped、Marked1、Marked0 设置为 1 就表示启用对应的视图），不同的视图通过 mmap()（内存映射文件方法）映射在同一块物理地址上，就可以利用指针着色实现并发标记、转移以及重定位的操作。ZGC 垃圾收集器结合指针着色和 SATB 算法实现内存的并发回收处理，具体的操作步骤如下。

1．初始化阶段

ZGC 垃圾收集器初始化完成后，地址视图为 Remapped，当前的程序正常进行堆内存的分配，在满足一定的触发条件后启动垃圾收集处理。

2．标记阶段

在第一次进入标记阶段时对应的视图为 Marked0，而进入此阶段时，会同时并发执行应用线程与标记线程。在进行对象访问时，对象也有可能被应用线程或标记线程同时访问，此时会存在如下两种处理形式。

（1）标记线程处理：从根对象开始扫描并进行标记，如果发现此时的对象地址视图为 Remapped，则从根对象开始扫描所有的活跃对象，随后将活跃对象的地址视图由 Remapped 调整为 Marked0。如果在标记前发现对象地址视图已经是 Marked0，则不再重复进行标记处理。

（2）应用线程处理：此时的应用线程可能要进行新对象的创建，也有可能要进行已有对象的读取。在进行新对象创建时，由于该对象属于活跃对象，因此会将对象的地址视图直接标记为 Marked0。如果要进行对象读取且该对象的地址视图为 Remapped，则会按照 SATB 算法将该对象以及引用关联对象的地址视图调整为 Marked0；而如果该对象的地址视图已经为 Marked0，则无须进行任何处理。

标记阶段完成后，所有的对象地址视图为 Remapped（待回收的垃圾对象）或 Marked0（活跃对象），随后将所有的活跃对象保存到活跃对象集合之中。

> 💡 **提示：Marked0 与 Marked1 的作用相同。**
>
> ZGC 垃圾收集器提供了两个活跃地址视图，即 Marked0 和 Marked1。实际上这两个地址视图的作用是相同的，只是标记的顺序不同，即一个表示当前标记，另一个表示上一次标记。

考虑到标记性能的因素，ZGC 垃圾收集器会使用多个 GC 线程进行标记。而为了防止这些线程彼此影响，ZGC 垃圾收集器引入了条带标记（Striped Mark），如图 8-41 所示。一个条带可能会包含一个 GC 线程，但是可以对应不同的内存区域块。

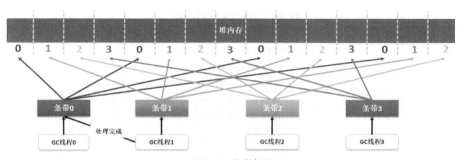

图 8-41 条带标记

> 💡 **提示：应用线程与读屏障。**
>
> 在 ZGC 垃圾收集器中，应用线程和标记线程可能都处于并行执行的状态，在应用线程访问已存在对象时，有可能该对象正在被标记线程处理。为了解决此问题，ZGC 垃圾收集器在应用线程进行对象访问时会设置一个读屏障（Load Barrier），主要用于对引用状态的检查。ZGC 垃圾收集器会在引用返回之前去检查着色指针的几个状态位。
> - 如果检查通过（状态符合要求），则引用正常使用。
> - 如果检查不通过，那么在应用返回之前，ZGC 垃圾收集器会根据不同状态来执行一些额外动作。

3. 并发转移阶段

将所有标记的活跃对象转移到新内存之中，并回收对象转移前的内存空间。在此阶段转移线程与应用线程并发执行，这两类线程的执行如下。

（1）转移线程处理：对所有地址视图为 Marked0 的对象进行转移，随后将转移后的对象地址视图修改为 Remapped。如果在转移时发现某些对象的地址视图为 Remapped 则无须进行任何处理。

（2）应用线程处理：在此阶段所有新创建的对象以及引用对象的地址视图均标记为 Remapped，并且新创建的对象无须进行转移处理。而如果访问的是已有的活跃对象，并且该对象的地址视图为 Marked0，则需要进行转移处理，随后还需要将地址视图变更为 Remapped。

8.6　JVM 监控工具

在实际的开发中，每一个应用由于代码编写的不同、硬件环境的不同，都有可能出现 GC 所导致的问题，此时就需要进行有效且合理的应用监控。本节将为读者讲解几个常用的 JVM 监控工具的使用。

8.6.1　jstat 监控工具

jstat 监控工具

视频名称	0815_【理解】jstat 监控工具
视频简介	jstat 是 JDK 自带的 JVM 监控工具，可以以命令的方式实现指定 JVM 进程的监控。本视频为读者讲解 jstat 相关监控命令的使用，并解释返回数据列的信息。

jstat（全称为 Java Virtual Machine Statistics Monitoring Tool）是一个 JDK 自带的轻量级 JVM 监控工具，主要利用 JVM 内建的命令对 Java 应用程序的资源和性能进行实时的命令行监控，包括对堆内存的大小和垃圾收集状况的监控。jstat 命令提供了大量的可用监控项，开发者通过 jstat -options 命令即可查看当前支持的监控项，如表 8-7 所示。

表 8-7　jstat 支持的监控项

序号	监控项	描述
01	-class	显示加载类的数量以及所占用的空间信息
02	-compiler	显示 JVM 的 JIT 编译器的数量
03	-gc	显示当前 JVM 中的 GC 信息，如 GC 的次数和时间
04	-gccapacity	显示 JVM 堆内存的分代中的对象使用和内存占用
05	-gccause	监控 JVM 堆内存的使用信息以及上一次 GC 产生的原因
06	-gcmetacapacity	查看元空间的内存容量
07	-gcnew	新生代堆内存统计
08	-gcnewcapacity	查看新生代的内存容量
09	-gcold	老年代堆内存统计
10	-gcoldcapacity	查看老年代的内存容量
11	-gcutil	统计 GC 信息
12	-printcompilation	查看当前 JVM 的执行信息

在进行 JVM 监控时可以通过"jstat 选项 <pid>"命令实现指定 JVM 进程的相关监控操作。下面通过几个例子对 jstat 几个核心的命令进行测试。

> 💡 提示：获取 Java 进程 ID。
>
> 在进行 JVM 监控时，必须获取进程 ID。如果想获取本机与 Java 有关的全部进程 ID，则可以使用 JDK 自带的 jps 命令实现。

（1）查看类的加载数量：jstat -class <pid> <采样间隔时间（毫秒）>。该命令返回的列信息如表 8-8 所示。

表 8-8　类加载信息

序号	监控列名称	描述
01	Loaded	加载类的数量
02	Bytes	加载类的大小
03	Unloaded	卸载类的数量
04	Bytes	卸载类的大小
05	Time	加载和卸载类所花费的时间

（2）查看 JIT 编译器的数量：jstat -compiler <pid> <采样间隔时间（毫秒）>。该命令返回的列信息如表 8-9 所示。

表 8-9　JIT 编译器信息

序号	监控列名称	描述
01	Compiled	编译任务执行的数量
02	Failed Invalid	失败的编译代码数量
03	Time	编译消耗的时间
04	FailedType	最后一个编译失败的任务类型
05	FailedMethod	最后一个编译失败所在类的方法

（3）查看 GC 的信息：jstat -gc <pid> <采样间隔时间（毫秒）>。该命令返回的列信息如表 8-10 所示。

表 8-10　查看 GC 信息

序号	监控列名称	描述
01	S0C	新生代中第一个存活区的容量（单位：字节）
02	S1C	新生代中第二个存活区的容量（单位：字节）
03	S0U	新生代中第一个存活区的已使用容量（单位：次数）
04	S1U	新生代中第二个存活区的已使用容量（单位：次数）
05	EC	新生代中伊甸园区的容量（单位：次数）
06	EU	新生代中伊甸园区的已使用容量（单位：次数）
07	OC	老年代容量（单位：次数）
08	OU	老年代已使用容量（单位：次数）
09	MC	元空间的容量（单位：次数）
10	MU	元空间已使用容量（单位：次数）
11	CCSC	Klass Metaspace 的容量（单位：次数）
12	CCSU	Klass Metaspace 已使用的容量（单位：次数）
13	YGC	JVM 进程已执行的新生代 GC 次数
14	YGCT	JVM 进程已执行的新生代 GC 所花费的时间
15	FGC	JVM 进程已执行的老年代 GC 次数
16	FGCT	JVM 进程已执行的老年代 GC 所花费的时间
17	CGC	Klass Metaspace 执行的 GC 次数
18	CGCT	Klass Metaspace 执行 GC 所花费的时间
19	GCT	JVM 进程中的 GC 所花费的时间

（4）查看 JVM 中的内存分代信息：jstat -gccapacity <pid> <采样间隔时间（毫秒）>。该命令返回的列信息如表 8-11 所示。

表 8-11　JVM 中的分代内存信息

序号	监控列名称	描述
01	NGCMN	新生代初始化大小（单位：次数）
02	NGCMX	新生代最大容量（单位：次数）
03	NGC	新生代当前容量（单位：次数）
04	S0C	新生代中第一个存活区的容量（单位：次数）
05	S1C	新生代中第二个存活区的容量（单位：次数）
06	EC	新生代伊甸园区容量（单位：次数）
07	OGCMN	老年代初始化内存大小（单位：次数）
08	OGCMX	老年代最大容量（单位：次数）
09	OGC	老年代当前容量（单位：次数）
10	OC	老年代容量（单位：次数）

序号	监控列名称	描述
11	MCMN	元空间初始化内存大小（单位：次数）
12	MCMX	元空间最大容量（单位：次数）
13	MC	元空间当前容量（单位：次数）
14	CCSMN	Klass Metaspace 初始化容量（单位：次数）
15	CCSMX	Klass Metaspace 最大容量（单位：次数）
16	CCSC	Klass Metaspace 当前容量（单位：次数）
17	YGC	新生代中的 GC 次数
18	FGC	老年代中的 GC 次数
19	CGC	GC 执行所花费的时间

（5）查看 GC 原因信息：jstat -gccause <pid> <采样间隔时间（毫秒）>。该命令返回的列信息如表 8-12 所示。

表 8-12　GC 原因信息

序号	监控列名称	描述
01	S0	新生代第一个存活区使用率
02	S1	新生代第二个存活区使用率
03	E	新生代伊甸园区使用率
04	O	老年代使用率
05	M	元空间使用率
06	CCS	Klass Metaspace 使用率
07	YGC	新生代 GC 次数
08	YGCT	新生代 GC 所花费的时间
09	FGC	老年代 GC 次数
10	FGCT	老年代 GC 所花费的时间
11	CGC	Klass Metaspace 执行的 GC 次数
12	CGCT	Klass Metaspace 执行 GC 所花费的时间
13	GCT	JVM 进程中的 GC 所花费的时间
14	LGCC	最近一次 Full GC 的原因
15	GCC	本次 GC 所花费的时间

（6）统计 GC 信息：jstat -gcutil <pid> <采样间隔时间（毫秒）>。该命令返回的列信息如表 8-13 所示。

表 8-13　GC 统计列信息

序号	监控列名称	描述
01	S0	新生代第一个存活区的使用率
02	S1	新生代第二个存活区的使用率
03	E	新生代伊甸园区的使用率
04	O	老年代的使用率
05	M	元空间使用率
06	CCS	Klass Metaspace 使用率
07	YGC	新生代 GC 次数
08	YGCT	新生代 GC 所花费的时间
09	FGC	老年代 GC 次数
10	FGCT	老年代 GC 所花费的时间
11	CGC	Klass Metaspace 执行的 GC 次数
12	CGCT	Klass Metaspace 执行 GC 所花费的时间
13	GCT	所有 GC 执行所花费的时间

（7）查看 JVM 执行信息：jstat -printcompilation <pid> <采样间隔时间（毫秒）>。该命令返回的列信息如表 8-14 所示。

表 8-14　JVM 执行信息

序号	监控列名称	描述
01	Compiled	编译任务的数量
02	Size	方法生成的字节码大小
03	Type	编译类型
04	Method	编译类的方法

8.6.2　jmap 监控工具

jmap 监控工具

视频名称　0816_【理解】jmap 监控工具

视频简介　jmap 是一个可以进行对象信息查询的工具，利用该工具可以获取当前堆内存中全部对象的统计信息以及堆内存的相关信息。本视频为读者讲解 jmap 工具的常用形式。

在一个 JVM 进程中会存在多个对象实例，如果想获取所有对象的信息，就可以通过 JDK 提供的 jmap 工具完成。另外，使用该工具还可以直接获取指定进程的堆内存使用信息。开发者可以通过 jmap --help 查看该命令的相关参数。下面通过几个具体的命令操作来说明该工具的用法。

（1）查看 JVM 进程中的对象信息：jmap -histo <pid>。

（2）将当前 JVM 进程中的对象信息保存在 yootk-histo.data 文件之中：jmap -histo:live,file=yootk-histo.data <pid>。

（3）获取堆内存信息并保存在 yootk-heap.data 文件之中：jmap -dump:live,format=b,file=yootk-heap.data 11980。

> 💡 **提示：jhsdb 命令。**
>
> JDK 9 为了规范 JVM 监控工具的使用，提供了一个 jhsdb（Java HotSpot Debugger）命令，可以通过其触发 jstack、jstat、jmap 等命令。
>
> **范例：查看堆内存信息**
>
> ```
> jhsdb jmap --heap --pid <pid>
> ```
>
> 　程序执行结果：
>
> ```
> using thread-local object allocation.
> Garbage-First (G1) GC with 6 thread(s)
> Heap Configuration: 数据信息略
> Heap Usage: 数据信息略
> ```
>
> 该命令执行完成后会返回当前 JVM 进程中堆内存的配置以及各个分代内存的使用信息。在使用 jmap 命令时如果出现了 Use jhsdb jmap instead 提示信息，就可以用 jhsdb jmap 来代替 jmap 命令。

8.6.3　jstack 监控工具

jstack 监控工具

视频名称　0817_【理解】jstack 监控工具

视频简介　死锁是多线程开发中较为常见的问题，而在一个庞大的应用中要解决死锁问题就必须实现代码的定位，为此 JDK 提供了 jstack 监控工具。本视频为读者讲解该工具的使用以及死锁线程的定位处理。

在一个 JVM 进程中会存在多个线程，一旦线程发生死锁，就很难进行问题的排查。所以 JDK

提供了一个 jstack 监控工具，该工具会对当前的 Java 虚拟机生成一个快照（每一个线程正在执行的方法堆栈集合），这样就可以帮助用户找出长时间停顿线程所存在的问题（如死锁、死循环、资源等待）。在使用时直接输入 jstack <pid>命令即可得到图 8-42 所示的界面信息。

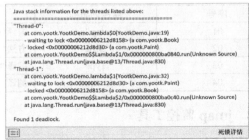

图 8-42　jstack 死锁分析

8.6.4　jconsole 监控工具

jconsole 监控工具

视频名称　0818_【理解】jconsole 监控工具

视频简介　为了便于监控管理，Java 提供了可视化的 jconsole 监控工具。本视频为读者讲解该工具的使用以及 JVM 监控信息的展示。

在进行 JVM 状态监控时，仅仅依靠 jstat、jmap、jstack 之类的命令行工具是非常不方便的，更好的做法是以图形化的方式实现监控数据的显示。JDK 提供了 jconsole 工具，可以基于 JMX 实现 JVM 相关进程信息的获取，如内存信息、类信息、GC 信息等。

💡 **提示：JMX 监控。**

Java 为了便于应用程序的网络管理、服务监控等操作提供了一个 JMX（Java Management Extensions，Java 管理扩展）接口标准，很多基于 Java 的应用都可以通过 JMX 实现服务状态的监控。

开发者可以直接输入 jconsole 命令来启动相应的界面，此时需要开发者选择本地的 JVM 进程信息或远程的 JVM 进程信息，以获取相应的监控数据，如图 8-43 所示。

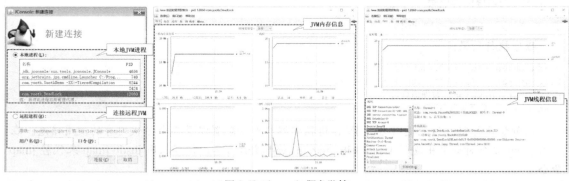

图 8-43　jconsole 服务监控

8.6.5　VisualVM 监控工具

VisualVM
监控工具

视频名称　0819_【理解】VisualVM 监控工具

视频简介　VisualVM 是一个更加智能的 JVM 监控工具，该工具现在已经和 JDK 脱离开来，成为一个独立的组件。本视频为读者讲解该组件的下载以及使用。

VisualVM 是功能强大的运行监视和故障处理程序，如果在 JDK 9 及其之后的版本中想使用该工具进行监控，则可以通过 Github 平台进行组件下载，而后使用 visualvm.exe 工具即可直接启动该监控程序。每当有新的 JVM 进程启动，该工具会自动获取该 JVM 进程信息，而后以图形化的形式显示相关的监控数据，如图 8-44 所示。

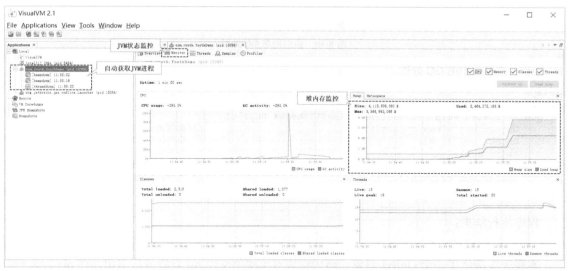

图 8-44　VisualVM 监控工具

💡 提示：GCEasy 在线分析工具。

　　Java 拥有良好的服务生态圈，除了可以使用本地的可视化内存分析工具之外，也可以使用 GCEasy 在线工具，将已经得到的 JVM 信息文件上传到服务器进行分析，如图 8-45 所示。

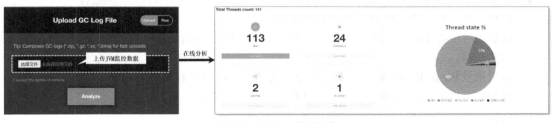

图 8-45　GCEasy 在线分析

　　随着学习的深入，读者还会认识更多的 Java 监控工具。一个应用程序，除了服务本身之外还需要与之匹配的监控工具，这样才是一套完整的软件产品。

8.7　数 据 引 用

数据引用概述

视频名称　0820_【理解】数据引用概述

视频简介　引用是 Java 的核心处理模型，由于引用与 GC 有直接的关联，因此 Java 为了进一步实现对象的有效管理，提供了 4 种引用类型。本视频为读者分析强引用的问题并介绍 4 种引用类型的概念。

　　在 Java 内存结构中，所有的对象实例数据都保存在堆内存中，而后在栈内存中保存相应的实例数据引用地址。传统的引用关系都是通过 "=" 建立的，这样建立的连接属于强引用。而在强引用的环境下，只要有一个对象继续引用该对象实例，GC 就很难对其进行回收，如图 8-46 所示。

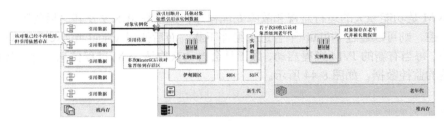

图 8-46 强引用与 GC 处理

范例：观察强引用 GC 处理

```java
package com.yootk;
public class YootkDemo {
    public static void main(String[] args) throws Exception {
        Object obj = new Object();                        // 实例化一个对象
        Object ref = obj;                                 // 引用传递，默认为强引用
        obj = null;                                       // 断开原始obj的引用
        System.gc();                                      // 进行垃圾收集
        System.out.println(ref);                          // 观察ref是否也被回收
    }
}
```

程序执行结果：

```
java.lang.Object@1f32e575
```

本程序实例化了一个 Object 对象，而后将该对象实例交由 ref 对象进行引用。在 obj 对象断开引用并执行 gc()后，ref 并没有断开引用对象，即某一个对象只要有一个引用则该对象永远无法被回收，所以从 JDK 1.2 开始，Java 把对象的引用分为 4 种级别，从而使程序能更加灵活地控制对象的生命周期。这 4 种级别由高到低依次为强引用、软引用、弱引用和虚引用。下面来简单了解以下这 4 种引用的区别。

- 强引用（**Strong Reference**）：当内存不足时，JVM 宁可出现 OutOfMemeryError 异常而使程序停止，也不会回收此对象来释放空间。
- 软引用（**Soft Reference**）：当内存不足时，会回收这些对象的内存，用来实现内存敏感的高速缓存。
- 弱引用（**Weak Reference**）：无论内存是否紧张，被垃圾收集器发现则立即回收。
- 虚引用（**Phantom Reference**）：和没有任何引用一样。

8.7.1 软引用

视频名称 0821_【理解】软引用

视频简介 为了避免强引用所带来的内存占用问题，JDK 提供了软引用，这样可以在内存不足时通过 GC 实现堆内存的释放。本视频为读者讲解软引用的实现。

软引用依靠 java.lang.ref.SoftReference 类实现，其基本特性与弱引用的类似，最大的区别在于软引用会尽可能长地保留引用数据，一直到 JVM 内存不足时才会被回收。由于这样的特点，一般项目开发可以通过软引用实现数据缓存。SoftReference 类的继承结构如图 8-47 所示。

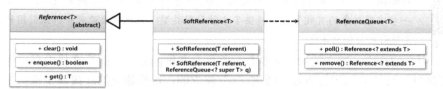

图 8-47 SoftReference 类的继承结构

范例：对象软引用

```java
package com.yootk;
import java.lang.ref.SoftReference;
public class YootkDemo {
    public static void main(String[] args) throws Exception {
        String str = new String("沐言科技: www.yootk.com");          // 对象实例化
        SoftReference<String> ref = new SoftReference<String>(str);   // 软引用
        str = null;                                                   // 断开引用
        System.gc();                                                  // 进行垃圾收集
        System.out.println(ref.get());                                // 获取数据
    }
}
```

程序执行结果：

```
沐言科技: www.yootk.com
```

本程序将 String 类的实例化对象保存在 SoftReference 对象实例之中，当堆内存充足时该对象实例不会被释放，而当内存不足时才会进行该引用对象的回收。

8.7.2 弱引用

弱引用

视频名称　0822_【理解】弱引用

视频简介　弱引用可以在每次 GC 时进行对象清除，可以实现更加方便的内存管理。本视频为读者讲解弱引用的特点，以及 WeakReference 和 WeakHashMap 类的使用。

为了更加便于开发者及时地进行堆内存的清理，JDK 提供了弱引用的支持，这样在每次调用 GC 操作时，不管当前内存空间是否充足，都会进行内存的释放。为了实现弱引用，Java 提供了 WeakReference 和 WeakHashMap 两个处理子类，这两个类的定义结构如图 8-48 所示。

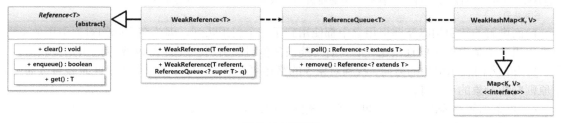

图 8-48　弱引用

范例：使用 WeakReference 实现弱引用

```java
package com.yootk;
import java.lang.ref.WeakReference;
public class YootkDemo {
    public static void main(String[] args) throws Exception {
        String str = new String("沐言科技: www.yootk.com");          // 对象实例化
        WeakReference<String> ref = new WeakReference<String>(str);   // 弱引用
        str = null;                                                   // 断开引用
        System.gc();                                                  // 进行垃圾收集
        System.out.println(ref.get());                                // 获取数据
    }
}
```

程序执行结果：

```
null
```

本程序实现了弱引用处理，这样在进行 GC 处理时，不管内存是否充足都会立即释放对象内存空间。本章前面所讲解的 Map 子类（如 HashMap、Hashtable）中的数据都是基于强引用保存的，即内容不管是否使用都始终在集合中保留，因此在使用 System.gc()进行垃圾收集时，这些对象无法被回收。如果希望集合可以自动清理暂时不用的数据，就可以使用 WeakHashMap 类。这样，当进行垃圾收集时会释放集合中的垃圾信息。

范例：使用 WeakHashMap 实现弱引用

```java
package com.yootk;
import java.util.*;
public class YootkDemo {
    public static void main(String[] args) throws Exception {
        String key = new String("yootk");                            // 强引用
        String value = new String("沐言科技：www.yootk.com");         // 强引用
        Map<String, String> map = new WeakHashMap<String, String>(); // Map集合
        map.put(key, value);                                         // 数据存储
        key = null;                                                  // 取消key对象引用
        System.gc();                                                 // 进行垃圾收集
        System.out.println("弱引用Map集合：" + map);                 // 数据消失
    }
}
```

程序执行结果：

弱引用Map集合：{}

本程序通过 WeakHashMap 实现了弱引用的集合存储，触发 GC 操作之后，所有的数据全部被清除，这样输出的 Map 集合就是一个空集合。

8.7.3　引用队列

视频名称	0823_【理解】引用队列
视频简介	在某个对象被回收时可以通过引用队列进行存储，这样便于用户实现对象清理的后续操作。本视频为读者讲解引用队列的概念以及相关的操作。

引用队列

前面讲解的软引用以及弱引用之中都使用到了一个引用队列，因为在实际的对象引用关系中，很多引用并不是由根对象直接建立的，有可能被其他对象引用。以图 8-49 所示的引用关联结构为例，箭头的方向表示引用的方向，找到对象 5 的路径可以是①→⑤或者②→⑥，此时就可以通过如下原则判断对象的可及性。

- 单条引用路径的可及性判断：在一条路径中，最弱的一个引用决定对象的可及性。
- 多条引用路径的可及性判断：在几条路径中，最强的一条引用决定对象的可及性。

按照以上引用分析，此时①→⑤路径属于软引用，而②→⑥路径属于弱引用，在这两条路径中取较强引用，对象 5 为一个软可及对象。

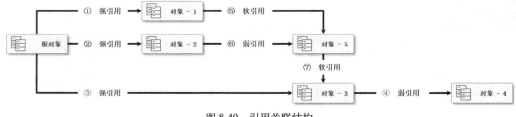

图 8-49　引用关联结构

Java 需要一个适当的机制来清除非强引用中那些不具有存在价值的对象。为了避免非强引用对象带来的内存泄漏，java.lang.ref 包提供 ReferenceQueue（引用队列）。如果在创建软引用或弱引用时使用了引用队列，那么在这个引用对象被 GC 清除后，该引用对象将被保存到引用队列之中，也就是说，引用队列里保存的是失去引用的对象信息。

提示：引用队列依靠引用关系存储。

虽然引用队列采用了队列的概念，但其是依据对象的引用关系来实现存储的，内部基于一个单向链表的形式进行存储。

范例：使用引用队列

```java
package com.yootk;
import java.lang.ref.*;
public class YootkDemo {
    public static void main(String[] args) throws Exception {
        Object obj = new Object();
        ReferenceQueue<Object> rq = new ReferenceQueue<Object>();        // 引用队列
        WeakReference<Object> pr = new WeakReference<Object>(obj, rq);   // 弱引用
        System.out.println(pr.isEnqueued());                            // false, 没有对象回收
        System.out.println(rq.poll());                                  // 查看是否存在可引用对象
        obj = null;                                                     // 对象断开引用
        System.gc();                                                    // 垃圾收集
        Thread.sleep(1000);                                            // 超时处理
        System.out.println(pr.isEnqueued());                          // true, 对象被回收, 进入引用队列
        System.out.println(rq.poll());                                // 引用队列中存在对象
    }
}
```

程序执行结果：

```
false（没有对象回收, 此时引用队列为空）
null（引用队列为空, 无法获取待回收数据）
true（对象回收, 此时引用队列存在数据）
java.lang.ref.WeakReference@1f32e575（获取引用队列中的待回收数据）
```

本程序在创建弱引用对象时使用了引用队列，这样在执行垃圾收集后，没有引用价值的对象将被保存在引用队列之中，而用户可以通过引用队列轮询的方式取得被回收的对象。

8.7.4 虚引用

视频名称 0824_【理解】虚引用

视频简介 虚引用是一种特殊的引用形式，可以实现无引用的处理操作。本视频为读者分析虚引用的作用，并通过具体的实例讲解虚引用的实现。

虚引用又被称为"幽灵引用"，最大特点就是在其内部保存的引用对象无论何时取得，结果永远都是 null。之所以会存在虚引用，是因为要防止出现无法被回收的对象。例如，现在有 A、B 两个类，两个类中的 finalize()方法又存在彼此的强引用，这时的对象将无法被回收。

范例：使用 PhantomReference 实现虚引用

```java
package com.yootk;
import java.lang.ref.*;
public class YootkDemo {
    public static void main(String[] args) throws Exception {
        Object obj = new Object();                                      // 实例化Object类对象
        ReferenceQueue<Object> rq = new ReferenceQueue<Object>();       // 引用队列
        PhantomReference<Object> pr = new PhantomReference<Object>(obj, rq); // 虚引用
        System.out.println(pr.get());                                   // 永远返回null
    }
}
```

程序执行结果：

```
null
```

由于虚引用自身的特点，本程序不管向虚引用中存储了何种对象，不管是否执行了 GC，使用 get()方法都不会有引用数据返回。

8.8　本章概览

1．每一个 JVM 进程运行时都会通过类加载器加载所需要的字节码文件，而后通过物理内存进行运行时数据区的分配。

2．JVM 进程由执行引擎、本地方法接口、本地方法库、运行时数据区所组成。

3．世界上有 3 种常见的 JVM 虚拟机，分别是 HotSpot、JRockit、J9，而 HotSpot 虚拟机是现在的主流应用。

4．为了提高处理性能，HotSpot 虚拟机标准中基于指针方式实现了对象的引用，比基于句柄的访问方式性能更高。

5．为了提高代码的执行效率，JVM 提供了 JIT 编译器的支持，可以对热点代码进行动态编译。

6．为了便于 GC 操作以及对象存储，JVM 的堆内存采用了分代存储，包括新生代、老年代、元空间。

7．新生代分为伊甸园区和两个存活区，其中伊甸园区负责保存所有的新生对象，而存活区负责持久化对象向老年代的晋级操作。在新生代中实现的 GC 被称为 MinorGC。

8．老年代存储了常用的对象数据。老年代的 GC 操作被称为 MajorGC 或 FullGC。一般很少进行老年代的垃圾收集，如果老年代的 FullGC 失败则会抛出 OOM 异常。

9．用户使用 System.gc()方法时触发的是 FullGC 操作。

10．JVM 虚拟机标准中提出了方法区的概念，JDK 1.8 及其之后的版本中的元空间和 JDK 1.8 以前的永久代都是方法区的实现，该区域主要保存类的结构化操作。之所以提出元空间，是因为动态加载类日益增多，需要将此部分的存储放在外部内存。

11．随着硬件性能的不断提升，传统的 JVM 垃圾收集器（串行垃圾收集器、并行垃圾收集器、CMS 垃圾收集器）都不再建议使用，在 JDK 9 及其之后的版本中默认的垃圾收集器为 G1 垃圾收集器。JDK 11 之后提出了 ZGC 垃圾收集器，但是现在它还无法在全平台中使用。

12．G1 垃圾收集器直接取消了连续的分代内存的结构划分，而采用了区域的形式进行存储。每个区域可能表示不同的分代，这样就避免了全堆扫描，从而减少了 STW。

13．为了便于处理 JVM 状态，可以通过 jstat、jmap、jstack 等工具进行实时监控。而考虑到可视化的要求，也可以通过 VisualVM 工具进行图形化监控。

14．引用决定了对象垃圾收集的情况。传统的强引用会导致垃圾收集困难，所以 JDK 1.2 及其之后的版本提出了 4 种引用类型，分别是默认的强引用、软引用、弱引用、虚引用。

15．软引用会在内存不足时实现内存的回收，常用于数据缓存的实现。